“十三五”江苏省高等学校重点教材 2019-2-201

高职高专“工作过程导向”新理念教材 计算机系列

计算机网络技术项目化教程

金海峰 坎 香 主 编

周晓兵 孔珊珊 吴丽征 副主编

清华大学出版社

北京

内容简介

本书内容主要包括计算机网络的发展史、数据通信、计算机交换网络体系结构、局域网技术，以及Windows Server 2012操作系统的安装、用户管理、共享文件系统和打印机管理、DHCP、Web、DNS、FTP等常用服务器的配置与管理。

本书以“近网、组网、用网、管网”为主线重构课程内容，共分为两部分。其中，第1～3章为第一部分，第4～11章为第二部分。第一部分主要讲解计算机网络基础知识，使读者能够走近网络；第二部分引入“企业局域网组建与管理”项目，以“项目导入、任务驱动”的方式介绍组网、用网和管网所需的相关知识与操作技能。通过对本书内容的学习，读者可以掌握局域网组建与应用方面的知识与技能，并为后续学习其他课程打好基础。

本书内容丰富、可操作性强，读者可边做边学，以掌握计算机网络基础知识，增强处理实际问题的能力。本书不仅适合作为本科院校、高职高专院校计算机相关专业的教材，还可供广大的计算机网络爱好者参考。

图书在版编目(CIP)数据

计算机网络技术项目化教程/金海峰，坎香主编. —北京：清华大学出版社，2021.12
高职高专“工作过程导向”新理念教材. 计算机系列
ISBN 978-7-302-59638-7

Ⅰ. ①计… Ⅱ. ①金… ②坎… Ⅲ. ①计算机网络－高等职业教育－教材 Ⅳ. ①TP393

中国版本图书馆CIP数据核字(2021)第250532号

责任编辑：孟毅新
封面设计：傅瑞学
责任校对：赵琳爽
责任印制：沈 露

出版发行：清华大学出版社
网 址：http://www.tup.com.cn，http://www.wqbook.com
地 址：北京清华大学学研大厦A座 **邮 编**：100084
社 总 机：010-62770175 **邮 购**：010-62786544
投稿与读者服务：010-62776969，c-service@tup.tsinghua.edu.cn
质量反馈：010-62772015，zhiliang@tup.tsinghua.edu.cn
课件下载：http://www.tup.com.cn，010-83470410
印 装 者：三河市龙大印装有限公司
经 销：全国新华书店
开 本：185mm×260mm **印 张**：20 **字 数**：460千字
版 次：2021年12月第1版 **印 次**：2021年12月第1次印刷
定 价：59.00元

产品编号：085393-01

前　言

“计算机网络技术”是计算机网络技术、软件技术以及云计算技术与应用等计算机类专业的基础课程。学习计算机网络技术和知识，掌握其中的基本技能，对于后期学习专业知识、掌握专业技能具有较强的支撑作用。

本书体现了职业教育中分层、分类的教学思想，体现“以生为本、因材施教”的教学理念，项目的组织、任务的实施能够满足不同类别学生的学习需求。本书从实际应用出发，从工作过程出发，从项目出发，以“近网、组网、用网、管网”为主线，采用“项目导入、任务驱动”的方式，导入“企业局域网组建与管理”项目来作为课程的教学内容，让学生在案例实操中掌握计算机网络的基础知识。全书分为两部分，第一部分主要讲解计算机网络的发展、数据通信、计算机网络体系结构、局域网技术等；第二部分以 Windows Server 2012 操作系统为例，讲解网络操作系统的安装、用户管理、共享文件系统和打印机管理，以及 Web、DNS、DHCP、FTP 等常见服务的配置与管理。各章具体内容如下。

第 1 章主要介绍计算机网络的基础知识，包括计算机网络的产生与发展、计算机网络的基本概念、数据通信基础等。最后，通过参观、考察信息中心机房，了解网络拓扑结构，对网络中常用设备有初步的认识。

第 2 章主要详细介绍计算机网络体系结构方面的知识，包括网络体系结构的基本概念、ISO/OSI 参考模型、TCP/IP 体系结构、IP 地址等。在技能操作方面，介绍根据用户需求对企业局域网 IP 地址进行合理规划的方法。

第 3 章主要介绍计算机网络硬件方面的知识，包括计算机网络拓扑结构、常用传输介质、网络设备等。在技能操作方面，重点介绍双绞线的制作，以及常用网络命令的使用方法。

第 4 章开始引入企业案例，主要阐述如何进行项目的需求分析。

第 5 章主要介绍局域网技术，包括局域网技术和典型局域网技术等。

第 6～11 章详细介绍 Windows Server 2012 操作系统的特点、安装与管理方面的知识，主要包括文件系统、用户管理，以及 DHCP、DNS、Web、

FTP 等服务器的配置与管理。

本课程的教学目标是使学生掌握计算机网络与通信的基础知识、基础理论、网络体系结构和网络协议，以及网络操作系统 Windows Server 2012 的应用，能够完成企业型局域网的组网设计、架构、运维及故障排除，能够配置和管理文件共享、DHCP、DNS、WEB、FTP 等常用网络服务，为后继课程打下坚实的基础。本书采用理实一体化的项目案例教学方式，总课时为 96 学时。各章参考学时如下。

序号	项　目	参考学时
1	计算机网络基础	6
2	计算机网络体系结构	14
3	计算机网络的硬件组成	10
4	项目的需求分析	4
5	局域网组网设计	8
6	安装 Windows Server 2012 操作系统	8
7	远程访问共享文件夹	8
8	配置与管理 DHCP 服务器	10
9	配置与管理 DNS 服务器	10
10	配置与管理 Web 服务器	10
11	配置与管理 FTP 服务器	8

本书由金海峰、坎香主编。金海峰、坎香按照企业局域网组建的实施过程设计项目任务、知识体系，并负责第 1～10 章的编写工作；孔珊珊负责第 11 章的编写工作；周晓兵、安强、李清、陈进为本书的项目设计、知识体系结构提供了很好的建议；吴丽征审阅了全书的技术和项目实践内容。由于编者水平有限，书中难免有不足之处，敬请广大读者批评、指正。

编　者

2021 年 7 月

目 录

第 1 章　计算机网络基础

【情境描述】 2020 年是互联网前身阿帕网(ARPAnet)诞生 51 周年。在现代计算环境中,分散在各处的计算机经过通信设施彼此互联在一起,共同提供着人们所需要的计算服务和信息服务。这些独立运行又彼此互相通信的计算机和连接它们的通信设施就构成了计算机网络,正是这种计算机网络支撑着今天的计算环境,把计算能力带到了用户所需要的场所。

1.1　计算机网络的产生与发展

所谓联网,就是把计算机与计算机经过通信线路连接起来,使其彼此能相互通信。计算机网络的发展经过了以下几个阶段。

1. 联网的尝试

从 20 世纪 50 年代开始,美国军方所研制的半自动地面防空系统(SAGE)试图把各雷达站测得的数据传送到计算机中进行处理。自 1958 年建成纽约防区,到 1963 年共建成了 17 个防区。该项工程投入了约 80 亿美元,推动了当时计算机产业的技术进步。

几乎同时,美国 IBM 公司研制了全美航空订票系统(SABRAI)。到 1964 年,美国各地的旅行社就都能用它来预定航班的机票了。

严格地说,上述两个系统都只是将远程终端和主机联机的系统,只是人们联网的尝试,并没有实现计算机之间的联网。同一时期,在大学与研究机构中,为均衡计算机的负荷和共享宝贵的硬件资源也进行着计算机间通信的试验,做了联网的种种尝试。

2. ARPAnet 的诞生

20 世纪 60 年代,在数据通信领域提出了分组交换的概念,这是人们着手研究计算机间通信技术的开端。1968 年美国国防部高级研究计划署(advanced research projects agency,ARPA)资助了对分组交换的进一步研究,1969 年 12 月,在西海岸建成有 4 个通信节点的分组交换网,这就是最初的 ARPAnet。随后,ARPAnet 的规模不断扩大,很快遍布美国的西海岸和东海岸之间。

ARPAnet 实际上分成了两个基本的层次,底层是通信子网,上层是资源子网。初期的 ARPAnet 租用专线连接专门负责分组交换的通信节点。通信节点实际上是专用的小型计算机，线路和节点组成了底层的通信子网。大型主机通常分接到通信节点上，由通信节点支持它的通信需求。由于这些大型主机提供了网上最重要的计算资源和数据资源，故有些文献说联网的主机及其终端构成了 ARPAnet 上的资源子网。这种把网络分层的做法，极大地简化了整个网络的设计。

分组交换和进行网络服务的分层对计算机网络的发展都起了重要的作用。

3. 多种网络技术的并存

20 世纪 70 年代是多种网络技术并存的发展阶段，也是标准化备受关注的时期，微机和局域网的诞生是这一时期的两个重大事件。

1) 各公司自行制定了网络的体系结构

在 20 世纪 70 年代，IBM、Dec 等计算机公司分别制定了自己计算机产品的联网方案。在公司内部以及自身的用户群中建立了一批专门性的网络，并分别确定了网络的体系结构。IBM 所生产的各种计算机，能够以系统网络体系结构(SNA)组网；Dec 生产的各种型号的计算机则能够以 Digit 网络体系结构(DNA)组网，不同的计算机公司，用于组成网络的硬件、软件和通信协议都各不兼容，难以互相连接。

2) 标准化备受关注

在这个阶段，人们开始在标准化方面进行大量的工作。当时的电报电话咨询委员会(CCITT)制定了分组交换的 X. 25 标准。从西欧开始，先后在世界各地建立了遵循 X. 25 标准的公共数据网(PDN)。公共数据网的建立对组建远程计算机网络起了重大作用。

同期，国际标准化组织(ISO)在当时负责信息处理与计算机方面标准制订的技术委员会(TC97)的几个子委员会的努力下，分别建立了开放系统互联参考模型(OSI/RM)和在这一框架模型下相关的各项标准。制定这个参考模型的目的是规定计算机系统在与其他计算机系统通信时应当遵循的通信协议。这样不管系统本身多么不同，只要在与别的系统通信时遵循相同的协议与规则，就被认为是开放系统。

3) 局域网

局域网(LAN)诞生于 20 世纪 70 年代中期，随着微电子技术的进步，其性能价格比都在急剧提高。到了 20 世纪 80 年代，经济低廉的微型计算机的性能早已超过了早期的大型计算机，这极大地促进了计算机应用的普及。局域网则在近距离内，通过可共享的信道连接了多台计算机。这种简易、低成本又安全可靠的网络结构解决了微型计算机彼此通信的问题，使局域网上的激光打印机、大型主机、高档工作站、超级小型机和大容量的存储设备都可以被网上多台微型计算机所共享，这就使计算机应用的成本进一步降低了，因此 LAN 被各行各业普遍接受了。

几乎是在同一时期，为了满足不同的需要，开发了几种不同的 LAN 技术，各种局域网的性能、价格和通信协议各不相同，当然这也为相互联网增了一些难度。

局域网与远程网络的互联，使局域网上每个用户都能访问远方的主机，这又反过来提出了如何使不同计算机、网络广泛互联的新课题，这种广泛互联的需求促使 Internet 崛起了。

4）Internet——TCP/IP 的崛起

20 世纪 80 年代初期，为了使不同型号的计算机和执行不同协议的网络都能彼此互联，ARPA 资助了相关的研究项目，特别是为了使互不兼容的 LAN 都能与 WAN 互联，建立了 Internet 项目组。

美国国家科学基金会（NSF）于 1980 年前资助了旨在使各大学计算机科学系彼此联网的项目，建立了 CSnet（计算机科学网）。它以灵活的策略，采用不同方式实现了广泛的互联。网上的资源共享和电子邮件（E-mail）促进了合作与交流。

CSnet 的成功，促使 NSF 在 1985 年提出使百所大学用 TCP/IP 联网的计划并建立了使用 TCP/IP 的 NSFnet，它与 ARPAnet 在费城的卡内基—梅隆大学彼此互联，NSFnet 成了 Internet 的组成部分。在 NSFnet 建成之前，网络的使用者只是计算机科学家、军方、大公司及与政府签约的机构；在 NSFnet 建成之后，大学各学科的师生都能使用网络了，这的确是个非常重大的转变。

为使美国在未来的发展中能始终领先，NSF 认为应当使每个科技人员都能使用网络。1987 年 NSF 决定用 T1 干线（1.544Mb/s）连接几个国家级的高性能计算中心，这个 T1 主干网于 1988 年夏天建成，实际上替代了原有的 ARPAnet 主干网。在这个形势下，ARPAnet 于 1990 年宣布退出运营。NSF 在建设主干网的同时，又资助各地区建设了中级网络。各地区的中级网络连接本地区的主要城市、各个大学校园网及各个公司的企业网，使它们既彼此互联，又能接到 Internet 主干，这样就形成了主干网、中级网及校园网（企业网）三级网络彼此互联的层次结构。

从 1988 年起，Internet 就正式跨出了美国国门，首先是接到了加拿大、法国和北欧诸国，随后延伸到了地球的每个大洲的各个角落。

1.2　计算机网络的基本概念

1.2.1　计算机网络的定义

按资源共享的观点，计算机网络就是利用通信设备和线路将分布在地理位置不同的、功能独立的多个计算机系统连接起来，在网络操作系统、网络通信协议及网络管理软件的管理和协调下，实现网络资源共享和信息传递的计算机系统。

1.2.2　计算机网络的功能

计算机网络的主要功能包括实现数据信息的传输，实现资源共享，提供负载均衡与分布式处理能力。

1. 数据传输

计算机网络中的计算机之间或计算机与终端之间，可以快速可靠地相互传递数据、程序或文件。例如，腾讯 QQ、微信等通信工具可以使相隔万里的异地用户快速准确地相互通信；Web 服务将互联网信息快捷地传输到世界各地，互联网用户可以非常便捷地获取世界各地的信息。

2. 资源共享

计算机网络可以实现网络资源的共享。这些资源包括硬件、软件和数据。资源共享是计算机网络组网的目标之一。

(1) 硬件共享。用户可以使用网络中计算机所连接的硬件设备，如共享打印机、共享存储等。

(2) 软件共享。用户可以使用远程主机的软件——包括系统软件和用户软件，既可以将相应软件调入本地计算机执行，也可以将数据送至对方主机，运行其软件，并返回结果。

(3) 数据共享。网络用户可以使用其他主机和用户的数据。

3. 系统的可靠性与负载均衡

通过计算机网络实现网络备份可以提高计算机系统的可靠性。当某一台计算机、网络设备出现故障时，可以立即由计算机网络中的另一台计算机、网络设备来代替其完成所承担的任务。与此同时，还可以配置负载均衡策略，由不同计算机、不同网络设备分担实现计算机网络的数据处理工作，如集群技术、设备虚拟化技术。

4. 分布式网络处理

对于大型的任务或当网络中某台计算机的任务负荷太重时，可将任务分散到网络中的其他计算机上进行，或由网络中比较空闲的计算机分担负荷，这样既可以处理大型的任务，使得一台计算机不会负担过重，又提高了计算机的可靠性，起到了分布式处理和均衡负荷的作用，如云计算技术。

1.2.3 计算机网络的构成

计算机网络在逻辑上可以划分为两部分，一部分的主要工作是对数据信息的收集和处理；另一部分则专门负责信息的传输，ARPAnet 把前者称为资源子网，后者称为通信子网，如图 1-1 所示。

1. 资源子网

资源子网主要是对信息进行加工和处理，面向用户，接受本地用户和网络用户提交的任务，最终完成信息的处理。它包括访问网络和处理数据的硬软件设施，主要有计算机、终端和终端控制器、计算机外设、有关软件和共享的数据等。

1) 主机

网络中的主机(host)可以是大型机、小型机或微型计算机，它们是网络中的主要资

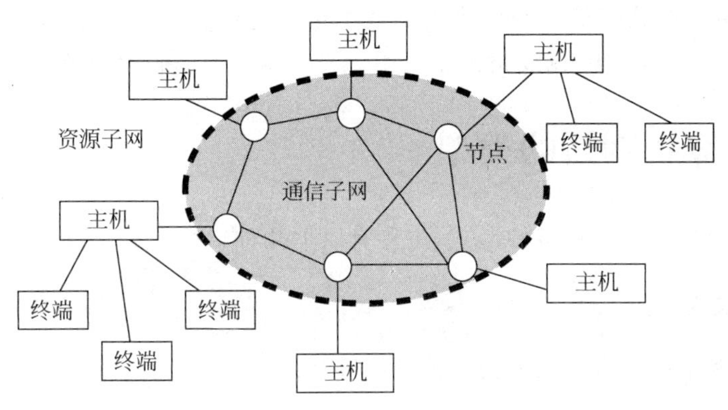

图 1-1　资源子网和通信子网

源，也是数据资源和软件资源的拥有者，一般都通过高速线路将它们和通信子网的节点相连。

2）终端和终端控制器

终端是直接面向用户的交互设备，可以是由键盘和显示器组成的简单的终端，也可以是微型计算机系统；终端控制器连接一组终端，负责这些终端和主计算机的信息通信，或直接作为网络节点。在局域网中它相当于集线器(hub)。

3）计算机外设

计算机外设主要是网络中的一些共享设备，如大型的磁带机、高速打印机、大型绘图仪等。

2. 通信子网

通信子网主要负责计算机网络内部信息流的传递、交换和控制，以及信号的变换和通信中的有关处理工作，间接地服务于用户。它主要包括网络节点、通信链路、交换机和信号变换设备等软硬件设施。

1）网络节点

网络节点的作用：①作为通信子网与资源子网的接口，负责管理和收发本地主机和网络所交换的信息，相当于通信控制处理机 CCP(在 ARPAnet 中称为接口信息处理机 IMP——interface message processor)；②作为发送信息、接收信息、交换信息和转发信息的通信设备，负责接收其他网络节点传送来的信息并选择一条合适的链路发送出去，完成信息的交换和转发功能。网络节点主要包括交换机(switch)、路由器(router)以及负责网络中信息交换的设备等。

2）通信链路

通信链路是两个节点之间的一条通信信道。链路的传输介质包括双绞线、同轴电缆、光纤、无线电、微波通信、卫星通信等。一般在大型网络中和相距较远的两节点之间的通信链路，都利用现有的公共数据通信线路。

3）信号变换设备

信号变换设备的功能是对信号进行变换以适应不同传输媒体的要求。这些设备一般有：将计算机输出的数字信号变换为电话线上传送的模拟信号的调制解调器、无线通信接收和发送器(如无线 AP、无线路由器)、用于光纤通信的编码解码器等(如光猫)。

1.2.4 计算机网络的类型

对计算机网络的分类有多种形式,主要有以下几种。

1. 按跨度分类

网络的跨度是指网络可以覆盖的地理范围,根据网络覆盖的地理范围,网络可以分类为广域网、局域网、城域网等。

1) 广域网(wide area network,WAN)

广域网有时也称远程网,其覆盖范围通常在数十千米以上,可以覆盖整个城市、国家,甚至整个世界,具有规模大、传输延迟大的特征。广域网通常使用的传输装置和媒体由电信部门提供;但随着多家经营的政策落实,也出现其他部门自行组网的现象。在我国除电信网外,还有广电网、联通网等为用户提供远程通信服务。

广域网主要有以下技术特点。

① 广域网覆盖的地理范围从几十千米到几千千米。

② 广域网的通信子网主要使用分组交换技术,它的通信子网可以利用公用分组交换网、卫星通信网和无线分组交换网。

③ 广域网需要适应大容量与突发性通信、综合业务服务、开放的设备接口与规范化的协议以及完善的通信服务与网络管理的要求。

2) 局域网(local area network,LAN)

局域网也称局部区域网络,覆盖范围常在几千米以内,限于单位内部或建筑物内,常由一个单位投资组建,具有规模小、专用、传输延迟小的特征。目前我国绝大多数企业都建立了自己的企业局域网。局域网只有与局域网或者广域网互联,进一步扩大应用范围,才能更好地发挥其共享资源的作用。

局域网主要有以下技术特点。

① 局域网覆盖有限的地理范围,一般属于一个单位。

② 提供高数据传输速率(10M～1000Mb/s)。

③ 决定局域网特性的主要技术要素为网络拓扑、传输介质与介质访问控制方法。

3) 城域网(metropolitan area network,MAN)

城域网也称市域网,覆盖范围一般是一个城市,介于局域网和广域网之间。城域网使用了广域网技术进行组网。

城域网主要有以下技术特点。

① 它是介于广域网与局域网之间的一种高速网络。

② 城域网设计的目标是满足几十千米范围内的大量企业、公司的多个局域网互联的需求。

③ 它可以实现大量用户之间的数据、语音、图形与视频等多种信息的传输。

④ 早期城域网采用的主要产品是 FDDI。

随着网络技术的发展,新型的网络设备和传输介质的广泛应用,距离的概念逐渐淡化,局域网以及局域网互联之间的区别也逐渐模糊。同时,越来越多的企业和部门开始利用局域网以及局域网互联技术组建自己的专用网络,这种网络覆盖整个企业和部门,范围可大可小。

2. 按网络采用的传输技术分类

按网络所使用的传输技术可以将网络分为点对点传播方式网和广播式传播网。

在采用点对点线路的通信子网中,每条物理线路连接一对节点,其分组传输要经过中间节点的接收、存储、转发,直至目的节点。从源节点到达目标节点可能存在多条路径,因此需要使用路由选择算法。

在采用广播信道的通信子网中,一个公共的通信信道被多个网络节点共享。

采用路由选择和分组存储转发是点对点式网络与广播式网络的重要区别。

3. 按管理性质分类

根据对网络组建和管理的部门和单位不同,常将计算机网络分为公用网和专用网。

1) 公用网

公用网由电信部门或其他提供通信服务的经营部门组建、管理和控制,网络内的传输和转接装置可供任何部门和个人使用。公用网常用于广域网的构造,支持用户的远程通信,如我国的电信网、广电网、联通网等。

2) 专用网

专用网是由用户部门组建经营的网络,不允许其他用户和部门使用。由于投资的因素,专用网常为局域网或者是通过租借电信部门的线路而组建的广域网,如由学校组建的校园网、由企业组建的企业网等。

3) 利用公用网组建专用网

许多部门直接租用电信部门的通信网络,并配置一台或者多台主机,向社会各界提供网络服务,这些部门构成的应用网络称为增值网络(或增值网),即在通信网络的基础上提供了增值的服务,如中国教育科研网 Cernet、全国各大银行的网络等。

1.3 数据通信基础

1.3.1 基本概念

1. 数据通信系统的基本组成

通信是指信息的传输,它具有 3 个基本要素:信源、信宿和信道,如图 1-2 所示。

(1) 信源是指发送各种信息(语言、文字、图像、数据)的信息源,如人、机器、计算机等。

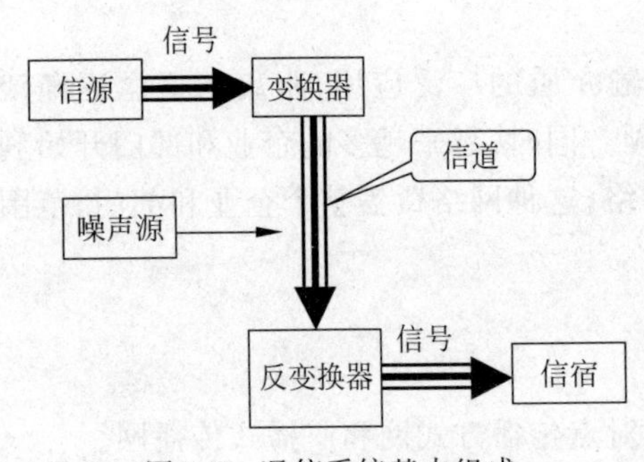

图 1-2　通信系统基本组成

(2) 信道是信号的传输载体。从形式上看,信道主要有有线信道和无线信道两类;从传输方式上看,信道可分为模拟信道和数字信道两类。

(3) 信宿即信息的接收者,可以是人、机器、计算机等。

(4) 变换器将信源发出的信息变换成适合在信道上传输的信号。对应不同的信源和信道,变换器有着不同的组成和变换功能。例如,计算机通信中的调制解调器就是一种变换器。

(5) 反变换器提供与变换器相反的功能,将从信道上接收的电(或光)信号变换成信宿可以接收的信息。

(6) 噪声源即通信系统中噪声的来源。通信系统的噪声可能来自各个部分,包括发送或接收信息的周围环境、各种设备的电子器件、信道外部的电磁场干扰等。

2. 数字通信与模拟通信

1) 数据与信号

通信的目的是传输信息,数据是传递信息的实体,它总是和一定的形式相联系。数据分为模拟数据和数字数据两大类。

信号是数据的电编码或电磁编码。它有模拟信号和数字信号两种基本形式,如图 1-3 所示。

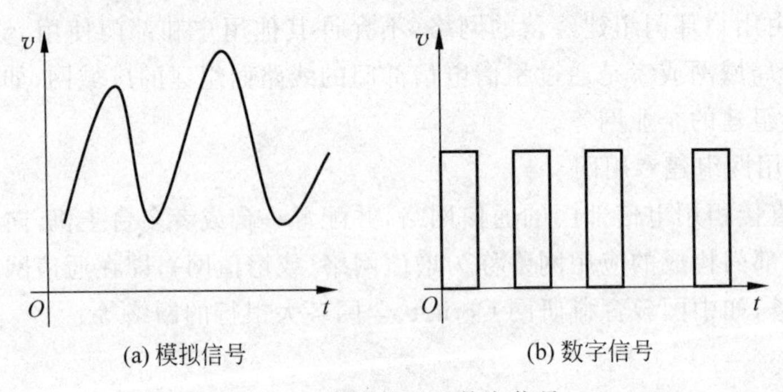

(a) 模拟信号　　(b) 数字信号

图 1-3　模拟信号和数字信号

(1) 模拟信号反映的是连续信息,取值是连续值,如语音和图像等。

(2) 数字信号反映的是离散信息,数字数据的取值是离散形式的并由字母、符号、数码等表示的数据。

(3) 模拟信号是在某一数值范围内可以连续取值的电信号,如图 1-3(a)所示,如电话机送话器输出的话音信号、电视摄像管产生的图像信号、某些物理的测量结果等。

(4) 数字信号是一种离散信号,如图 1-3(b)所示,它的取值是有限的。

2）数字传输和模拟传输

模拟数据和数字数据两者都可以用模拟信号或者用数字信号来表示，因而也可以用这两种信号来传输。

通常模拟信号是时间的函数并占有一定的频率范围，可以直接由占有相同频率范围的电磁信号表示。如声音，其声波的频率范围为 20Hz～20kHz。由于声音的能量大多集中在窄得多的频率范围内，所以电话通信规定，语音信号标准频率范围为 300～3400Hz。在此频率范围内，可以十分清晰地传输语音。电话设备的所有输入也是在此频率范围之内。模拟数据也可以用数字信号表示和传输，这时需要有一个将模拟信号转换为数字信号的设备。如声音信号可以通过一个变换器（称编码/译码器）进行数字化。同样，数字数据可以用数字信号直接表示，也可以通过一个变换器（调制解调器，Modem）用模拟信号来表示。

（1）模拟传输即用模拟信号进行的传输信号。这种传输方法与这些信号是代表模拟数据还是数字数据无关。

（2）数字传输即用数字信号进行的传输信号。它可以直接传输二进制数据或采用二进制编码数据，也可以传输数字化了的模拟数据，如数字化了的声音。

3. 信道和信道基本参数

（1）信道是信号可以单向传输的途径，它以传输介质和中继通信设施为基础。信道的类型及特点如表 1-1 所示。

表 1-1　信道的类型和特点

分类	定　义	特　点	传输媒体
有线信道	一对导线构成一条有线信道	传输介质为导线（双绞线或者光纤等），信号沿导线传输，能量相对集中在导线附近，因此具有较高的传输效率	架空明线、电缆和光缆等
无线信道	发送方（信源）使用高频发射机和定向天线发射信号，接收方（信宿）通过接收天线和接收机接收信号	信号相对分散，传输效率较低，安全性较差。无线信道可分为长波、中波、短波、超短波和微波等多种。卫星通信系统是一种特殊的微波中继系统	自由空间
模拟信道	支持模拟信号的传输	在信道上传输一段距离之后，信号将会有所衰减，最终导致传输失真。因此为了支持长距离的信号传输，模拟信道每隔一段距离，应当安装放大器，利用放大器使信道中的信号能量得到补充	电话线、双绞线等
数字信道	支持数字信号的传输	数字信道具有对所有频率的信号都不衰减，或者都作同等比例衰减的特点。长距离传输时，数字信号也会有所衰减，因此数字信道中常采用类似放大器功能的中继器来识别和还原数字信号	光纤等

(2) 信道带宽与信道容量是信道的两个基本参数,它由信道的物理特性所决定。

① 信道带宽即信道可以不失真地传输信号的频率范围。为不同应用而设计的传输介质具有不同的信道质量,所支持的带宽有所不同。

② 信道容量即信道在单位时间内可以传输的最大信号量,表示信道的传输能力。信道容量有时也表示为单位时间内可传输的二进制位的位数(称信道的数据传输速率,位速率),以比特/秒形式的予以表示,简记为 b/s。

(3) 数据传输速率即信道在单位时间内可以传输的最大比特数。信道容量和信道带宽具有正比的关系,带宽越大,容量越大。

局域网带宽(传输速率)一般为 10Mb/s、100Mb/s、1000Mb/s,而广域网带宽(传输速率)一般为 64Kb/s、2Mb/s、155Mb/s、2.5Gb/s 等。

(4) 差错率/误码率是描述信道或者数据通信系统(网络)质量的一个指标,即数据传输系统正常工作状态下信道上传输比特总数与其中出错比特数的比值。

$$\text{差错率/误码率}(P_e)=\frac{\text{出错比特数}}{\text{传输比特数}}$$

信道的差错率与信号的传输速率或者传输距离成正比,网络的差错率则主要取决于信源至信宿之间的信道的质量,差错率越高表示信道的质量越差。

1.3.2 数据传送方式

根据收发双方信息交换的方向性,数据在信道上的传输方式有单工、半双工和全双工之分。

(1) 单工传输是指任意时刻只允许向一个方向进行信息传输,如图 1-4 所示,如广播方式的传输。

(2) 半双工传输是指可以交替改变方向的信息传输,但在任一特定时刻,信息只能向一个方向传输,即半双工传输是一种可切换方向的单工传输,如图 1-5 所示,如对话方式的传输。

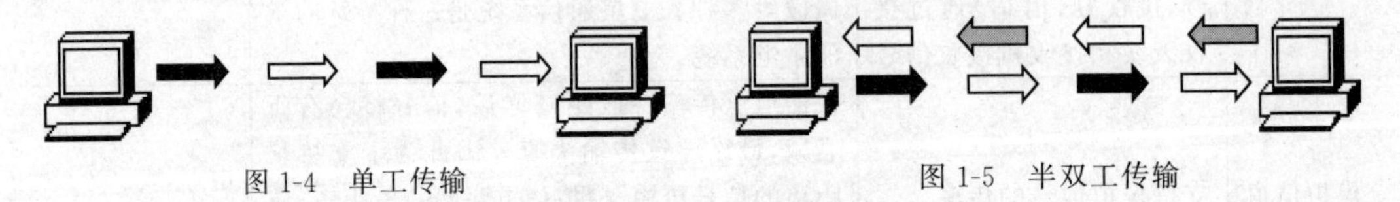

图 1-4 单工传输　　图 1-5 半双工传输

(3) 全双工传输是指任意时刻信息都可进行双向的信息传输,如图 1-6 所示。全双工传输是两个单工传输的结合,要求收发设备都具有独立的收发能力。

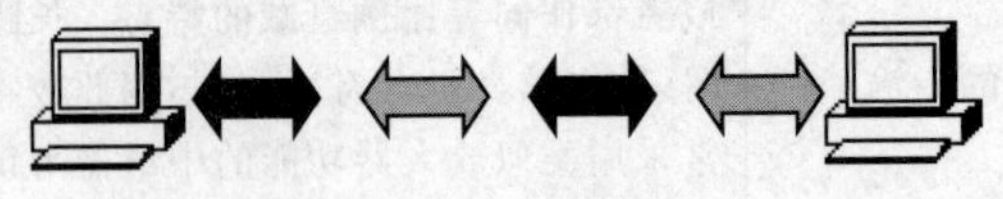

图 1-6 全双工传输

1.4 参观并初识校园网络

参观学校的信息中心机房，初步认识学校校园网整体拓扑结构、层次结构，比较直观地了解计算机网络常见网络设备、在校园网中部署了哪些应用平台和应用项目。在参观过程中，主要观察以下三个问题。

(1) 学校校园网的整体拓扑结构是什么样的？有几个层次？

(2) 信息中心机房的网络设备有多少台，厂商、类别分别有哪些？

(3) 学校校园网应用系统中，所使用的操作系统、应用项目有哪些？是否部署了Web、DNS、DHCP 等服务器？

1.5 绘制拓扑结构图

Microsoft Office Visio 是微软公司开发的绘图软件，可以绘制软件图、业务图、流程图、网络拓扑图等。

下面使用 Visio 来绘制网络拓扑图。

(1) 下载并安装 Microsoft Office Visio 2013 软件。

(2) 选择"开始"→"所有程序"→Microsoft Office 2013→Visio 2013 命令，如图 1-7 所示。打开 Visio 2013 软件窗口，如图 1-8 所示。

(3) 单击右窗格中的"网络"选项，显示新建网络图界面，右侧的"新建"窗格中显示了提供的网络图模板，如图 1-9 所示。

(4) 如果是小型网络，可选择"基本网络图"模板。此处选择"详细网络图"模板，显示"详细网络图"界面，如图 1-10 所示。

(5) 单击"创建"图标，显示绘图界面，如图 1-11 所示。

(6) 单击右下角的"缩放级别"，默认显示比例为 20%。单击 20%，弹出"缩放"对话框，选中 50%单选按钮，将右窗格的显示比例调整为 50%，如图 1-12 所示。

图 1-7 "开始"菜单中的 Visio 2013 软件

图 1-8　Visio 2013 软件窗口

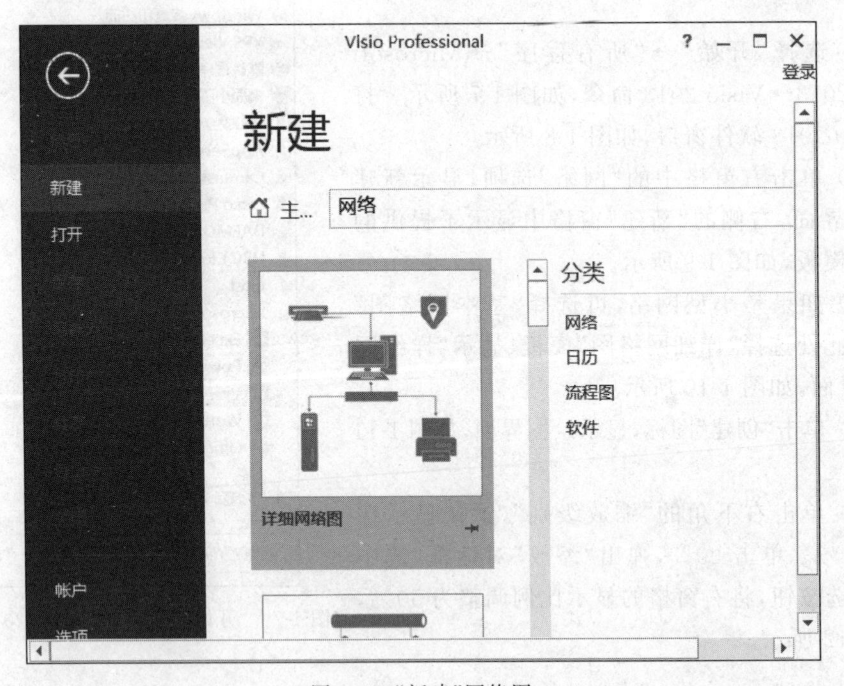

图 1-9　"新建"网络图

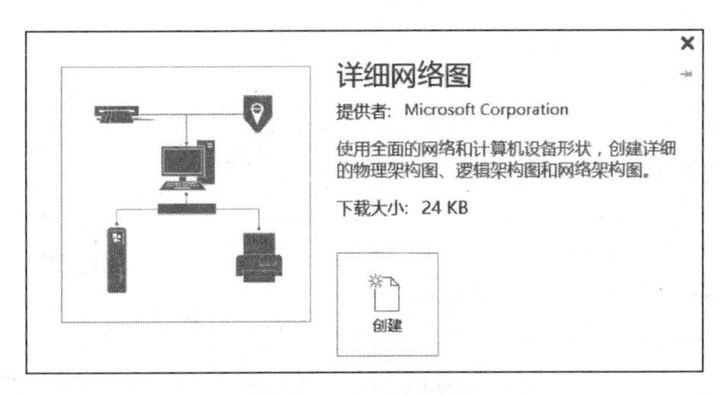

图 1-10　详细网络图

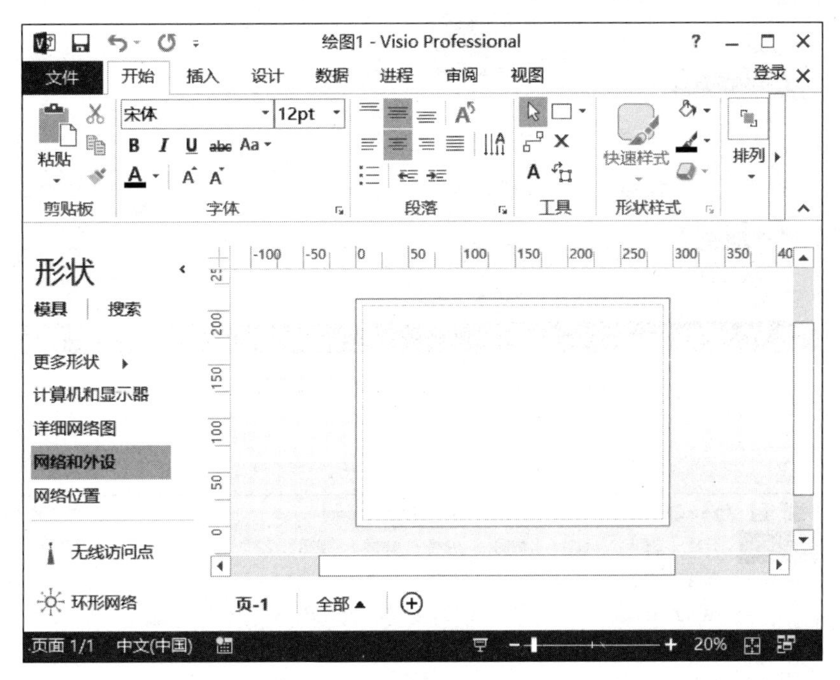

图 1-11　绘图

（7）单击“确定”按钮。根据实际需求，在左侧“形状”窗格中选择需要的“形状”选项。此处选择“计算机和显示器”选项，在左下窗格中单击“终端”并拖动至右窗格绘图区中，此时，在绘图区中显示“终端”图元，如图 1-13 所示。

（8）单击左侧“形状”窗格中“网络和外设”选项，单击左下角的“服务器”并拖动至右窗格绘图区，单击左下角的“路由器”并拖动至右窗格绘图区，如图 1-14 所示。

（9）单击工具栏中的“连接线”，如图 1-14 所示。

（10）将光标移动至绘图区的“终端”图元上，按住鼠标左键将其拖动至“路由器”设备上，此时在“终端”

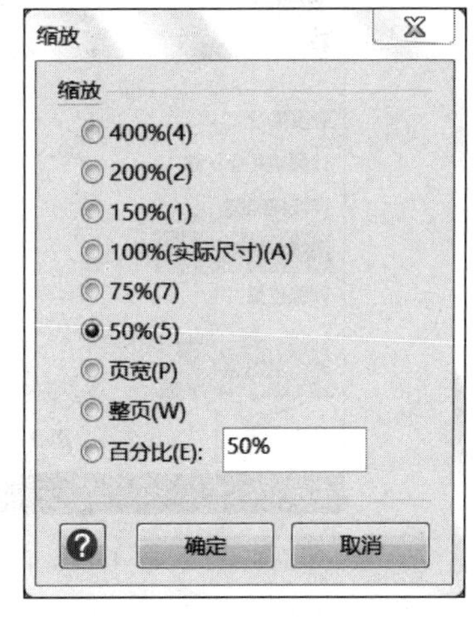

图 1-12　调整右窗格的显示比例

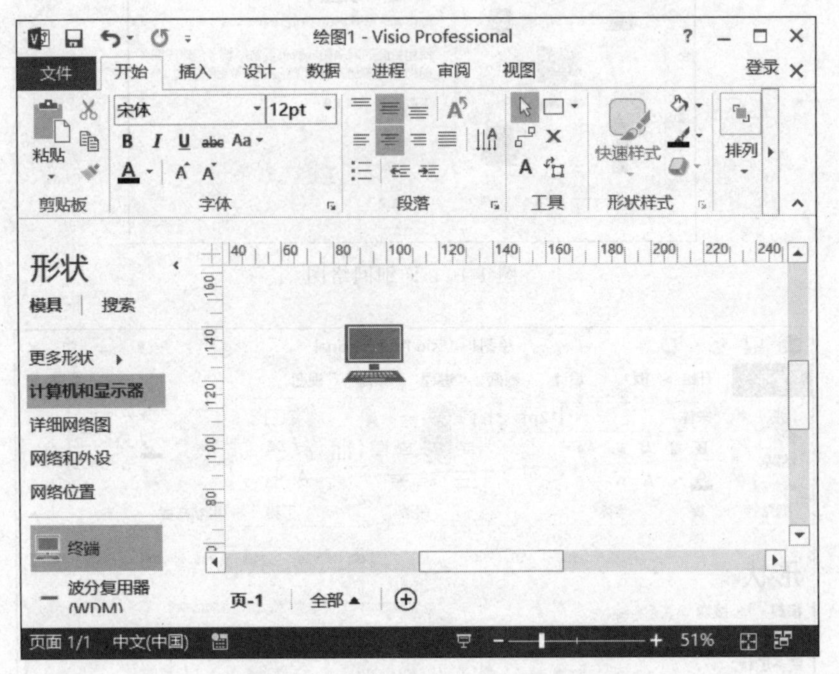

图 1-13　在绘图区中添加“终端”图元

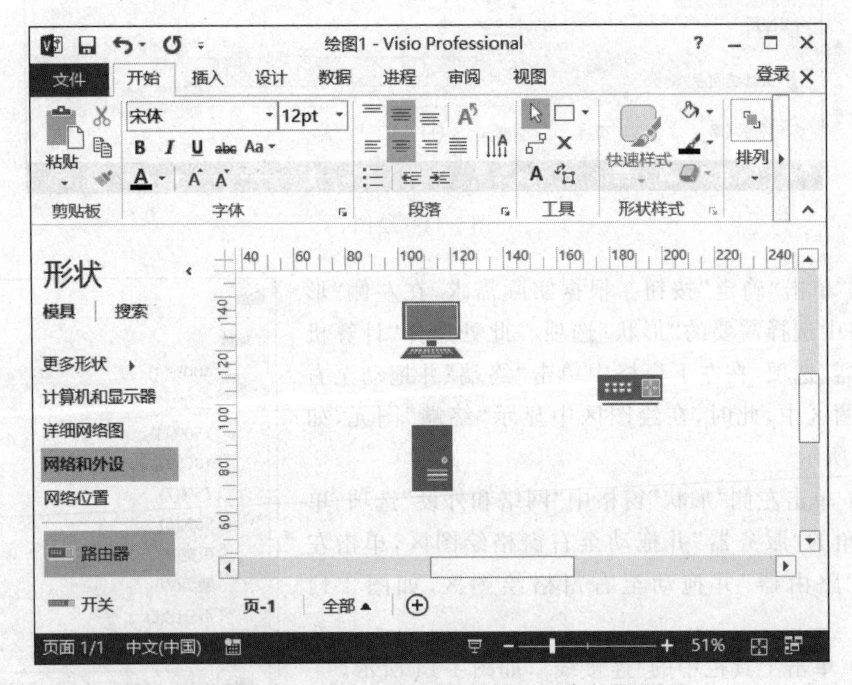

图 1-14　在绘图区中添加“服务器”和“路由器”图元

图元和“路由器”图元之间就有了连接线；将光标移动至绘图区的“服务器”图元上，按住鼠标左键将其拖动至“路由器”设备上，此时在“服务器”图元和“路由器”图元之间就有了连接线，如图 1-15 所示。

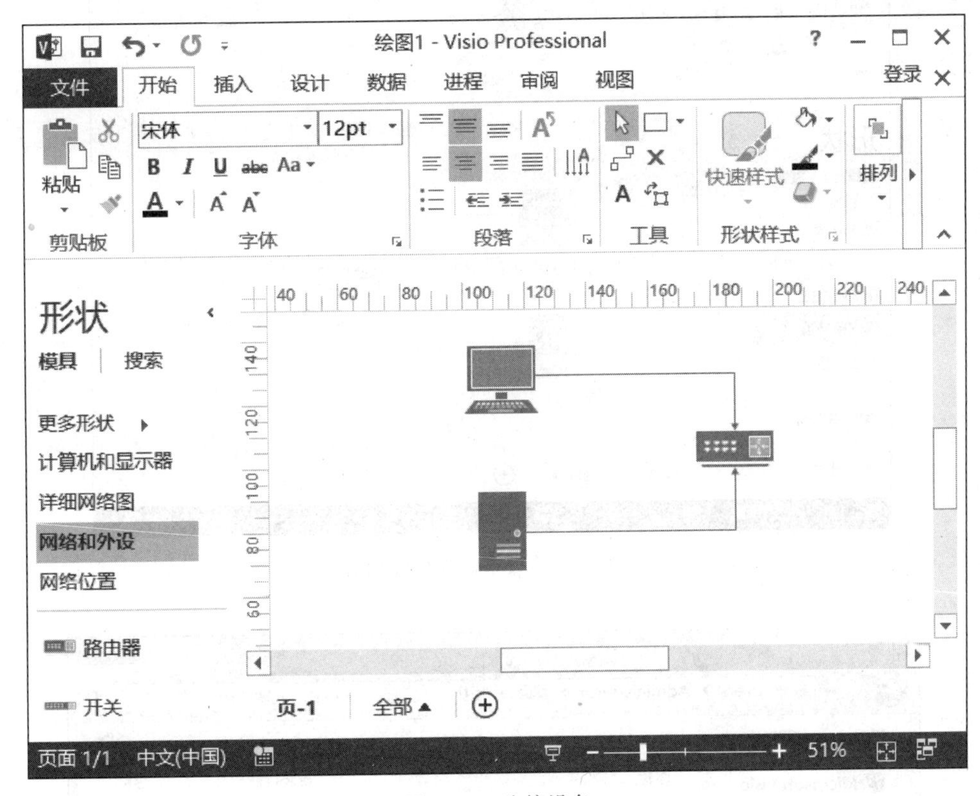

图 1-15　连接设备

(11) 给拓扑中所有设备加标注。单击属性工具栏中的“A 文本”按钮，此时光标呈现为十字状态。在“终端”设备下单击，在显示的文本框中为“终端”设备输入标注内容“终端 192.168.10.2/24”，单击属性工具栏中的“指针工具”按钮完成输入。将光标移动至标注上，光标呈现为带十字形的箭头形状，此时可以拖动文本框来调整文本框的位置。单击属性工具栏中的“A 文本”按钮，在“服务器”设备下单击，在显示的文本框中输入“Web 服务器”标注内容，单击属性工具栏中的“指针工具”按钮完成输入。单击属性工具栏中的“A 文本”按钮，在“路由器”设备下单击，在显示的文本框中输入“锐捷 D-LINK 路由器”标注内容，单击属性工具栏中的“指针工具”按钮完成输入，结果如图 1-16 所示。通过属性工具栏提供的字体、字号、颜色等可以调整设备标注的字体、字号、颜色等。

(12) 拖动鼠标框选所有绘制形状，单击“开始”选项卡中的“复制”按钮。打开 Word 文档，按 Ctrl+V 键，即可将绘制的拓扑复制到 Word 文档中。

(13) 选择“文件”→“另存为”命令，单击“浏览”按钮，弹出“另存为”对话框，选择存储的位置，在“文件名”文本框中输入“拓扑图.vsdx”，如图 1-17 所示。

(14) 单击“保存”按钮保存该文件。

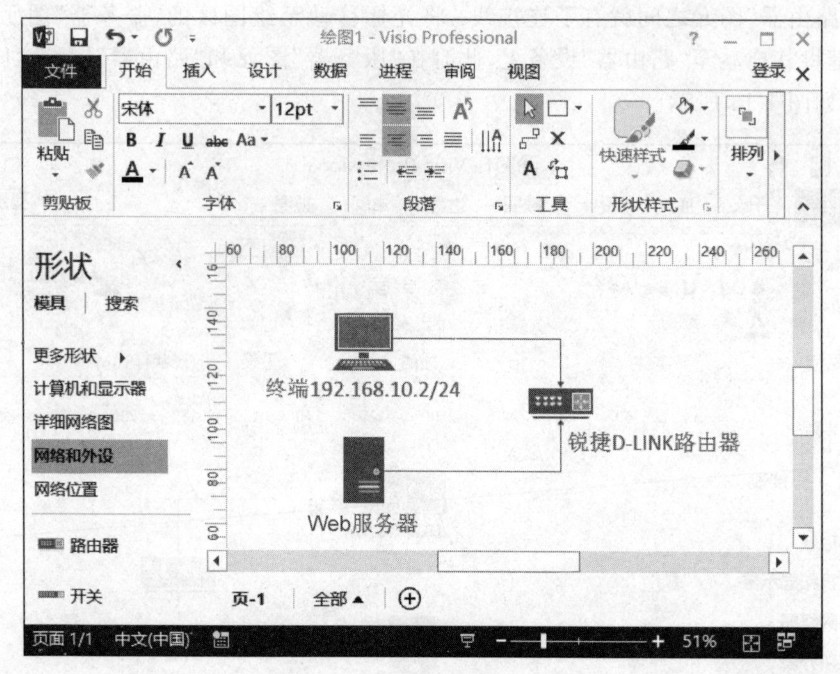

图 1-16　给设备添加标注内容

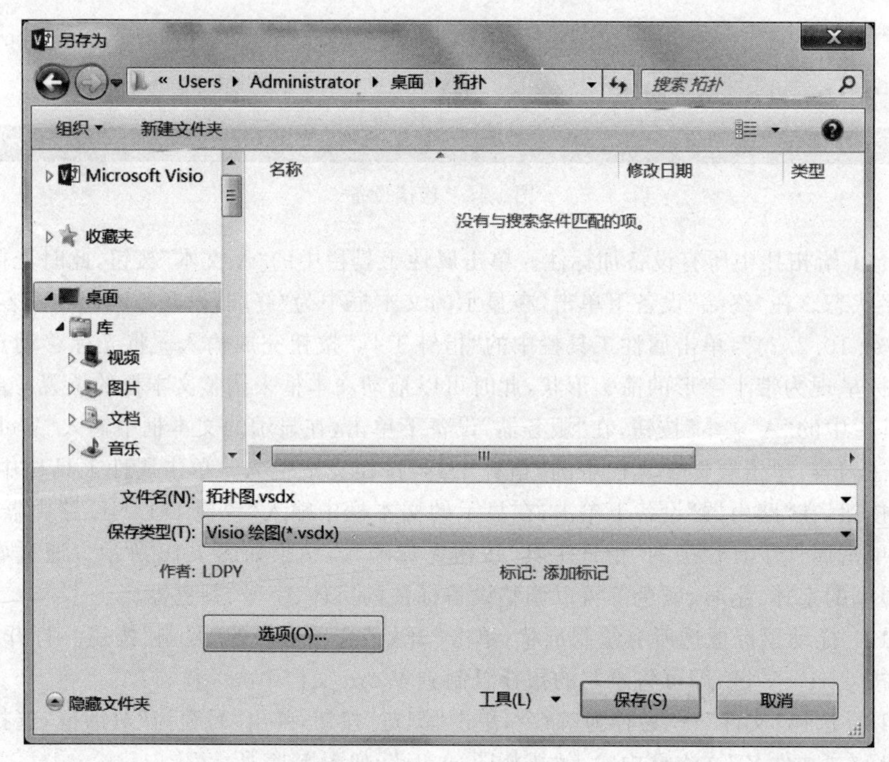

图 1-17　“另存为”对话框

本章小结

本章介绍了计算机网络的基础知识，学生通过参观学校的计算机网络中心，加深对网络概念的理解，进一步了解网络的基本组成，并使用 Microsoft Office Visio 软件绘制了网络拓扑图。在此过程中，学习了计算机网络的现代发展趋势、计算机网络的主要功能及其分类、几种计算机网络操作系统及技术特点和数据通信的基础知识。

习　题　1

1. 简述计算机网络概念。
2. 计算机网络的功能有哪些？
3. 计算机网络按跨度可以分为哪几类，它们的技术特点是什么？
4. 绘制学校信息中心的网络拓扑图。

第2章　计算机网络体系结构

【情境描述】　计算机网络体系结构是指计算机网络的层次结构和协议。了解计算机网络体系结构,可以使我们理解计算机网络的工作原理和过程。计算机网络体系结构有两种,分别是ISO/OSI和TCP/IP。单纯的网络硬件互连还不能形成真正的Internet,互联起来的计算机网络还需要有相应的软件才能相互通信,而TCP/IP就是Internet的核心。IP为标识主机而采用地址格式,IP地址由IP地址管理机构进行统一管理和分配,以保证互联网上运行的设备不会产生地址冲突。

2.1　网络体系结构的基本概念

计算机网络是计算机技术与通信技术相结合的产物。计算机网络技术涉及许多新概念和新技术,内容广泛而不太集中,是一种实用技术。它采用了层次化结构的方法来描述复杂的计算机网络,以便于将复杂的网络问题分解成许多较小的、界限比较清晰而又简单的部分来处理。通常层次结构和协议的集合称为网络体系结构。

2.1.1　网络的层次结构

对网络进行层次划分就是将计算机网络这个庞大的、复杂的问题划分成若干较小的、简单的问题。通常把一组相近的功能放在一起,形成网络的一个结构层次。

计算机网络层次结构包含两方面的含义,即结构的层次性和层次的结构性。其层次的划分原则是层内功能内聚、层间耦合松散。也就是说,在网络中,功能相似或紧密相关的模块应放置在同一层;层与层之间应保持松散的耦合,使信息在层与层之间的流动减到最小。

1. 层次结构的特点

(1) 按照结构化设计方法,将计算机网络的功能划分为若干个层次,较高层次建立在较低层次的基础上,并为更高层次提供必要的服务功能。

(2) 网络中的每一层都起到隔离作用,使得低层功能具体实现方法的变更不会影响到高层所执行的功能。

2. 层次结构的优越性

(1) 各层之间相互独立。高层并不需要知道低层是如何实现的，而仅需要知道该层通过层间的接口所提供的服务。各层都可以采用最合适的技术来实现，各层实现技术的改变不影响其他层。

(2) 灵活性好。当任何一层发生变化时，只要接口保持不变，则在这层或以下各层均不受影响。另外，当某层提供的服务不再需要时，甚至可将该层取消。

(3) 易于实现和维护。整个系统已被分解为若干个易于处理的部分，这种结构使得一个庞大而又复杂系统的实现和维护变得容易。

(4) 有利于网络标准化。因为每一层的功能和所提供的服务都已有了精确的说明，所以标准化变得较为容易。

2.1.2 协议的基本概念

事实上，人与人之间的交互所使用的通信规则无处不在。例如，在使用邮政系统发送信件时，信封必须按照一定的格式书写(如收信人和发信人的地址必须按照一定的位置书写)，否则，信件可能不能到达目的地；同时，信件的内容也必须遵守一定的规则(如使用中文书写)，否则，收信人就不可能理解信件的内容。

与人和人之间的交互相类似，由于计算机网络中包含了多种计算机系统，它们的硬件和软件系统各异，要使得它们之间能够相互通信，就必须有一套通信管理机制使得通信双方能正确地接收信息，并能理解对方所传输信息的含义。也就是说，当用户应用程序、文件信息包等互相通信时，它们必须事先约定一种规则。

在网络系统中，每个节点都必须遵守一些事先约定好的通信规则。这些为网络数据交换而制定的规则、约定与标准称为网络协议。网络协议是由语法、语义和时序三部分组成。

(1) 语法：定义怎么做，确定协议元素的格式，即规定数据与控制信息的结构和格式。

(2) 语义：定义做什么，确定协议元素的类型，即规定确定通信双方通信时数据报文的格式，指定通信双方要发出何种控制信息、完成何种动作以及做出何种应答。

(3) 时序：定义何时做，规定事件实现顺序的详细说明，即确定通信状态的变化和过程，如通信双方的应答关系。

为了减少网络协议设计的复杂性，网络的通信规则也不是一个网络协议可以描述清楚的。协议的设计者并不是设计一个单一、巨大的协议来为所有形式的通信规定完整的细节，而是采用把复杂的通信问题按一定层次划分为许多相对独立的子模块，然后为每一个子模块设计一个单独的协议，即每层对应一个协议。因此，在计算机网络中存在多种协议，每一种协议都有其设计目标和需要解决的问题，同时，每一种协议也有其优点和使用限制。这样做的主要目的是使协议的设计、分析、实现和测试简单化。

协议的划分应保证目标通信系统的有效性和高效性。为了避免重复工作，每个协议应该处理没有被其他协议处理过的那部分通信问题，同时，这些协议之间也可以共享数据和信息。例如，有些协议是工作在较低层次上，保证数据信息通过网卡到达通信电缆；而有些协议工作在较高层次上，保证数据到达对方主机上的应用进程。这些协议相互作用，协同工作，共同完成整个网络的信息通信，处理所有的通信问题和其他异常情况。

2.2 ISO/OSI 参考模型

在 20 世纪 80 年代末 90 年代初，网络的规模和数量都得到了迅猛的增长。但是许多网络都是基于不同的硬件和软件而实现的，这使得它们之间互不兼容。显然，在使用不同标准的网络之间很难实现其通信。为解决这个问题，国际标准化组织 ISO 研究了许多网络方案，认识到需要建立一种可以有助于网络的建设者们实现网络互联并用于通信和协同工作的网络模型，因此在 1984 年公布了开放系统互连参考模型（open system interconnect/reference model，OSI/RM），通常称为 ISO/OSI 参考模型。

2.2.1 ISO/OSI 参考模型的结构

开放系统互连参考模型是一个描述网络层次结构的模型，其标准保证了各种类型网络技术的兼容性和互操作性。ISO/OSI 参考模型说明了信息在网络中的传输过程，以及各层在网络中的功能和它们的架构。

ISO/OSI 参考模型描述了信息或数据通过网络，是如何从一台计算机的一个应用程序到达网络中另一台计算机的另一个应用程序的。当信息在 ISO/OSI 参考模型内逐层传送的时候，它越来越不像人类的语言，变为只有计算机才能明白的数字(0 或 1)。

在 ISO/OSI 参考模型中，计算机之间传送信息的问题分为 7 个较小且更容易管理和解决的小问题。每一个小问题都由模型中的一层来解决。之所以划分为 7 个小问题，是因为它们中的任何一个都囊括了问题本身，不需要太多的额外信息就能很容易地解决。将这 7 个易于管理和解决的小问题映射为不同的网络功能称为分层。这 7 层从低到高依次叫作物理层、数据链路层、网络层、传输层、会话层、表示层和应用层。图 2-1 说明了 OSI 的 7 层结构。

1. ISO/OSI 参考模型的几个概念

(1) 层：开放系统的逻辑划分，代表功能上相对独立的一个子系统。

(2) 对等层：不同开放系统的相同层次。

(3) 层功能：本层具有的通信能力，是内在的通信能力，它由标准指定。

(4) 层服务：本层向上邻层提供的通信能力。根据 ISO/OSI 参考模型增值服务的原则，本层的服务应是下邻层服务与本层功能之和。

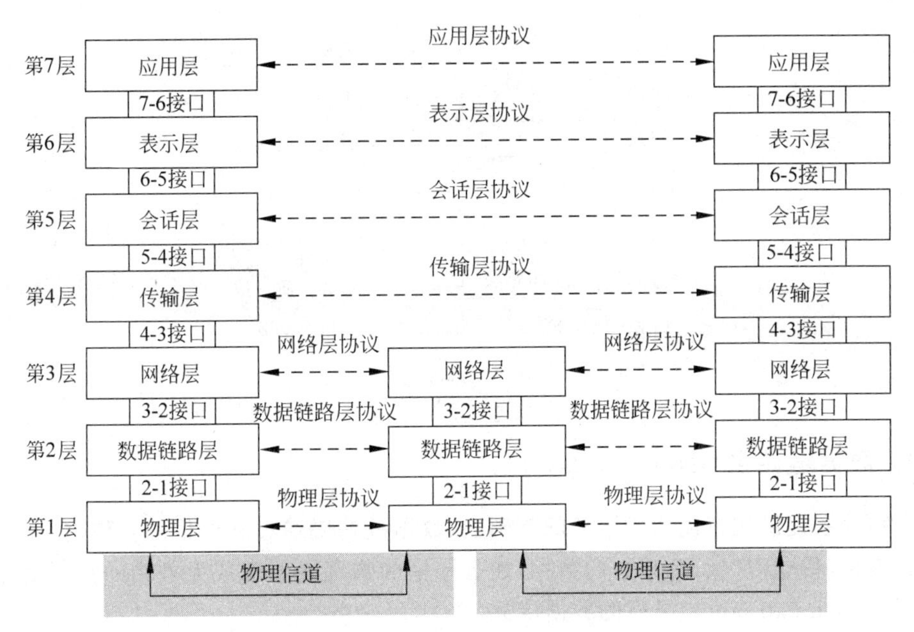

图 2-1 ISO/OSI 参考模型的结构

2. ISO/OSI 参考模型划分的原则

(1) 网络中各节点都有相同的层次。

(2) 不同节点的对等层具有相同的层功能。

(3) 同一节点内相邻层之间通过接口通信。

(4) 每一层使用下层提供的服务,并向其上层提供服务。

(5) 不同节点的同等层按照协议实现对等层之间的通信,如图 2-1 所示。

ISO/OSI 参考模型并非指一个现实的网络,它仅仅规定了每一层的功能,为网络的设计规划出一张蓝图。各个网络设备或软件生产厂家都可以按照这张蓝图来设计和生产自己的网络设备或软件。尽管设计和生产出的网络产品的式样、外观各不相同,但它们应该具有相同的功能。

2.2.2 ISO/OSI 参考模型各层的主要功能

ISO/OSI 参考模型各层的主要功能如图 2-2 所示。

1. 物理层(physical layer)

物理层处于 OSI 参考模型的最低层。物理层的主要功能是利用物理传输介质为数据链路层提供物理连接,以便透明地传送比特流。

物理层定义了激活、维护和关闭终端用户之间的电气、机械、过程和功能特性。物理层的特性包括电压、频率、数据传输速率、最大传输距离、物理连接器及其相关的属性。

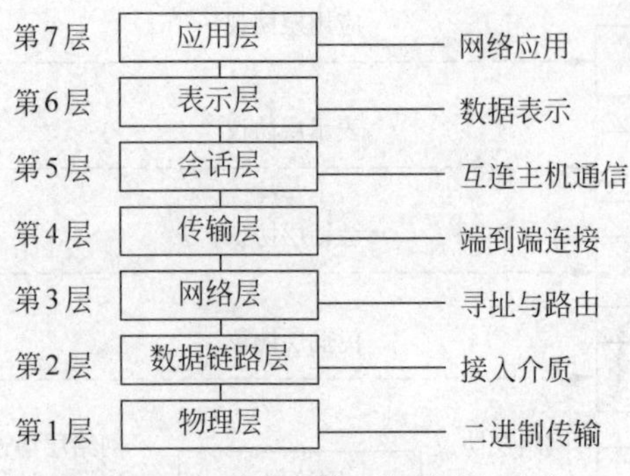

图 2-2　OSI 参考模型各层主要功能

2．数据链路层(data link layer)

在物理层提供比特流传输服务的基础上,数据链路层通过在通信的实体之间建立数据链路连接,传送以"帧"为单位的数据,使有差错的物理线路变成无差错的数据链路,保证点到点(point-to-point)可靠的数据传输。

3．网络层(network layer)

网络层是主机与通信子网的接口,它以数据链路层提供的无差错传输为基础,为高层(传输层)提供两个主机间的数据传输服务,即为高层的数据传输提供建立、维护和终止网络连接的手段,为处在不同网络系统中的两个节点设备通信提供一条逻辑通道(虚电路),把上层来的数据组织成数据包(packet)在节点之间进行交换传送。

网络层的任务包括以下 4 个方面。

(1) 将逐段的数据链路组织起来,通过复用物理链路,为分组提供逻辑通道(虚电路或数据报),建立主机到主机间的网络连接。

(2) 提供路由。

(3) 网络连接与重置,报告不可恢复的错误。

(4) 流量控制及阻塞控制。

由于网络层提供主机间的数据传输,所以网络层数据的传输通道是逻辑通道(虚电路)。此时逻辑通道号称为网络地址。网络层的信息传输单位是分组。

4．传输层(transport layer)

传输层的主要目的是向用户提供无差错可靠的端到端(end-to-end)服务,透明地传送报文,提供端到端的差错恢复和流量控制。它向高层屏蔽了下层数据通信的细节,因而是计算机通信体系结构中最关键的一层。

传输层关心的主要问题包括建立、维护和中断虚电路、传输差错校验和恢复以及信息流量控制机制等。

传输层可以被看作高层协议与下层协议之间的边界,其下四层与数据传输问题有关,其上三层与应用问题有关。

5. 会话层(session layer)

就像它的名字一样,会话层建立、管理和终止应用程序进程之间的会话和数据交换。这种会话关系是由两个或多个表示层实体之间的对话构成的。

6. 表示层(presentation layer)

表示层的功能是保证一个系统应用层发出的信息能被另一个系统的应用层读出。如有必要,表示层用一种通用的数据表示格式在多种数据表示格式之间进行转换。它包括数据格式变换、数据加密与解密、数据压缩与恢复等功能。

7. 应用层(application layer)

应用层是 ISO/OSI 参考模型中最靠近用户的一层,它为用户的应用程序提供网络服务。这些应用程序包括电子数据表格程序、字处理程序和银行终端程序等。应用层识别并证实目的通信方的可用性,使协同工作的应用程序之间进行同步,建立传输错误纠正和数据完整性控制方面的协定,判断是否为所需的通信过程留有足够的资源。

2.2.3 数据的封装与传递

在 ISO/OSI 参考模型中,对等层之间经常需要交换信息单元,对等层协议之间需要交换的信息单元叫作协议数据单元(protocol data unit,PDU)。对等层节点之间的通信并不是直接通信(例如两个传输层的节点之间进行通信),它们需要借助于下层提供的服务来完成,所以通常说对等层之间的通信是虚通信,如图 2-1 所示。

事实上,在某一层需要使用下一层提供的服务传送自己的 PDU 时,其当前层的下一层总是将上一层的 PDU 变为自己 PDU 的一部分,然后利用更下一层提供的服务将信息传递出去。节点 A 将其应用层的信息逐层向下传递,最终变为能够在传输介质上传输的数据(二进制编码),并通过传输介质将编码传送到节点 B。

在网络中,对等层可以相互理解和认识对方信息的具体意义,如节点 B 的网络层收到节点 A 的网络层的 PDU(NH+L4DATA)时,可以理解该 PDU 的信息并知道如何处理该信息。如果不是对等层,双方的信息就不可能也没有必要相互理解。

1. 数据封装

为了实现对等层之间的通信,当数据需要通过网络从一个节点传送到另一节点前,必须在数据的头部和尾部加入特定的协议头和协议尾。这种增加数据头部和尾部的过程称为数据打包或数据封装。

例如,在图 2-3 中,节点 A 的网络层需要将数据传送到节点 B 的网络层,这时,A 的网络层就需要使用其下邻层提供的服务。即首先将自己的 PDU(NH+L4DATA)交给其下邻层——数据链路层,节点 A 的数据链路层在收到该 PDU(NH+L4DATA)之后,将它变为自己 PDU 的数据部分 L3DATA,在其头部和尾部加入特定的协议头和协议尾

DH，封装为自己的 PDU（DH＋L3DATA＋DH），然后再传给其下邻层——物理层。最终将其应用层的信息变为能够在传输介质上传输的数据（二进制编码），并通过传输介质将编码传送到节点 B。

2. 数据拆包

在数据到达接收节点的对等层后，接收方将反向识别、提取和除去发送方对等层所增加的数据头部和尾部。接收方这种去除数据头部和尾部的过程叫作数据拆包或数据解封，如图 2-3 所示。

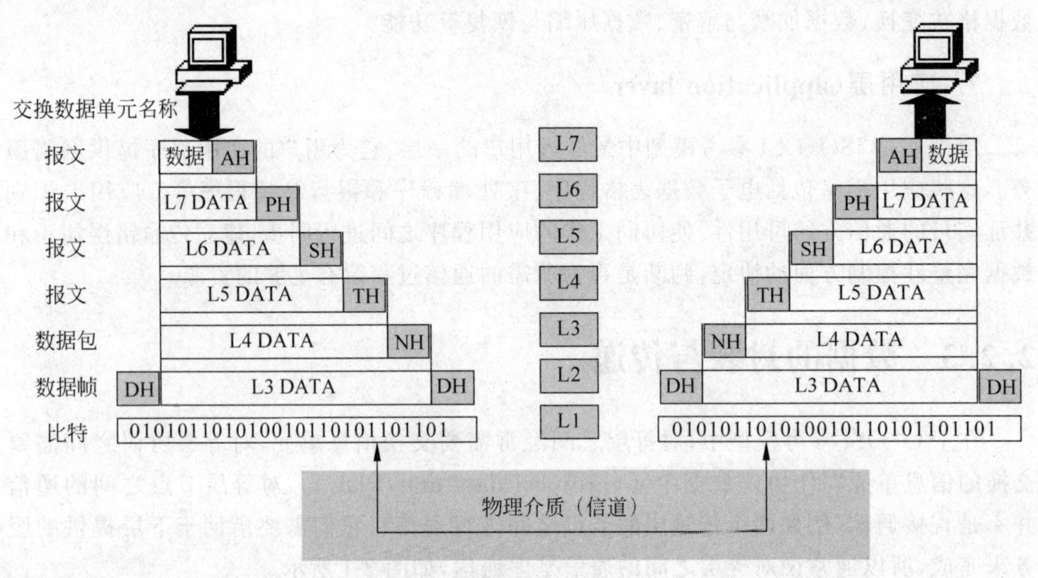

图 2-3　数据的封装与传递

例如，在图 2-3 中，节点 B 的数据链路层在传给网络层之前，按照对等层协议相同的原则，首先将自己的 PDU（DH＋L3DATA＋DH）去除其头部和尾部的协议头和协议尾 DH，还原为本层 PDU 的数据部分 L3DATA（NH＋L4DATA）即网络层的 PDU，传给其网络层。其他层依次进行类似处理，最后将数据传到其最高层——应用层。

事实上，数据封装和解封装的过程与通过邮局发送信件的过程是相似的。当需要发送信件时，首先需要将写好的信纸放入信封中，然后按照一定的格式书写收信人姓名、收信人地址及发信人地址，这个过程就是一种封装的过程。当收信人收到信件后，要将信封拆开，取出信纸，这就是解封的过程。在信件通过邮局传递的过程中，邮局的工作人员仅需要识别和理解信封上的内容。对于信纸上书写的内容，他不可能也没必要知道。

尽管发送的数据在 OSI/RM 环境中经过复杂的处理过程才能送到另一接收节点，但对于相互通信的计算机来说，OSI/RM 环境中数据流的复杂处理过程是透明的。发送的数据好像是“直接”传送给接收节点，这是开放系统在网络通信过程中最主要的特点。

2.3　TCP/IP 体系结构

2.3.1　TCP/IP 体系结构的层次划分

ISO/OSI 参考模型的提出在计算机网络发展史上具有里程碑的意义，以至于提到计算机网络就不能不提 ISO/OSI 参考模型。但是，ISO/OSI 参考模型具有定义过于繁杂、实现困难等缺点。与此同时，TCP/IP 协议的提出和广泛使用，特别是因特网用户爆炸式的增长，使 TCP/IP 网络体系结构日益显示出其重要性。

TCP/IP 是目前最流行的商业化网络协议，尽管它不是某一标准化组织提出的正式标准，但它已经被公认为是目前的工业标准或“事实标准”。因特网之所以能迅速发展，就是因为 TCP/IP 能够适应和满足世界范围内数据通信的需要。

1. TCP/IP 的特点

(1) 开放的协议标准，可以免费使用，并且独立于特定的计算机硬件与操作系统。

(2) 独立于特定的网络硬件，可以运行在局域网、广域网以及互联网中。

(3) 统一的网络地址分配方案，使整个 TCP/IP 设备在网中都具有唯一的地址。

(4) 标准化的高层协议，可以提供多种可靠的用户服务。

2. TCP/IP 体系结构的层次

与 ISO/OSI 参考模型不同，TCP/IP 体系结构将网络划分为 4 层，它们分别是应用层(application layer)、传输层(transport layer)、互联层(internet layer)和网络接口层(network interface layer)，如图 2-4 所示。

3. TCP/IP 体系结构与 ISO/OSI 参考模型的对应关系

实际上，TCP/IP 的分层体系结构与 ISO/OSI 参考模型有一定的对应关系。图 2-5 给出了这种对应关系。

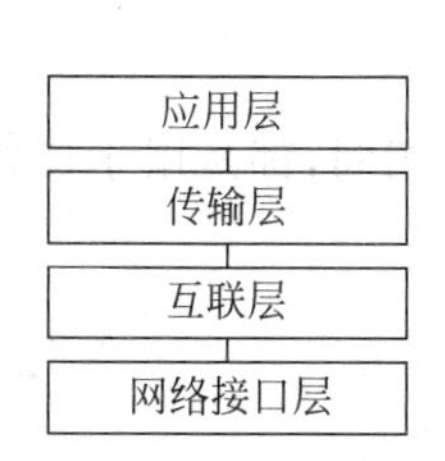

图 2-4　TCP/IP 分层体系结构

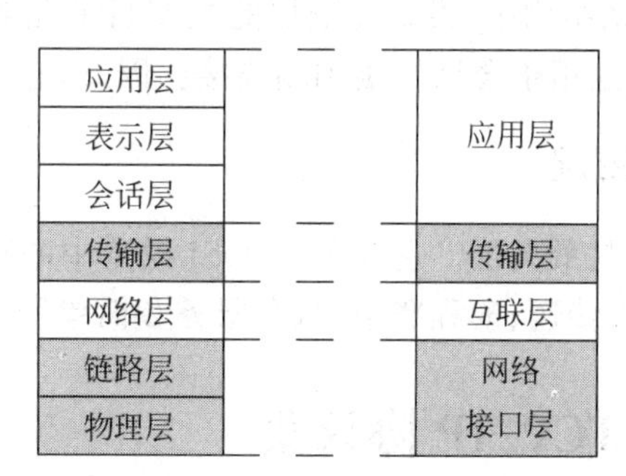

图 2-5　TCP/IP 体系结构与 OSI 参考模型的对应关系

(1) TCP/IP 体系结构的应用层与 ISO/OSI 参考模型的应用层、表示层及会话层相对应。

(2) TCP/IP 的传输层与 ISO/OSI 的传输层相对应。

(3) TCP/IP 的互联层与 ISO/OSI 的网络层相对应。

(4) TCP/IP 的网络接口层与 ISO/OSI 的数据链路层及物理层相对应。

2.3.2 TCP/IP 体系结构各层的功能

1. 网络接口层

在 TCP/IP 分层体系结构中,网络接口层又称主机接口层,它是最低层,负责接收 IP 数据报并通过网络发送出去,或者从网络上接收物理帧,抽取数据报交给互联层。TCP/IP 体系结构并未对网络接口层使用的协议做出强硬的规定,它允许主机连入网络时使用多种现成的和流行的协议,如局域网协议或其他一些协议。

2. 互联层

互联层又称网际层,是 TCP/IP 体系结构的第 2 层,它实现的功能相当于 ISO/OSI 参考模型网络层的无连接网络服务。互联层负责将源主机的报文分组发送到目的主机,源主机与目的主机可以在一个网上,也可以在不同的网上。

互联层主要有以下功能。

(1) 处理来自传输层的分组发送请求。在收到分组发送请求之后,将分组装入 IP 数据报,填充报头,选择发送路径,然后将数据报发送到相应的网络接口。

(2) 处理接收的数据报。首先检查其合法性,然后进行路由。在接收到其他主机发送的数据报之后,检查目的地址,如需要转发,则选择发送路径,转发出去;如目的地址为本节点 IP 地址,则除去报头,将分组送交传输层处理。

(3) 处理 ICMP 报文、路由、流控与拥塞问题。

3. 传输层

传输层位于互联层之上,它的主要功能是负责应用进程之间的端到端通信。在 TCP/IP 体系结构中,设计传输层的主要目的是在互联层中的源主机与目的主机的对等实体之间建立用于会话的端到端连接。因此,它与 OSI 参考模型的传输层相似。

4. 应用层

应用层是最高层。它与 ISO/OSI 模型中的高三层的任务相同,都是用于提供网络服务,比如文件传送、远程登录、域名服务和简单网络管理等。

2.3.3 TCP/IP 协议集

TCP/IP 是一个协议集,由多个子协议分层组成。TCP/IP 体系结构包括了 4 个层次，但实际上只有 3 个层次包含了实际的协议。TCP/IP 体系结构与各层协议之间的对应关系如图 2-6 所示。

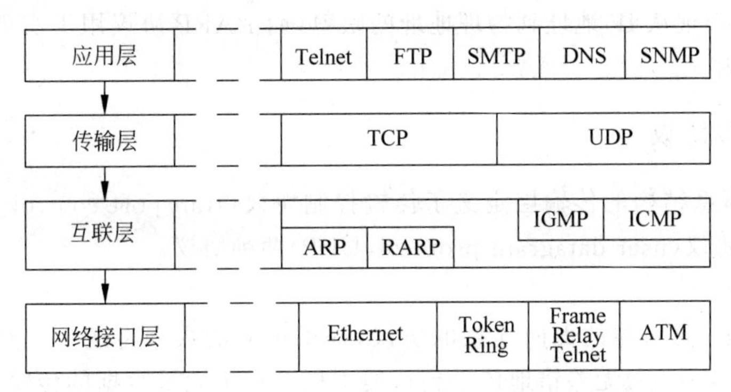

图 2-6　TCP/IP 体系结构与各层协议之间的对应关系

1. 互联层协议

1）网际协议(internet protocol，IP)

(1) IP 主要是对数据包进行相应的寻址和路由，并从一个网络转发到另一个网络。IP 在每个发送的数据包前加入一些控制信息，其中包含了源主机的 IP 地址、目的主机的 IP 地址和其他一些信息。

(2) IP 将分割和重编在传输层被分割的数据包。由于数据包要从一个网络到另一个网络，当两个网络所支持传输的数据包的大小不相同时，IP 就要在发送端将数据包分割，然后在分割的每一段前再加入控制信息进行传输。当接收端接收到数据包后，IP 将所有的片段重新组合形成原始的数据。

(3) IP 是无连接的协议。无连接是指主机之间不建立用于可靠通信的端到端的连接，源主机只是简单地将 IP 数据包发送出去，而数据包可能会丢失、重复或数据包的次序混乱等。因此，要实现数据包的可靠传输，就必须依靠高层的协议或应用程序，如传输层的 TCP 进行相关处理。

2）网际控制报文协议(internet control message protocol，ICMP)

ICMP 为 IP 提供差错报告。由于 IP 是无连接的，且不进行差错检验，当网络上发生错误时它不能检测错误。在 IP 数据包传输系统中，IP 网关(IP 子网之间的互联设备)完成路由和报文传输工作，无须信源机的参与。系统一旦发生传输错误，IP 本身并没有一种内在的机制获取差错信息并进行相应控制。当中间网关发现传输错误时，ICMP 协议立即向信源机发送 ICMP 报文，报告出错情况，以便信源机采取相应纠正措施。ICMP 能够报告的一些普通错误类型有目标无法到达、阻塞等。

3）网际主机组管理协议(internet group management protocol，IGMP)

IP 只是负责网络中点到点的数据包传输，而点到多点的数据包传输则要依靠 IGMP 完成。它主要负责报告主机组之间的关系，以便相关的设备如路由器支持多播发送。

4）地址解析协议ARP和反向地址解析协议RARP

计算机网络中各主机之间要进行通信时，必须要知道彼此的物理地址（MAC地址）。ARP协议用于实现从IP地址到物理地址的映射，而RARP协议用于实现从物理地址到网际地址的映射。

2. 传输层协议

TCP/IP体系结构的传输层定义了传输控制协议（transport control protocol，TCP）和用户数据报协议（user datagram protocol，UDP）两种协议。

1）TCP

① TCP是一种可靠的面向连接的协议，提供可靠的数据传送。它允许将一台主机的字节流（byte stream）无差错地传送到目的主机。对于大量数据的传输，通常都要求有可靠的传送。

② TCP将应用层的字节流分成多个字节段（byte segment），然后将每一个字节段传送到互联层，并利用互联层发送到目的主机。当互联层将接收到的字节段传送给传输层时，传输层再将多个字节段还原成字节流传送到应用层。

③ TCP还要完成流量控制、协调收发双方的发送与接收速度等功能，以达到正确传输的目的。

2）UDP

UDP是一种不可靠的无连接协议，因此它不能提供可靠的数据传输。而且UDP不进行差错检验，必须由应用层的应用程序实现可靠性机制和差错控制，以保证端到端数据传输的正确性。它主要用于不要求分组顺序到达的传输中，分组传输顺序检查与排序由应用层完成。

面向连接的通信通常只能在两个主机之间进行，若要实现多个主机之间的一对多或多对多的数据传输，即广播或多播，就需要使用UDP。

3. 应用层协议

应用层包括了所有的高层协议，并且总是不断有新的协议加入。应用层主要包含如下协议。

（1）远程登录协议（Telnet），用于实现互联网中远程登录功能。

（2）文件传送协议（file transfer protocol，FTP），用于实现互联网中交互式文件传送功能。

（3）简单邮件传送协议（simple mail transfer protocol，SMTP），用于实现互联网中电子邮件传送功能。

（4）域名系统（domain name system，DNS），用于实现网络设备名字到IP地址映射的网络服务。

（5）超文本传送协议（hyper text transfer protocol，HTTP），用于目前广泛使用的Web服务。

（6）路由信息协议（routing information protocol，RIP），用于网络设备之间交换路由

信息。

(7) 简单网络管理协议(simple network management protocol,SNMP),用于管理和监视网络设备。

(8) 网络文件系统(network file system,NFS),用于网络中不同主机间的文件共享。

4. 协议之间的关系

应用层协议有的依赖于面向连接的传输层协议 TCP(如 Telnet、SMTP、FTP 及 HTTP),有的依赖于面向非连接的传输层协议 UDP(如 SNMP),还有一些协议(如 DNS 协议),既依赖于 TCP,也依赖于 UDP。

从图 2-6 中可以看出,FTP 依赖于 TCP,而 TCP 又依赖于 IP;SNMP 依赖于 UDP,而 UDP 也依赖于 IP 等。

2.4 ISO/OSI 参考模型与 TCP/IP 体系结构的比较

尽管 TCP/IP 体系结构与 ISO/OSI 参考模型在层次划分及使用的协议上有很大区别,但它们在设计中都采用了层次结构的思想。无论是 ISO/OSI 参考模型还是 TCP/IP 体系结构都不是完美的,对两者的评论与批评都很多。

ISO/OSI 参考模型的主要问题是定义复杂、实现困难、有些同样的功能(如流量控制与差错控制等)在多层重复出现、效率低下等。而 TCP/IP 体系结构的缺陷包括网络接口层本身并不是实际的一层,每层的功能定义与其实现方法没能区分开来,使 TCP/IP 体系结构不适合于其他非 TCP/IP 协议集等。

人们普遍希望网络标准化,但 ISO/OSI 参考模型迟迟没有成熟的网络产品。因此,ISO/OSI 参考模型与协议没有像专家们所预想的那样风靡世界。而 TCP/IP 体系结构与协议在 Internet 中经受了几十年的风风雨雨,得到了 IBM、Microsoft、Novell 及 Oracle 等大型网络公司的支持,成为计算机网络中的主要标准体系。

2.5 IP 地址

Internet 实质上是把分布在世界各地的各种网络如计算机局域网和广域网、数字数据通信网以及公用电话交换网等互相连接起来而形成的超级网络。然而,单纯的网络硬件互连还不能形成真正的 Internet,互联起来的计算机网络还需要有相应的软件才能相互通信,而 TCP/IP 就是 Internet 的核心。

2.5.1 IP 编址

TCP/IP 栈中的 IP 为标识主机而采用地址格式,该地址由 32 位(4B)无符号二进制数表示。这种互联网上通用的地址叫作 IP 地址,IP 地址由 IP 地址管理机构进行统一管理和分配,以保证互联网上运行的设备(如主机、路由器等)不会产生地址冲突。

在互联网上,主机可以利用 IP 地址来标识。但是,一个 IP 地址标识一台主机的说法并不准确。严格地讲,IP 地址指定的不是一台计算机,而是计算机到一个网络的连接。因此,具有多个网络连接的互联网设备就应具有多个 IP 地址。在图 2-7 中,路由器分别与两个不同的网络连接,因此它应该具有两个不同的 IP 地址。装有多块网卡的多宿主主机,如图 2-7 所示,由于每一块网卡都可以提供一条物理连接,因此它也应该具有多个 IP 地址。在实际应用中,还可以将多个 IP 地址绑定到一条物理连接上,使一条物理连接具有多个 IP 地址。

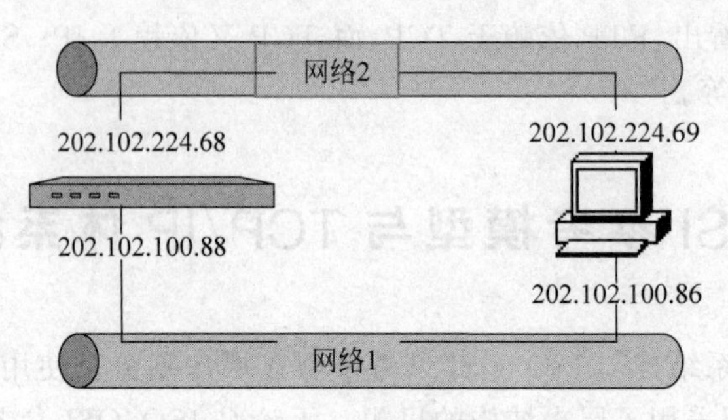

图 2-7　IP 地址的作用是标识网络

1. IP 地址的组成

互联网是具有层次结构的,一个互联网包括了多个网络,每一个网络又包括了多台主机。与互联网的层次结构对应,互联网使用的 IP 地址也采用了层次结构,如图 2-8 所示。

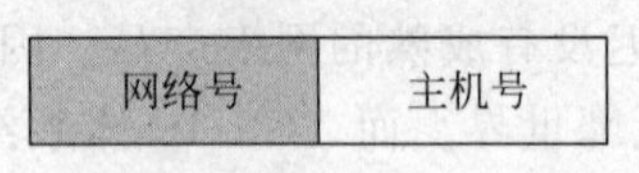

图 2-8　IP 地址的层次结构

1) 组成

IP 地址由网络号(net ID)和主机号(host ID)两个层次组成。

网络号用来标识互联网中的一个特定网络,而主机号则用来标识该网络中主机的一个特定连接。因此,IP 地址的编址方式明显地携带了位置信息。如果给出一个具体的 IP 地址,立刻就可以知道它位于哪个网络,这给互联网的路由选择带来很大好处。

2) 优点

给出 IP 地址就能知道它位于哪个网络,因此路由比较简单。

3) 缺点

主机在网络间移动,IP 地址必须跟随变化。

事实上,由于 IP 地址不仅包含主机本身的地址信息,而且包含主机所在网络的地址信息,因此,在将主机从一个网络移到另一个网络时,主机 IP 地址必须进行修改以正确地反映这个变化。在图 2-9 中,如果具有 IP 地址 202.100.100.11 的计算机需要从网络 1 移动到网络 2,那么当它加入网络 2 后,必须为它分配新的 IP 地址(如 202.102.224.67),否则就不可能与互联网上的其他主机正常通信。

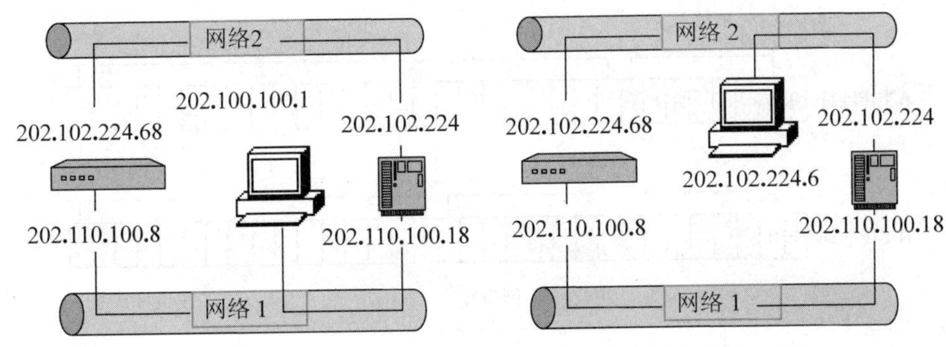

图 2-9　主机在网络间的移动

IP 地址与生活中的邮件地址非常相似。生活中的邮件地址描述了信件收发人的地理位置,也具有一定的层次结构(如城市、区、街道等)。如果收件人的位置发生变化(如从一个区搬到了另一个区),那么邮件的地址就必须随之改变,否则邮件就不可能送达收件人。

2. IP 地址的划分

在长度为 32 位的 IP 地址中,哪些位代表网络号,哪些代表主机号呢?这个问题看似简单,意义却很重大,只有明确其网络号和主机号,才能确定其通信地址;同时当地址长度确定后,网络号长度又将决定整个互联网中能包含多少个网络,主机号长度则决定每个网络能容纳多少台主机。

根据 TCP/IP 的规定,IP 地址由 32b 组成,它们被划分为 3 个部分:地址类别、网络号和主机号,如图 2-10 所示。

图 2-10　IP 地址的层次结构

在互联网中,网络数是一个难以确定的因素,而不同种类的网络规模也相差很大。有的网络具有成千上万台主机,而有的网络仅仅有几台主机。为了适应各种网络规模的不同,IP 协议将 IP 地址划分为 5 类网络(A、B、C、D 和 E),它们分别使用 IP 地址的前几位(地址类别)加以区分,如图 2-11 所示。常用的为 A、B 和 C 三类。

(1) A 类:以第 1 字节的 0 开始,7 位表示网络号(0～126),后 24 位表示主机号。

(2) B 类:以第 1 字节的 10 开始,14 位表示网络号(128～191),后 16 位表示主机号。

(3) C 类:以第 1 字节的 110 开始,21 位表示网络号(192～223),后 8 位表示主机号。

(4) D 类:以第 1 字节的 1110 开始,用于因特网多点广播。

(5) E 类:以第 1 字节的 11110 开始,保留为今后扩展使用。

(6) 00000000(0)、01111111(127)、11111111(255)有特殊的用法。

IP 地址的分类是经过精心设计的,它能适应不同的网络规模,具有一定的灵活性。表 2-1 简要地总结了 A、B 和 C 3 类 IP 地址可以容纳的网络数和主机数。

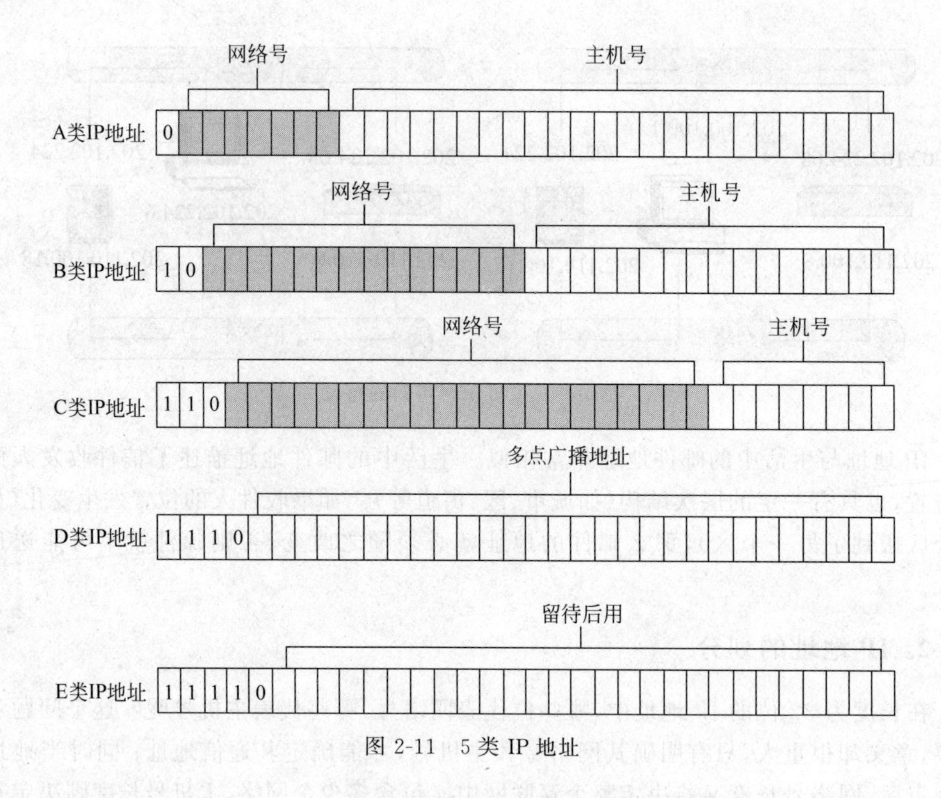

图 2-11　5 类 IP 地址

表 2-1　A、B、C 3 类 IP 地址可以容纳的网络数和主机数

类别	第一字节范围	网络地址长度	最大的主机数	适用的网络规模
A	1～126	1 字节	16 777 214	大型网络
B	128～191	2 字节	65 534	中型网络
C	192～223	3 字节	254	小型网络

3. IP 地址的直观表示法

IP 地址由 32 位二进制数值组成，但为了方便用户的理解和记忆，它采用了点分十进制标记法，即将 4 字节的二进制数值转换成 4 个十进制数值，每个数值小于等于 255，数值中间用“.”隔开，表示成 w. x. y. z 的形式，如图 2-12 所示。

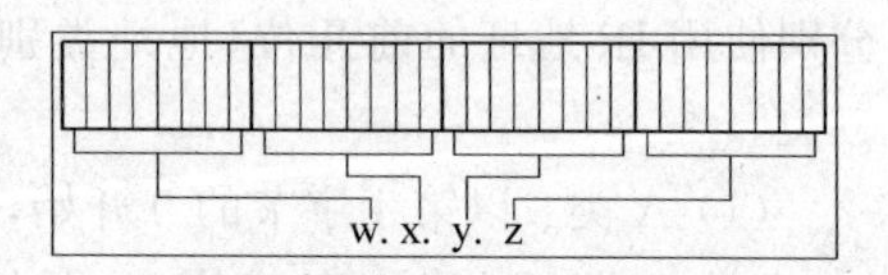

图 2-12　点分十进制标记法

例如，以下二进制 IP 地址：

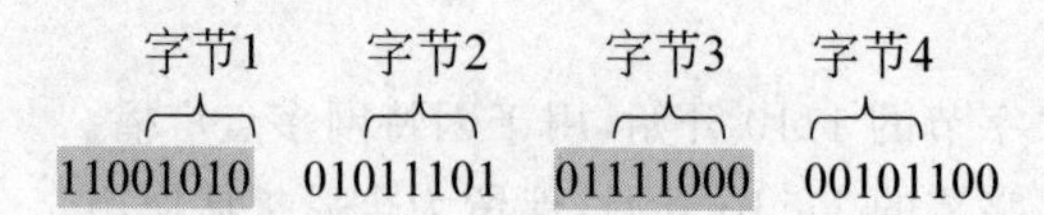

可用点分十进制表示法表示成 202. 93. 120. 44。

4. 特殊的 IP 地址形式

IP 地址除了可以表示主机的一个物理连接外，还有几种特殊的表现形式。

1）网络地址

在互联网中，经常需要使用网络地址，那么怎么来表示一个网络呢？IP 地址方案规定，网络地址包含一个有效的网络号和一个全 0 的主机号。例如，地址 113.0.0.0 是一个 A 类网络的网络地址。而一个具有 IP 地址为 202.100.100.2 的主机所处的网络地址为 202.100.100.0，它是一个 C 类网络，其主机号为 2。

2）广播地址

当一个设备向网络上所有的设备发送数据时，就产生了广播。为了使网络上所有设备能够注意到这样一个广播，必须使用一个可进行识别和侦听的 IP 地址。通常，这样的 IP 地址以全 1 结尾。

IP 广播有两种形式，一种是直接广播，另一种是有限广播。

(1) 直接广播。如果广播地址包含一个有效的网络号和一个全 1 的主机号，那么技术上称为直接广播(directed broadcasting)地址。在互联网中，任意一台主机均可向其他网络进行直接广播。

例如 C 类地址 202.100.100.255 就是一个直接广播地址。互联网上的一台主机如果使用该 IP 地址作为数据报的目的 IP 地址，那么这个数据报将同时发送到 202.100.100.0 网络上的所有主机。

直接广播的一个主要问题是在发送前必须知道目的网络的网络号。

(2) 有限广播。32 位全为 1 的 IP 地址(255.255.255.255)用于本网广播，该地址叫作有限广播(limited broadcasting)地址。实际上，有限广播将广播限制在最小的范围内。如果采用标准的 IP 编址，那么有限广播将被限制在本网络之中；如果采用子网编址，那么有限广播将被限制在本子网之中。

进行有限广播不需要知道网络号，因此，在主机不知道本机所处的网络时(如主机的启动过程中)，只能采用有限广播方式。

3）回送地址

A 类网络地址 127.0.0.0 是一个保留地址，用于网络软件测试以及本地机器进程间通信。这个 IP 地址叫作回送地址(loopback address)。无论什么程序，一旦使用回送地址发送数据，协议软件不进行任何网络传输，立即将之返回。因此，含有网络号 127 的数据报不可能出现在任何网络上。

2.5.2　子网地址与子网掩码

在互联网中，A 类、B 类和 C 类 IP 地址是经常使用的。由于经过网络号和主机号的层次划分，它们能适应于不同的网络规模。使用 A 类 IP 地址的网络可以容纳 1600 多万台主机，而使用 C 类 IP 地址的网络仅仅可以容纳 254 台主机。但是，随着计算机的发展和网络技术的进步,个人计算机应用迅速普及,小型网络(特别是小型局域网络)越来越多。这些网络多则拥有几十台主机,少则拥有两三台主机。对于这样一些小规模网络即使采用一个 C 类地址仍然是一种浪费,因而在实际应用中,人们开始寻找新的解决方案以克服 IP 地址的浪费现象。其中子网编址就是方案之一。

1. 子网地址

IP 地址具有层次结构,标准的 IP 地址分为网络号和主机号两层。为了避免 IP 地址的浪费,子网编址将 IP 地址的主机号部分进一步划分成子网部分和主机部分,如图 2-13 所示。

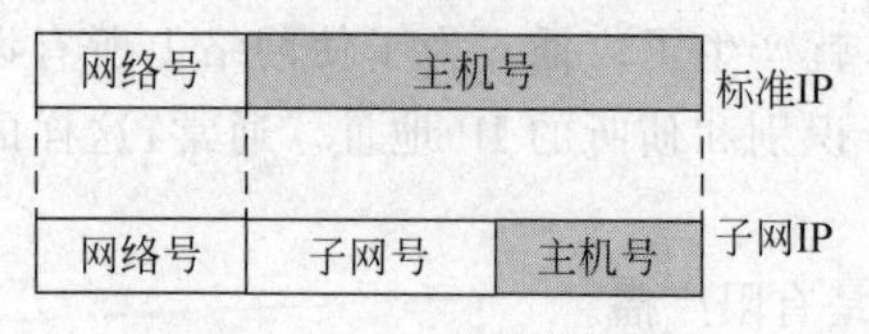

图 2-13 子网编址的层次结

一个子网地址包括了网络号、子网号和主机号三个部分。

子网划分的规则如下。

(1) 在利用主机号划分子网时,全部为 0 的表示该子网网络,全部为 1 的表示子网广播,其余的可以分配给子网中的主机。

(2) 二进制全 0 或全 1 的子网号不能分配给实际的子网。全 0 子网会给早期的路由选择协议带来问题,全 1 子网与所有子网的直接广播地址冲突。

为了创建一个子网地址,网络管理员从标准 IP 地址的主机号部分借位并把它们指定为子网号部分。其中,B 类网络的主机号部分只有两个字节,故而最多只能借用 14 位去创建子网。而在 C 类网络中,由于主机号部分只有一个字节,故最多只能借用 6 位去创建子网。

例如,130.66.0.0 是一个 B 类 IP 地址,它的主机号部分有两个字节。在图 2-14 中,借用了左边的一个字节分配子网。其子网地址分别为 130.66.2.0 和 130.66.3.0。

其中,130.66.2.216 的网络地址为 130.66.0.0,子网号为 2,主机号为 216。

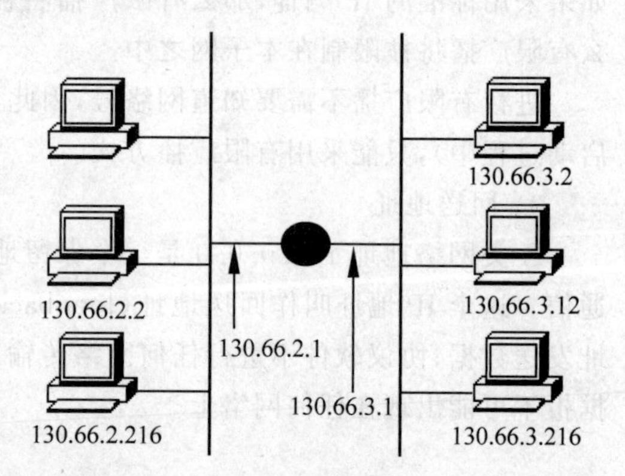

图 2-14 借用标准 IP 的主机号创建子网

当然,如果从 IP 地址的主机号部分借用来创建子网,相应子网中的主机数目就会减少。例如一个 C 类网络,它用一个字节表示主机号,可以容纳的主机数为 254 台。当利用这个 C 类网络创建子网时,如果借用 2 位作为子网号,那么可以用剩下的 6 位表示各子网中的主机,每个子网可以容纳的主机数为 62 台;如果借用 3 位作为子网号,那么仅可以使用剩下的 5 位来表示子网中的主机,每个子网可以容纳的主机数也就减少到 30 台。

假设有一个网络号为 202.113.26.0 的 C 类网络,可以借用主机号部分的 3 位来划分子网,其子网号、主机号范围、可容纳的主机数、子网地址、子网广播地址如表 2-2 所示。

表 2-2　对一个 C 类网络进行子网划分

子网	二进制子网号	二进制主机号范围	十进制主机号范围	可容纳的主机数	子网地址	广播地址
第 1 个子网	001	00000～11111	.32～.63	30	202.113.26.32	202.113.26.63
第 2 个子网	010	00000～11111	.64～.95	30	202.113.26.64	202.113.26.95
第 3 个子网	011	00000～11111	.96～.127	30	202.113.26.96	202.113.26.127
第 4 个子网	100	00000～11111	.128～.159	30	202.113.26.128	202.113.26.159
第 5 个子网	101	00000～11111	.160～.191	30	202.113.26.160	202.113.26.191
第 6 个子网	110	00000～11111	.192～.223	30	202.113.26.192	202.113.26.223

由于这个 C 类地址最后一个字节的 3 位用作划分子网，因此子网中的主机号只能用剩下的 5 位来表达。

在上面的例子中，除 0 和 7 外（二进制 000 和 111），其他的子网号都可以进行分配。

2. 子网掩码

对于标准的 IP 地址而言，网络的类别可以通过它的前几位进行判定。而对于子网编址来说，机器怎么知道 IP 地址中哪些位表示网络、子网和主机部分呢？为了解决这个问题，子网编址使用了子网掩码（或称为子网屏蔽码）。子网掩码也采用 32 位二进制数值，分别对应 IP 地址的 32 位二进制数值。

在子网掩码中，与 IP 地址的网络号和子网号部分相对应的位用 1 来表示，与 IP 地址的主机号部分相对应的位用 0 表示。将一台主机的 IP 地址和它的子网掩码按位进行与运算，就可以判断出 IP 地址中哪些位表示网络和子网，哪些位表示主机。

例如，给出一个经过子网编址的 C 类 IP 地址 193.222.254.198，我们并不知道在子网划分时到底借用了几位主机号来表示子网，但如果给出它的子网掩码 255.255.255.192 后，就可以根据与子网掩码中 1 相对应的位表示网络的规定，得到该子网划分借用了 2 位来表示子网，并且该 IP 地址所处的子网号为 2。

2.5.3　IP 地址规划

子网规划和 IP 地址分配在网络规划中占有重要地位。在划分子网之前，应确定所需要的子网数和每个子网的最大主机数，在选择子网号和主机号中应使子网号部分产生足够的子网，而主机号部分能容纳足够的主机。有了这些信息后，就可以定义每个子网的子网掩码、网络地址（含网络号和子网号）的范围和主机号的范围。

1. 划分子网的步骤

（1）确定需要多少子网号来唯一标识网络上的每一个子网。

（2）确定需要多少主机号来标识每个子网上的每台主机。

（3）定义一个符合网络要求的子网掩码。

（4）确定标识每一个子网的网络地址。

（5）确定每一个子网上所使用的主机地址的范围。

2. B类和C类网络子网划分

1）B类网络子网划分

如果选择B类子网，可以按照表2-3所描述的子网位数、子网掩码、可容纳的子网数和主机数的对应关系进行子网规划和划分。

表2-3　B类网络子网划分关系表

子网位数	子网掩码	子网数	主机数
2	255.255.192.0	2	16 382
3	255.255.224.0	6	8190
4	255.255.240.0	14	4094
5	255.255.248.0	30	2046
6	255.255.252.0	62	1022
7	255.255.254.0	126	510
8	255.255.255.0	254	254
9	255.255.255.128	510	126
10	255.255.255.192	1022	62
11	255.255.255.224	2046	30
12	255.255.255.240	4094	14
13	255.255.255.248	8190	6
14	255.255.255.252	16 382	2

2）C类网络子网划分

如果选择C类子网，其子网位数、子网掩码、容纳的子网数和主机数的对应关系如表2-4所示。

表2-4　C类网络子网划分关系表

子网位数	子网掩码	子网数	主机数
2	255.255.255.192	2	62
3	255.255.255.224	6	30
4	255.255.255.240	14	14
5	255.255.255.248	30	6
6	255.255.255.252	62	2

2.6　IP地址规划

一个网络被分配了一个C类地址202.113.27.0。如果该网络需要5个子网组成，每个子网的计算机不超过25台，那么应该怎样规划和使用IP地址呢？其划分过程如下。

(1) 由于每个子网都需要一个唯一的子网号来标识，即需要5个子网号。

(2) 因为每个子网的计算机不超过25台，考虑到使用路由器连接，因此需要至少27个主机号。

(3) 从表2-4中可以看出，选择子网掩码255.255.255.224可以满足要求，所对应的二进制地址是 1111111.11111111.11111111.11100000。

(4) 确定可用的网络地址：子网掩码确定后，便可以确定可以使用的子网号位数。在本例中，子网号的位数为 3，因此可能的组合为 000、001、010、011、100、101、110 和 111。根据子网划分的规则，除去 000 和 111，剩余 001、010、011、100、101、和 110 六个子网，因此所需 5 个子网的地址可分别选定为 202.113.27.32、202.113.27.64、202.113.27.96、202.113.27.128 和 202.113.27.160。

(5) 确定各个子网的主机地址范围，如表 2-5 所示。

表 2-5　各子网对应的主机地址范围

子网地址	主机地址范围
202.113.27.32	202.113.27.33～202.113.27.63
202.113.27.64	202.113.27.65～202.113.27.95
202.113.27.96	202.113.27.97～202.113.27.127
202.113.27.128	202.113.27.129～202.113.27.159
202.113.27.160	202.113.27.161～202.113.27.191

2.7　仿真环境下理解 TCP/IP 通信原理

Cisco Packet Tracer 软件是一个网络设备模拟软件，界面直观、操作简单，提供了数据包在网络中传输的详细处理过程，用户还可以查看网络的运行情况以及数据包的 TCP/IP 详细信息。

1. 安装并运行 Cisco Packet Tracer

在安装 Windows 操作系统的计算机上安装 Cisco Packet Tracer 软件，运行该软件后显示 Cisco Packet Tracer 窗口，该窗口由 9 个部分组成，如图 2-15 所示。

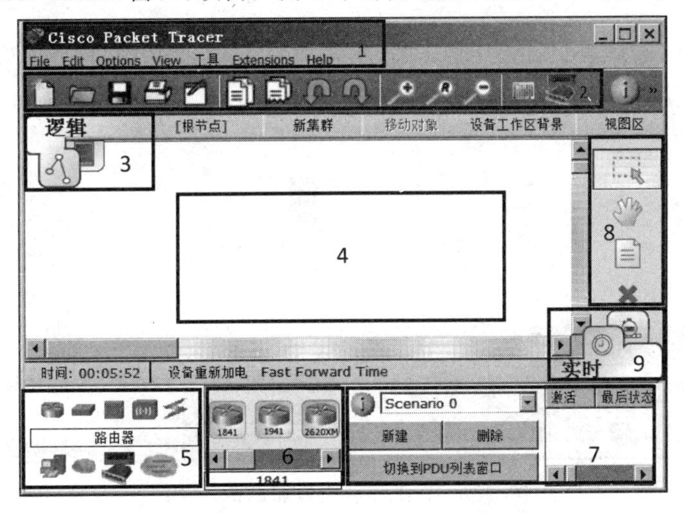

图 2-15　Cisco Packet Tracer 窗口

Cisco Packet Tracer 窗口 9 个组成部分的说明如表 2-6 所示。

表 2-6 Cisco Packet Tracer 窗口 9 个组成部分的说明表

序号	名　称	功　能
1	菜单栏	有文件、编辑、选项、查看、工具等选项
2	主工具栏	提供部分命令的快捷方式,如新建、打开、保存等
3	逻辑/物理工作区转换栏	实现逻辑工作区和物理工作区之间的转换
4	工作区	构建网络拓扑图、查看模拟过程和数据包的信息
5	设备选择栏	提供多种网络设备,例如路由器、交换机、集线器、无线设备、终端设备等
6	设备型号栏	提供同一设备的不同型号
7	数据包列表窗口	显示用户添加的数据包信息
8	设备操作工具栏	提供对设备进行各种编辑的工具
9	实时/模拟转换栏	实现实时模式和模拟模式的转换

2. 使用 Cisco Packet Tracer 构建拓扑图

(1) 在 Cisco Packet Tracer 窗口中,单击设备选择栏中的交换机图标,在设备型号栏中选择型号为 2950-24 的交换机,在工作区单击,此时在工作区中显示了一台型号为 2950-24 的交换机。单击设备选择栏中的终端图标,在设备型号栏中选择型号为 PC-PT 的主机,在工作区单击,此时在工作区中显示一台型号为 PC-PT 的主机 PC0。在设备型号栏中继续选择型号为 Server-PT 的服务器,在工作区单击,此时在工作区中显示一台型号为 Server-PT 的服务器 Server0,如图 2-16 所示。

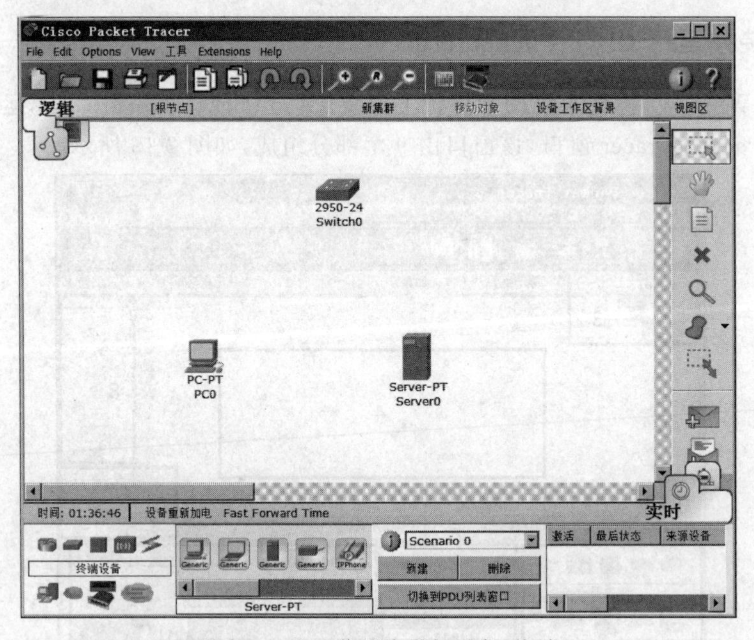

图 2-16 在工作区中添加设备、终端

（2）单击设备选择栏中的线缆图标，在设备型号栏中选择直通线，在工作区的主机 PC0 上单击，此时弹出主机 PC0 的接口列表，如图 2-17 所示。

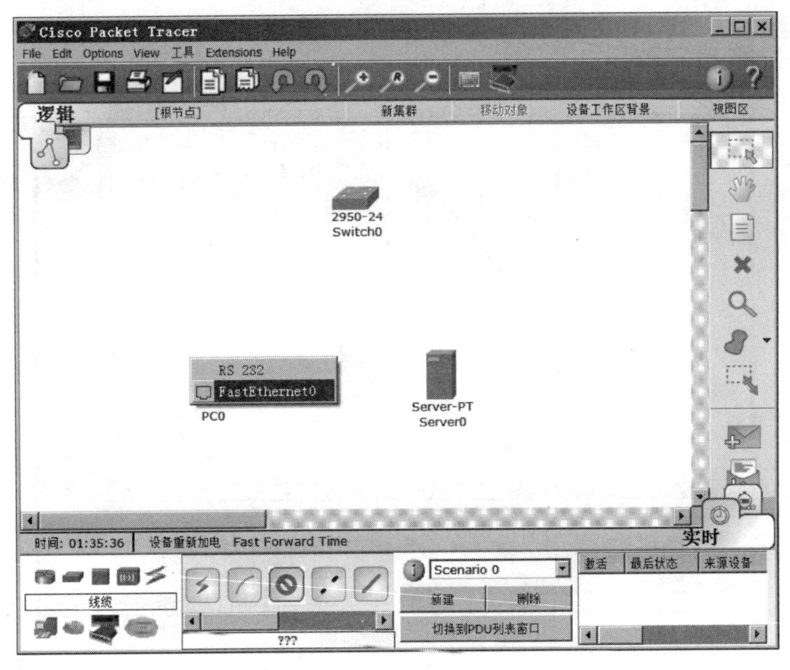

图 2-17　PC0 主机接口列表

（3）选择 FastEthernet0 接口，单击主机 PC0 要连接的交换机 Switch0，此时弹出交换机 Switch0 接口列表，如图 2-18 所示。

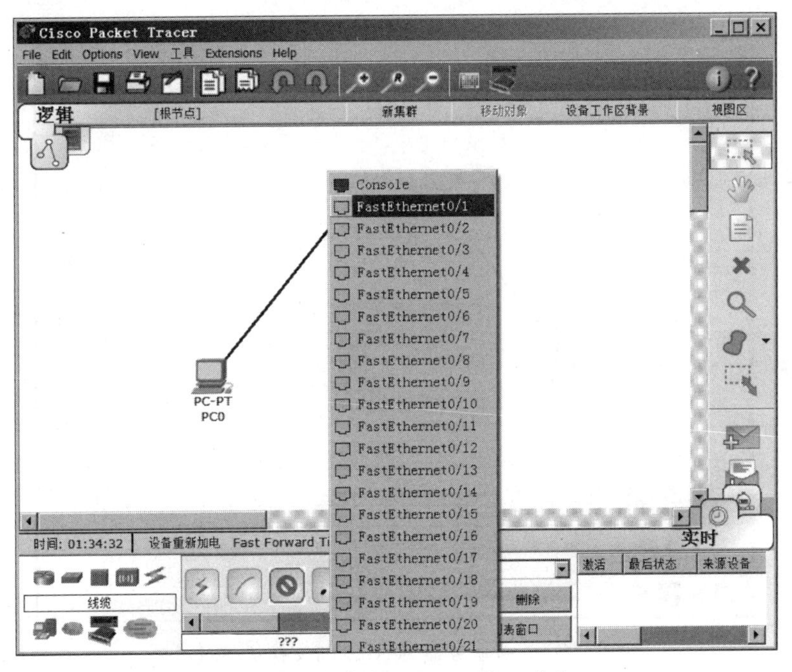

图 2-18　交换机 Switch0 接口列表

(4) 在交换机的 Switch0 接口列表中选择 FastEthernet0/1 接口，此时完成主机 PC0 和交换机 Switch0 的连接，如图 2-19 所示。

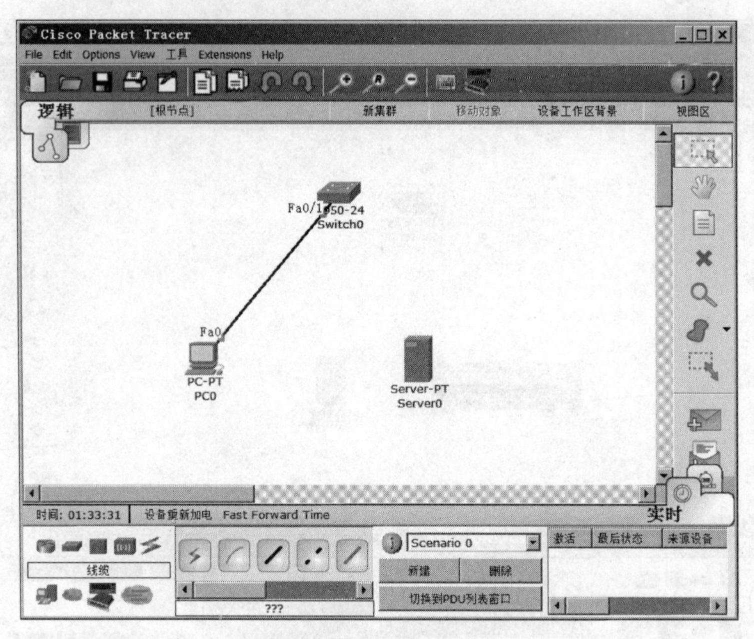

图 2-19　连接主机 PC0 和交换机 Switch0

(5) 在设备型号栏中单击直通线图标，在工作区中单击服务器 Server0，在弹出的接口列表中选择 FastEthernet0 接口。单击交换机 Switch0，在弹出的接口列表中选择 FastEthernet0/1 接口，此时完成了服务器 Server0 与交换机 Switch0 的连接，如图 2-20 所示。

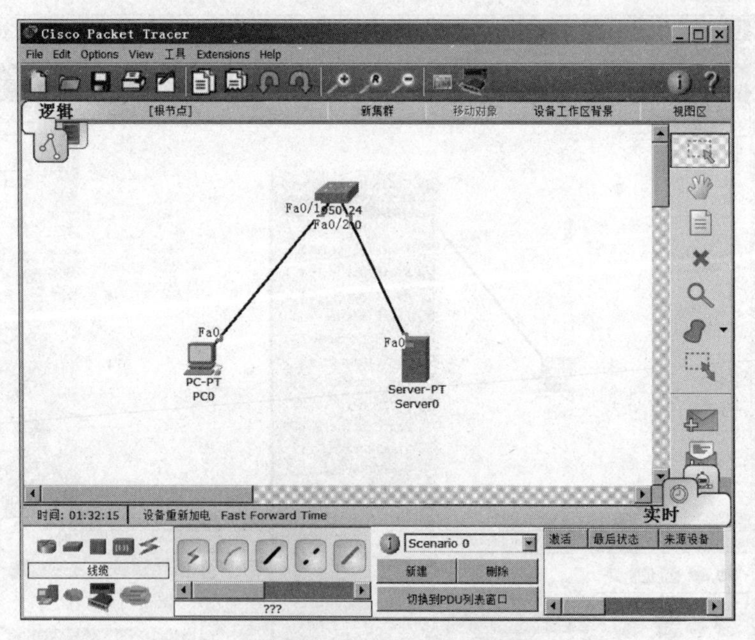

图 2-20　连接服务器 Server0 与交换机 Switch0

(6) 当完成连接后,交换机的接口处首先会有橙色的圆点,表示交换机端口处于"阻塞"状态。过了几分钟后,交换机的接口处的圆点颜色变成绿色,表示连接激活。

注意:*若要在工作区同时添加相同型号的同一设备,可以按住 Ctrl 键,在设备型号栏中选择需要添加设备的型号,需要几台就在工作区单击鼠标几次。*

3. 从 PC 使用 URL 捕获 Web 请求数据包,查看数据的封装过程

(1) 在实时/模拟转换栏中单击模拟模式,此时在 Cisco Packet Tracer 窗口显示"模拟面板"对话框,该对话框中显示了当前捕获到的数据包的详细信息,包括 Time(sec)(持续时间)、Last Device(源设备)、At Device(目的设备)、Type(协议类型)和 Info(协议的详细信息),如图 2-21 所示。

图 2-21　"模拟面板"对话框

(2) 在工作区中单击主机 PC0,弹出 PC0 窗口,如图 2-22 所示。

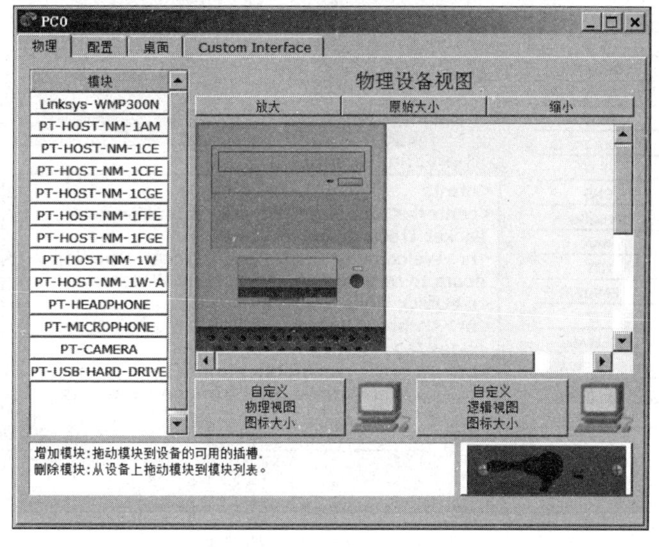

图 2-22　PC0 窗口

(3) 选择"桌面"选项卡,单击"IP 地址配置"按钮,弹出"IP 配置"对话框。在"IP 地址"文本框中输入 192.168.10.2,单击"子网掩码"文本框,显示所配 IP 地址默认的子网掩码 255.255.255.0,如图 2-23 所示。

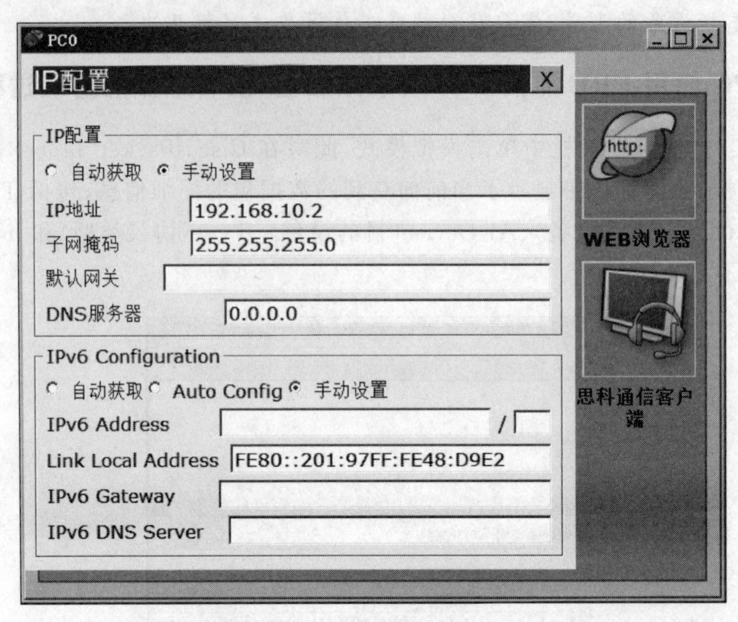

图 2-23 配置主机 PC0 的 IP 地址

(4) 依次关闭"IP 配置"对话框和 PC0 窗口。

(5) 单击服务器 Server0,弹出 Server0 窗口。选择"配置"选项卡,单击"服务"菜单中的 HTTP 选项,配置该服务器为 Web 服务器,如图 2-24 所示。

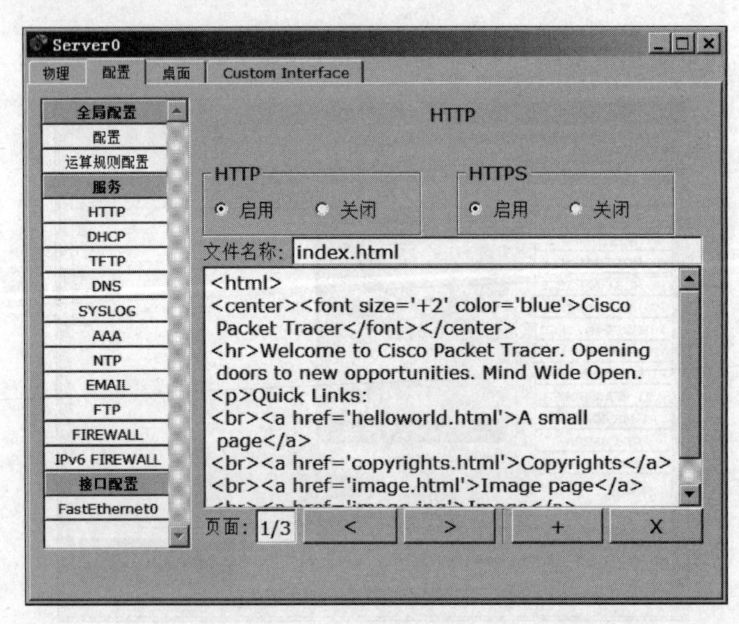

图 2-24 配置 Web 服务器

(6) 选择“桌面”选项卡，单击“IP 地址配置”按钮，弹出“IP 配置”对话框。在“IP 地址”文本框中输入 192.168.10.3，单击“子网掩码”文本框，显示所配 IP 地址默认的子网掩码 255.255.255.0，如图 2-25 所示。

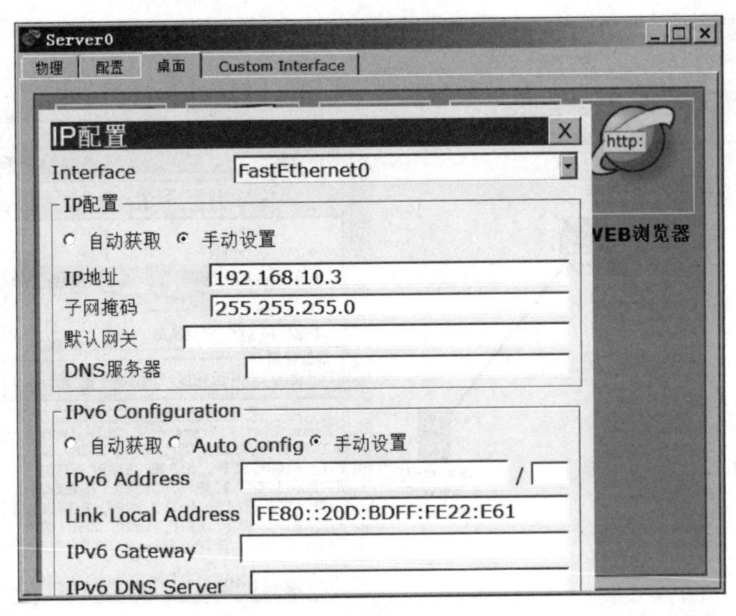

图 2-25　配置服务器 Server0 的 IP 地址

(7) 依次关闭“IP 配置”对话框和 Server0 窗口。

(8) 单击主机 PC0，在弹出的 PC0 窗口中单击“Web 浏览器”，弹出“Web 浏览器”对话框。在 URL 栏中输入 Web 服务器 Server0 的 IP 地址 192.168.10.3，如图 2-26 所示。

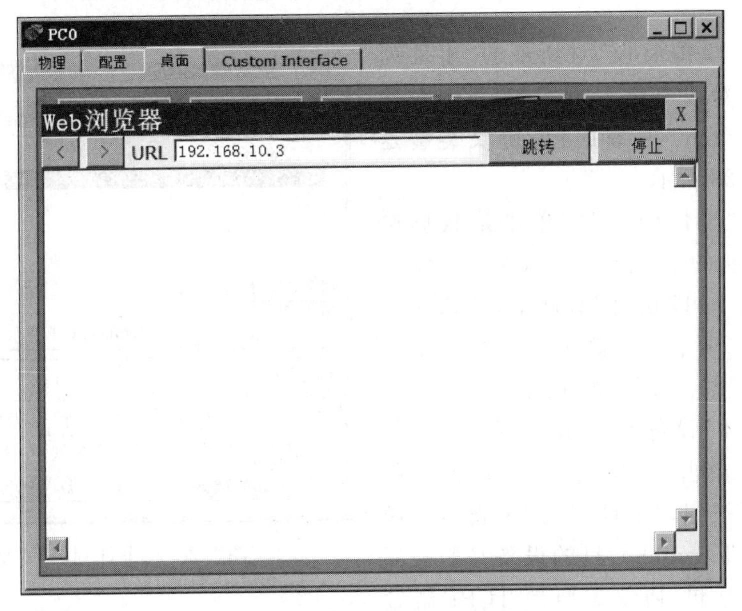

图 2-26　“Web 浏览器”对话框

(9) 最小化主机PC0窗口,单击Cisco Packet Tracer窗口的"模拟面板"窗格中的"捕获/转发"按钮,此时在工作区可以看到主机PC0发出的Web请求数据包达到交换机Switch0,如图2-27所示。

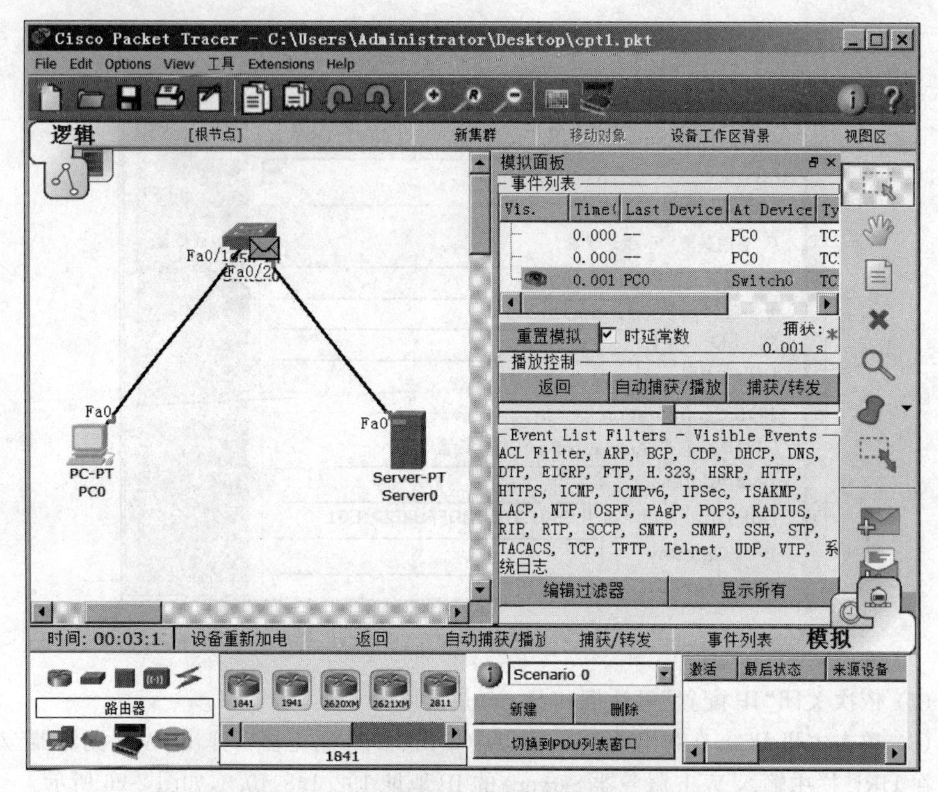

图2-27 主机PC0发出的Web请求数据包达到交换机Switch0

(10) 在"模拟面板"对话框的"事件列表"中显示了源设备是主机PC0、目的设备是交换机Switch0的数据包,协议类型是TCP,如图2-28所示。

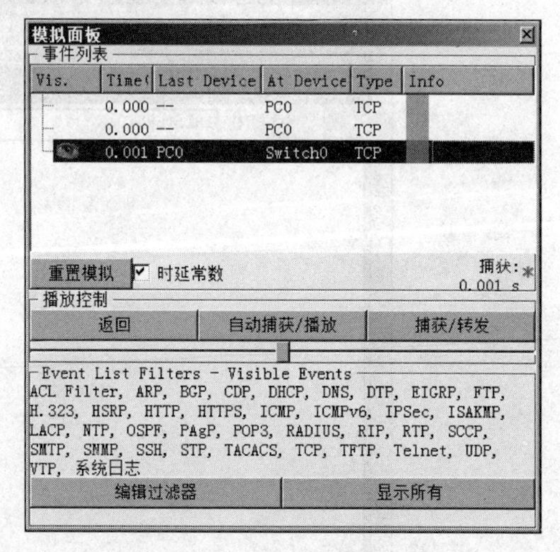

图2-28 "事件列表"界面

(11) 在"事件列表"中单击该数据包Info(信息)列的彩色正方形,弹出"设备Switch0上的PDU信息"对话框,默认显示"OSI模型"选项卡。在此选项卡中显示了OSI的7层模型,如图2-29所示。

(12) 关闭"设备Switch0上的PDU信息"对话框。单击"模拟面板"对话框中的"捕获/转发"按钮,"事件列表"中新增了源设备是交换机Switch0、目的设备是服务器Server0的数据包,协议类型是TCP;继续单击“捕获/转发”按钮,“事件列表”中又新增了源设备是服务器 Server0、目的设备是交换机 Switch0 的数据包,协议类型是 TCP;再次单击“捕获/转发”按钮,“事件列表”中又新增了源设备是交换机 Switch0、目的设备是主机 PC0、协议类型是 TCP 的数据包以及目的设备是主机 PC0、协议类型是 HTTP 的数据包,如图 2-30 所示。

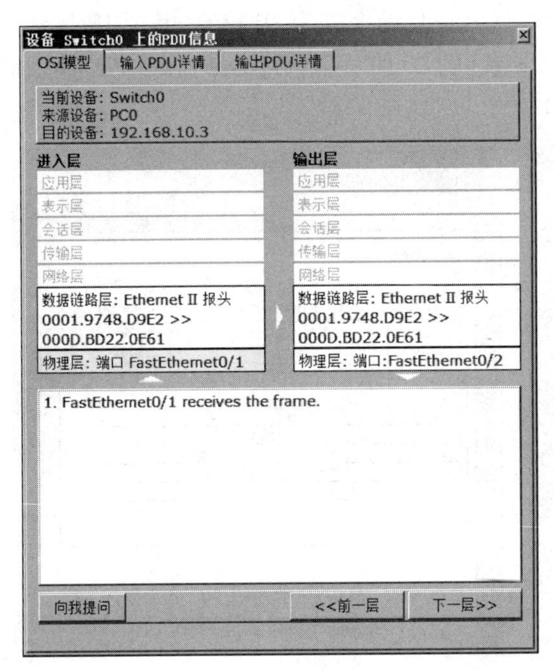

图 2-29　“设备 Switch0 上的 PDU 信息”对话框

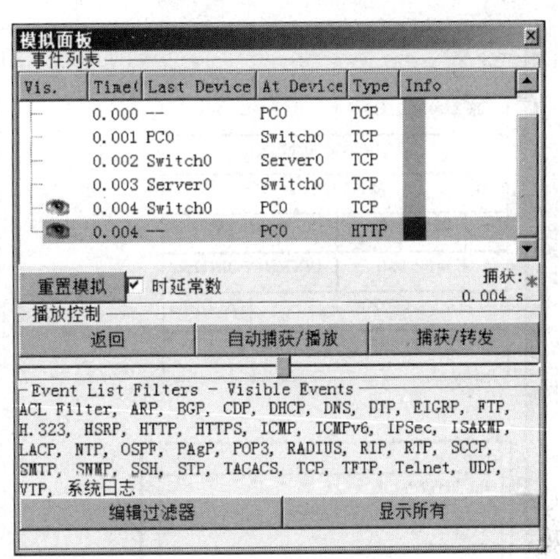

图 2-30　“模拟面板”对话框

(13) 在“事件列表”中单击协议类型是 HTTP 数据包的 Info(信息)列的彩色正方形,弹出“设备 PC0 上的 PDU 信息”对话框,默认显示“OSI 模型”选项卡,在此选项卡中显示了应用层使用 HTTP;传输层使用 TCP,来源端口是 1032,目的端口是 80;网络层协议是 IP,来源 IP 地址是 192.168.10.2,目的 IP 地址是 192.168.10.3;数据链路层使用 Ethernet Ⅱ 协议,来源 MAC 地址是 0001.9748.D9E2,目的 MAC 地址是 000D.BD22.0E61,如图 2-31 所示。

(14) 选择“输出 PDU 详情”选项卡,可以看到数据包的详细封装信息。向下滚动至此窗口的底部,可以看到应用层的 HTTP 信息,如图 2-32 所示。

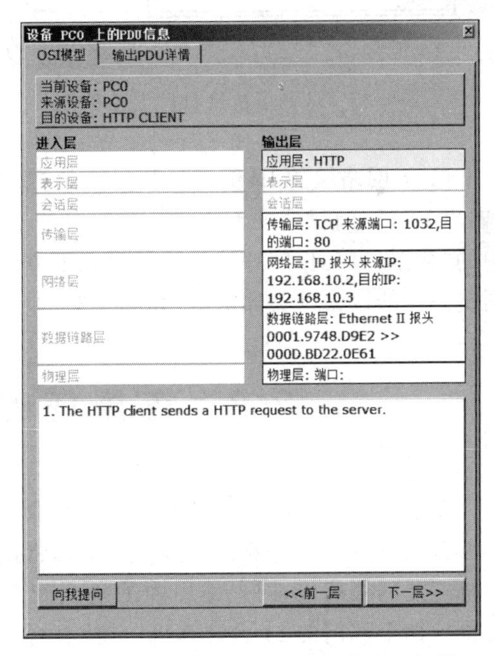

图 2-31　“设备 PC0 上的 PDU 信息”对话框

(15) 将应用层的 HTTP 信息进行封装

后交给传输层,并作为传输层的数据部分。在"输出 PDU 详情"选项卡中,HTTP 信息上方是传输层的 TCP 信息,其中 TCP 信息中的"数据(可变长度)"部分就是窗口下方的 HTTP 信息,其余部分为传输层的 TCP 头部信息,如图 2-32 所示。

(16) 传输层的 TCP 信息封装后交给网络层,并作为网络层的数据部分。在"输出 PDU 详情"窗口中向上滚动至窗口顶部,在 TCP 信息的上方为 IP 信息,其中 IP 信息中的 DATA(VARIABLE LENGTH)部分就是窗口下方的 TCP 信息,IP 信息中的其余部分为网络层的 IP 头部信息,如图 2-33 所示。

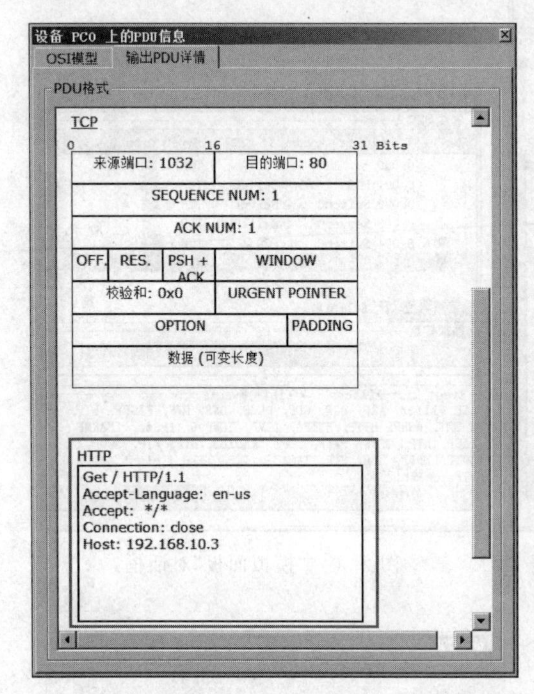

图 2-32 TCP 信息和 HTTP 信息

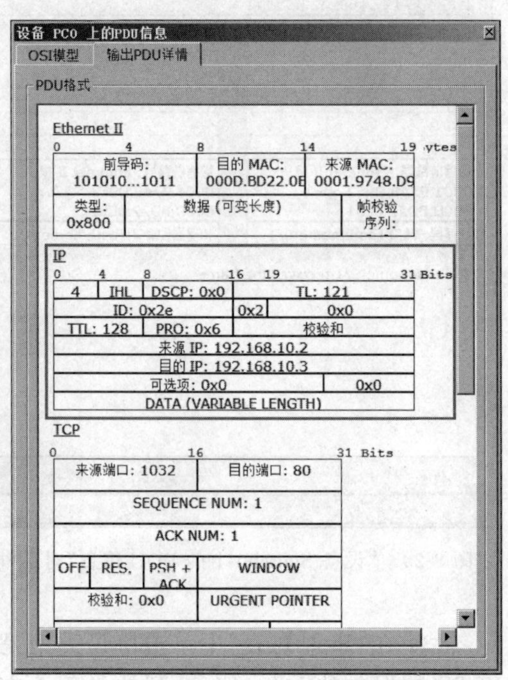

图 2-33 IP 信息和 Ethernet Ⅱ 信息

(17) 网络层的 IP 信息封装后交给数据链路层,并作为数据链路层的数据部分。在"输出 PDU 详情"选项卡中,在 IP 信息的上方为 Ethernet Ⅱ 信息,其中 Ethernet Ⅱ 信息中的"数据(可变长度)"部分就是窗口下方的 IP 信息,Ethernet Ⅱ 信息中的其余部分为数据链路层的以太网头部信息,如图 2-33 所示。

2.8 拓展任务：IP 地址规划

某网络有限公司是一家中外合资企业,主要业务范围包括网络设备研发和产品销售等。公司下设人力资源、计划财务、市场营销与推广、产品设计、行政管理 5 个部门,位于一栋三层的楼房内,同一楼层内的最大间距不超过 100m。其中,一楼有财务、市场营销与推广两个部门的 21 台计算机,二楼有行政管理、人力资源两个部门的 29 台计算机,产品设计部门的 13 台计算机位于三楼。

根据项目中提供的用户数据，对该网络的 IP 地址进行规划。

(1) 在进行 IP 地址规划时，应遵循以下原则。

① 网络号不能是 127。这个 ID 号是保留给回送地址的。

② 网络号和主机号不能是 255(即所有的位全部置为 1)。如果所有的位全部置为 1，该地址被解释为广播地址。

③ 网络号和主机号不能是全部是 0。如果所有的位全部是 0，该地址被解释为"只代表此网络"。

④ 对于局域网来说，主机号必须是唯一的。

(2) 除以上基本原则之外，对于网络内部的 IP 编址则尽量采用私有 IP 地址。

对于没有足够的公开 IP 地址的网络，或是不需要将所有主机都与外部进行连接的网络而言，可以采用私有 IP 地址。在 RFC 中规定了在每一类的 IP 地址中都有一些地址没有被分配，这些地址被称为私有 IP 地址或是保留地址，如下所示。

10.0.0.0～10.255.255.255

172.16.0.0～172.31.255.255

192.168.0.0～192.168.255.255

(3) 通常为每一个部门或是逻辑子网分配一个单独的网段地址。

根据以上介绍的一些规划原则，我们知道在该网络中共有 5 个部门，并且每个部门的 PC 数也比较有限，即便考虑到未来的规模扩大，使用 192.168.0.0 网段，掩码使用 255.255.255.0 也足够了。

将每个网段地址及其所使用的子网掩码填入表 2-7。

表 2-7　各部门的网段地址和子网掩码

部门	网段地址	子网掩码

本章小结

计算机网络体系结构是指计算机网络的层次结构和协议。开放系统互连参考模型是一个描述网络层次结构的模型，其标准保证了各种类型网络技术的兼容性和互操作性。ISO/OSI 参考模型说明了信息在网络中的传输过程，以及各层在网络中的功能和它们的架构。每一层使用下层提供的服务，并向其上层提供服务；不同节点的同等层按照协议实现对等层之间的通信。理解数据封装和拆包的过程对于掌握计算机网络的数据传输是十分重要的。

TCP/IP 协议集中的 IP 为标识主机而采用地址格式，掌握 IP 地址的组成和划分是

IP规划的核心。

习 题 2

1. 什么是网络体系结构?

2. ISO/OSI参考模型共分为哪几层?简要说明各层的功能。

3. 请详细说明数据链路层和网络层的功能。

4. TCP/IP体系结构分为几层?各层的功能是什么?各层又包含什么协议?

5. 若要把一个B类的网络168.168.0.0划分为14个子网,请计算出每个子网的子网掩码以及在每个子网中主机IP地址的范围。

6. 现需要对一个局域网进行子网划分。其中,第1个子网包含25台计算机,第2个子网包含26台计算机,第3个子网包含30台计算机,第4个子网包含8台计算机。如果分配给该局域网一个C类网络地址211.168.168.0,请写出你的IP地址分配方案和理由。

第3章　计算机网络的硬件组成

【情境描述】 计算机网络的硬件组成包括网络传输介质(双绞线、同轴电缆、光纤及无线传输介质等)、网络设备(交换机、路由器、网卡等)等。而究竟需要哪些硬件设备则取决于网络的逻辑构型,即网络拓扑结构。组建局域网最基本的技能是制作双绞线,那么如何制作双绞线呢?计算机或网络设备出现故障后如何检测和排除故障呢?

3.1　计算机网络的拓扑结构

3.1.1　计算机网络的拓扑结构概述

计算机网络的拓扑结构是指一个网络的通信链路和节点构成的几何布局,它是从图论演变过来的。拓扑学首先把实体抽象为与其大小、形状无关的"点",并将连接实体的线路抽象为"线",进而研究点、线、面之间的关系。

计算机网络通过网络中的各个节点与通信线路之间的几何关系来表示网络结构,拓扑结构主要是指构成计算机网络的通信设备(节点)通过传输介质(连线)连接而成的拓扑图。因此,网络拓扑结构对整个网络设计、网络性能、系统可靠性与通信费用等有着比较重要的影响。

网络拓扑结构主要有总线拓扑结构、星状拓扑结构、环状拓扑结构,以及由这些基本结构混合而成的树状拓扑结构、网状拓扑结构等。

3.1.2　几种典型网络拓扑结构

1. 总线拓扑结构

在总线拓扑结构中,所有端用户采用同一媒介连接。这样所有的站点都通过相应的硬件接口直接连接到传输介质(总线)上。如图3-1所示,任何一台设备可以在不影响系统中其他设备工作的情况下与总线断开。

1)总线拓扑结构的主要特点

(1)所有的节点都通过网络适配器直接连接到一条作为公共传输介质的总线上,总线可以是同轴电缆、双绞线或者光纤。

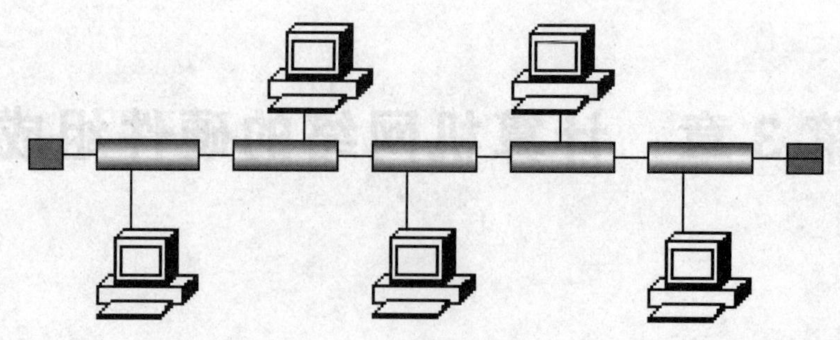

图 3-1 总线拓扑结构

(2) 任何一个站点发送的信号都将沿着总线(介质)广播,而且都能被其他所有站点接收,但在同一时间内,只允许一个站点发送数据。

(3) 由于总线作为公共传输介质被多个节点共享,就有可能出现同一时刻有两个或两个以上节点利用总线发送数据的情况,因此会出现“冲突”,从而造成本次数据传输失败。

2) 总线拓扑结构的优点

(1) 电缆长度短,成本低且易于布线和维护。

(2) 用户入网灵活、站点或某个端用户失效不影响其他站点或端用户通信。

(3) 结构简单。

(4) 可靠性较高。

3) 总线拓扑结构的缺点

(1) 总线拓扑结构的网络不是集中控制的,所以故障检测需要在网上的各个站点上进行。

(2) 在扩展总线的干线长度时,需重新配置中继器、剪裁电缆、调整终端器等。

(3) 一次仅允许一个端用户发送数据,其他端用户要发送数据则必须等待获得发送权,在节点多重负荷下,传输效率低。

(4) 便于数据有序传输而制定的介质访问控制方式,在一定程度上增加了站点的硬件和软件费用。

2. 星状拓扑结构

在星状拓扑结构中存在一个中央节点,星状拓扑结构中的每个节点都要用一条专用线路与中央节点连接,从而构成一条点到点连接。星状拓扑结构的基本特征是由一台设备作为中央节点(如 hub) 集结着来自其他各从属节点的连线。它属于一种集中式的从属结构。从属节点一般由计算机或网络打印机等担任,如图 3-2 所示。

中央节点是一般是集线器或交换机,它是整个网络的通信控制中心,负责向目的节点传送数据包,任何两个节点之间的通信都要通过中央节点转接,所以对整个系统的通信控制技术非常简单。

1) 星状拓扑结构的主要特点

(1) 在星状拓扑结构中,任何节点都通过点到点的通信线路与控制全网的中央节点连接。

(2) 星状拓扑结构易于实现,便于管理。

(3) 网络的中央节点是全网可靠性的瓶颈,中央节点的故障可能造成全网瘫痪。

2) 星状拓扑结构的优点

(1) 利用中央节点可方便地提供服务和重新配置网络。

(2) 单个连接点的故障只影响一个设备,不会影响全网,容易检测和隔离故障,便于维护。

图 3-2 星状拓扑结构

(3) 任何一个连接只涉及中央节点和一个站点,因此控制介质访问的方法很简单,从而访问协议也十分简单。

3) 星状拓扑结构的缺点

(1) 每个节点直接与中央节点相连,需要大量电缆。

(2) 一旦中央节点产生故障,则全网不能工作,所以对中央节点的可靠性和冗余度要求很高。

3. 环状拓扑结构

顾名思义,环状拓扑结构是"环状"的,它是由连接成封闭回路的网络节点组成的,每一节点仅与它左右相邻的节点连接。环状网络的一个典型代表是令牌环局域网,其拓扑结构如图 3-3 所示。

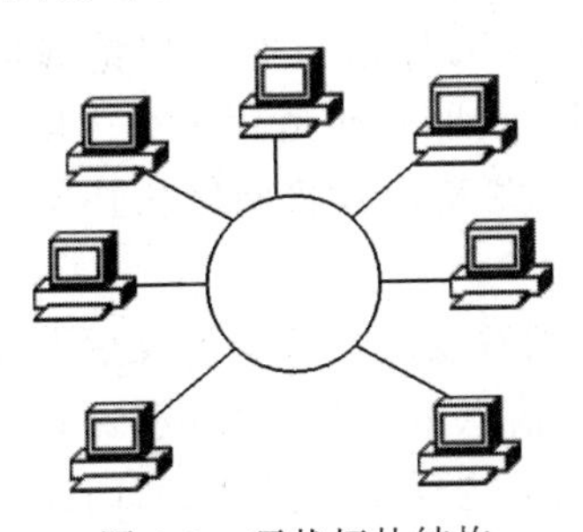

图 3-3 环状拓扑结构

1) 环状拓扑结构的主要特点

(1) 在环状拓扑结构中,节点通过点对点通信线路连接成闭合环路。

(2) 环中数据沿一个方向逐站传送。

(3) 传输延时确定。

(4) 环中每个节点与通信线路都会成为网络可靠性的瓶颈,环中任何一个节点出现故障,都可能造成网络瘫痪。

2) 环状拓扑结构的优点

(1) 由于两个节点间只有唯一的通路,因此大大简化了路径选择的控制。

(2) 网络中所需的电缆短,不需要接线盒,价格便宜。

(3) 扩充方便,增减节点容易。

3) 环形拓扑结构的缺点

(1) 由于环中传输的任何报文都必须经过所有节点,因此如果环的某一点断开,则环中所有端点间的通信便会终止。

(2) 为保证环的正常工作,需要较复杂的环维护处理,环节点的加入和撤出过程都比较复杂。

3.2 传输介质

传输介质是网络中信息传输的媒体,是网络通信的物质基础之一。传输介质的性能和特点对传输速率、通信距离、可连接的网络节点数目和数据传输的可靠性均有很大的影响。根据不同的通信要求,必须合理地选择传输介质。在网络中常用的传输介质有双绞线、同轴电缆、光纤和无线电等。

3.2.1 双绞线

双绞线是最常用的传输介质,它是由两根绝缘的铜导线用规则的方法绞合而成。通常把若干对双绞线(2 对或 4 对)捆成一条电缆并以坚韧的护套包裹着,如图 3-4 所示,以减小各对导线间的电磁干扰。每根铜导线的绝缘层上分别涂有不同的颜色,即橙白、橙、绿白、绿、蓝白、蓝、棕白和棕色,以便于用户区分不同的线对。双绞线绞合的目的是减少信号在传输中的串扰及电磁干扰。双绞线常用于模拟语音信号或数字信号的传输。

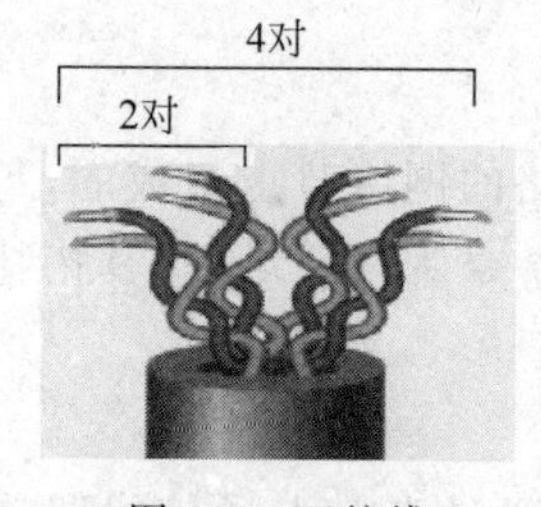

图 3-4 双绞线

1. 双绞线的分类

双绞线是网络中最常用的传输介质,尤其在局域网方面。

根据屏蔽类型,双绞线分为非屏蔽双绞线(UTP)和屏蔽双绞线(STP)两大类。

(1) 非屏蔽双绞线。该类双绞线的外面只有一层绝缘胶皮,因而重量轻、易弯曲、安装和组网灵活,比较适用于结构化布线。在无特殊要求的小型局域网中,尤其在星状网络拓扑结构中,常使用这种双绞线电缆,如图 3-5 所示。

(2) 屏蔽双绞线。屏蔽双绞线的最大特点在封装在其中的双绞线与外层绝缘皮之间有一层金属材料,如图 3-6 所示。这种结构能减少辐射,防止信息被窃听,同时还具有较高的数据传输速率。如 5 类屏蔽双绞线在 100m 内传输速率可达到 155Mb/s,而同样条件下非屏蔽双绞线的传输速率只能达到 100Mb/s。但由于屏蔽双绞线的价格相对较高,安装相对困难,且必须采用特殊的连接器,技术要求也比非屏蔽双绞线高,因此屏蔽双绞线只使用在大型的局域网环境中。

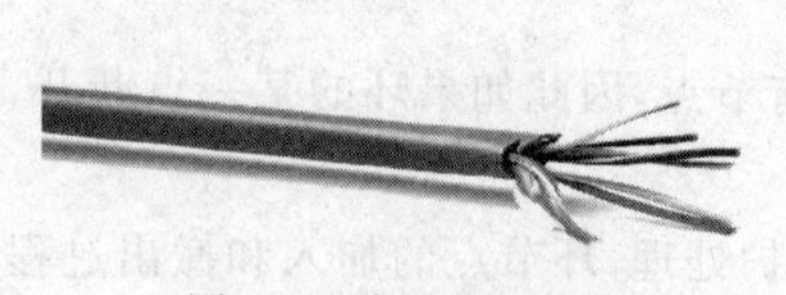
图 3-5 非屏蔽双绞线

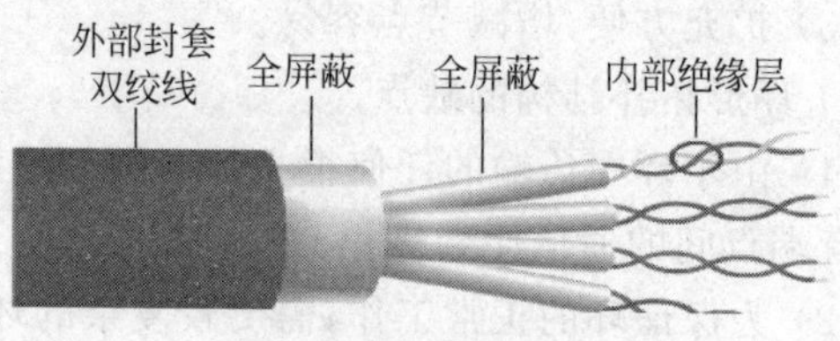

图 3-6 屏蔽双绞线

根据传输数据的特点，双绞线又可分为 3 类、4 类、5 类、超 5 类、6 类、超 6 类和 7 类等类别。其特点及用途如表 3-1 所示。

表 3-1　双绞线性能和用途

类别	最高工作频率/MHz	最高数据传输率/(Mb/s)	主要用途
3 类	15	10	适用于 10Mb/s 的网络
4 类	20	45	适用于 10Mb/s 的网络(一般不用)
5 类	100	100	适用于 10Mb/s 和 100Mb/s 的网络
超 5 类	200	155	适用于 10Mb/s、100Mb/s、1000Mb/s 的网络(4 对线可实现全双工通信)
6 类	250	1000	适用于传输速度高于 1Gb/s 的网络
超 6 类	300	1000	在抗干扰方面有所改善
7 类	600	10 000	适用于 10Gb/s 的网络

2. RJ-45 连接器

在网络组建过程中，双绞线的接线质量会直接影响到网络的整体性能。双绞线在各种设备之间的接法也非常有讲究，应按规范连接。下面主要介绍 8 针 RJ-45 连接器的标准接法及其与各种设备的连接方法，目的是使大家掌握规律，提高工作效率，保证网络正常运行。

1) 8 针 RJ-45 连接器标准接法

由于双绞线一般用于星状网络的布线，每条双绞线通过两端安装的 RJ-45 接头(俗称水晶头)将各种网络设备连接起来。双绞线的标准接法不是随便规定的，必须符合 EIA/TIA 568B 标准或 EIA/TIA 568A 标准，如图 3-7 所示。

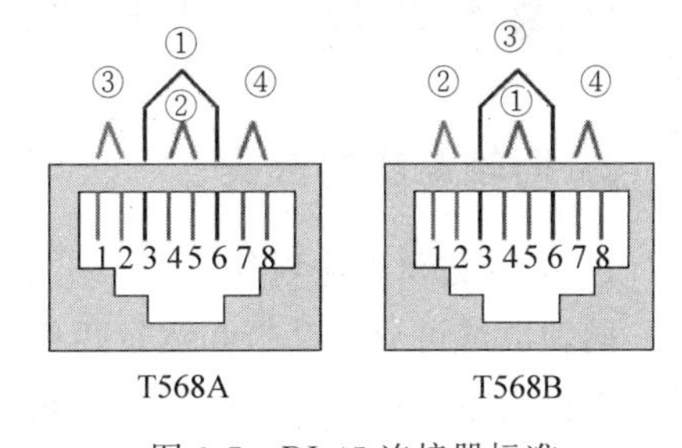

图 3-7　RJ-45 连接器标准

(1) EIA/TIA 568A 标准线序如下。

1	2	3	4	5	6	7	8
绿白	绿	橙白	蓝	蓝白	橙	棕白	棕

(2) EIA/TIA 568B 标准线序如下。

1	2	3	4	5	6	7	8
橙白	橙	绿白	蓝	蓝白	绿	棕白	棕

2) 直通线与交叉线

(1) 直通线：两端都按 T568B 标准线序连接或两端都按 T568A 标准线序连接。

(2) 交叉线：一端按 T568A 标准线序连接，另一端按 T568B 标准线序连接。

在制作网线时，如果不按标准连接，虽然有时线路也能接通，但是线路内部各线对之间的干扰不能有效消除，从而导致信号传输时误码率增高，最终影响到网络整体性能。只有按规范标准布线，才能保证网络的正常运行，也会给后期的维护工作带来便利。

3.2.2 同轴电缆

同轴电缆也是一种常见的网络传输介质。它由一层网状导体和一根位于中心轴线位置的铜质导线组成，铜质导线、网状导体和外界之间分别用绝缘材料隔开，如图 3-8 所示。

由于同轴电缆具有较强的抗干扰能力、屏蔽性能好等特点，因此在中小型局域网常用于总线拓扑结构设备与设备之间的连接中。

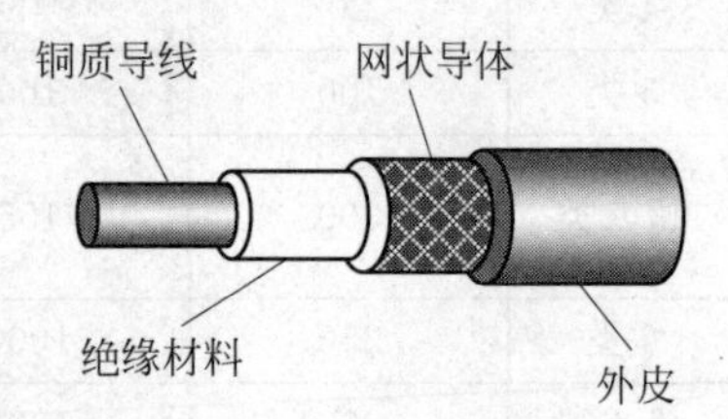

图 3-8 同轴电缆

1. 同轴电缆的结构

从图 3-8 可知，同轴电缆的结构分为四部分，各部分的作用如下。

(1) 铜质导线：同轴电缆的中心导线应是多芯或单芯铜质导线，是信号传输的信道。

(2) 绝缘材料：隔离铜质导线和网状导体，目的是避免短路。

(3) 网状导体：环绕铜质导线的一层金属网，作为接地线使用。在网络信息传输过程中，可用作铜质导线的参考电压。

(4) 外皮：用于保护网线免受外界干扰，并预防网线在不良环境中受到氧化或其他损坏。

2. 同轴电缆的分类

1) 按带宽和用途划分

同轴电缆可分为基带和宽带两种。基带同轴电缆传输的是数字信号，在传输过程中，信号将占用整个信道。即在同一时间内，基带同轴电缆仅能传送一种信号。宽带同轴电缆传送的是不同频率的模拟信号，这些信号需要通过调制技术调制到各自不同的正弦载波频率上。传送时应用频分多路复用技术将信道分成多个传送频道，在同一时间内，如数据、声音和图像等在不同的频道中被传送。

2) 按直径划分

按直径划分，同轴电缆可分为粗缆和细缆两种。粗缆适用于较大的局域网的布线，它的布线距离较长，具有较好可靠性和较强的网络抗干扰能力，安装时需要采用特殊的装置(收发器)，不用切断电缆，两端头装有终端器，故网络安装、维护和扩展比较困难，并且造价较高。细缆常在总线型网络中出现，常采用 BNC/T 型接头。细缆直径较小、易弯曲，安装较易、造价较低且具有较强的抗干扰能力。但由于网络中电缆系统的断点太多，如果一个用户出现故障，常常会影响其他用户的正常工作，从而影响网络系统的可靠性。

3）按特性电阻值划分

按特性电阻值划分，可将同轴电缆分为 50Ω 和 75Ω 两种。50Ω 同轴电缆常用于计算机网络中，主要用来传输数字信号；而 75Ω 同轴电缆常作为 CATV 系统中的标准传输电缆，主要传输模拟信号。

3.2.3　光纤

从 20 世纪 70 年代到现在，通信技术和计算机技术都得以飞速发展，计算机的运行速度大约每 10 年提高 10 倍。但在通信领域里，信息的传输速率则提高得更快，从 20 世纪 70 年代的 56Kb/s 到现在的 1Gb/s 或几百 Gb/s（光纤通信），相当于每 10 年提高 100 倍乃至 1000 倍。因此光纤通信成为现代通信技术中的一个十分重要的领域。

光导纤维是一种细小柔软并能传导光线的介质，它由纤芯、包层和护套层组成。其中纤芯和包层由玻璃制成，护套层由塑料制成，其结构如图 3-9 所示。

1. 光纤通信的工作原理

光纤通信的主要组成部件有光收发器和光纤，如果用于长距离传输信号还需要中继器。光纤通信实际上是应用光学原理，由光收发器的发送部分产生光束，将表示数字代码的电信号转变成光信号后导入光纤传播，在光缆的另一端由光收发器的接收部分接收光纤上传输的光信号，再将其还原成为发送前的电信号，经解码后再处理。光纤通信系统中起主导作用的是光源、光纤和光收发器。从原理上讲，一条光纤不能进行信息的双向传输，如需进行双向通信时，须使用两条或多条光纤，一条用于发送信息，另一条则用于接收信息。为了防止长距离传输而引起的光能衰减，在大容量、远距离的光纤通信中每隔一定距离需设置一个中继器，图 3-10 为光纤通信原理示意图。

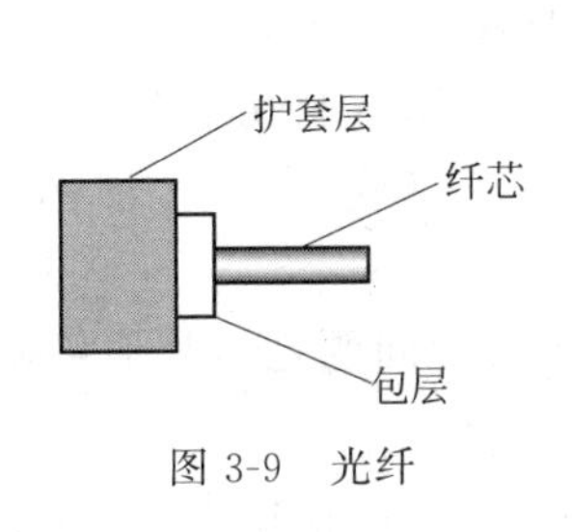

图 3-9　光纤

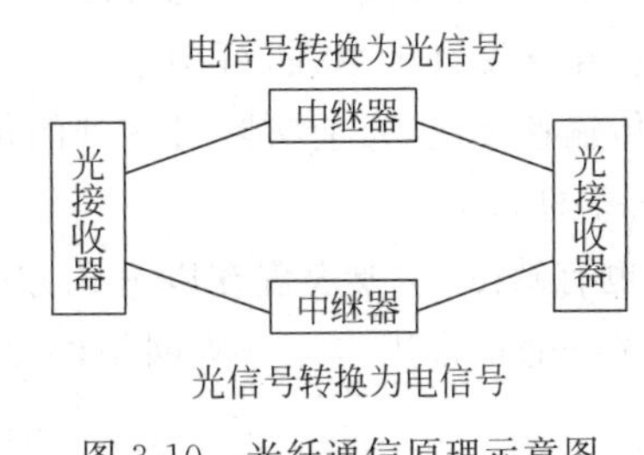

图 3-10　光纤通信原理示意图

2. 光纤的分类

光纤主要分为多模光纤和单模光纤两种类型，如图 3-11 所示。

1）多模光纤

多模光纤采用发光二极管 LED 为光源，这样只要射到光纤表面的光线的入射角大于某一个临界角，就可产生全反射。由于其芯线粗，因此允许许多条不同角度入射的光线在

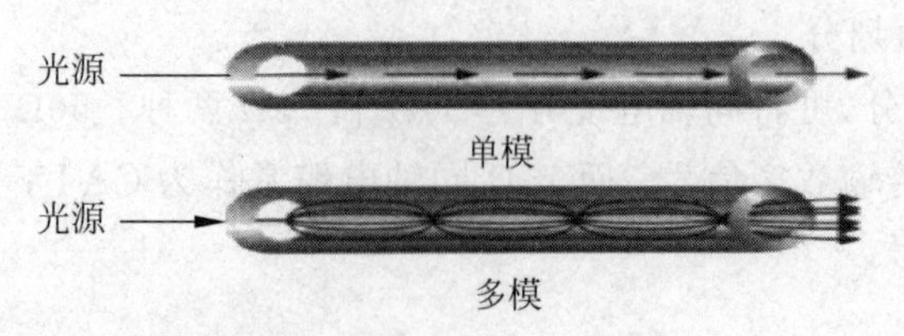

图 3-11　单模光纤和多模光纤

一条光纤中传输。

多模光纤的特点是传输速度低、容量小、传输距离短。但这种线缆成本较低，一般用于建筑物内或地理位置相邻的环境中。

2）单模光纤

单模光纤采用激光二极管 LD 作为光源。由于其芯线较细，当光纤的直径减小到只有一个光的波长时，光纤就像一根波导一样，它可使光线一直向前传播，而不会产生多次反射。单模光纤的衰耗较小，在 2.5Gb/s 的高速率下可传输数十千米而不必采用中继器。

单模光纤的特点是传输频带宽、信息容量大，传输距离长（最长可达 10km），需要激光源。由于成本高，所以常在建筑物之间或地域分散的环境中使用。

3. 光纤的优点与缺点

1）光纤的优点

与铜质电缆相比，光纤具有以下优点。

（1）传输信号的频带较宽，通信容量大，信号衰减小（在较长距离和范围内信号是一个常数），应用范围广。

（2）电磁绝缘性能好，保密性好，数据不易被窃取。

（3）中继器的间隔较大，因此可以减少整个通道中继器的数目，可降低成本。

（4）抗化学腐蚀能力强，可用于一些特殊环境下的布线。

（5）传输速率高，目前实际可达到的传输速率为几十 Mb/s 至几千 Mb/s。

2）光纤的缺点

光纤也有缺点，主要表现在以下几方面。

（1）光纤通信多用作计算机网络的主干线，光纤的最大问题是与其他传输介质相比价格昂贵。

（2）光纤连接和光纤分支均较困难，而且在分支时，信号能量损失很大，故光纤的安装与维护需要专业人员才能完成。

3.2.4　无线传输

无线传输是指利用无线技术进行数据传输的一种方式。无线网络数据传输可以分为公网数据传输和专网数据传输。公网数据传输包括卫星通信、GRPS、2G、3G、4G、5G 等，专网无线传输包括 Wi-Fi、ZigBee、蓝牙等。卫星通信适合远距离传输，ZigBee、蓝牙适用于近距离传输。

3.3 网络设备

通信子网由通信设备(网络设备)、通信线路(传输介质)组成，以完成网络数据传输、转发等通信处理任务。通过传输介质将计算机和网络设备连接成计算机网络，而为了实现更大范围的资源共享，就需要在网络与网络之间相互通信。人们把这种将网与网连接而构成的更大规模的网络称为网络互联。要实现网络互联，就需要网络设备，常用的网络设备有集线器、网桥、交换机、路由器、网关和网卡等。

3.3.1 集线器

集线器就是通常所说的 hub，英文 hub 就是中心的意思。像树的主干一样，它是各分支的汇集点。集线器通过对工作站进行集中管理，能够避免网络中出现问题的区段对整个网络正常运行的影响。

1. 集线器的功能

在网络中，集线器是一个共享设备，主要功能是对接收到的信号进行再生放大，以扩大网络的传输距离。依据 IEEE 802.3 协议，集线器功能是随机选出某一端口的设备，并让它独占全部带宽，与集线器的上联设备(交换机、路由器或服务器等)进行通信。

(1) 集线器只是一个多端口的信号放大设备。当一个端口接收到数据信号时，由于信号从源端口到集线器的传输过程中已有了衰减，所以集线器便将该信号进行整型放大，使被衰减的信号再生(恢复)到发送时的状态，紧接着转发到其他所有处于工作状态的端口上(广播)。以太网的每个时间片内只允许有一个节点占用公用通信信道而发送数据，所有端口共享带宽。

(2) 集线器只与它的上联设备(如上层集线器、交换机、路由器或服务器)进行通信，同层的各端口之间不直接进行通信，而是通过上联设备再通过集线器将信息广播到所有端口上。由此可见，即使是在同一集线器中两个不同的端口之间进行通信，都必须经过两步操作：①将信息上传到上联设备；②上联设备再将该信息广播到所有端口。

2. 集线器的分类

集线器有很多种分类方法。集线器可以按速度、配置形式、管理方式和端口数不同进行分类，如表 3-2 所示。在组网时，用户应根据网络中要连接的计算机和其他设备的数量选择合适的集线器，并留下一些扩展的余地。

表 3-2 集线器的分类

分类标准	类型	用途
RJ-45端口数	8 口	集线器的端口数目,根据要连接的计算机的数目而定,如有 16 台 PC,最好购买 24 端口的集线器,以便扩展
	16 口	
	24 口	
速度	10Mb/s	目前已基本不用
	100Mb/s	适用于中小型的星状网络
	10M/100Mb/s 自适应	可工作在 10Mb/s 或 100Mb/s 速度下

3.3.2 网桥

网桥工作在数据链路层,是连接两个同构网络的设备,它具有两个端口,通过 MAC 地址来判别网络设备或计算机属于哪个网段。网桥提供了网络扩展和局域网互联的功能,也可以实现远程局域网和局域网之间的互联。网桥主要具有过滤、转发和学习功能。

现在组建网络时已很少用到 2 端口网桥,而是使用多端口网桥——交换机。

3.3.3 交换机

交换是一种在网络中连接多台主机、多个网段或多个局域网,实现高速并行连接通信的网络设备。

1. 工作原理简介

交换机是基于网络交换技术的产品,具有简单、低价、高性能和高端口密集的特点,体现了桥接技术的复杂交换技术,它工作在 ISO/OSI 参考模型的第 2 层(数据链路层)。它的任意两个端口之间都可以进行通信而不影响其他端口,每对端口都可以并发地进行通信而独占带宽,从而突破了共享式集线器同时只能有一对端口工作的限制,提高了整个网络的带宽,如图 3-12 所示。

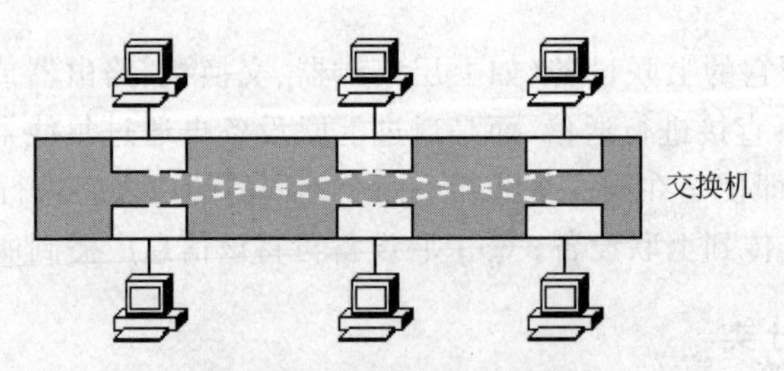

图 3-12 交换机的工作原理

网络中交换机的工作原理与电信局的电话交换机的原理相似。例如,在电话交换系统中,当一个电话用户需要与另一个电话用户通话时,拨打对方的电话号码,电信局的电话交换机收到电话号码后就会自动建立两个用户之间的连接,使通话只在这两个用户之间进行，其他用户不能听到电话的内容，也无法加入这两个用户的谈话之中，这种通话可以同时在多对电话用户之间进行。与电话交换机建立两个电话用户之间的通过电话号码连接类似，局域网的交换机是通过计算机名或协议地址建立两台计算机之间连接的。

2. 交换机与集线器的区别和相同点

1）交换机与集线器的区别

交换机与集线器的最大区别是前者使用交换方式传送数据，而后者则使用共享方式传送数据。用集线器组成的网络是共享式网络，用交换机组成的网络则称为交换式网络。在共享式网络中，所有用户共享网络带宽，每个用户可用的带宽与网络用户数的增长成反比。在信息繁忙时，多个用户可能同时抢占一个信道，而一个信道在某一时刻只允许一个用户占用，因此大量的用户经常处于监测等待状态，致使信号传输时停滞或失真，从而影响网络的性能。在交换式网络中，交换机提供给每个用户专用的信息通道，只要不是两个源端口同时将信息发往同一端口，那么各个源端口与各自的目标端口之间可同时进行通信而不会发生冲突。由此看出，交换机可以让每个用户都能够获得足够的带宽，从而提高整个网络的性能。

2）交换机与集线器的相同点

交换机除了在工作方式上与集线器不同，其他方面则基本相同，如连接方式和速度选择等。交换机在局域网中主要用于连接工作站、集线器、服务器或用于分散式主干网。

3. 交换机的选购

现在市场上的交换机产品很多，交换机的价格也越来越为用户所接受，下面列出一些选购交换机时要考虑的因素。

（1）端口数量、端口速度和背板带宽。端口的数量决定了可以接入该交换机的终端设备的上限，端口速度决定了端口转发数据的效率，端口接入的数据必须经过背板传输到转发端口，所以背板带宽则决定了交换机上所有端口转发的速度。

（2）是否支持 VLAN（虚拟局域网），能够支持 VLAN 的数量。通过 VLAN 技术可以有效隔离交换网络中的广播风暴。

（3）是否提供网管功能。部分交换机内置了 SNMP（简单网络管理协议）模块，以方便对网络的整体管理。

（4）是否支持 POE（power over ethernet）供电。POE 供电是指在不改动现有网络的基础上，为一些基于 IP 的终端（无线 AP、网络摄像头等）传输数据信号的同时，还能够为此类设备提供直流供电的技术。

（5）是否支持扩展模块。交换机的每个模块相当于一个独立的小型交换机，通过扩展模块，用户可以按照网络应用的需要，及时调整交换机模块的数量和种类，交换机支持扩展模块，说明该交换机扩展性越强。

3.3.4 路由器

路由器是一种典型的网络层设备。它在两个局域网之间转发数据包,在 ISO/OSI 参考模型之中称为中介系统,完成网络中继或第三层中继的任务。路由器负责在两个局域网的网络层间按包传输数据,转发数据包时需要改变数据包中的地址。

1. 路由

路由是指通过相互连接的网络把信息从源站点移到目标站点的活动。一般来说,在路由过程中,信息至少会经过一个或多个中间节点。路由器就像是一台带有两个网卡的计算机。早期的路由器实际上就是带有两个或多个网卡的计算机。

2. 路由器的作用

路由器用于连接多个逻辑上分开的网络,当数据从一个子网传输到另一个子网时,可通过路由器来完成。因此,路由器具有判断网络地址和选择路径的功能,它能在多个网络互联环境中建立灵活的连接,可用完全不同的数据分组和介质访问方法连接各种子网,路由器只接收源站或其他路由器的信息,是属于网络层的一种互联设备。它不关心各子网使用的硬件设备,但要求运行与网络层协议相一致的软件。路由器分为本地路由器和远程路由器。

一般说来,异构网络互联与多个子网互联都应采用路由器来完成。

3. 路由器的特点

(1) 适用于大规模的网络。

(2) 可以使用网状拓扑结构,选择最优路径,安全性高。

(3) 隔离不需要的通信量。

3.3.5 网关

网关是一种最复杂的互联设备。它主要用来连接两个协议差别很大的计算机网络。利用网关可以将具有不同体系结构的计算机网络连在一起,组成异构型互联网。它的作用就是对两个网络段中使用不同传送协议的数据进行互相的翻译转换。比如要将一个 Novell 网与一个 Decnet 网互联,由于两者不仅使用的硬件不同,整个数据结构甚至使用的协议也完全不同。在这种场合下只能使用网关进行互联,也只有网关具有实现通信时所必需的翻译和转换功能,在 ISO/OSI 参考模型中网关属于应用层(最高层)设备。

网关分为软件和硬件两种。一般来说,通过软件来实现网关功能的方式中,TCP/IP 体系结构中的网关是最常用的,本书所讲的网关均指 TCP/IP 体系结构中的网关。

如图 3-13 所示，网络 A 的 IP 地址范围为 192.168.2.1～192.168.2.254，子网掩码为 255.255.255.0；网络 B 的 IP 地址范围为 192.168.3.1～192.168.3.254，子网掩码为 255.255.255.0。在没有路由器的情况下，两个网络之间是不能进行 TCP/IP 通信的，即使是两个网络连接在同一台交换机（或集线器）上，要实现这两个网络之间的通信，也要使用网关。如果网络 A 中的主机发现数据包的目的主机不在本地网络中，就把数据包转发给网关，再由网关转发给网络 B 的网关，网络 B 的网关再转发给网络 B 的某个主机。网络 B 向网络 A 转发数据包的过程也是如此。

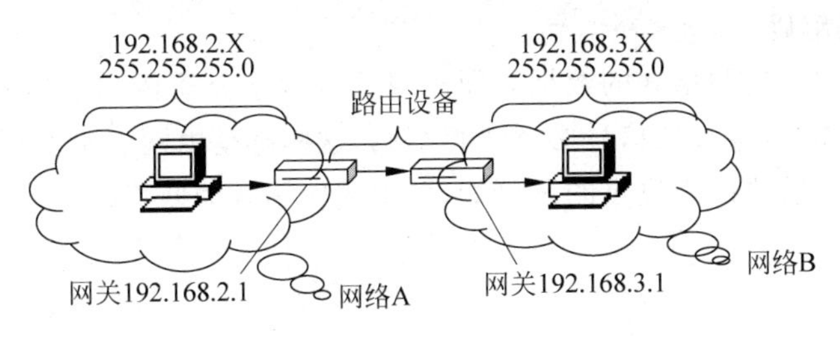

图 3-13　网关的作用

所以，只有设置好网关的 IP 地址，才能实现不同网络之间的相互通信。网关的 IP 地址是具有路由功能设备的 IP 地址，如路由器、启用了路由协议的服务器（实质上相当于一台路由器）、代理服务器（也相当于一台路由器）等。

3.3.6　网卡

网卡也叫作网络适配器，是计算机局域网中最重要的连接设备，它连接到计算机的扩展总线，并且与网络电缆相连接，是计算机与物理传输介质之间的接口设备。

1. 网卡的功能

网卡与其驱动程序相结合，能够实现在计算机上使用数据链路层协议的各种功能，还可以作为物理层的组成部分。

网卡和它的驱动程序负责执行计算机接入网络时需要的基本功能。发送数据的过程如下。

1）数据传输

网卡使用直接内存访问、共享内存或程控输入/输出等技术中的一种，将存放在计算机内存中的数据通过系统总线发送给网卡。

2）数据缓存

计算机处理数据的速率与网络的数据传输速率是不同的。网卡配有用来存放数据的存储缓冲区，这样它每次就能够处理一个完整的帧。典型的以太网网卡配有 4KB 的缓存，发送数据的缓存和接收数据的缓存各 2KB，而令牌环网和高端以太网网卡可以配有 64KB 或更多的缓存空间，它们使用若干种不同的配置对发送数据和接收数据的缓存进行相应的分割。

3）帧的建立

网卡负责接收已经被网络层协议包装好的数据，然后再将这些数据封装成一个帧。根据数据包的大小和所用的数据链路层协议，网卡还必须将数据分割成适合网络传输的大小合适的数据段。

4）介质访问控制

网卡使用一种适当的介质访问控制（MAC）机制，以便协调系统对共享网络介质的访问，如以太网采用 CSMA/CD 控制对介质的访问。

5）数据编码解码

计算机生成的二进制格式的数据必须按照适合网络介质传输的格式进行编码，然后才能发送出去。同样，接收的信号必须进行解码，这些都是由网卡来实现的。编码方法是由使用的数据链路层协议来决定的。例如，以太网使用曼彻斯特编码、令牌环网使用差分曼彻斯特编码。

6）数据的发送

网卡提取它已经进行编码的数据，将信号放大到相应的振幅，然后通过网络介质将数据发送出去。

数据的接收过程正好是发送数据的逆过程。

2. MAC 地址

网卡提供了一个 6 字节的 MAC 地址（数据链路层硬件地址）。MAC 地址分为两个部分，IEEE 保存了一个网卡制造商的记录，并且根据需要为制造商分配 3 字节的地址代码，成为独一无二的机构标识符（OUI），制造商将这些代码用作它们生产的每个网卡的 6 字节 MAC 地址中的前 3 个字节。然后由制造商来确保它们生产的每个网卡地址的剩余 3 个字节也是独一无二的。

3.4 制作双绞线

1. 制作双绞线的准备工作及连线顺序

（1）准备工作：一段长度适宜的 5 类双绞线；RJ-45 接头；一把网钳；一个测线仪。

（2）双绞线的连线顺序。国内 95％以上的用户，在其整个布线系统中使用 EIA/TIA 568B 标准线序的连线方式。

① 双绞线的直连做法。双绞线的直连做法就是保证线缆两端芯线的顺序是一致的，如图 3-14 所示。如果手持一根线缆的两个 RJ-45 终端并排朝一个方向，发现彩色芯线的次序在每端上都是相同的，那么该线缆就是直通线。

② 双绞线的交叉做法。双绞线的交叉做法是指将双绞线的关键线对进行交叉，即双绞线一端的数据输出线接到另一端的数据接收线，一端的数据接收线接到另一端的数据输出线，即一端采用 568A 接法，另一端采用 568B 接法，如图 3-15 所示。

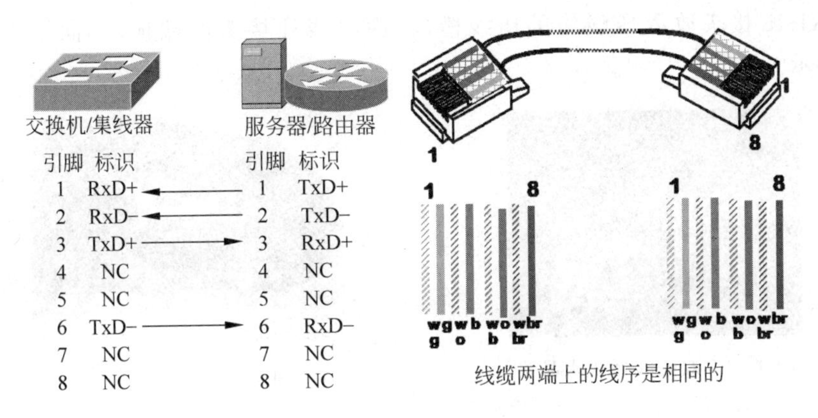

图 3-14　直通线的制作

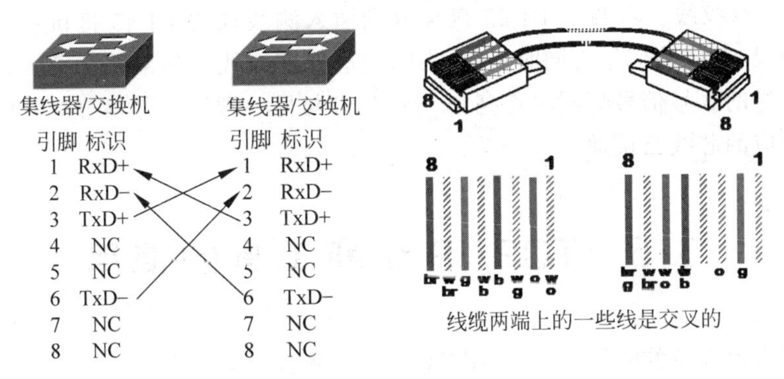

图 3-15　交叉线的制作

2. 制作双绞线的具体步骤

(1) 用剥线器将双绞线外皮剥去至少 2cm，四对芯线呈扇状拨开，顺序依次为白橙/橙、白蓝/蓝、白绿/绿、白棕/棕，如图 3-16 所示。

(2) 将每一对芯线分开，然后调整它们的顺序，依次为白橙、橙、白绿、蓝、白蓝、绿、白棕、棕，如图 3-17 所示。

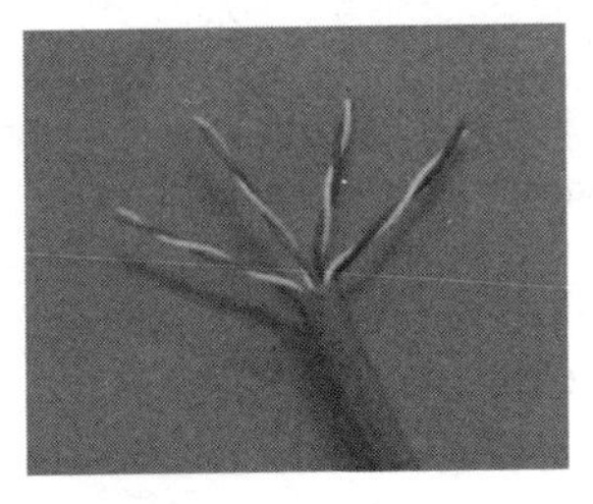

图 3-16　双绞线线对

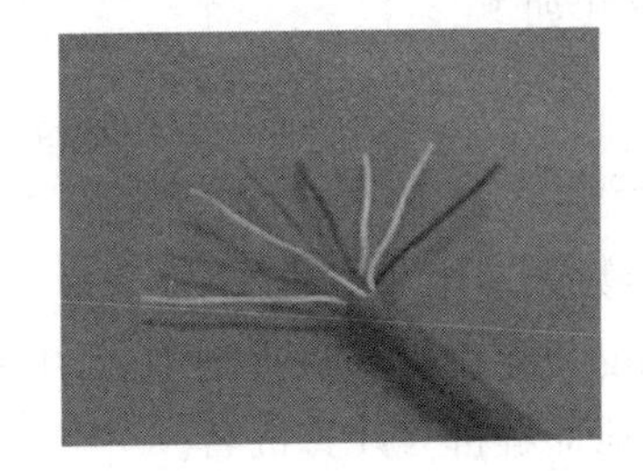

图 3-17　双绞线线序

(3) 将 8 条芯线并拢后剪齐，留下约 14mm 的长度。将双绞线插入 RJ-45 接头中，注意“白橙”线对准 RJ-45 接头第一个脚位，如图 3-18 所示。

(4) RJ-45 接头放入压线钳的压线槽，一面将线往接头前端顶，一面用力压紧，如图 3-19 所示。

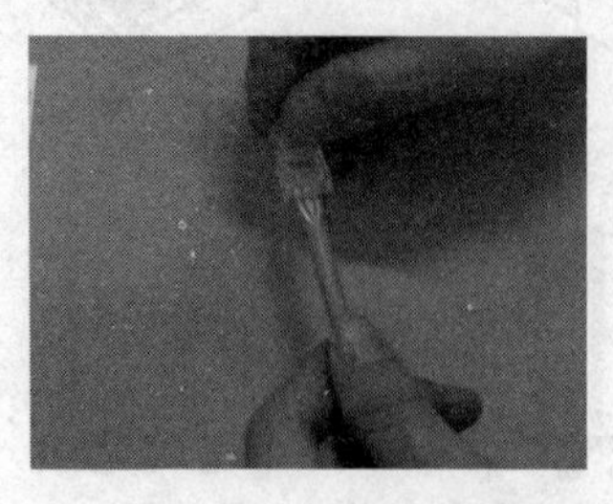

图 3-18　双绞线插入水晶头

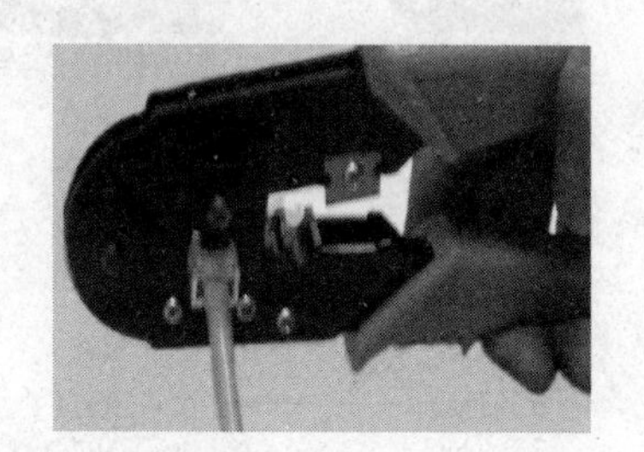

图 3-19　压紧水晶头

(5) 重复上述步骤，制作另一端。

(6) 测试双绞线。将两个 RJ-45 接头分别插入测线仪的 RJ-45 接口里。打开电源，如果是直通线，对应的信号灯同时点亮，表明相应的芯线线。如果是交叉线，那么 1 号信号灯与另一端的 3 号信号灯同时点亮，2 号信号灯与另一端的 6 号信号灯同时点亮，表明该交叉线相应的芯线已接通。

3.5　TCP/IP 诊断工具的使用

在网络出现故障的时候，可以利用 TCP/IP 诊断工具，对网络连通情况进行诊断。

1. 网络连通测试命令 ping

ping 命令是网络中使用最频繁的工具，主要用于确定网络的连通性。ping 命令使用 ICMP 协议来简单地发送一个网络包并请求应答，接收到请求的目标主机再使用 ICMP 发回所接收的数据，于是 ping 命令便报告每个网络包发送和接收的往返时间，并报告无响应包的百分比。这些数据对确定网络是否正确连接，以及了解网络连接的状况十分有用。

命令格式如下。

```
ping [ - t] [ - a] [ - n count][ - l length] [ - f] [ - I ttl] [ - v tos] [ - r count][ - s count]
[[ - j counter - list]|[ - k computer - list][ - w timeout] destination - list
```

常用参数如下。

-t：Ping 指定的计算机直到中断，中断按 Ctrl+C 键。

-a：将地址解析为计算机名。

-n count：发送 count 指定的 ECHO 数据包数，默认值为 4。

-1 length：发送包含由 length 指定的数据量的 ECHO 数据包，默认为 32b，最大 65527b。

-s count：指定由 count 指定的跃点数的时间戳。

-w timeout：指定超时间隔，单位为 ms。

destination-list：指定要 Ping 的远程计算机。

出错信息通常分为 4 种情况。

(1) unknown host(不知名主机)。这种出错信息的意思是，该远程主机的名称不能被域名服务器转换成 IP 地址。故障原因可能是命名服务器有故障、其名称不正确或者网络管理员的系统与远程主机之间的通信线路有故障。

(2) network unreachable(网络不能到达)。这是指本地系统没有到达远程系统的路由，可用 netstat -rn 命令检查路由表来确定路由配置情况。

(3) noanswer(无响应)。远程系统没有响应，这种故障说明本地系统有一条到达远程主机的路由，但却接收不到它发给该远程主机的任何分组报文。故障原因可能是远程主机没有工作、本地/远程主机网络配置不正确、本地/远程的路由器没有工作、通信线路有故障或者远程主机存在路由选择问题。

(4) timed out(超时)。与远程主机的连接超时，数据包全部丢失，产生这种故障的原因可能是到路由器的连接问题、路由器不能通过或者远程主机已经关机。

ping 命令有以下基本应用。

(1) Ping 本机地址或 127.0.0.1 可以确认以下情况。

① 该计算机是否正确安装了网卡。如果测试不成功，应当在控制面板的系统属性中查看网卡前方是否有一个黄色的“!”。如果有，删除该网卡，并重新正确安装；如果没有，继续向下检查。

② 该计算机是否正确安装了 TCP/IP 协议集。如果测试不成功，应当在控制面板的网络属性中查看是否安装了 TCP/IP。如果没有安装，安装 TCP/IP 并正确配置后，重新启动计算机并再次测试；如果已经安装，继续向下检查。

③ 该计算机是否正确配置了 IP 地址和子网掩码。如果测试不成功，应当在控制面板的网络属性中查看 IP 地址和子网掩码是否设置正确。如果设置不正确，重新设置后，重新启动计算机并再次测试。

(2) Ping 互联网中远程主机的地址可以确认以下情况。

① 确认网关的设置是否正确。如果测试不成功，应当在控制面板的网络属性中查看默认网关设置是否正确。如果设置不正确，重新设置后，重新启动计算机并再次测试；如果设置正确，继续向下检查。

② 确认域名服务器设置是否正常。如果使用域名测试不成功，应当在控制面板的网络属性中查看域名服务器(DNS)设置是否正确；如果设置正确，继续向下检查。

③ 确认路由器的配置是否正确。如果该计算机被加入禁止出站访问的 IP 控制列表中，那么该用户将无法访问 Internet。

④ 确认 Internet 连接是否正常。如果到任何一个主机的连接都超时，或丢包率都非常高，则应当与 ISP 共同检查 Internet 连接，包括线路、Modem 和路由器设置等诸多方面。

下面通过一些实例来介绍 ping 命令的具体用法。

(1) 测试与 IP 地址为 192.168.10.2 的计算机的连通性。在命令行模式下输入命令 ping 192.168.10.2 并按 Enter 键，此时窗口中显示了 Ping 测试数据包返回的信息：从主机 192.168.10.2 返回了 4 个测试数据包，4 个数据包的大小都是 32 字节，"时间＝1ms"表示 Ping 测试数据包在源主机和目的主机之间往返一次的时间等于 1ms，TTL＝128 表示数据包能在网络中存在的时间等于 128。Ping 统计信息中显示发送 4 个数据包，接收 4 个数据包，丢失 0 个数据包，说明网络连接正常，可以通信，如图 3-20 所示。

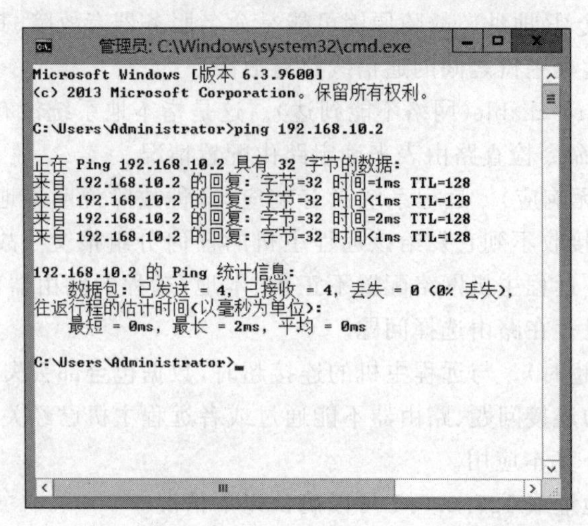

图 3-20　测试与 IP 地址为 192.168.10.2 的计算机是否连通

(2) 连续 Ping 指定的计算机。在命令行模式下输入命令 ping -t 192.168.10.2 并按 Enter 键，连续向 IP 地址为 192.168.10.2 的计算机发送 ping 测试数据包，直至按 Ctrl＋C 键中断 ping 命令。Ping 统计信息中表明发送 14 个数据包，接收 14 个数据包，丢失 0 个数据包，说明网络连接正常，没有丢失数据包，如图 3-21 所示。

(3) 发送指定数据包大小的 Ping 测试数据包。在 ping 命令中，默认测试数据包大小为 32 字节，如果需要使用更多字节，可以使用-l length 选项。在命令行模式下输入命令 ping -l 128 192.168.10.2 并按 Enter 键，窗口中显示了 Ping 测试数据包的字节数为 128，如图 3-22 所示。

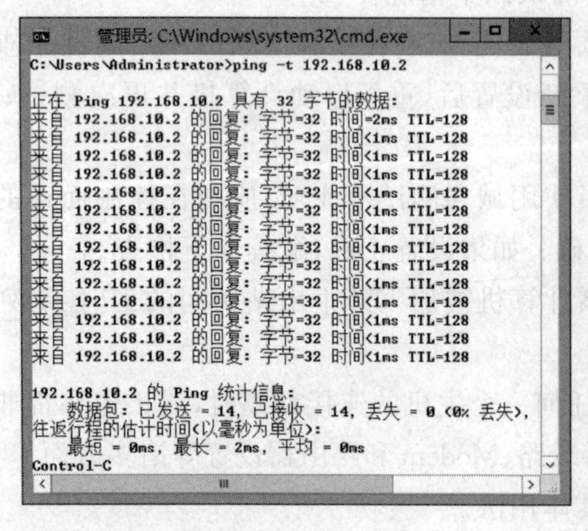

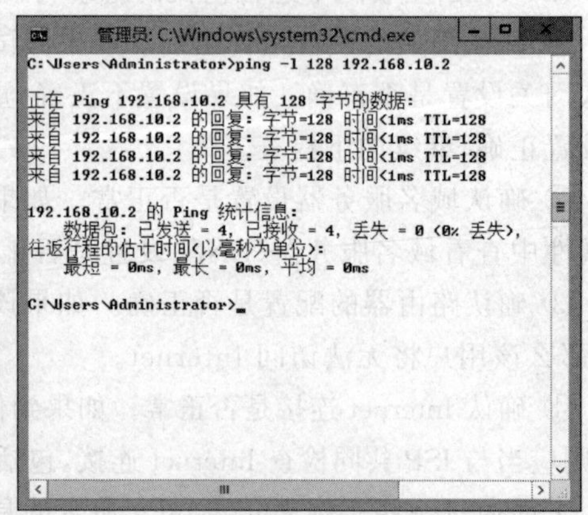

图 3-21　连续 Ping IP 地址为 192.168.10.2 的计算机

图 3-22　发送数据包大小为 128 字节的 Ping 测试数据包

2. 地址解析协议命令 arp

ARP(address reverse protocol,地址解析协议)用于显示或修改使用的以太网 IP 或令牌环物理地址翻译表。利用 arp 命令能够查看本地计算机或另一台计算机的 ARP 高速缓存中的当前内容;可以用人工方式输入静态的网卡物理 IP 地址对,也可使用这种方式为默认网关和本地服务器等常用主机进行这项操作,有助于减少网络上的信息量。

命令格式如下。

```
arp -a[ -n [if_addr]] - d inet_addr - s inet_addr
```

各参数含义如下。

-a:通过询问 TCP/IP 显示当前 ARP 项。如果指定了 inet_addr 则只显示指定计算机的 IP 和物理地址。

-n:显示由 if_addr 指定的网络接口 ARP 项。

-s:在 ARP 缓存中添加项,将 IP 地址 inet_addr 和物理地址 ether addr 关联。

-d:删除由 inet_addr 指定的项。

下面通过一些实例来介绍 arp 命令的具体用法。

(1) 显示 ARP 高速缓存中的 ARP 表。在命令行模式下输入命令 arp -a 并按 Enter 键,窗口中显示了 IP 地址与 MAC 地址映射关系的 ARP 表,如图 3-23 所示。

(2) 在 ARP 缓存中添加 ARP 静态表项。在命令行模式下输入命令 arp -s 192.168.10.50 00-0C-29-34-1A-4A 并按 Enter 键,然后输入命令 arp -a,这时在 ARP 表项中增加了 IP 地址 192.168.10.50 与 MAC 地址 00-0C-29-34-1A-4A 的映射关系的 ARP 表项,且该映射关系的类型为“静态”,即手动添加的 ARP 表项为静态表项,如图 3-24 所示。

(3) 在 ARP 缓存中删除 ARP 表项。在命令行模式下输入命令 arp -d 192.168.10.50 并按 Enter 键,然后输入命令 arp -a,这时在 ARP 表项中删除了 IP 地址 192.168.10.50 与 MAC 地址 00-0C-29-34-1A-4A 的映射关系的 ARP 表项,如图 3-25 所示。

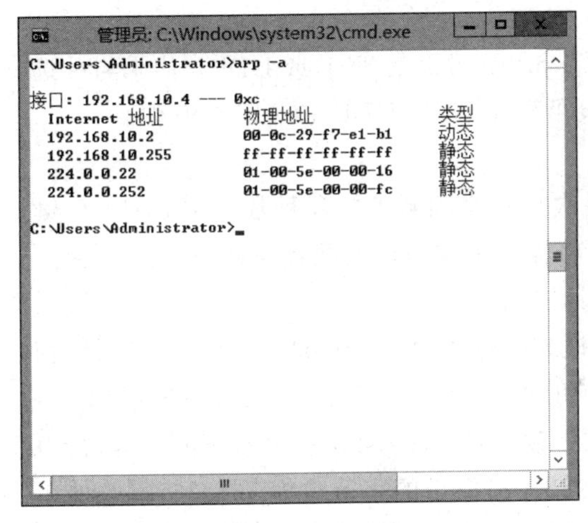

图 3-23 ARP 表

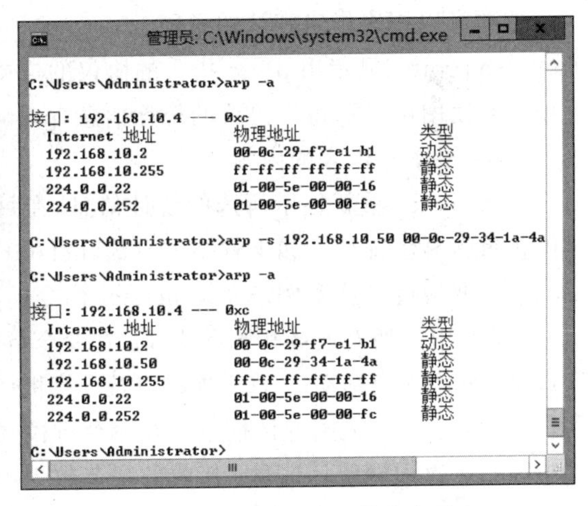

图 3-24 添加 ARP 静态表项

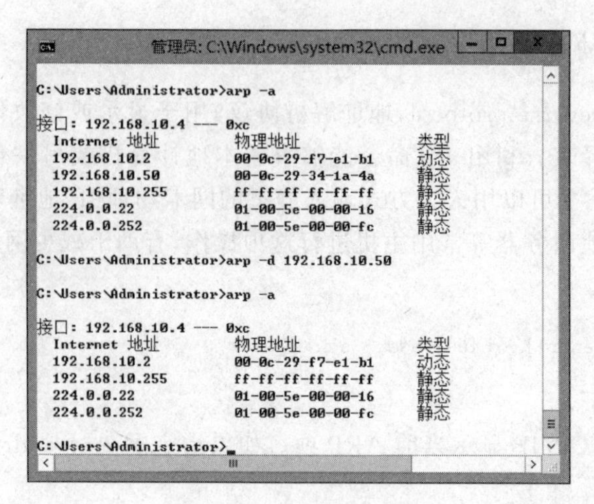

图 3-25 删除 ARP 表项

3. 网络状态命令 netstat

netstat 用于显示与 IP、TCP、UDP 和 ICMP 相关的统计数据，一般用于检验本机各端口的网络连接情况，只有在安装了 TCP/IP 后才可以使用。

命令格式如下。

netstat[-a][-e][-n][-s][-p proto][-r][interval]

各参数含义如下。

-a：显示所有连接和监听端口，服务器连接通常不显示。

-e：显示以太网统计，该参数可以与-s 选项结合使用。

-n：以数字格式显示地址和端口号(而不是尝试查找名称)。

-s：显示每个协议的统计。默认情况下，显示 TCP、UDP、ICMP 和 IP 的统计信息。-p 选项可以用来指定默认的子网。

-p proto：显示由 proto 指定的协议的连接；proto 可以是 TCP 或 UDP。如果与-s 选项一同使用可显示每个协议的统计信息，proto 可以是 TCP、UDP、LCMP 或其他。

-r：显示路由表的内容。

interval：重新显示所选的统计信息，在每次显示之间暂停间隔秒数。按 Ctrl+C 键停止重新显示统计。如果省略该参数，netstat 将输出一次当前的配置信息。

下面通过一些实例来介绍 netstat 命令的具体用法。

(1) 显示所有连接和侦听端口。在命令行模式下输入命令 netstat -a 并按 Enter 键，窗口中显示了所有活动的 TCP 连接以及计算机侦听的 TCP 和 UDP 端口，如图 3-26 所示。

(2) 显示以太网统计信息。在命令行模式下输入命令 netstat -e 并按 Enter 键，窗口中显示了以太网统计信息：接收的字节数为 1082608，发送的字节数为 768336，接收的单播数据包为 11132，发送的单播数据包为 6820，接收和发送的非单播数据包都是 0 个，接收和发送的丢弃数据包都是 0 个，接收和发送的错误数据包都是 0 个，接收的未知协议 0

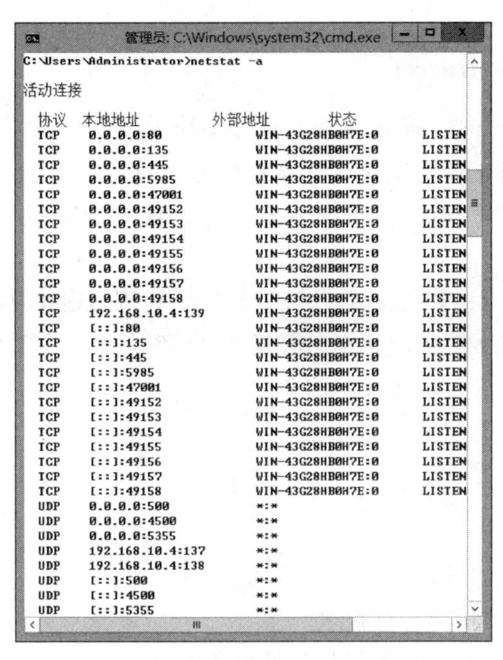

图 3-26　执行 netstat -a 命令

个，如图 3-27 所示。

（3）显示每个协议的统计。在命令行模式下输入命令 netstat -e -s 并按 Enter 键，窗口中显示了每个协议的统计信息：IPv4 统计信息、IPv6 统计信息、ICMPv4 统计信息等，如图 3-28 所示。

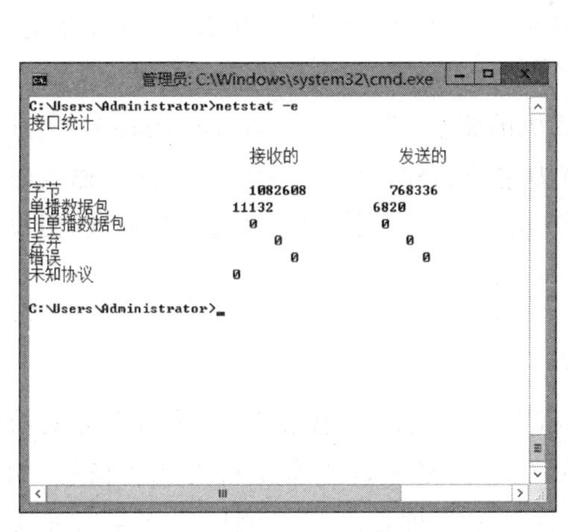

图 3-27　执行 netstat -e 命令

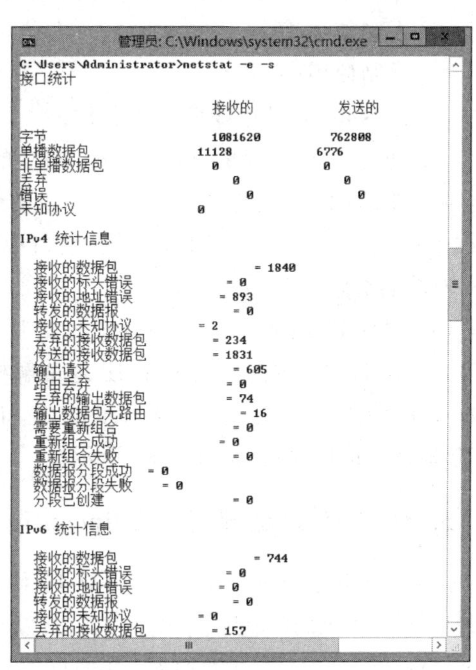

图 3-28　执行 netstat -e -s 命令

4. 路由追踪命令 tracert

如果有连通性问题,可以使用 tracert 命令来检查到达目标 IP 地址的路径并记录结果。tracert 命令显示用于将数据包从计算机传递到目标位置的一组 IP 路由器,以及每个跃点所需的时间。如果数据包不能传递到目标位置,tracert 命令将显示成功转发数据包的最后一个路由器。

tracert 命令跟踪 TCP/IP 数据包从该计算机到其他远程计算机所采用的路径。

tracert 命令使用 ICMP 响应请求并答复消息(和 ping 命令类似),产生关于经过的每个路由器及每个跃点的往返时间(rtt)的命令行报告输出。

命令格式如下。

```
tracert [-d][-h MaximumHops][-j HostList][-w Timeout][-R][-S SrcAddr][-4]
[-6] TargetName
```

各参数含义如下。

-d: 指定不将地址解析为计算机名。

-h MaximumHops: 指定搜索目标的最大跃点数。

-j HostList: 与主机列表一起的松散源路由(仅适用于 IPv4),指定沿 HostList 的稀疏源路由列表序进行转发。HostList 是以空格隔开的多个路由器 IP 地址,最多 9 个。

-w Timeout: 等待每个回复的超时时间(以毫秒为单位)。

-R: 跟踪往返行程路径(仅适用于 IPv6)。

-S SrcAddr: 要使用的源地址(仅适用于 IPv6)。

-4: 强制使用 IPv4。

-6: 强制使用 IPv6。

TargetName: 目标计算机的名称。

下面通过一些实例来介绍 tracert 命令的具体用法。

(1) 跟踪 IP 地址为 192.168.10.2 的计算机的路径。在命令行模式下输入命令 tracert 192.168.10.2 并按 Enter 键,窗口中显示了到达目的地的各种 IP 地址以及 IP 地址对应的名称,如图 3-29 所示。

(2) 跟踪 IP 地址为 192.168.10.2 的计算机的路径,并防止 tracert 试图将 IP 地址解析为它们的名称。要防止将每个 IP 地址解析为它的名称,可以在命令行模式下输入命令 tracert -d 192.168.10.2 并按 Enter 键,窗口中显示了到达目的地的各种 IP 地址,但没有各 IP 地址对应的名称,如图 3-30 所示。

5. 查看 IP 地址配置命令 ipconfig

ipconfig 命令用于显示主机 TCP/IP 协议的配置信息,具体信息包括网络适配器的物理地址、主机的 IP 地址、子网掩码以及默认网关等,还可以查看主机的相关信息,如主机名、DNS 服务器、节点类型等,其中网络适配器的物理地址在检测网络错误时非常有用。这些信息一般用来检验人工配置的 TCP/IP 设置是否正确,如果计算机所在的局域

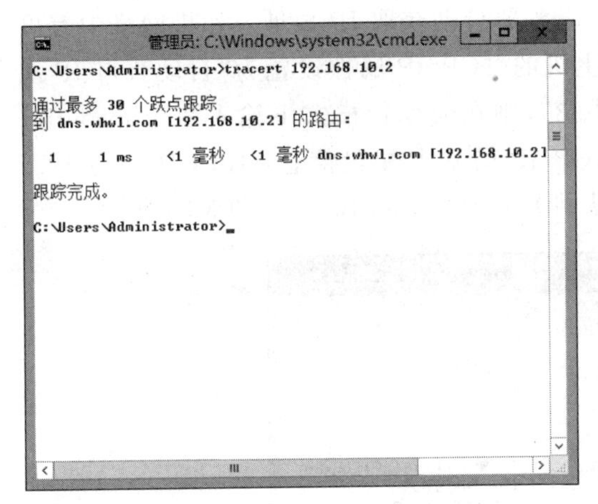

图 3-29　执行 tracert 192.168.10.2 命令界面

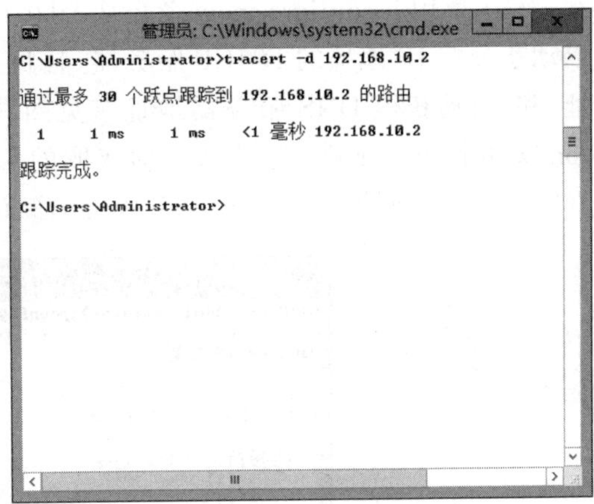

图 3-30　执行 tracert -d 192.168.10.2 命令

网使用了动态主机配置协议(DHCP),这个程序所显示的信息更加实用,它允许用户决定由 DHCP 配置的值。

ipconfig 的常用方式如下。

ipconfig /all：为 DNS 和 WINS 服务器显示它已配置且所要使用的附加信息(如 IP 地址等),并且显示内置于本地网卡中的物理地址(MAC)。如果 IP 地址是从 DHCP 服务器租用的,将显示 DHCP 服务器的 IP 地址和租用地址预计失效的日期。

ipconfig /renew：更新 DHCP 配置参数,只在运行 DHCP 客户端服务的系统上可用。

ipconfig /release：发布当前的 DHCP 配置,禁用本地系统上的 TCP/IP,并只在 DHCP 客户端上可用。要指定适配器名称,可输入不带参数的 ipconfig 命令以显示的适配器名称。

ipconfig /flushdns：清空 DNS 解析缓存的内容。

ipconfig /rgisterdns：重新注册 DNS 缓存的内容。

如果没有参数,那么 ipconfig 命令将向用户提供所有当前的 TCP/IP 配置信息,包括 IP 地址和子网掩码。

下面通过一些实例来介绍 iponfig 命令的具体用法。

(1) 使用 ipconfig 命令显示主机 TCP/IP 协议的基本配置信息。在命令行模式下输入命令 ipconfig 并按 Enter 键,窗口中显示了适配器的 IP 地址、子网掩码和默认网关信息,如图 3-31 所示。

(2) 使用 ipconfig/all 命令显示主机 TCP/IP 协议的详细配置信息。在命令行模式下输入命令 ipconfig/all 并按 Enter 键,窗口中显示主机名为 WIN-43G28HB0H7E,网卡的物理地址(MAC 地址)为 00-0C-29-7A-AD-32,主机的 IP 地址为 192.168.10.4,子网掩码为 255.255.255.0,默认网关地址为 192.168.10.1,DNS 服务器地址为 192.168.10.2,备用 DNS 服务器地址为 192.168.10.3,如图 3-32 所示。

(3) 使用 ipconfig/renew 命令从 DHCP 服务器自动获取 IP 地址。如果网络中有可以动态分配 IP 地址的 DHCP 服务器,且将主机的 TCP/IP 属性设置为“自动获得 IP 地址”和“自动获得 DNS 服务器地址”(见图 3-33),则在命令行模式下输入命令 ipconfig/renew 并按 Enter 键,将显示自动获取的 TCP/IP 的基本配置信息:IPv4 地址为 192.168.10.20,子网掩码为 255.255.255.0,默认网关为 192.168.10.1,如图 3-34 所示。

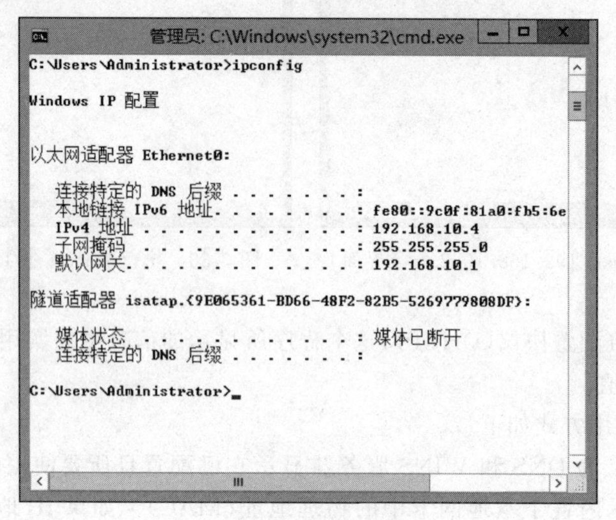

图 3-31 执行 ipconfig 命令

```
管理员: C:\Windows\system32\cmd.exe
C:\Users\Administrator>ipconfig /all

Windows IP 配置

   主机名  . . . . . . . . . . . . . : WIN-43G28HB0H7E
   主 DNS 后缀 . . . . . . . . . . . :
   节点类型  . . . . . . . . . . . . : 混合
   IP 路由已启用 . . . . . . . . . . : 否
   WINS 代理已启用 . . . . . . . . . : 否

以太网适配器 Ethernet0:

   连接特定的 DNS 后缀 . . . . . . . :
   描述. . . . . . . . . . . . . . . : Intel(R) 82574L 千兆网
   物理地址. . . . . . . . . . . . . : 00-0C-29-7A-AD-32
   DHCP 已启用 . . . . . . . . . . . : 否
   自动配置已启用. . . . . . . . . . : 是
   本地链接 IPv6 地址. . . . . . . . : fe80::9c0f:81a0:fb5:6e
   IPv4 地址 . . . . . . . . . . . . : 192.168.10.4(首选)
   子网掩码  . . . . . . . . . . . . : 255.255.255.0
   默认网关. . . . . . . . . . . . . : 192.168.10.1
   DHCPv6 IAID . . . . . . . . . . . : 301993001
   DHCPv6 客户端 DUID  . . . . . . . : 00-01-00-01-24-16-84-5
   DNS 服务器  . . . . . . . . . . . : 192.168.10.2
                                       192.168.10.3
```

图 3-32 执行 ipconfig/all 命令

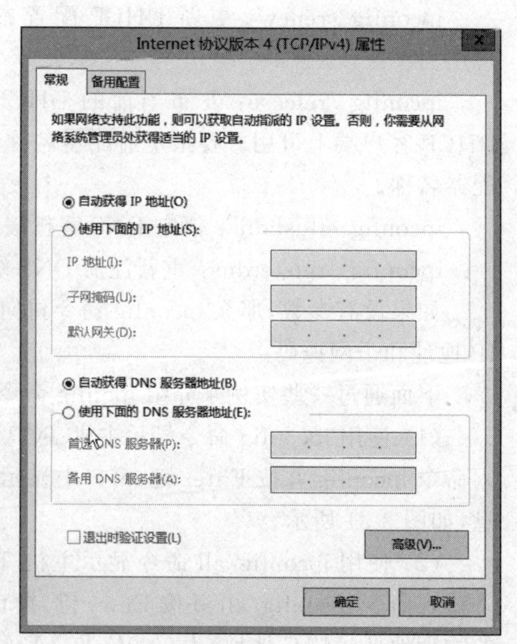

图 3-33 配置主机的 IP 地址为自动获取

如果需要显示自动获取的 TCP/IP 协议的详细配置信息,可以输入命令 ipconfig/all 并按 Enter 键,此时窗口显示 DHCP 已启用,自动配置已启用,IPv4 地址为 192.168.10.

20,子网掩码为 255.255.255.0,获得租约的时间为 2020 年 5 月 2 日 15:37:15,租约过期的时间为 2020 年 5 月 10 日 15:38:46,默认网关为 192.168.10.1,DHCP 服务器为 192.168.10.2,如图 3-35 所示。

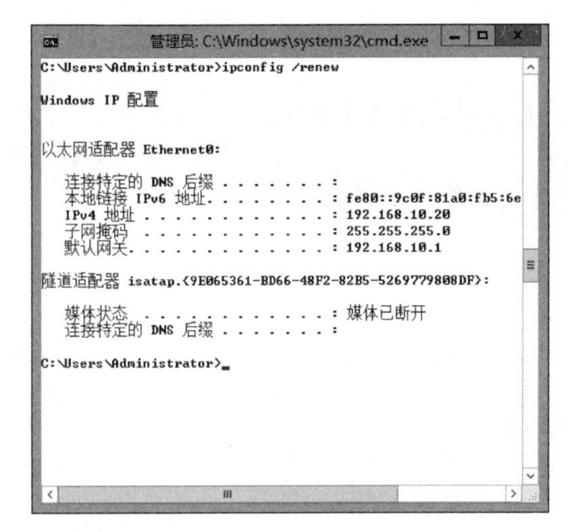

图 3-34　执行 ipconfig/renew 命令

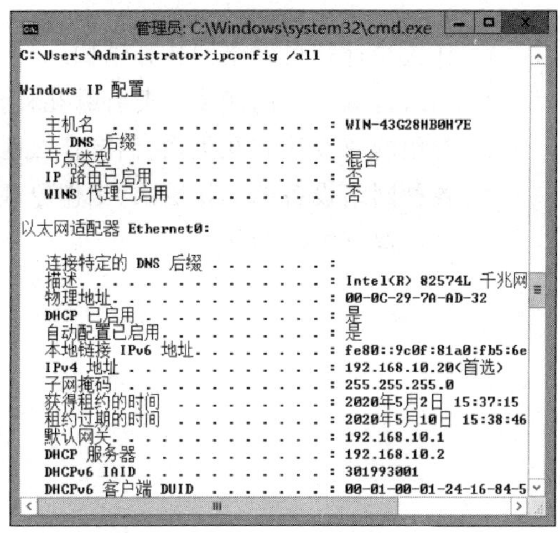

图 3-35　执行 ipconfig/all 命令

本章小结

计算机网络由资源子网和通信子网组成。

注意掌握几种典型拓扑结构的主要优缺点及它们性能的比较。

本章主要介绍了同轴电缆、双绞线、光纤及无线传输等几种传输介质,以及各种传输介质的结构、类型、连接方式、适用范围以及它们各自主要的优缺点。

在网络中,常用的互联设备主要有中继器、网桥、集线器、网桥、交换机、路由器、网关等。中继器主要起到扩展网络连接距离和扩充工作站数目的作用;集线器是一种网内连接设备,执行信号再生、信息包转发及其他相应功能。

交换机是基于网络交换技术的交换产品,具有简单、低价、高性能和高端口密集的特点,体现了桥接技术的复杂交换技术。交换机工作在 ISO/OSI 参考模型的第 2 层(数据链路层),要注意产品的选购方法。

路由器是网络层的互联设备,它适用于运行多种网络协议的大型网络。路由器可以进行路径选择、隔离广播、流量控制、数据过滤和设置防火墙,多协议的路由器可以实现不同网络层协议的转换。

网关是主要用来连接两个协议差别很大的计算机网络时使用的设备。

网卡是一种常见的网络设备。

习 题 3

1. 什么是计算机网络的拓扑结构？
2. 网络传输介质的线缆主要有哪几种，它们各具有什么特点？
3. 常用的双绞线有几类，它们有什么区别？
4. 各种网络设备的工作层次、工作原理、主要功能以及怎样选择？
5. 完成双绞线的制作。

第 4 章　项目的需求分析

【情境描述】　网恒网络有限公司是一家中外合资企业，主要业务范围包括网络设备研发和产品销售等。公司下设市场营销与推广部、产品设计部、行政管理部、网络中心部、文印室 5 个部门，位于一栋三层的楼房内，企业组织结构图如图 4-1 所示。其中，网络中心的 6 台服务器和文印室的 1 台服务器位于一楼，市场营销与推广部的 15 台计算机和产品设计部的 21 台计算机都位于二楼，行政管理部的 10 台计算机位于三楼。

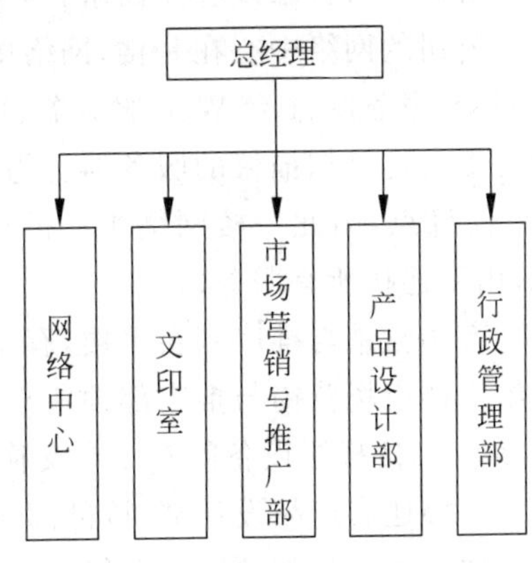

图 4-1　企业组织结构示意图

4.1　客户需求

客户需求如下。

(1) 为公司组建企业网，主干、各服务器间尽可能高速连接，其余各点至少 100Mb/s 连接；公司的主配线间和网络中心均在一楼。

(2) 为便于集中管理，公司各部门数据被指定存储在一台服务器上，并拒绝一切未经授权的访问。严格控制各部门对该服务器的访问，要求如下。

① 本部门可以完全访问本部门数据。

② 其他部门可以访问行政管理部的数据，但只能读取。

(3) 行政管理部内部配有一台打印机，要求实现部门内部打印机共享。

(4) 为了便于公司员工信息交流，公司已经独立开发了公司门户网站和 BBS 网站。

(5) 能够保证公司网络安全、有效运行。

根据上述需求，项目的负责人与公司相关部门充分沟通后，作为项目经理组建了网络工程设计团队。网络工程设计团队由教师团队和学生项目组组成，每个项目组包含约 5 位学生，自选一名组长。每个项目组必须根据项目经理的方案要求、技术要求和进度要求，合作完成企业局域网的组网设计与应用项目。在完成各类项目的过程中，培养学生的团队合作精神、团队合作技能和自学能力。教师团队的其余老师负责若干项目小组的项目过程辅导和最终验收工作。

在本项目中,项目经理要求各项目组到企业有关部门进行需求调研,给出项目的需求分析。

4.2 需求分析

根据项目背景及客户需求,本项目的具体需求分析如下。

公司的网络中心在一楼,网络中心配有 1 台 DHCP 服务器、1 台 DNS 服务器、1 台辅助 DNS 服务器、1 台 Web 服务器、1 台 FTP 服务器和 1 台邮件服务器;文印室也在一楼,配有 1 台连接扫描仪的服务器。为了保障网络中心服务器的稳定运行,给网络中心预留 2 个信息点,因此一楼网络中心的信息点数量是 9。网络中心和文印室各配有 1 台交换机,用于连接所有服务器。

市场营销与推广部在二楼,有 15 台计算机,为了保证部门扩大后网络的可扩展性,因此给二楼市场营销与推广部预留 5 个信息点,所以二楼市场营销与推广部的信息点数量是 20。二楼楼层设备间有 1 台交换机,用于连接市场营销与推广部的所有计算机。

二楼还有产品设计部,该部门有 21 台计算机,为保证该部门扩大后网络的可扩展性,给二楼产品设计部预留 9 个信息点,因此,二楼产品设计部的信息点数量是 30;二楼楼层设备间有 1 台交换机,用于连接产品设计部的所有计算机。

三楼是行政管理部,有 10 台计算机,给三楼行政管理部预留 5 个信息点,因此,三楼行政管理部的信息点数量是 15。三楼楼层设备间有 1 台交换机,用于连接行政管理部的所有计算机。

企业局域网的需求分析表如表 4-1 所示。

表 4-1 企业局域网的需求分析表

楼层位置	信息点位置	信息点数量	信息点总数	备 注
一楼	网络中心	6	9	预留 2 个信息点
	文印室	1		
二楼	市场营销与推广部	15	50	预留 5 个信息点
	产品设计部	21		预留 9 个信息点
三楼	行政管理部	10	15	预留 5 个信息点

本章小结

本章对企业局域网的组网设计与应用项目进行了需求分析:本项目涉及 3 个楼层,其中一楼有 2 个信息点位置,9 个信息点;二楼有 2 个信息点位置,50 个信息点;三楼有 1 个信息点位置,15 个信息点。

第 5 章　局域网组网设计

【情境描述】 第 4 章中已经完成了企业局域网组网设计与应用项目的需求分析，接下来并不是马上进行项目实施，而是需要根据上个任务的需求分析结果进行网络拓扑设计、设备和传输介质选型、传输介质的制作、网络连接测试等基本工作，这在网络工程中称为组网设计。在本章中，需要对企业局域网组网设计与应用项目的组网设计思路进行梳理和分析，以便成员对项目的组网设计有一个较为整体性的认识。

企业局域网的组网设计主要涉及局域网技术以及局域网组网方案设计的原则等，因此需要学习局域网技术、几种典型的局域网技术以及局域网组网方案设计原则的相关知识，然后完成项目的组网设计。

5.1　局域网技术概述

局域网在计算机网络中占有非常重要的地位，目前已被广泛应用于办公自动化、工厂自动化、企业管理信息系统、生产过程实时控制、军事指挥和控制系统、辅助教学系统、医疗管理系统、银行系统、软件开发系统和商业系统等方面，特别是为了适应办公室自动化的需要，各机关、团体和企业部门众多的微型计算机、工作站都通过局域网连接起来，以达到资源共享、信息传递和远程数据通信的目的。

1. 局域网模型

局域网的出现与发展势必推动局域网标准化工作的进程。美国电气和电子工程师学会 IEEE 是最早从事局域网标准制定的机构，于 1980 年 2 月成立了 802 委员会，又称 802 课题组，专门从事有关局域网各种标准的研究和制定，该委员会在 IBM 的系统网络体系结构(SNA)的基础上制定出了局域网的体系结构，即著名的 IEEE 802 标准。

2. IEEE 802 标准

IEEE 802 委员会于 1980 年开始研究局域网标准，1985 年公布了 IEEE 802 标准的五项标准文本，同年为 ANSI 所采纳作为美国国家标准，ISO 也将其作为局域网的国际标准系列，称为 ISO 802 系列标准。IEEE 802 系列标准如下。

IEEE 802.1A　概述和体系结构。

IEEE 802.1D　寻址、网络管理和网络互联。

IEEE 802.2　逻辑链路控制协议。

IEEE 802.3　CSMA/CD总线访问控制方法及物理层技术标准。

IEEE 802.4　令牌总线访问控制方法及物理层技术标准。

IEEE 802.5　令牌环访问控制方法及物理层技术标准。

IEEE 802.6　城域网分布式双总线队列访问控制方法及物理层技术标准。

IEEE 802.7　宽带时隙环媒体访问控制方法及物理层技术标准。

IEEE 802.8　光纤网媒体访问控制方法及物理层技术标准。

IEEE 802.9　综合声音、数据网媒体访问控制方法及物理层技术标准。

IEEE 802.10　局域网信息安全技术。

IEEE 802.11　无线局域网媒体访问控制方法及物理层技术标准。

IEEE 802.12　100VG-AnyLAN 的媒体访问控制方法及物理层技术标准。

IEEE 802.14　交互式电视网，包括 Cable Modem 的技术标准。

5.2　两种典型的局域网技术

局域网的类型有很多种，下面重点介绍以太网与 IEEE 802.3 标准、高速局域网技术。

5.2.1　以太网与 IEEE 802.3 标准

1. 以太网概述

以太网是目前使用最为广泛的局域网，从 20 世纪 70 年代末期就有了正式的网络产品。在整个 20 世纪 80 年代中期，以太网与 PC 同步发展，其传输速率自 20 世纪 80 年代初的 10Mb/s 发展到 20 世纪 90 年代的 100Mb/s，而目前 1Gb/s 的以太网产品已很成熟。

以太网技术由 Xerox 公司于 1973 年提出并实现，最初以太网的速率只有 2.94Mb/s，之后在 Xerox、Digital、Intel 的共同努力下于 1980 年推出了 10Mb/s DIX 以太网标准。1983 年，以太网技术(802.3)与令牌总线(802.4)和令牌环(802.5)共同成为局域网领域的三大标准。1995 年，IEEE 正式通过了 802.3u 快速以太网标准，以太网技术实现了第一次飞跃，1998 年 802.3z 千兆以太网标准正式发布，2002 年 7 月 18 日 IEEE 通过了 802.3ae：10Gb/s 以太网，又称万兆以太网。

2. 以太网介质访问控制方法

以太网是由 Xerox 公司开发的一种基带局域网技术，使用同轴电缆作为网络媒介，采用载波侦听、多路访问和碰撞检测(CSMA/CD)机制，数据传输速率达到 10Mb/s。以太网被设计用来满足非持续性网络数据传输的需要，而 IEEE 802.3 规范则是基于最初的以太网技术于 1980 年制定的。以太网版本 2.0 由 Digital Equipment Corporation、Intel 和 Xerox 三家公司联合开发，与 IEEE 802.3 规范相互兼容。以太网结构示意图如图 5-1 所示。

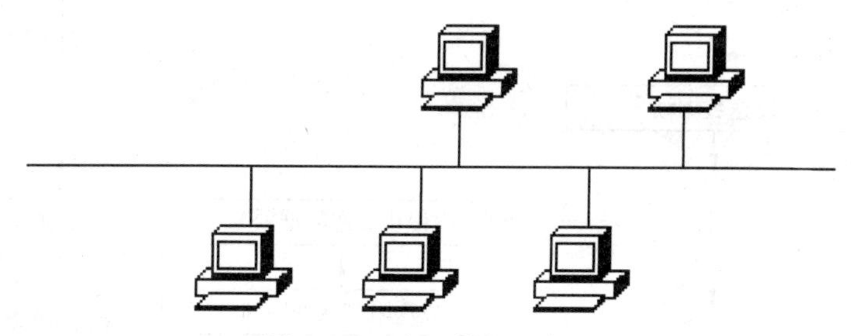

图 5-1　以太网结构示意图

以太网采用总线拓扑结构。尽管在组建以太网的过程中通常使用星状拓扑结构，但在逻辑上它们还是总线拓扑结构。

以太网利用带有冲突检测的载波侦听多路访问（carrier sense multiple access with collision detection，CSMA/CD）方法实现对共享介质——总线的访问控制。在以太网中，任何节点都没有可预约的发送时间，它们的发送是随机的。同时，网络中不存在集中控制节点，所有节点都必须平等地争用发送时间。因此，CSMA/CD 存取控制方式属于随机争用方式。

以太网中的一个节点如果要发送数据，它将通过广播方式将数据送往共享介质，因此，连在总线上的所有节点都能“收听”到发送节点发送的数据信号。由于以太网中所有节点都可以利用总线传输，并且没有控制中心，因此冲突的发生将是不可避免的。为了对共享信道进行有效控制，CSMA/CD 的发送流程可以概括为“先听后发，边听边发，冲突停止，延迟重发”。

在采用 CSMA/CD 的局域网中每一个节点利用总线发送数据时，首先需要将发送数据组织到一起，然后侦听总线的忙、闲状态。如果总线上已经有数据信号传输，那么它必须等待，直到总线空闲为止；在总线空闲的状态下，节点便可以启动发送过程。当然，在以太网中也存在着两个或多个节点在同一时刻同时发送的可能性，一旦出现这种情况，冲突就会产生。因此，CSMA/CD 在发送的过程中，一直需要监测信道的状态，当冲突发生时，立即停止发送，并且在随机延迟一段时间后再次进行发送的尝试。

CSMA/CD 介质访问方法的工作流程图如图 5-2 所示。

以太网使用的 CSMA/CD 是一种典型的分布式介质访问控制方法，它没有集中控制中心，网络中的所有节点具有相同的优先级。由于其发送采用竞争机制，发送等待延时并不固定，而且在高负载时，冲突概率的增大会对网络的性能产生一定的影响。但是，由于其方法简单，实现容易，组网方便，因此被广泛用于办公室自动化等各个领域，在局域网上占有绝对的主导地位。

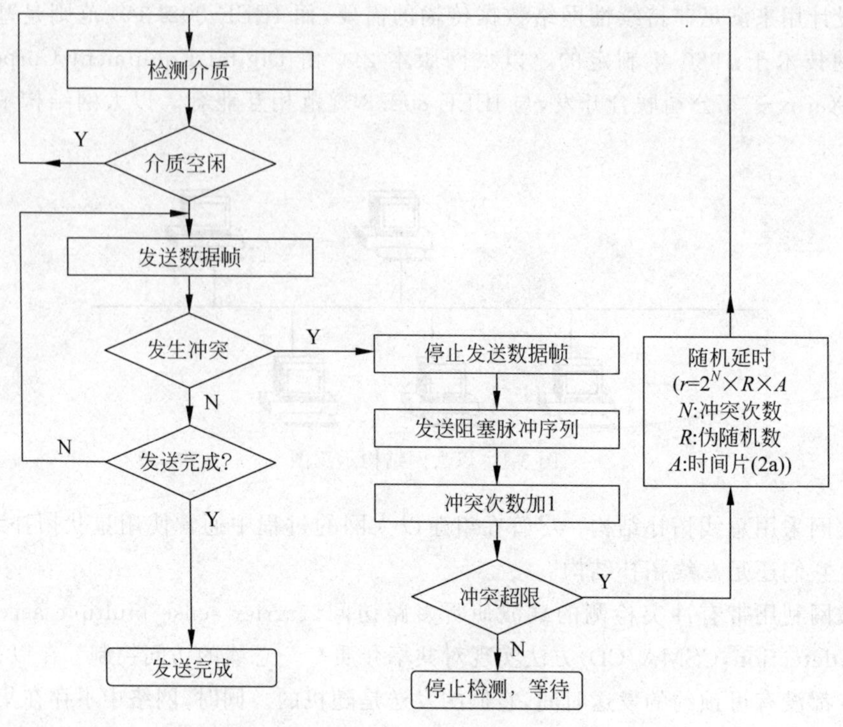

图 5-2 CSMA/CD 工作流程图

5.2.2 高速局域网技术

随着通信技术的发展以及用户对网络带宽需求的增加，迫切需要建立高速的局域网。下面对几种高速局域网技术进行比较。

IEEE 802 委员会 1995 年 6 月正式批准了快速以太网标准，该标准被命名为 802.3u。IEEE 802.3u 标准在 LLC 子层使用 IEEE 802.2 标准，在 MAC 子层使用 CSMA/CD 方法，只是在物理层做了一些必要的调整，定义了新的物理层标准(100Base-T)。100Base-T 标准定义了介质专用接口(media independent interface，MII)，它将 MAC 子层与物理层分隔开来，这样物理层在实现 100Mb/s 速率时所使用的传输介质和信号编码方式的变化不会影响 MAC 子层。100Base-T 标准可以支持多种传输介质。目前，100Base-T 有以下三种有关传输介质的标准：100Base-T4、100Base-TX 和 100Base-FX。表 5-1 给出了快速以太网 3 种不同的物理层标准。

表 5-1 快速以太网 3 种物理层标准

	100Base-TX	100Base-FX	100Base-T4
支持全双工	是	是	否
电缆对数	两对双绞线	一对光纤	四对双绞线
电缆类型	UTP Cat 5，STP Type 1	多模/单模光纤	UTP Cat 5

续表

	100Base-TX	100Base-FX	100Base-T4
最大距离	100m	200m,2km	100m
接口类型	RJ-45,DB9	MIC,ST,SC	RJ-45

5.3　网络技术的选择与拓扑设计

根据网恒网络有限公司的网络规模和应用特点,为该企业网络建立 5 个子网:网络中心、文印室的网络分布在大楼的一楼;市场营销与推广部、产品设计部的网络分布在大楼二楼;行政管理部的网络分布在大楼的三楼。

该企业网络采用两级网络结构。主干网采用一台千兆以太网路由器,从路由器到接入交换机采用超 5 类非屏蔽双绞线,传输速率为 1000Mb/s。从接入交换机到分散的服务器以及接入交换机到终端采用 5 类非屏蔽双绞线,保证 1000Mb/s 或 100Mb/s 独享带宽。其拓扑结构图如图 5-3 所示。

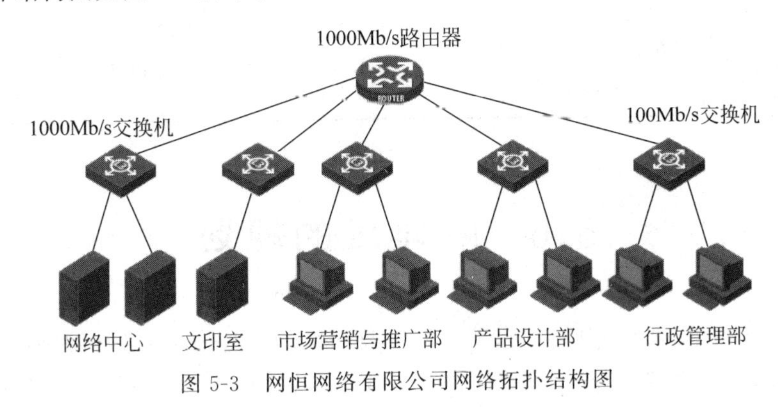

图 5-3　网恒网络有限公司网络拓扑结构图

5.4　网络设备的选型与数量

在确定了网络的物理拓扑之后,还要确定网络互联设备的种类、规格、数量及品牌。根据用户需求,网络设备的选型如表 5-2 所示。

表 5-2　网络设备的选型

设备名称	设备规格	设备品牌	主要性能指标	所需数量	备　注
路由器	D-Link	锐捷	8 个 1000M/100M/10Mb/s 自适应以太网端口	1	1000Mb/s 以太网路由器
交换机	RG-S5310	锐捷	24 个 1000M/100M/10Mb/s 自适应以太网端口	1	1000Mb/s 以太网交换机,用于服务器接入

续表

设备名称	设备规格	设备品牌	主要性能指标	所需数量	备　注
交换机	RG-S2900	锐捷	10 个 1000M/100M/10Mb/s 自适应以太网端口	4	接入的 100Mb/s 以太网交换机

5.5 传输介质的选型

在完成上述设计之后,还要进行传输介质的选型,包括确定传输介质的类型(如光纤、UTP 线缆等)、品牌和所需的数量,另外,还要确定线缆连接部件的类型与数量(如 RJ-45 头、RJ-45 连接模块、不同类型的光纤连接头等)。传输介质的选型如表 5-3 所示。

表 5-3　网络传输介质及连接件的选型

介质或连接部件的名称	规格	品牌	主要性能指标	数量/条
双绞线	1000Base-T 标准,使用超 5 类非屏蔽双绞线	西安开元	双绞线长度可达 100m	110

5.6 IP 地址的规划

在完成传输介质选型之后,根据用户需求及网络的规划设计,进行网络的 IP 地址规划。根据前面的分析,整个网络在逻辑上被分成 5 个子网,每个子网都需要单独的网段地址。IP 地址的规划如表 5-4 所示,路由器 RG-RSR50 端口的 IP 地址规划如表 5-5 所示。

表 5-4　IP 地址规划表

部门子网	网段地址	子网掩码	网关地址
网络中心子网	192.168.10.0	255.255.255.0	192.168.10.1
市场营销与推广部子网	192.168.20.0	255.255.255.0	192.168.20.1
产品设计部子网	192.168.30.0	255.255.255.0	192.168.30.1
行政管理部子网	192.168.40.0	255.255.255.0	192.168.40.1
文印室子网	192.168.50.0	255.255.255.0	192.168.50.1

表 5-5　路由器 RG-RSR50 端口的 IP 地址规划表

端口	互联设备	端口地址
G0/0	网络中心子网接入交换机	192.168.10.1
G0/1	市场营销与推广部子网接入交换机	192.168.20.1
E2/0	产品设计部子网接入交换机	192.168.30.1

续表

端口	互联设备	端口地址
E2/1	行政管理部子网接入交换机	192.168.40.1
E2/2	文印室子网接入交换机	192.168.50.1

5.7　网络组件的物理连接

在完成上述各项设计后，就可以进入物理连接阶段。

(1) 使用网线测试仪检查线缆的连通性。

(2) 确认主机上的网卡(带 RJ-45 连接器)是否安装。

(3) 将各部门的计算机通过线缆连接到相应子网的接入交换机，然后将 5 台接入交换机连接到路由器上。考虑到系统安全的需要，整个网络在逻辑上被设置成了 5 个业务子网，5 个业务子网通过路由器来实现网间数据交换，5 个业务子网在物理上是相互独立的，在不同的子网内，资源访问权限可以根据用户需求进行分配。5 个业务子网间的跨子网访问网络资源要经过路由器，并可以通过 IP 地址过滤来提高网络的安全性。

(4) 检测各部门的计算机网卡是否正常工作。

打开控制面板中的“硬件和声音”应用程序，单击“设备管理器”，将打开如图 5-4 所示的“设备管理器”窗口，网卡的状态没有显示任何警告符号，表明网卡正常工作。

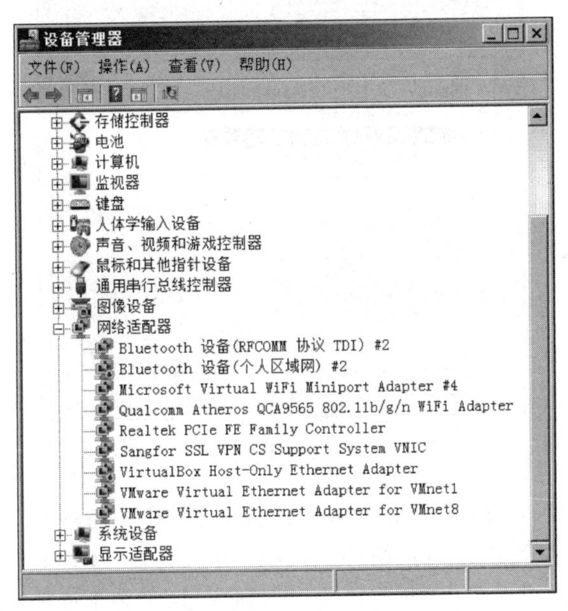

图 5-4　“设备管理器”窗口

(5) 检测是否安装 TCP/IP 协议。

① 单击“控制面板”窗口中的“网络和 Internet”应用程序，单击“网络和共享中心”链

接，单击“更改适配器配置”将打开“网络连接”窗口，如图 5-5 所示。

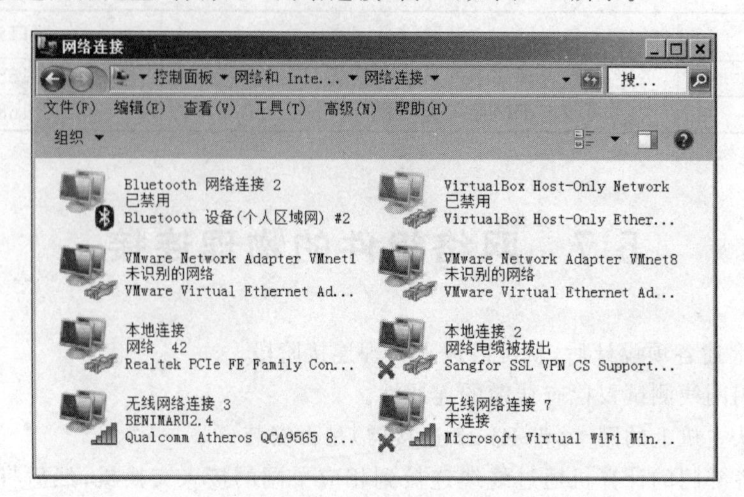

图 5-5 “网络连接”窗口

② 右击“本地连接”，在弹出的快捷菜单中选择“属性”命令，弹出“本地连接属性”对话框，如图 5-6 所示。

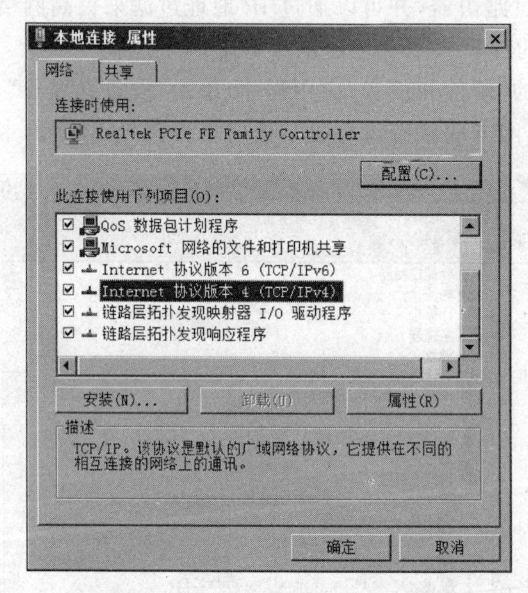

图 5-6 “本地连接属性”对话框

③ 在“本地连接 属性”对话框的“此连接使用下列项目”列表中查看是否有“Internet 协议版本 4(TCP/IPv4)”组件，有就说明已安装 TCP/IP 协议；没有就说明没有安装 TCP/IP 协议，可以单击“此连接使用下列项目”列表下面的“安装”按钮进行安装。

(6) 配置 IP 地址。安装好 TCP/IP 之后，根据上述网络 IP 地址的规划，完成所有计算机 IP 地址的配置。

① 配置计算机 IP 地址。

下面以市场营销与推广部门的一台计算机为例来介绍 IP 地址的配置，如本台计算机需配置的 IP 地址为：192.168.20.2。

a. 按上面操作步骤打开"网络连接　属性"对话框，双击"此连接使用下列项目"列表中的"Internet 协议版本 4(ICP/IPv4)"组件，将弹出如图 5-7 所示的"Internet 协议版本 4(ICP/IPv4)　属性"对话框。

b. 在"Internet 协议版本 4(ICP/IPv4)　属性"对话框中选中"使用下面的 IP 地址"单选按钮，在"IP 地址"对应的文本框中输入 192.168.20.2，在"子网掩码"对应的文本框中输入 255.255.255.0，在"默认网关"对应的文本框中输入该网段 IP 地址的网关地址 192.168.20.1。

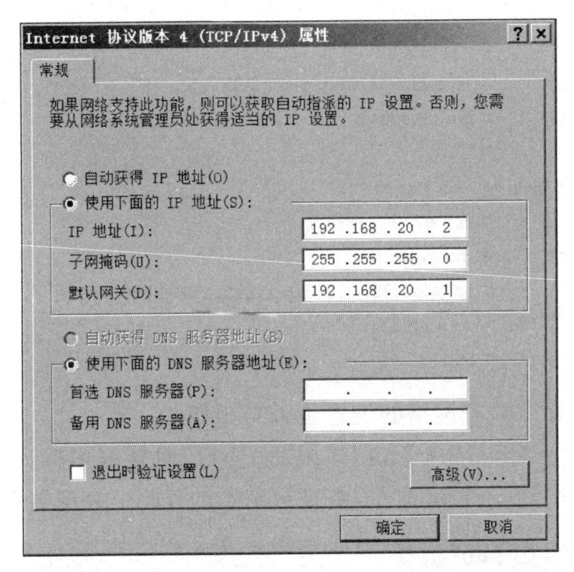

图 5-7　"Internet 协议版本 4(ICP/IPv4)属性"对话框

c. 连续单击两次"确定"按钮，这样就完成本台计算机 IP 地址的设定。

d. 重复以上三步，配置网络中心、文印室服务器的 IP 地址以及产品设计部、行政管理部所有计算机的 IP 地址。

② 配置路由器端口 IP 地址。

分别配置路由器的 GE0/0、GE0/1、GE2/0、GE2/1、GE2/2 的 IP 地址为 192.168.10.1、192.168.20.1、192.168.30.1、192.168.40.1、192.168.50.1。

配置各端口 IP 地址的命令如下：

```
Router > enable
Router # configure terminal
//配置 GE0/0 的 IP 地址为 192.168.10.1
Router(config)        # int gigabitEthernet 0/0
Router(config - if)   # ip add 192.168.10.1 255.255.255.0
Router(config - if)   # no shutdown
```

```
//配置 GE0/1 的 IP 地址为 192.168.20.1
Router(config)          # int g0/1
Router(config-if)       # ip add 192.168.20.1 255.255.255.0
Router(config-if)       # no shutdown

//配置 GE2/0 的 IP 地址为 192.168.30.1
Router(config)          # int g2/0
Router(config-if)       # no switchport
Router(config-if)       # ip add 192.168.30.1 255.255.255.0
Router(config-if)       # no shutdown

//配置 GE2/1 的 IP 地址为 192.168.40.1
Router(config)          # int g2/1
Router(config-if)       # no switchport
Router(config-if)       # ip add 192.168.40.1 255.255.255.0
Router(config-if)       # no shutdown

//配置 GE2/2 的 IP 地址为 192.168.50.1
Router(config)          # int g2/2
Router(config-if)       # no switchport
Router(config-if)       # ip add 192.168.50.1 255.255.255.0
Router(config-if)       # no shutdown
Router(config-if)       # end
```

(7) 用 ipconfig 命令检查网络的设置是否与预期的一致。

依次单击"开始"→"运行"命令,在弹出的"运行"对话框中输入 cmd,在打开的 MS-DOS 命令行界面中执行 ipconfig 命令,将显示基本的 TCP/IP 配置信息,如图 5-8 所示。

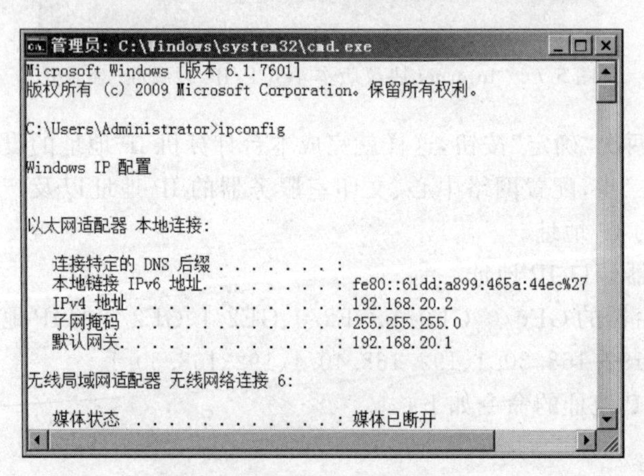

图 5-8　基本的 TCP/IP 配置信息

(8) 利用 ping 命令进行网络连通性的测试。

执行"ping 本机 IP 地址"命令,如果能 Ping 成功,说明本机 IP 地址配置正确,并且网卡工作正常。在打开的 MS-DOS 命令行界面中执行 ping 192.168.20.2 命令,显示 Ping

成功的信息，如图 5-9 所示。

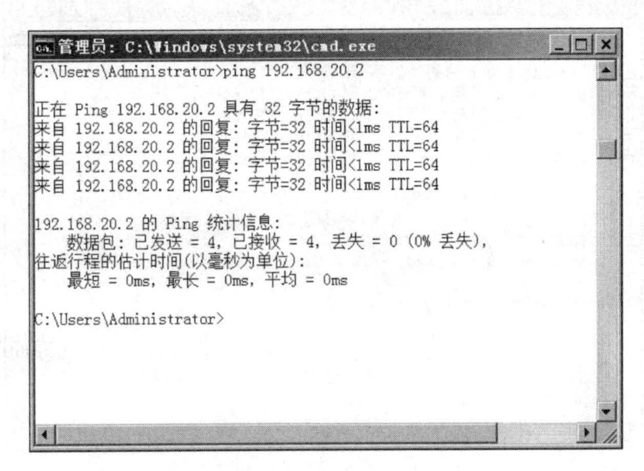

图 5-9　Ping 本机 IP 地址 192.168.20.2

5.8　网络连通性测试与故障排除

在完成全部设计任务和网络物理连接之后，要进行网络连通性测试与故障排除。下面以行政管理部的一台计算机为例来介绍网络连通性测试与故障排除。行政管理部某台计算机的 IP 地址配置如图 5-10 所示。

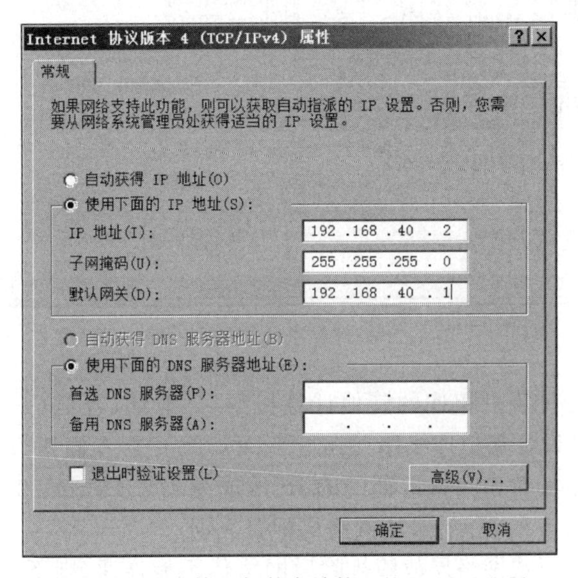

图 5-10　行政管理部某台计算机的 IP 地址配置

(1) 首先在本台计算机 MS-DOS 命令行界面执行 ping 127.0.0.1 命令，如图 5-11 所示，界面信息表示能 Ping 通，表示网卡工作正常；否则要检查网卡。

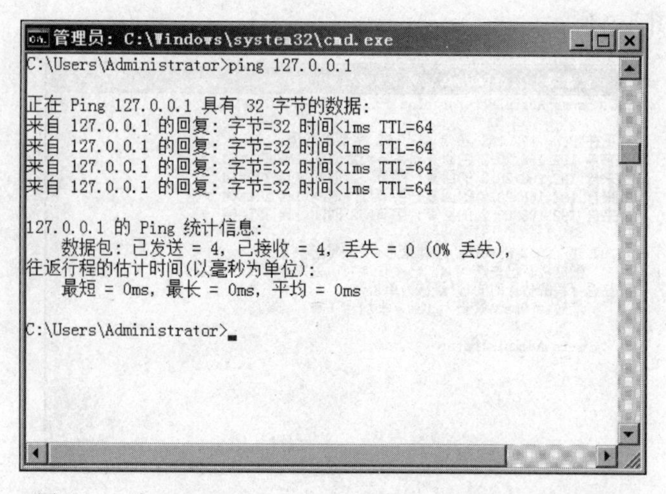

图 5-11　在 MS-DOS 命令行界面执行 ping 127.0.0.1 命令

(2) 在 MS-DOS 命令行界面执行 ping 192.168.40.2 命令，即 Ping 本台计算机的 IP 地址 192.168.40.2，如图 5-12 所示，界面信息表明能 Ping 通，表示本机网络设置正常；否则要检查本机网络配置。

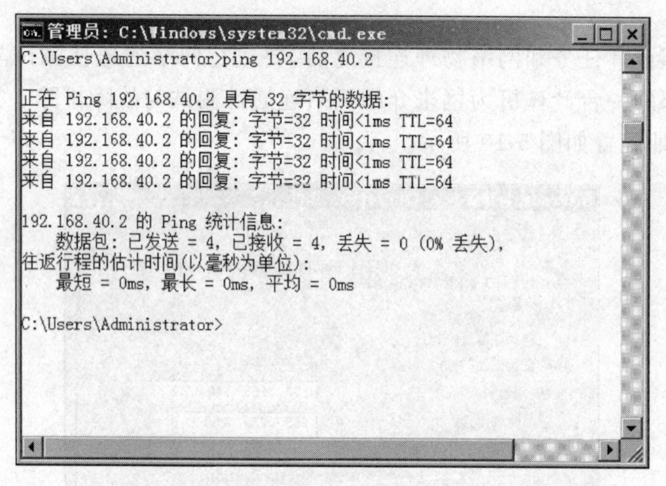

图 5-12　Ping 本台计算机的 IP 地址 192.168.40.2

(3) Ping 与本台计算机相连的其他计算机的 IP 地址，若 Ping 通，表示网络工作正常；否则要检查网络设备和物理线路。在 MS-DOS 命令行界面执行 ping 192.168.20.2 命令，即 Ping 上述市场营销与推广部门的 IP 地址为 192.168.20.2 的计算机，界面信息表明能 Ping 通，如图 5-13 所示，表明网络层配置无误。

若网络层配置无误或网络层故障排除后网络仍不能连通，则下一步要检查网络层直接相邻的数据链路层是否出了问题。数据链路层的最大问题往往出现在网卡，此时可以参照前面介绍的网卡检测方法来进行相应的故障排除。若数据链路层没有故障或数据链路层故障排除后网络仍不能连通，则表明在网络的物理层还存在一些故障，此时需排除是否有接口故障、线缆类型错误、线缆连通性问题、物理层设备故障或设备电源未开启等。

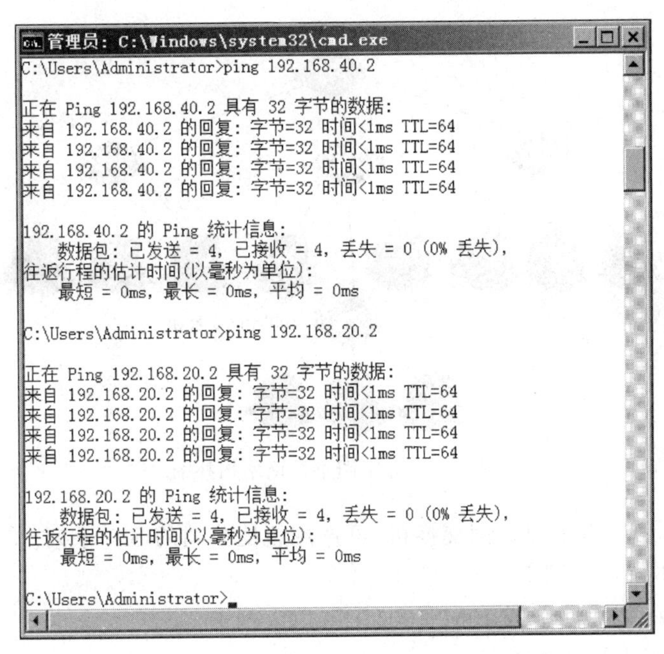

图 5-13　Ping IP 地址为 192.168.20.2 的计算机

5.9　数字图书馆组网设计

某数字图书馆有 4 个部门，分别是读者服务部、业务工作部、数字图书馆试验部和办公室。为图书馆组建网络，主干、各服务器间尽可能高速连接，其余各点至少以 100Mb/s 连接。请提供一个能满足上述局域网组网要求的设计方案。

1. 需求分析与网络规划

数字图书馆网络不仅要传送文本，还要支持大量的多媒体服务，因此对网络的带宽要求很高。从实际出发，要求在数字图书馆网络建立 4 个逻辑子网：读者服务部子网分布在大楼的各个地方；业务工作部子网分布在大楼和行政楼、分馆等地；数字图书馆试验部子网和办公室子网分布在行政楼。

根据数字图书馆网络需求，数字图书馆网络整体采用两级网络结构，局部采用三级网络结构。主干网采用一台千兆以太网交换机，从主交换机到分支交换机采用的是千兆多模光纤。从分支交换机到终端和分支交换机到分散的服务器采用 5 类或超 5 类线，保证 100Mb/s 或 10Mb/s 带宽的独享。其拓扑结构如图 5-14 所示。

2. 基本的硬件设备

（1）主干网 1000Mb/s 以太网交换机 1 台，可选用锐捷公司的 S49 系列。

（2）分支 1000Mb/s 以太网交换机 3 台，可选用锐捷公司的 S35 系列。

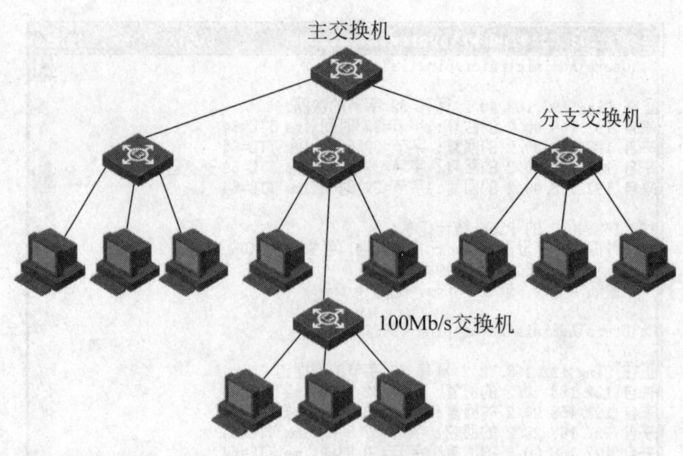

图 5-14　数字图书馆网络拓扑图

(3) 接入的 100Mb/s 以太网交换机，可选用锐捷公司的 S21 系列。

(4) 1000Mb/s 以太网卡。

(5) 100Mb/s 以太网卡或 10M/100Mb/s 以太网卡。

(6) 双绞线和光缆。

1000Base-T 标准使用 5 类非屏蔽双绞线，双绞线长度可以达到 100m；1000Base-SX 标准使用多模光纤，光纤长度可以达到 300～550m。

将各个计算机连至 100Mb/s 交换机，然后再将 100Mb/s 交换机连接到 1000Mb/s 交换机上。考虑到系统安全的需要，整个网络在逻辑上被设置成了 4 个业务子网(虚拟局域网)，4 个业务子网通过在主干交换机上设置的第三层交换功能来实现网间数据交换，4 个业务子网在物理上是相互独立的，在不同的子网内，资源访问权限可以根据用户进行分配。4 个业务子网间的跨子网访问网络资源要经过第三层交换机，并可以通过 IP 地址过滤来提高网络的安全性。

3. IP 地址的规划

在完成上面全部的组网任务后，根据用户需求及网络的规划设计，进行网络的 IP 地址规划。根据前面的分析，整个网络在逻辑上被分成了 4 个子网，每个子网都需要单独的网段地址。IP 地址的规划如表 5-6 所示。

表 5-6　IP 地址规划表

子　　网	网段地址	子网掩码
读者服务部子网	192.168.1.0	255.255.255.0
业务部子网	192.168.2.0	255.255.255.0
试验部子网	192.168.3.0	255.255.255.0
办公室子网	192.168.4.0	255.255.255.0

4. 网络组件的物理连接

(1) 检查线缆的连通性。
(2) 检查网卡是否安装。
(3) 连接设备。
(4) 根据 IP 地址规划配置网络设备和计算机 IP 地址。
(5) 检测网卡。
(6) 用 ipconfig 命令检查 TCP/IP 设置以及其他信息。
(7) 测试网络的连通性。

本章小结

本章完成了网恒网络有限公司局域网的组网设计，包括需求分析、网络技术的选择与拓扑结构设计、网络设备的选型、传输介质的选型、IP 地址的规划、网络组件的连接和网络故障的排除。

在任务的实施过程中，还介绍了局域网的一些基本知识和组网方法，包括局域网的组成和局域网标准、几种典型局域网的组网技术和标准、局域网组网方案设计原则、局域网物理连接及故障排除方法等。

习　题　5

1. IEEE 802 标准体系的基本构成是什么？各个标准之间有什么联系？
2. 简述 CSMA/CD 的工作过程。

第 6 章　安装 Windows Server 2012 操作系统

【情境描述】　第 4 章和第 5 章分别完成了“企业局域网组网设计与应用”项目的需求分析和组网设计，实现了部门内部以及部门之间网络的互联互通。根据项目需求分析，企业的网络中心有 FTP 等服务器，以便将资源共享给网络上的用户。要实现资源共享，可以利用 Windows 系统来架设网络。本章将实现在服务器上安装 Windows Server 2012 操作系统。

在服务器上安装 Windows Server 2012 操作系统后，启动服务器并以 Administrator 账户登录系统的效果如图 6-1 所示。

图 6-1　服务器安装 Windows Server 2012 启动后的界面

要在服务器上安装网络操作系统，首先要知道什么是操作系统、有哪些操作系统，因此需要学习网络操作系统的概念以及分类；其次，在服务器上安装 Windows Server 2012 操作系统时需要指定安装操作系统的磁盘分区，因此需要学习 Windows Server 2012 的特点、版本分类以及磁盘分区。由于新的磁盘分区需要被格式化，所以需要学习文件系统。在服务器上安装 Windows Server 2012 操作系统成功后会自动重启计算机，第一次启动 Windows Server 2012 时，需要设置用户 Administrator 的密码，因此有必要学习用户账户和密码的知识，用户拥有了系统账户才能访问计算机。

6.1 网络操作系统介绍

6.1.1 网络操作系统概述

桌面操作系统(operating system,OS)是最靠近硬件的底层软件,它是控制和管理计算机硬件和软件资源、合理地组织计算机工作流程并方便用户使用的程序集合,是计算机和用户之间的接口。

网络操作系统是网络用户和计算机网络的接口,它管理计算机的硬件和软件资源,为用户提供文件共享、打印共享等各种网络服务以及电子邮件、WWW 等专项服务。网络操作系统是一种具有单机操作和网络管理双重功能的系统软件。在网络操作系统启动之前,网络中各系统能够独立进行工作,而系统启动了网络操作系统后,网络中各个相对独立的系统之间就可以进行通信了,此时网络操作系统已经具有了多用户操作系统的特性。

在网络环境中,网络操作系统的许多服务都是以客户/服务器形式提供的。网络操作系统中驻留着许多服务程序,客户机上驻留着相应的客户机程序。网络操作系统以及相关的硬件也称服务器平台(server platform)。

网络操作系统与桌面操作系统的本质区别在于服务的目的。桌面操作系统服务于单机,提供的是计算机和用户之间的接口。网络操作系统服务于整个计算机网络,提供的是用户和计算机网络之间的接口,使数据在网络上的安全传输。

6.1.2 网络操作系统的分类

网络操作系统按照所服务的网络的结构可以分为以下三类。

1. 集中式网络操作系统

集中式网络操作系统运行在大型主机上,实现资源的统一管理,Linux/UNIX 就是典型的集中式网络操作系统,典型的应用实例有金融系统等。

2. 客户/服务器网络操作系统

这种模式是现代网络的主流,在网络中连接多台计算机,有的计算机提供文件、打印等服务,被称为服务器。而另外一些计算机则向服务器请求服务,称为客户机或工作站。客户机与集中式网络中的终端不同的是,客户机有自己的处理能力,仅在需要通信时才向服务器发出请求。平时经常使用的 Windows Server 系列就是典型的客户/服务器模式的网络操作系统。

3. 对等式网络操作系统

对等式网络操作系统同时具有服务器和客户机两种功能,网络连接简单,适用于工作组内几台计算机之间仅需提供简单的通信和资源共享的情况。像利用 Windows 8、Windows 10 组建工作组网络就是典型的对等式网络。

6.2 Windows Server 2012 简介

6.2.1 Windows Server 2012 特点

1. 任务管理器

Windows Server 2012 的任务管理器在隐藏选项卡时默认只显示应用程序。在“进程”选项卡中,以色调来区分资源利用,列出了应用程序名称、状态以及 CPU、内存、硬盘和网络的使用情况。在“性能”选项卡中,CPU、内存、硬盘、以太网和 Wi-Fi 以菜单的形式分开显示。

2. IP 地址管理

Windows Server 2012 IP 地址管理的作用是发现、监控、审计和管理在企业网络上使用的 IP 地址空间,对 DHCP 和 DNS 进行管理和监控。IP 地址管理有以下功能。

(1) 自定义 IP 地址空间的显示、报告和管理。

(2) 审核服务器配置更改和跟踪 IP 地址的使用。

(3) DHCP 和 DNS 的监控和管理。

(4) 完整支持 IPv4 和 IPv6。

3. Active Directory

Windows Server 2012 的 Active Directory 安装向导出现在服务器管理器中,并且增加了 Active Directory 的回收站;在同一个域中,密码策略可以更好地区分;Active Directory 出现了虚拟化技术,虚拟化的服务器可以安全地进行克隆;简化了 Windows Server 2012 的域级别,它完全可以在服务器管理器中进行;可以使用 Windows PowerShell 命令的 PowerShell 历史记录查看器查看 Active Directory 操作。

4. Hyper-V

Windows Server 2012 中的 Hyper-V 包括网络虚拟化、多用户、存储资源池、交叉连接和云备份等功能,可以访问多达 64 个处理器、1TB 的内存和 64TB 的虚拟磁盘空间(仅限 vhdx 格式),最多可以同时管理 1024 个虚拟主机以及 8000 个故障转移群集。

5. IIS 8.0

Windows Server 2012 中的 IIS8.0,可以限制特定网站对 CPU 的占用。

6. 可扩展性

Windows Server 2012 支持以下最大的硬件规格。

(1) 64 个物理处理器。

(2) 640 个逻辑处理器(若打开 Hyper-V 则仅支持 320 个)。

(3) 4TB 内存。

(4) 64 个故障转移群集节点。

7. 存储

Windows Server 2012 更新了一些与存储相关的功能和特性,很多功能可以为用户减少预算并提高效率,可能会涉及重复数据删除、iSCSI、存储池及其他功能。

(1) 重复数据删除性能。通过在卷中存储单一版本文档来节约磁盘空间,这使得存储更加高效,尤其是在使用 Hyper-V 实现虚拟化之后。

(2) ReFS(弹性文件系统)。2012 版的 ReFS 使得逻辑卷扩展性更强,与 Storage Spaces 相结合,提供更好的可用性,并且即使在数据损坏的情况下也不会宕机。

(3) Storage Spaces。通过集群工业标准硬盘到存储池,然后在这些存储池中从已有容量中创造存储"空间",以此实现存储虚拟化。

(4) Server Message Block 3.0 支持。Windows Server 2012 增加了对 SMB 协议 3.0 版本的支持,可以进行 Fibre Channel 和 iSCSI 之间的选择。可以加速支持应用工作流,而不仅仅是客户端连接。这样 Server 2012 本身也成为一个独立客户端,可以支持 Hyper-V、SQL Server 和 Exchange。

(5) iSCSI Target Server。iSCSI Target 可以面向所有的 Windows Server 用户,而不仅仅是 OEM 用户。之前普通的 Windows 管理员不能使用 iSCSI Target,现在已经可以去下载更新,可以管理 iSCSI 阵列了。

(6) Offloaded Data Transfer(ODX)。允许从 Hyper-V 卸载存储相关任务到存储阵列上。当存储用户复制一个文件,转换会非常快,因为阵列无须做任何工作,只须通过操作系统发送数据。

6.2.2 Windows Server 2012 的版本

Windows Server 2012 为用户提供了 4 种版本的产品,版本的简化更加方便了企业选择其所需的版本。

(1) Windows Server 2012 Foudation 是最低级别的 Windows Server 2012。仅提供给 OEM 厂商,限定用户数量为 15,提供通用服务器功能,不支持虚拟化。该版本对硬件设备要求为:至强 E3-1240 v2 处理器、16GB~32GB 内存、128GB SSD 或以上。

(2) Windows Server 2012 Essentials 面向中小企业,用户数量限定在 25 以内,简化了界面,预先配置云服务连接,不支持虚拟化。该版本对硬件设备的要求为:至强 E3-1270 v2 处理器、32GB 内存、240GB SSD 或以上。

(3) Windows Server 2012 Standard 提供了完整的 Windows Server 功能,限制使用

两台虚拟机。该版本对硬件设备的要求为：双核的至强 E5-2620 处理器，64GB～256GB 内存、480GB SSD 或以上。

（4）Windows Server 2012 DataCenter：提供了完整的 Windows Server 功能，不限制虚拟主机数量。该版本对硬件设备的要求为：双核的至强 E5-2690 和至少 256GB DDR3 内存，至少 480GB SSD。

6.3 磁盘分区

硬盘是计算机中存放信息的主要存储设备，在使用硬盘存储数据之前，必须对硬盘进行分割，分割成的一块一块的硬盘区域就是磁盘分区。每个磁盘分区都是一个独立的存储单位。在传统的磁盘管理中，将一个硬盘分为两大类分区：主分区和扩展分区。主分区中能够安装操作系统，是可以进行计算机启动的分区，这样的分区可以直接格式化，然后安装操作系统，直接存放文件。扩展分区不能直接使用，它必须经过第二次分割，分割成为一个一个的逻辑分区，然后才可以使用。一个扩展分区中的逻辑分区可以有任意多个。

如果磁盘是全新的，且未经过划分，那么可以将整个磁盘当作一个磁盘分区，并将 Windows Server 2012 安装到此区。如果磁盘被划分成了多个磁盘分区，则可以从中选择一个磁盘分区，然后将 Windows Server 2012 安装到此区，但是安装程序会在此区中再自动创建一个系统保留分区，最后在原本选择安装 Windows Server 2012 的磁盘分区中包含了系统保留分区和 Windows Server 2012 分区。

如果在安装 Windows Server 2012 的过程中，对现有的磁盘分区进行删除或格式化操作，那么该分区上的所有数据都会丢失。

6.4 文件系统

新的磁盘分区必须被格式化为适当的文件系统后，才能在其中安装 Windows 操作系统和存储数据。文件系统是指文件命名、储存和组织的总体结构。例如，Windows 系列操作系统支持的 FAT16、FAT32 和 NTFS 都是文件系统。文件系统也就是经常所说的“磁盘格式”或“分区格式”。

1. FAT16 文件系统

FAT16 使用 16 位的空间来表示每个扇区（Sector）配置文件的情形，故称为 FAT16。

FAT16 文件系统支持所有 Windows 操作系统，最大容量为 4GB，容错性差，不支持长文件名，不支持磁盘配额功能，不支持文件访问权限设置。

2. FAT32 文件系统

FAT32 使用 32 位的空间来表示每个扇区配置文件，故称为 FAT32。

FAT32 支持除 Windows 95、Windows NT 外的所有 Windows 操作系统，最大容量

为 2TB,容错性差,支持长文件名,不支持磁盘配额功能,不支持文件访问权限设置。

3. NTFS 文件系统

NTFS(NT file system)是以 Windows NT 为内核的操作系统支持的磁盘格式,其支持除 Windows 95、Windows 98 和 Windows Me 外的所有 Windows 操作系统,最大容量为 16EB,容错性好,支持长文件名,支持磁盘配额功能,支持文件访问权限。

4. ReFS 文件系统

ReFS(resilient file system,弹性文件系统)是在 Windows Server 2012 中引入的一个文件系统。目前只能应用于存储数据,还不能引导系统,并且在移动媒介上也无法使用。ReFS 与 NTFS 大部分是兼容的,其主要目的是保持较高的稳定性,可以自动验证数据是否损坏,并尽力恢复数据。如果和引入的 Storage Spaces(存储空间)联合使用,可以提供更佳的数据防护。

注意:Windows Server 2012 支持 FAT32、NTFS 和 ReFS,由于 ReFS 目前只能应用于存储数据,还不能引导系统,所以 Windows Server 2012 只能安装到 NTFS 磁盘分区内。

6.5　内置用户账户和密码

用户在登录计算机前都必须具有有效的用户账户。

6.5.1　内置的本地用户账户

Windows Server 2012 网络服务器有两种工作模式,一种是工作组模式(对等模式),一种是域模式(集中模式),因此可以创建两种类型的用户账户:本地用户账户和域用户账户。Windows Server 2012 还提供了两个内置的用户账户,用于协助进行日常的管理任务或者使得用户可以临时访问资源。

(1) Administrator。Administrator 账户又称管理员账户,具有对 Windows Server 2012 系统的完全控制权限,并可以根据需要向其他用户分配用户权利和访问控制权限。

(2) Guest。Guest 账户又称来宾账户,一般被没有固定账户的用户临时使用。该账户不需要密码。默认情况下,Guest 账户是禁用的,但也可以启用它。

6.5.2　密码设置规则

在给用户账户设置密码时,需要遵循以下规则。

(1) Administrator 账户必须设置密码来防止该账户被非法使用。

(2) 在密码属性中可以设置用户登录时是否需要每次更改密码。

(3) 密码长度至少需要 6 个字符。

(4) 使用难以猜测的密码组合,密码中应至少包含大写字母、小写字母、数字字符、合法的非字母字符 4 组中的 3 组,且密码中不能包含用户账户名中超过两个以上的连续字符,以增加破译的难度。

6.6 在 VMware 中新建虚拟机并安装 Windows Server 2012

通过对前面知识的学习,项目组学生认识了 Windows Server 2012 的特点和 4 个版本,磁盘分区、文件系统、用户账户以及密码等概念,接下来项目组可以利用 Windows Server 2012 镜像文件在 VMware 软件的虚拟机中完成安装 Windows Server 2012 的任务。

6.6.1 在 VMware 中新建虚拟机

(1) 运行 VMware Workstation,打开 VMware Workstation 窗口。选择"文件"→"新建虚拟机"命令,弹出"新建虚拟机向导"对话框,选中默认选中的"自定义(高级)"单选按钮,如图 6-2 所示。

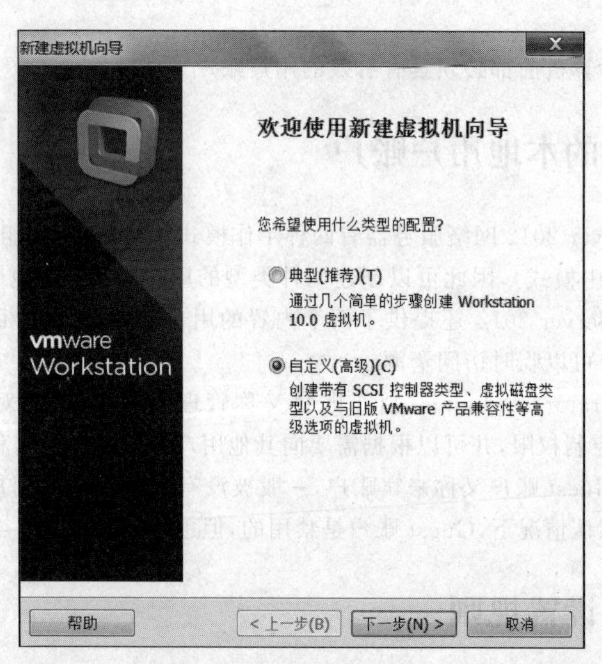

图 6-2 "新建虚拟机向导"对话框

(2) 单击"下一步"按钮。在"选择虚拟机硬件兼容性"界面中,单击"下一步"按钮。

(3) 在"安装客户机操作系统"界面中,选中"稍后安装操作系统"单选按钮,如图 6-3 所示。

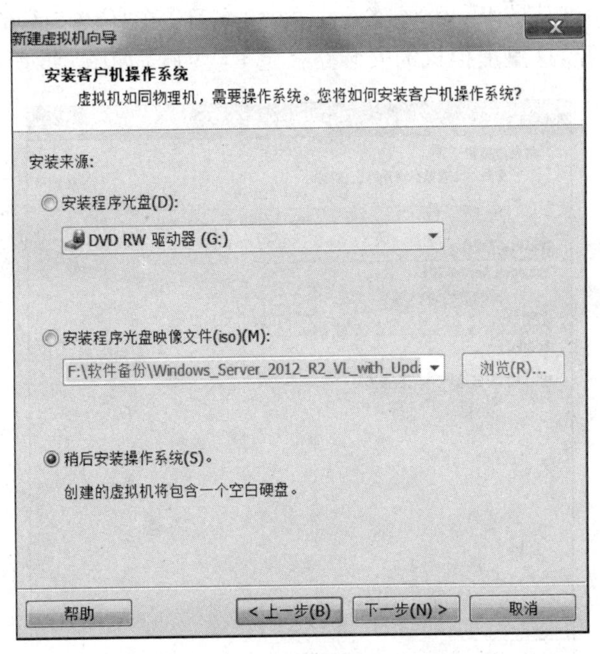

图 6-3　选择安装操作系统来源

(4) 单击"下一步"按钮。在"选择客户机操作系统"界面的"客户机操作系统"列表中选中 Microsoft Windows 单选按钮，在"版本"下拉列表中选择 Windows Server 2012，如图 6-4 所示。

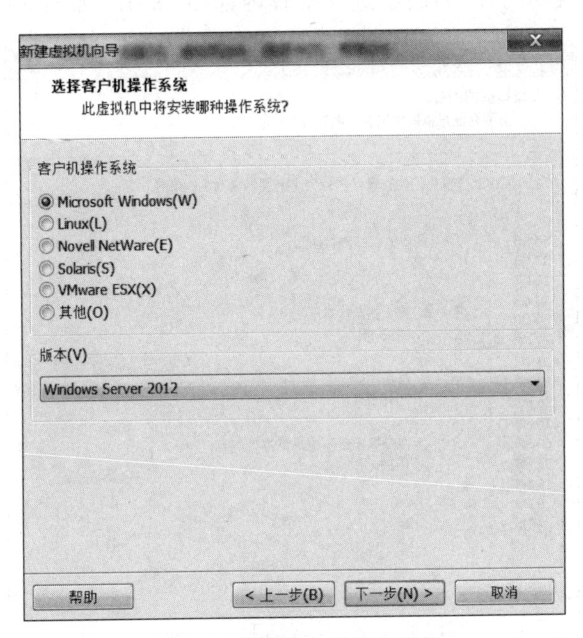

图 6-4　选择客户机操作系统

(5) 单击"下一步"按钮。在"命名虚拟机"界面的"虚拟机名称"文本框中输入该虚拟机的名称,这里使用默认的 Windows Server 2012 名称;在“位置”区域单击“浏览”按钮选择虚拟机安装的路径,这里虚拟机的安装路径是 F:\VPC,如图 6-5 所示。

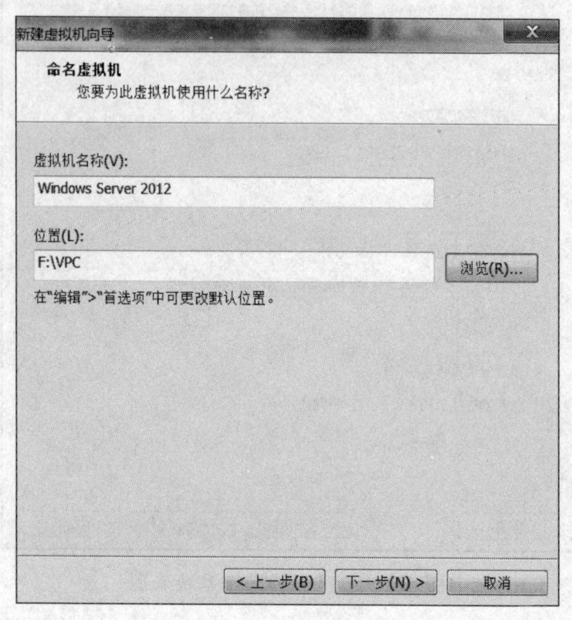

图 6-5　命名虚拟机

(6) 单击“下一步”按钮。在“处理器配置”界面中单击“下一步”按钮。

(7) 在“此虚拟机的内存”界面中选择推荐内存 2048MB,如图 6-6 所示。

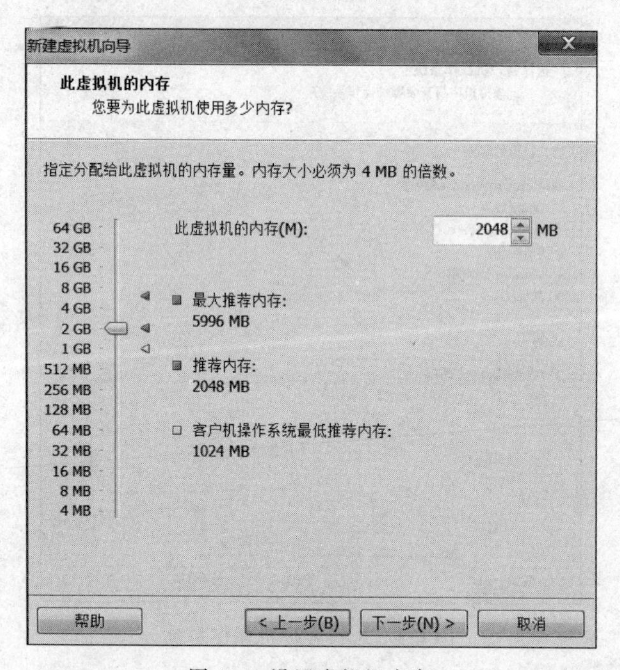

图 6-6　设置虚拟机内存

(8) 单击“下一步”按钮。在“网络类型”界面中选中“使用桥接网络”单选按钮，如图 6-7 所示。

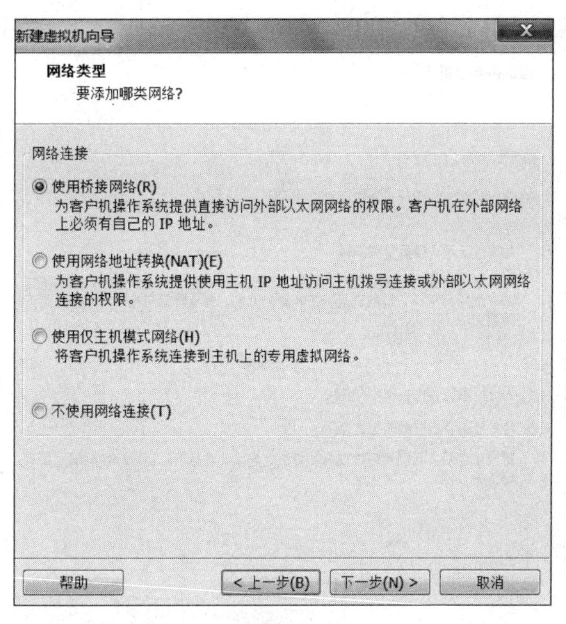

图 6-7　选择桥接网络连接方式

(9) 单击“下一步”按钮。在“选择 I/O 控制器类型”界面中选中推荐的 LSI Logic SAS 单选按钮，单击“下一步”按钮。

(10) 在“选择磁盘类型”界面中选中推荐的 SCSI 单选按钮，单击“下一步”按钮。

(11) 在“选择磁盘”界面中选中“创建新虚拟磁盘”单选按钮，如图 6-8 所示。

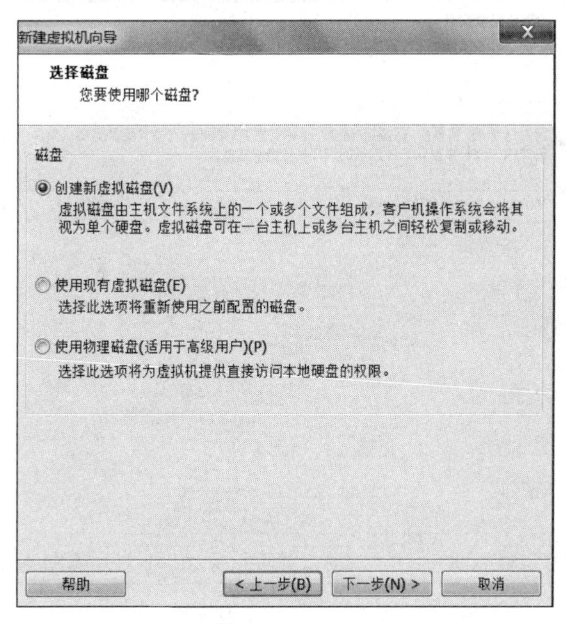

图 6-8　选择磁盘

(12) 单击“下一步”按钮。在“指定磁盘容量”界面中设置最大磁盘大小为推荐的60GB,选中“将虚拟磁盘拆分成多个文件”单选按钮,如图 6-9 所示。

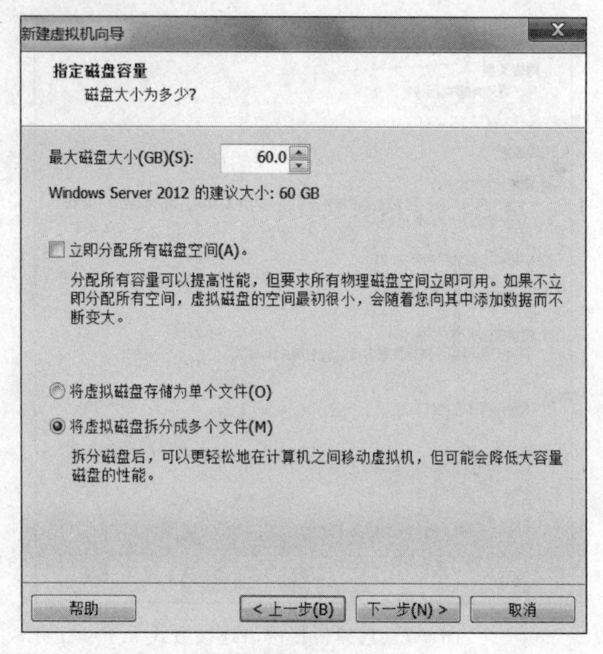

图 6-9　指定磁盘容量

(13) 单击“下一步”按钮,进入“指定磁盘文件”界面,在“磁盘文件”框中输入磁盘文件名,这里使用默认的磁盘文件名 Windows Server 2012. vmdk,如图 6-10 所示。

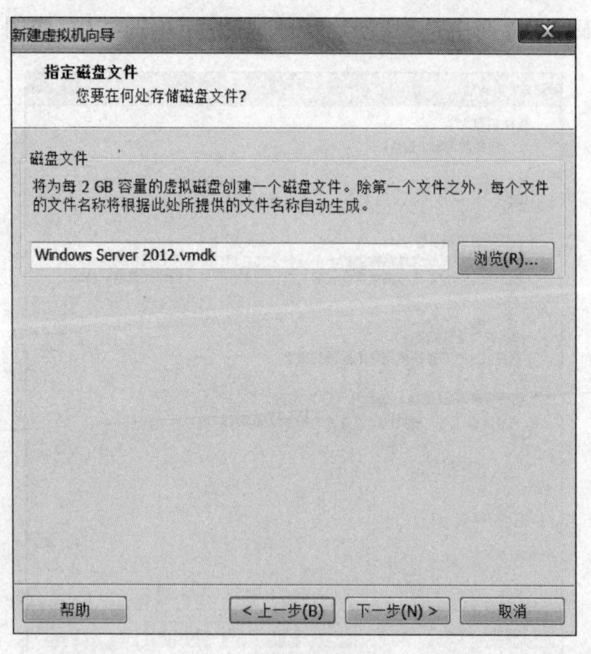

图 6-10　指定磁盘文件

(14) 单击“下一步”按钮。在“已准备好创建虚拟机”界面中显示了新建虚拟机所有的设置，如图 6-11 所示。单击“完成”按钮，这样就完成了虚拟机的新建，在 VMware Workstation 窗口中显示了刚刚新建的 Windows Server 2012 虚拟机，如图 6-12 所示。

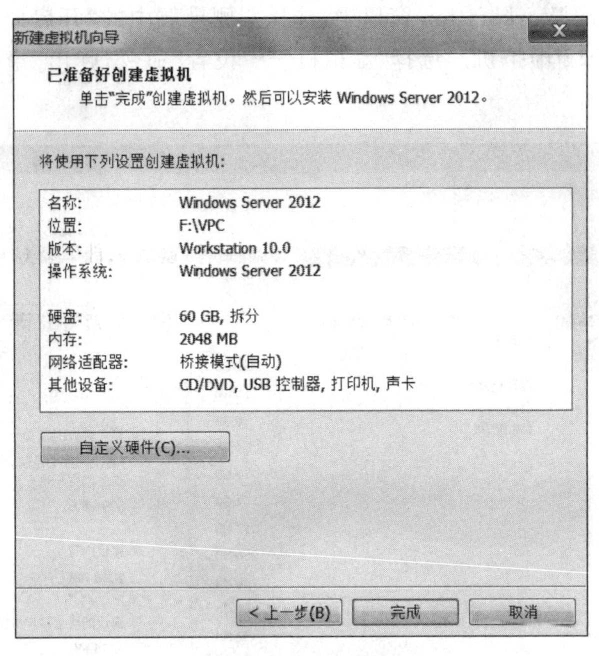

图 6-11　已准备好创建虚拟机

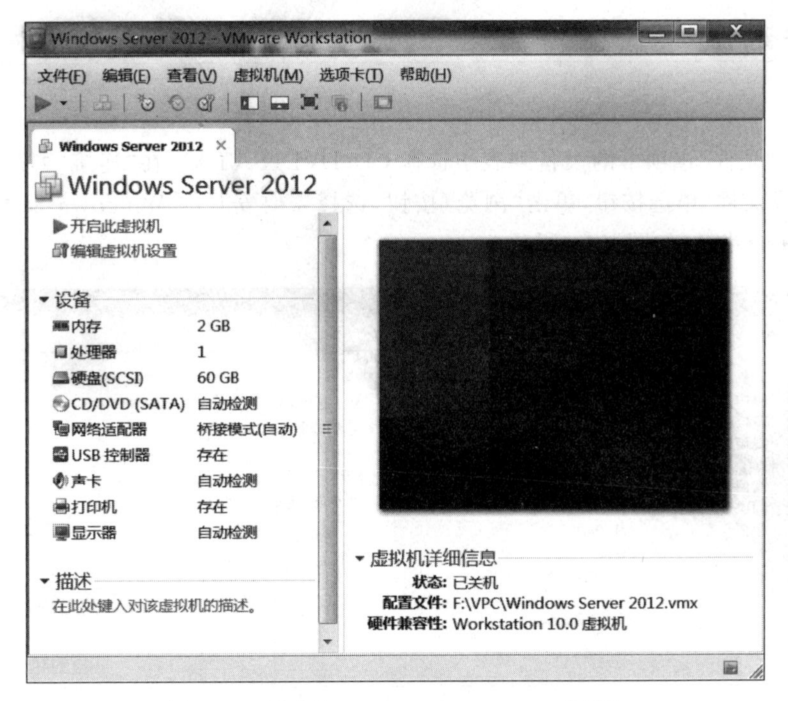

图 6-12　新建的 Windows Server 2012 虚拟机

6.6.2 安装 Windows Server 2012 操作系统

(1) 在 VMware Workstation 窗口中，选择左侧导航中的“开启此虚拟机”命令，运行 Windows Server 2012 虚拟机。选择“虚拟机”→“设置”命令，弹出“虚拟机设置”对话框，如图 6-13 所示。

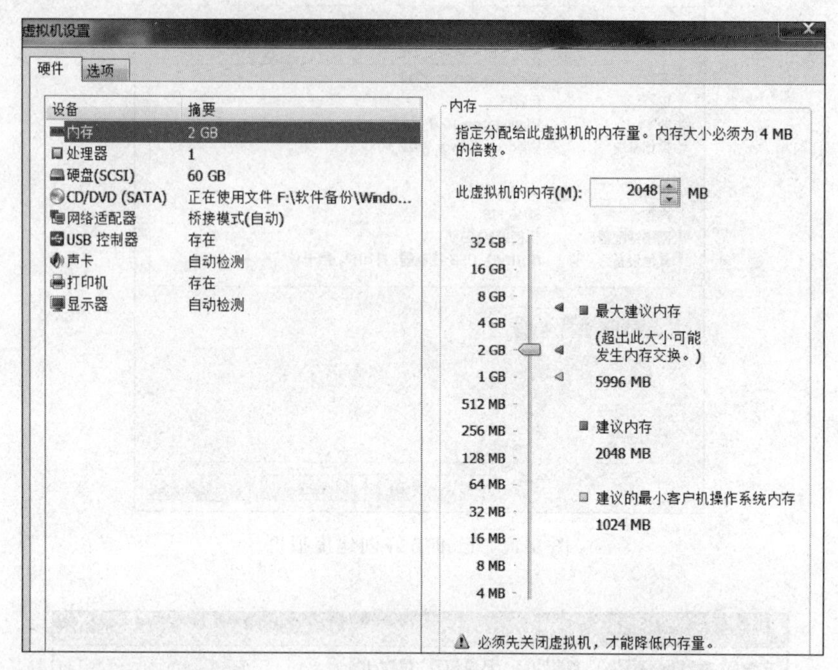

图 6-13　虚拟机设置

(2) 在“硬件”选项卡的设备列表中选择 CD/DVD(SATA)，在“连接”列表中选中“使用 ISO 映像文件”单选按钮，单击“浏览”按钮，选择需要安装的 Windows Server 2012 操作系统所在的路径，如图 6-14 所示。

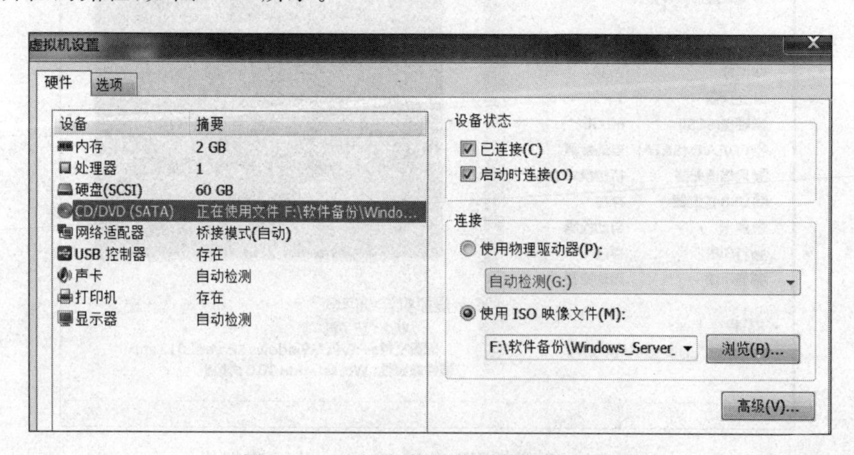

图 6-14　选择安装操作系统镜像文件

(3) 单击“确定”按钮。选择“虚拟机”→“电源”→“重新启动客户机”命令，弹出 VMware Workstation 对话框，如图 6-15 所示。

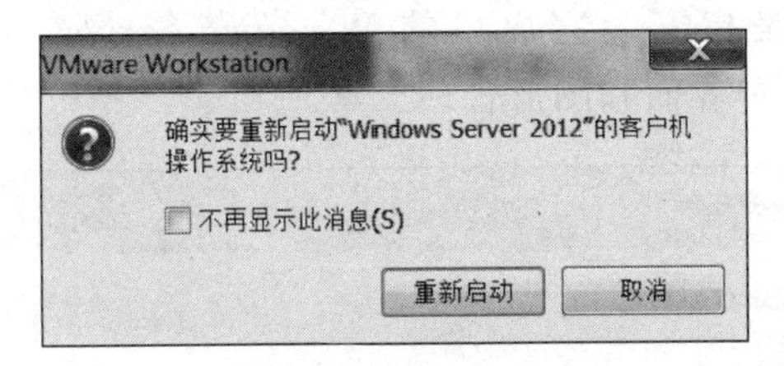

图 6-15　确认重启虚拟机对话框

(4) 单击“重新启动”按钮。重新启动虚拟机后，弹出“Windows 安装程序”对话框，如图 6-16 所示。

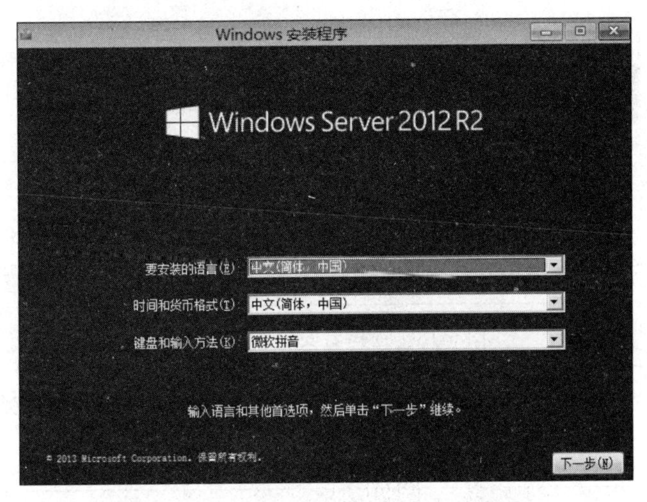

图 6-16　“Windows 安装程序”对话框

(5) 单击“下一步”按钮，显示“Windows 安装程序”对话框，如图 6-17 所示。

图 6-17　“现在安装 Windows Server 2012 R2”界面

(6) 单击“现在安装”按钮。在“选择要安装的操作系统”界面的“操作系统”列表中选择“Windows Server 2012 R2 Standard(带有 GUI 的服务器)”选项,如图 6-18 所示。其中“带有 GUI 的服务器”是指安装完成后的 Windows Server 2012 包含图形用户界面(GUI),提供了友好的用户界面和图形管理工具。

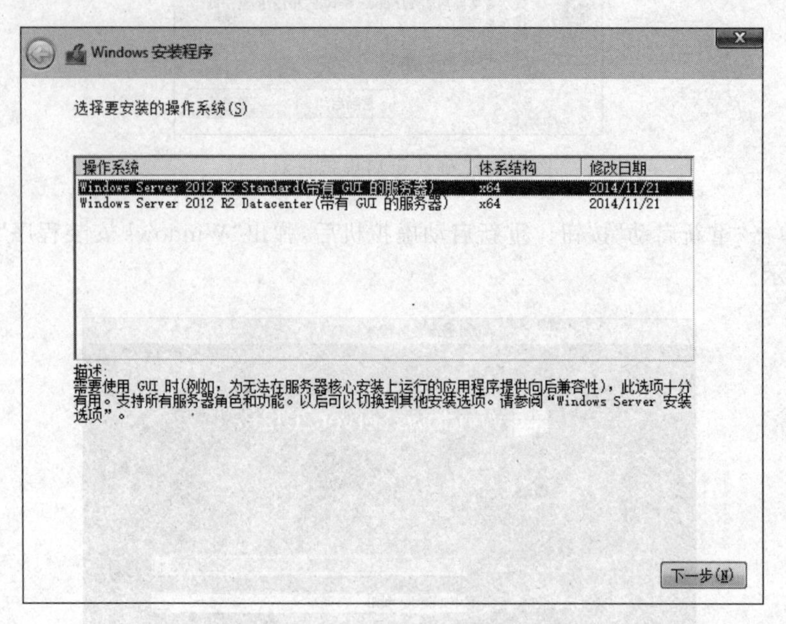

图 6-18　选择要安装的操作系统

(7) 单击“下一步”按钮。在“许可条款”界面选中“我接受许可条款”复选框,如图 6-19 所示。

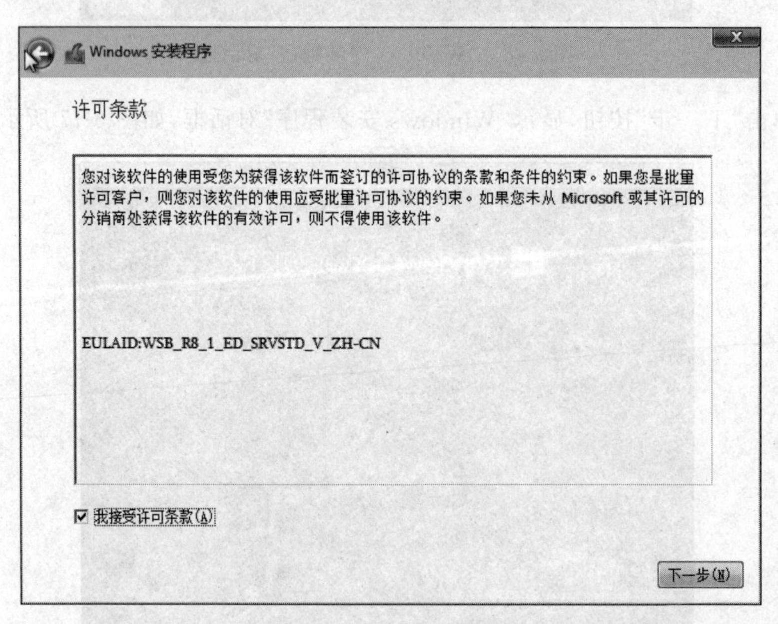

图 6-19　接受许可条款

(8) 单击"下一步"按钮。在"你想执行哪种类型的安装"界面中选择"自定义:仅安装 Windows(高级)"选项,即新安装操作系统,如图 6-20 所示。

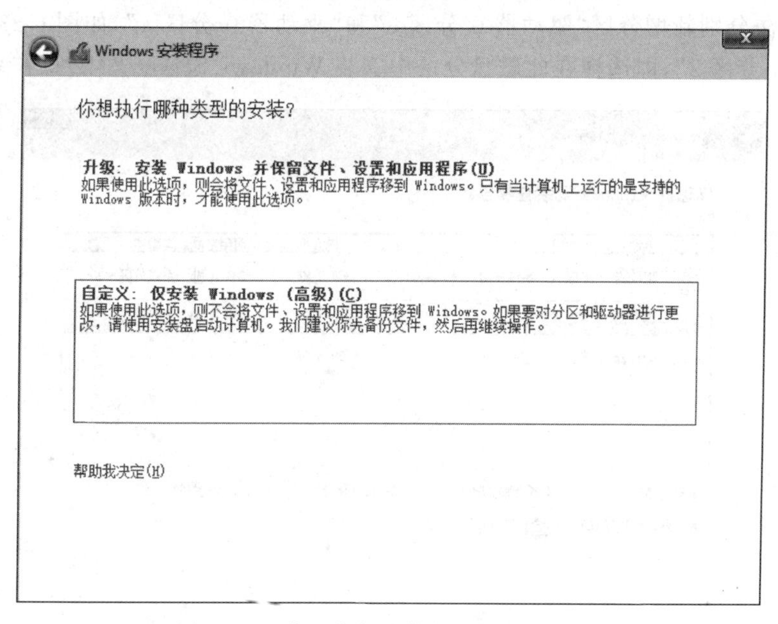

图 6-20 "你想执行哪种类型的安装"界面

(9) 在"你想将 Windows 安装在哪里"界面,磁盘分区列表中只有一个未分配的分区,在该界面可以执行创建磁盘分区和删除磁盘分区,并选择操作系统要安装的磁盘分区。单击磁盘分区列表下面的"新建"按钮,在"大小"文本框中设置新增磁盘分区的大小为 31438MB,如图 6-21 所示。单击"应用"按钮,在新弹出的"Windows 安装程序"提示框

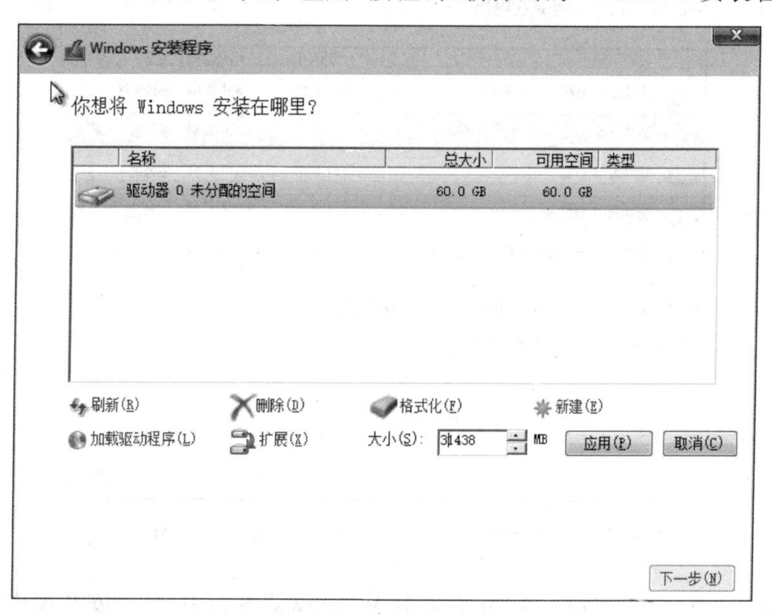

图 6-21 磁盘分区列表

中单击"确定"按钮，此时在磁盘分区列表中显示了刚刚新增的磁盘分区"驱动器 0 分区 2"和安装程序自动另外创建的系统保留区"驱动器 0 分区 1：系统保留"，如图 6-22 所示。以同样的方法分别新增分区"驱动器 0 分区 3"和"驱动器 0 分区 4"，如图 6-23 所示。选中"驱动器 0 分区 2"，即选择在此磁盘分区中安装 Windows Server 2012 操作系统。

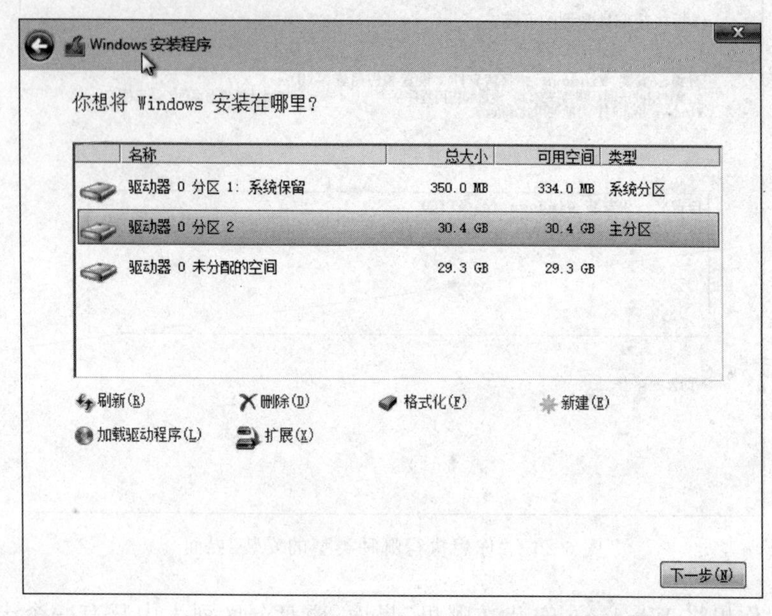

图 6-22　新增磁盘分区"驱动器 0 分区 2"

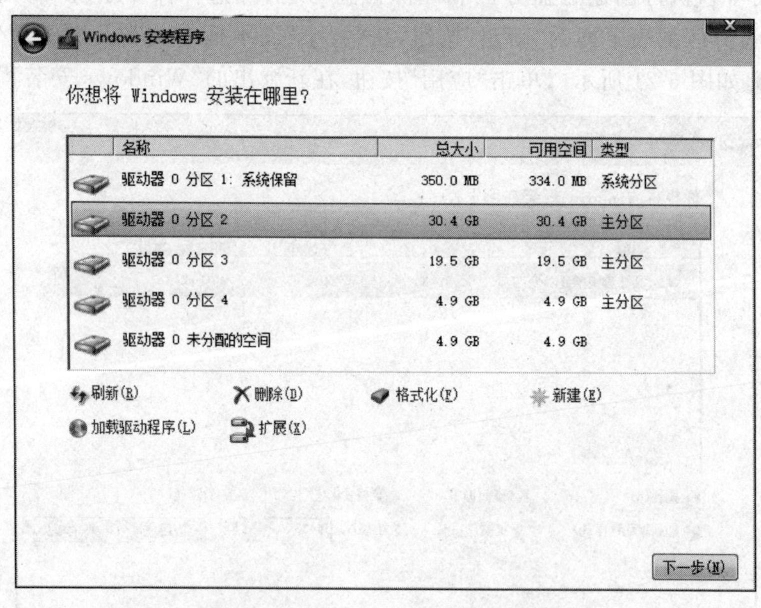

图 6-23　新增分区"驱动器 0 分区 3"和"驱动器 0 分区 4"

(10) 单击"下一步"按钮。在"正在安装 Windows"界面中，显示安装操作系统的进程及进度，如图 6-24 所示。此时 Windows 安装程序会自动继续安装，在此过程中虚拟机将自动重启几次。

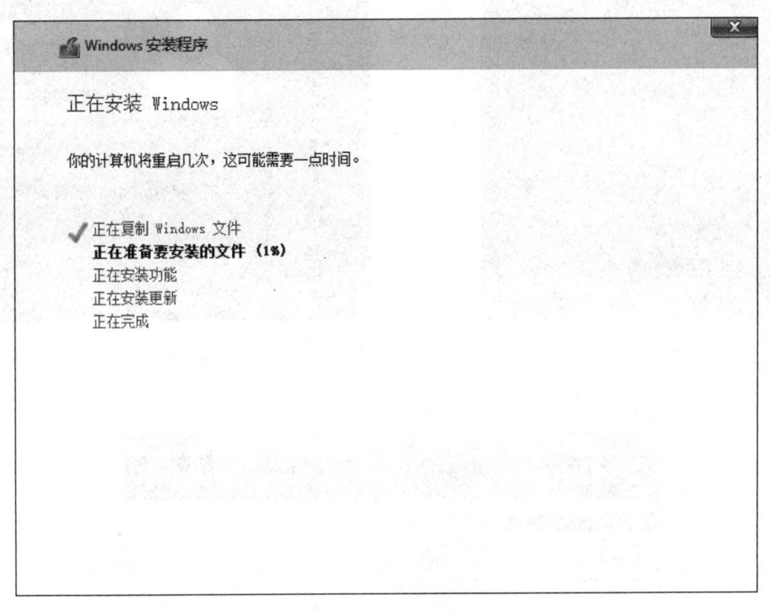

图 6-24　安装操作系统进度

(11) Windows Server 2012 操作系统安装成功后将自动重启计算机。第一次启动 Windows Server 2012 时，会显示如图 6-25 所示的"设置"密码界面，要求设置系统管理员 Adminstrator 的密码。根据 Windows Server 2012 密码设置规则，密码至少要包含大写字母、小写字母、数字字符以及合法的非字母字符 4 组中的 3 组，因此，在"设置"界面"密码"对应的文本框中为系统管理员 Adminstrator 设置密码，例如密码设置为 AAAbbb1234，在"重新输入密码"对应的文本框中再次输入密码 AAAbbb1234，如图 6-25 所示。

图 6-25　设置管理员 Adminstrator 的密码

(12) 单击"完成"按钮。在图 6-26 所示的界面中，按提示按 Ctrl+Alt+Delete 键进行用户登录，在图 6-27 所示界面的密码文本框中输入管理员 Adminstrator 的密码 AAAbbb1234，按 Enter 键即可成功登录 Windows Server 2012。

(13) 登录系统成功后，自动显示"服务器管理器"窗口，如图 6-28 所示。

图 6-26　用户登录系统提示

图 6-27　输入管理员 Adminstrator 的密码登录系统

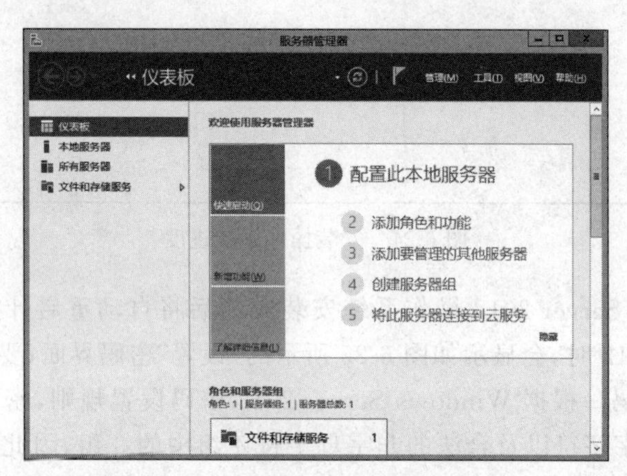

图 6-28　“服务器管理器”窗口

本章小结

本章主要实现了在 VMware 中新建虚拟机，并在虚拟机中安装 Windows Server 2012 操作系统。在此过程中，主要学习了网络操作系统的分类、Windows Server 2012 的特点以及 4 个版本、磁盘分区、文件系统和用户及密码的命名规则。其中 Windows Server 2012 的 4 个版本分别为 Windows Server 2012 Foudation、Windows Server 2012 Essentials、Windows Server 2012 Standard 和 Windows Server 2012 Datacenter。

习　题　6

1. Windows Server 2012 支持哪些文件系统？
2. NTFS 与 FAT 相比有哪些优点？

（2）长度不能超过20个字符。

（3）无效字符不能用在用户名中："/ \ [ ] ： = |，* ？<>"。

（4）字符大小不敏感。

7.1.2 本地用户账户的创建

要创建一个本地用户账户，执行下列步骤即可。

（1）依次单击"开始"→"服务器管理器"，在"服务器管理"窗口中依次选择"工具"→"计算机管理"。

（2）在"计算机管理"窗口中，展开"本地用户和组"节点。

（3）右击"用户"文件夹，然后选择"新用户"命令。

表7-1描述了可以为本地用户账户提供的用户信息。

表7-1 本地用户账户的用户信息

选 项	描 述
用户名	用户的唯一登录名称，要符合命名约定；该信息是必需的
全称	用户的全名，用于确定该账户归属于何人；该信息是可选项
描述	可以用来标识该用户的身份、部门等信息；该信息是可选项

（4）在"密码"和"确认密码"文本框中，输入该用户账户的密码。

（5）选中相应的复选框，用以设置密码限制。

（6）单击"创建"按钮即可创建该用户账户。

7.1.3 本地用户账户的修改

本地用户账户创建之后，可以对用户账户的密码进行更改，也可以删除不需要的用户账户，还可以对用户的账户名进行更改。

要修改一个已创建的本地用户账户，可右击该用户账户，在弹出的快捷菜单中选择"设置密码"或"删除"或"重命名"命令，可以分别更改用户账户的密码或删除用户账户或更改用户名。

7.2 本地用户组管理

7.2.1 用户组的概念

用户组是Windows Server 2012中对用户进行逻辑管理的一种单位，将具有相同特点和属性的用户组合成一个组,目的是方便管理和使用。

如果一个服务器上需要管理很多用户,其中的某些用户具有相同的权限,如果单独对每个用户赋予权限,管理维护会很不方便。建立组后,可对组赋予相应的权限,只需要将用户加入该组,用户将自动具备组的权限,这样管理和维护就十分方便了。

运行于工作组模式下的计算机上的组又称为本地组,它有两种类型。

1. 内置本地组

Windows Server 2012在默认安装时,建立了很多默认的内置本地组,这些默认的本地组能够满足绝大部分日常的本地用户管理需要。

(1) Administrators(管理员):对计算机/域有不受限制的完全访问权。

(2) Backup Operators(备份操作员):为了备份或还原文件可以替代安全限制。

(3) Guests(来宾):按默认值,来宾跟用户组的成员有同等访问权,但来宾账户的限制更多。

(4) Power Users(高级用户):Windows Server 2012虽然保留这个旧版本的组,但是并没有像旧版Windows系统一样赋予它比较多的特殊权限与权利,也就是它的权限与权利并没有比一般用户大。

(5) Users(普通用户):普通用户无法进行有意或无意的改动。因此,普通用户可以运行经过证明的文件,但不能运行大多数继承的应用程序。

2. 自建本地组

管理员可以根据实际需要创建自定义本地组。

7.2.2 用户组的创建

利用"计算机管理"实用程序可以创建本地组。创建本地组在"组"文件夹中进行。当创建组时,也可以添加成员。创建本地组和添加成员,执行下列步骤即可。

(1) 在"计算机管理"窗口中,展开"本地用户和组"节点。

(2) 右击"组"文件夹,然后选择"新建组"命令。

表7-2描述了"新建组"对话框中的选项及其说明。

表7-2 "新建组"对话框中的选型

选项	说　明
组名	该本地组的唯一名称。这是唯一的必输信息。可以使用除了\以外的任何字符,名称最多包含256个字符
描述	关于组的说明
成员	(1) 属于该组的成员列表 (2) 为了向成员列表中添加一个用户,单击"添加"按钮。 (3) 为了从成员列表中删除一个用户,选择你想删除的用户,然后单击"删除"按钮

7.3 NTFS 权 限

7.3.1 NTFS 权限的管理

Windows Server 2012 只为用 NTFS 进行格式化的磁盘分区提供 NTFS 权限。为了保护 NTFS 磁盘分区上的文件和文件夹,要为需要访问该资源的每一个用户授予权限。用户必须获得明确的授权才能访问资源。

1. 访问控制列表

对于 NTFS 磁盘分区上的每一个文件和文件夹,NTFS 都存储一个访问控制列表(ACL)。ACL 中包含了哪些被授权访问该文件或者文件夹的所有用户账户、组,还包含了其被授予的访问权限。为了让一个用户访问某个文件或文件夹,针对相应的用户账户、组,ACL 中必须包含一个相应的元素,这样的元素叫作访问控制元素(ACE)。为了让用户能够访问文件或者文件夹,访问控制元素必须具有用户所有请求访问的权限。如果 ACL 中没有相应的 ACE,Windows Server 2012 就拒绝该用户访问该资源。

2. NTFS 文件权限

用户可以通过授予文件权限控制对文件的访问。表 7-3 列出了可以授予的标准 NTFS 文件权限。

表 7-3 可以授予的标准 NTFS 文件权限

权 限	说 明
读取	读文件和查看文件属性、属主关系和权限
写入	覆盖文件、改变文件属性、查看文件属主关系和权限
读取和执行	运行应用程序和读操作
修改	修改和删除文件,并包括写、读和执行的权限
完全控制	改变文件权限,成为所有者,执行其他 NTFS 文件权限

3. NTFS 文件夹权限

可以通过授予文件夹权限,来控制用户对文件夹和包含在这些文件夹中的文件和子文件夹的访问。表 7-4 列出了可以授予的标准 NTFS 文件夹权限。

表 7-4 可以授予的标准 NTFS 文件夹权限

权 限	说 明
读取	查看文件夹中的文件和子文件夹,查看文件夹属性
写入	在文件夹中建新文件夹,修改文件夹的属性
列出文件夹内容	查看文件夹中文件和子文件夹的名称,但是不能查看文件的内容

续表

权　　限	说　　明
读取和执行	遍历文件夹，包括读出、列出文件夹内容的权限
修改	删除文件夹，包括写、读和执行权限
完全控制	改变权限，成为所有者

4. NTFS 权限的设置

要给用户指派文件与文件夹的 NTFS 权限，打开“这台电脑”窗口，选定文件或文件夹并右击，从弹出的快捷菜单中选择“属性”命令，选择“安全”选项卡，如图 7-1 所示。

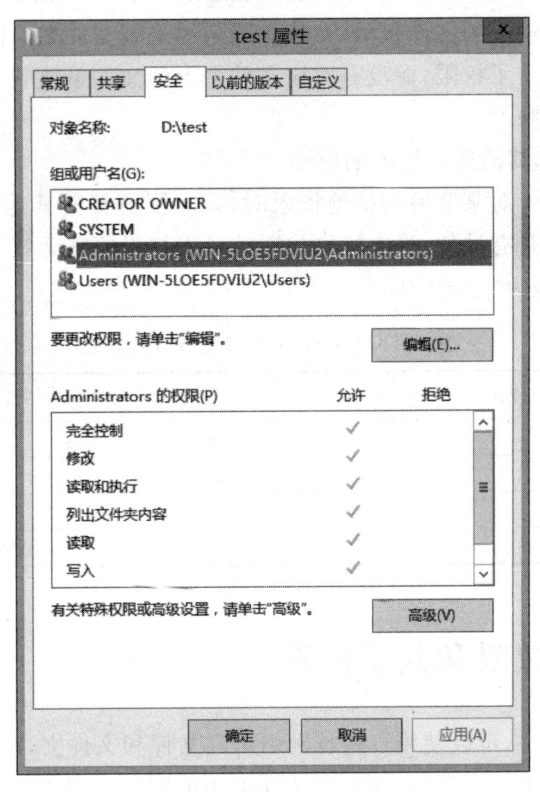

图 7-1　“安全”选项卡

5. 授予权限的原则

用户可能会属于多个组，每个组可能拥有不同的资源权限。用户或组可能会对文件夹或文件夹下的文件具有不同的资源访问权限。在这种情况下，判断用户的 NTFS 权限有以下的基本原则。

1）最大权限原则

当一个用户属于多个组时，每个组可能有不同的资源访问权限，用户对该资源的最终有效权限是这些组中最宽松的权限，即权限的累加性。例如，表 7-5 中用户 mary 的最后有效权限为“完全控制”。

表 7-5　用户 mary 的最后有效权限表

用户或组	NTFS 文件夹权限
用户 mary	写入
组 group	完全控制
组 users	读取
用户 mary 同属于 group 和 users 用户组	用户 mary 最后有效权限为“完全控制”

2）文件权限超越文件夹权限的原则

当用户或用户组对某个文件夹下的文件的权限与文件夹的权限不同时，用户对文件的最终权限是用户被赋予的文件权限，文件权限超越上级文件夹的权限。

如果对文件夹赋予了权限，而没有对该文件夹下的文件单独赋予权限，则文件将自动继承上级文件夹的权限。

3）拒绝权限超越其他所有权限的原则

当用户或组被授予对某资源的拒绝权限时，该权限将覆盖其他任何权限。即在访问资源时只有拒绝权限是有效的，当有拒绝权限时最大权限原则无效。例如，表 7-6 中用户 mary 的最后有效权限为“拒绝访问”。

表 7-6　用户 mary 的最后有效权限表

用户或组	NTFS 文件夹权限
用户 tom	完全控制
组 group	拒绝访问
组 users	读取
用户 mary 同属于 group 和 users 用户组	用户 mary 最后有效权限为“拒绝访问”

7.3.2　NTFS 权限和共享权限

利用共享的文件夹，可以使用户跨越网络访问文件和文件夹，授权用户可以远程登录到网络上的共享文件夹，访问包含在共享文件夹中的数据。对 NTFS 权限和共享权限进行组合，给用户授权，可以保护共享文件夹中的数据的安全性。

1）创建共享文件夹

要添加共享文件夹，首先利用 Administrators 账户登录，然后双击桌面上的“这台电脑”图标。要添加共享文件夹的驱动器，则打开该驱动器，并右击要共享的文件夹，从弹出的快捷菜单中选择“共享”命令，出现如图 7-2～图 7-4 所示的对话框。

（1）共享名：输入该共享文件夹的共享名。

（2）用户数量限制：设置同时与该共享文件夹连接的最多用户个数。

（3）注释：可输入一些说明性的文字。

（4）权限：设置该共享文件夹的权限。

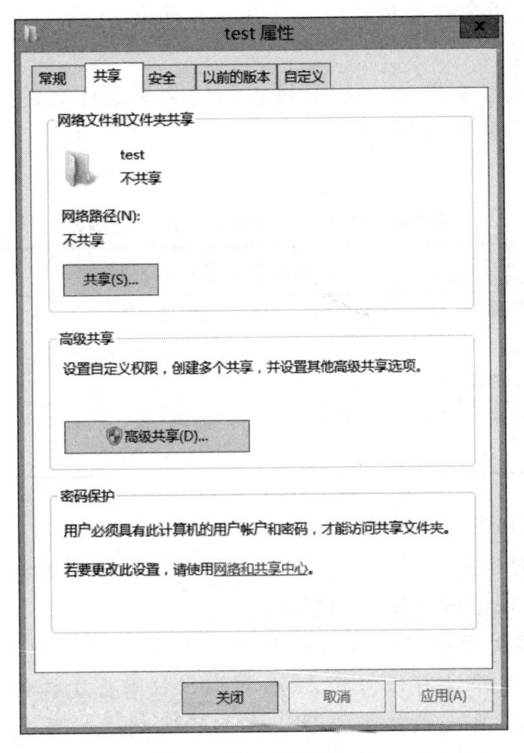

图 7-2　“共享”选项卡

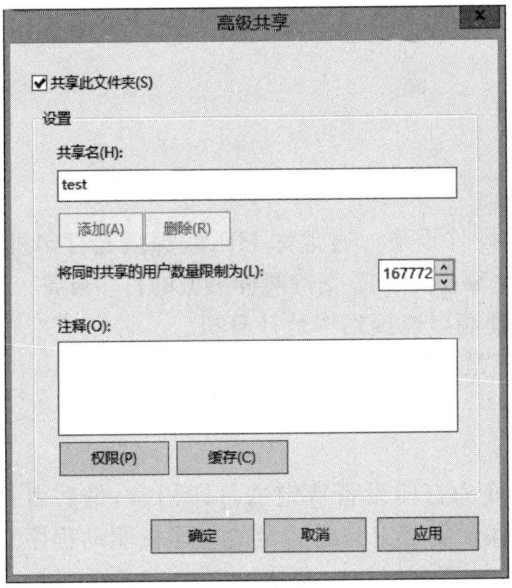

图 7-3　“高级共享”对话框

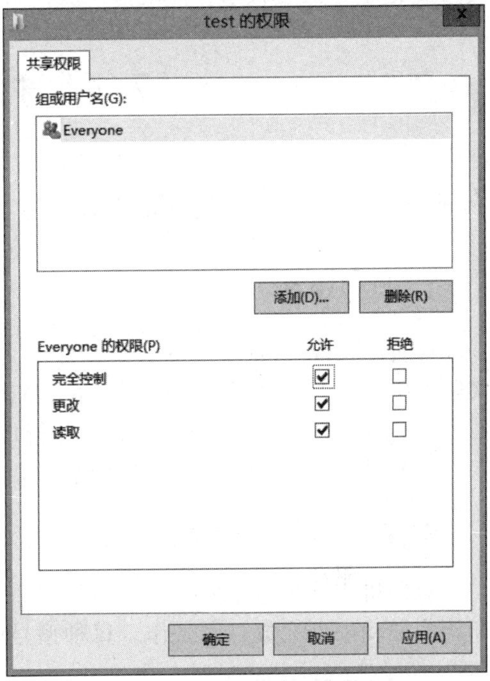

图 7-4　“test 的权限”对话框

(5) 缓存：设置让用户在脱机时访问该共享文件夹。

2) 共享文件夹权限

为了控制用户对共享文件夹的访问，可以利用共享文件夹的权限进行。共享文件夹权限应用于那些被共享的文件夹，而非应用于个别的文件。表7-7描述了共享权限允许用户进行的操作。

表7-7 共享权限允许用户进行的操作

权 限	允许用户进行下列操作
读取	显示文件夹名称、文件名称等属性，运行应用程序文件
更改	创建子文件夹，向文件夹中添加文件，修改文件的数据，删除文件和子文件夹，以及执行"读"权限所允许的操作
完全控制	修改文件夹权限，获得文件所有权，和执行"修改"和"读"权限所允许的所有任务。默认情况下，Windows Server 2012 系统中 Everyone 组具有这一权限

3) 共享权限与 NTFS 权限的叠加

当一个文件夹同时被赋予了共享权限和 NTFS 权限时，最终的权限将是这两者中最严格的权限，或者说权限范围更狭小的权限。

注意：共享权限只对通过网络访问的用户起作用，如果用户从共享文件夹所在的计算机上本地登录，共享权限没有任何意义，而 NTFS 权限将发挥作用，因为 NTFS 权限具有本地安全性，共享权限具有网络安全性。在 NTFS 格式的服务器上，用户通过网络访问服务器的共享文件夹，除了要具备共享权限外，对共享文件夹下的文件和子文件夹的访问还要具备 NTFS 权限。

7.4 打印系统

7.4.1 打印系统的组成

1. 打印设备

在打印系统中，打印设备是产生打印文档的硬件设备。通常称 HP、联想激光打印机，实际上应该叫 HP、联想激光打印设备。Windows Server 2012 支持两种类型的打印设备。

(1) 本地打印设备：通过 LPT(并行口)物理端口连接到本地计算机。

(2) 网络接口打印设备：通过网络接口而不是物理端口连接到计算机。

2. 打印机驱动程序

打印机驱动程序将操作系统的打印命令转换为打印设备特定的打印语言，最后由打印语言驱动硬件完成打印工作。每种型号的打印设备都有自己特定的打印机驱动程序。

3. 打印服务器

打印服务器是提供打印服务的计算机，接收并处理来自客户机的打印文档，统一调度完成网络打印任务。

7.4.2　管理打印权限

为了保护打印机，可以针对用户和组修改、添加和删除打印机权限。默认情况下，Everyone 组具有“打印权限”，表 7-8 列出了三种打印机权限。

表 7-8　三种打印机权限

权　限	允许用户进行下列操作
打印	打印文档，暂停、恢复、重新启动和撤销用户自己的文档，连接到某个打印机
管理文档	暂停、重新启动和删除所有文档，包括“打印”权限
管理打印机	修改打印机属性、删除打印机，包括“管理文档”权限

【任务 1】 文印室将扫描文件资料统一存放在一台与扫描仪连接且安装有 Windows Server 2012 的计算机上。而各部门的扫描文件以各自部门的命名文件夹存放在该服务器上。根据分析做出如下设计。

（1）在 Windows Server 2012 服务器上建立三个组 Administrations（行政管理部）、Markets（市场营销与推广部）、Products（采购部），每个组根据部门人数建立若干成员账户；再建立一个总经理账户 Manager，隶属于管理员组。组与成员如表 7-9 所示。

表 7-9　三个部门组与成员表

组　别	成　员
Administrations（行政管理部）	Adm1、Adm2…
Markets（市场营销与推广部）	Mar1、Mar2…
Products（采购部）	Pro1、Pro2…
Administrators	Administrator、Manager

（2）在 Windows Server 2012 服务器上建立三个部门的资料文件夹，分别是“行政管理部”“市场营销与推广部”和“产品设计部”。

（3）把各部门资料文件夹设置为共享，共享权限为“完全控制”。

（4）各组的 NTFS 权限如表 7-10 所示。

表 7-10　各组的 NTFS 权限

部门资料文件夹	共　享	安　全
行政管理部	Everyone 组/完全控制	Administrations（行政管理部）/完全控制 Administrators/完全控制
市场营销与推广部	Everyone 组/完全控制	Markets（市场营销与推广部）/完全控制 Administrations（行政管理部）/只读 Administrators/完全控制
产品设计部	Everyone 组/完全控制	Products（产品设计部）/完全控制 Administrations（行政管理部）/只读 Administrators/完全控制

【任务2】 行政管理部门配有一台打印机,要求实现该部门成员可以共享打印。根据分析做出如下设计。

(1) 在行政管理部门的打印服务器上安装本地打印机。

(2) 在打印服务器上管理打印权限。

(3) 在客户机上安装网络打印机。

7.5 共享文件系统的实施

7.5.1 创建成员账户

创建成员账户的具体步骤如下。

(1) 运行 VMware Workstation,选择扫描仪连接的 Windows Server 2012 计算机,以本地管理员 Administrator 账户登录。单击快速启动任务栏中的"服务器管理器",弹出"服务器管理器"窗口。单击"服务器管理器"窗口右上角的"工具"菜单,如图 7-5 所示。

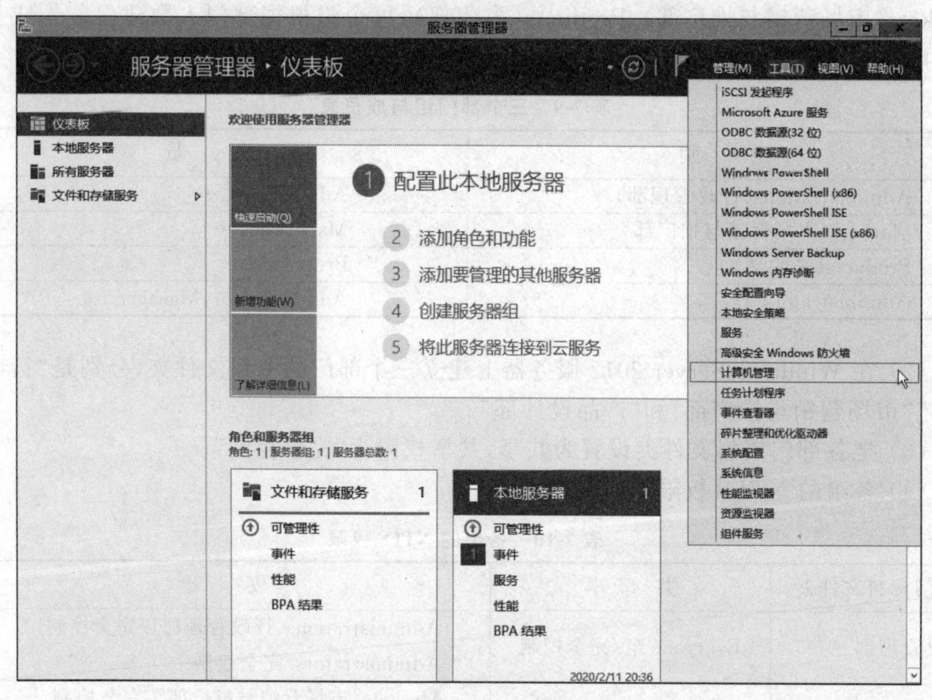

图 7-5 "服务器管理器"窗口

(2) 在弹出的菜单中选择"计算机管理"命令,打开"计算机管理"窗口。在该窗口中选择"本地用户和组"→"用户"。

(3) 右击"用户",在弹出的快捷菜单中选择"新用户"命令,打开"新用户"窗口。在"用户名"文本框中输入行政管理部部门成员 1 的用户名 Adm1;在"全名"文本框中输入

Adm1 的全称 Administration1；在"描述"文本框中输入对账号 Adm1 的描述"行政管理部成员 1"；在"密码"文本框中输入账号 Adm1 的密码 p@ssw0rd01；在"确认密码"文本框中输入账号 Adm1 的密码 p@ssw0rda01；取消选中"用户下次登录时须更改密码"复选框，选中"密码永不过期"复选框，否则用户下次登录时要求用户修改密码，如图 7-6 所示。

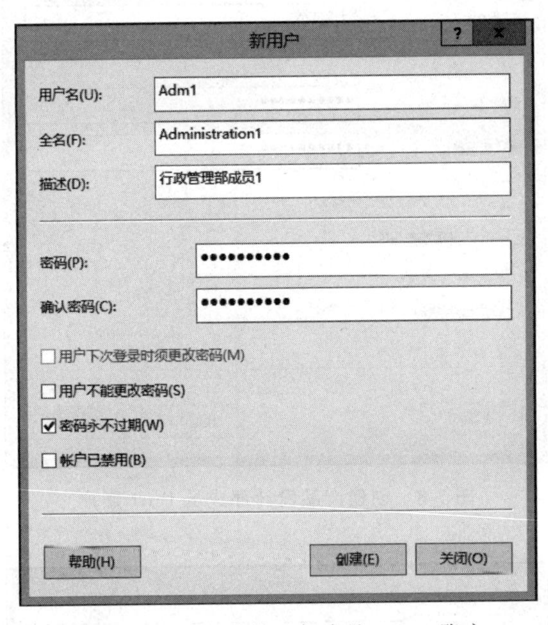

图 7-6　创建行政管理部成员 Adm1 账户

(4) 单击"创建"按钮，完成账户 Adm1 的创建。

(5) 重复步骤(3)～步骤(4)，创建市场营销与推广部的部门成员 Mar1，密码为 p@ssw0rdm01；创建产品设计部的部门成员 Pro1，密码为 p@ssw0rdp01；创建总经理账户 Manager，密码为 p@ssw0rdmg，如图 7-7～图 7-9 所示。

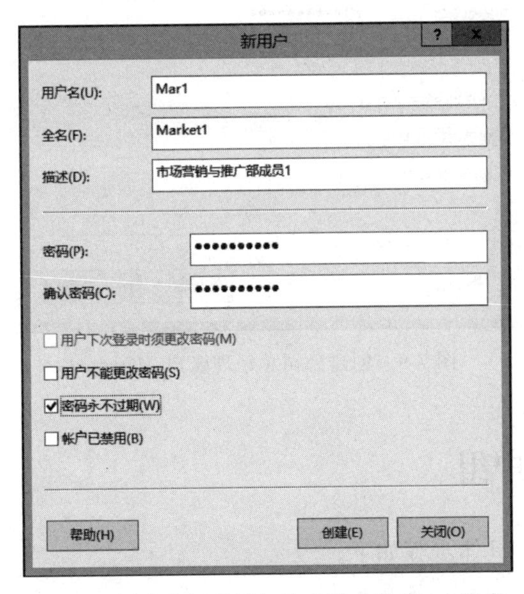

图 7-7　创建市场营销与推广部成员 Mar1 账户

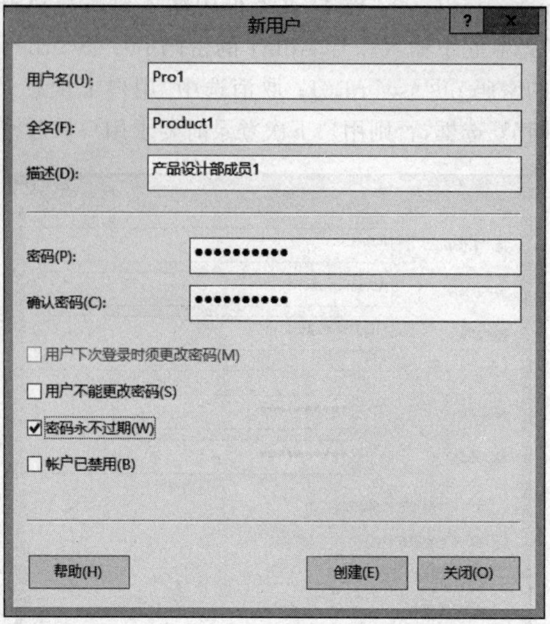

图 7-8　创建产品设计部成员 Pro1 账户

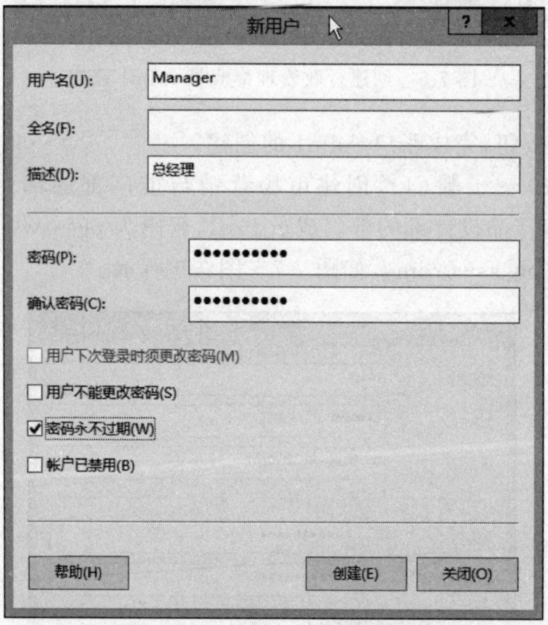

图 7-9　创建公司总经理账户 Manager

7.5.2　创建用户组

创建对应用户组的具体步骤如下。

(1) 在“计算机管理”窗口中右击“组”,在弹出的“快捷菜单”中选择“新建组”命令,打开“新建组”对话框,如图 7-10 所示。

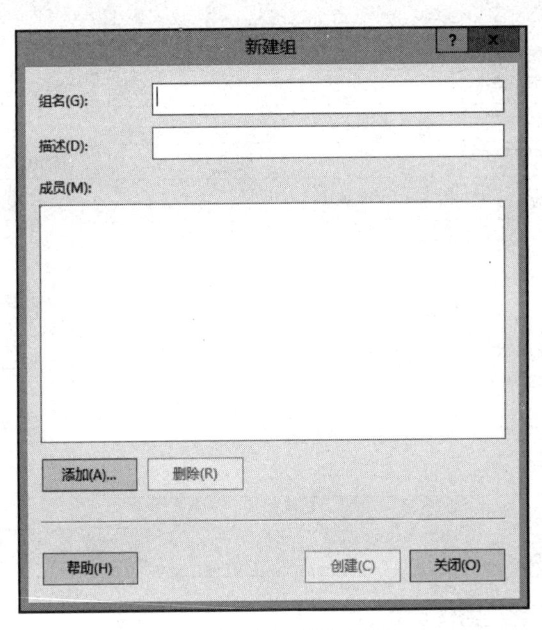

图 7-10　“新建组”对话框

(2) 在“组名”文本框中输入行政管理部的组名 Administrations,在“描述”文本框中输入“行政管理部”。单击“添加”按钮,将行政部门成员账户添加至 Administrations 组中,此时弹出“选择用户”对话框,如图 7-11 所示。

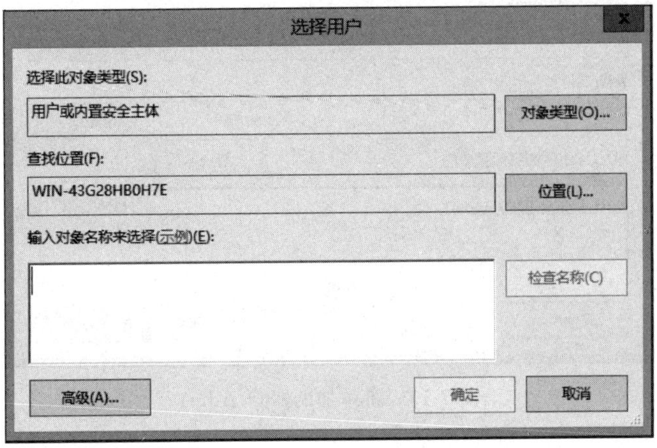

图 7-11　“选择用户”对话框

(3) 在“选择用户”对话框中单击“高级”按钮,在弹出的“选择用户”对话框中单击“立即查找”按钮,在“搜索结果”列表框中列出了所有本地用户和组,如图 7-12 所示。

(4) 在“搜索结果”列表中,双击需要添加至 Administrations 组的账户 Adm1,此时在“选择用户”对话框的“输入对象名称来选择”列表中显示了刚刚添加的账户 Adm1,如

图 7-13 所示。

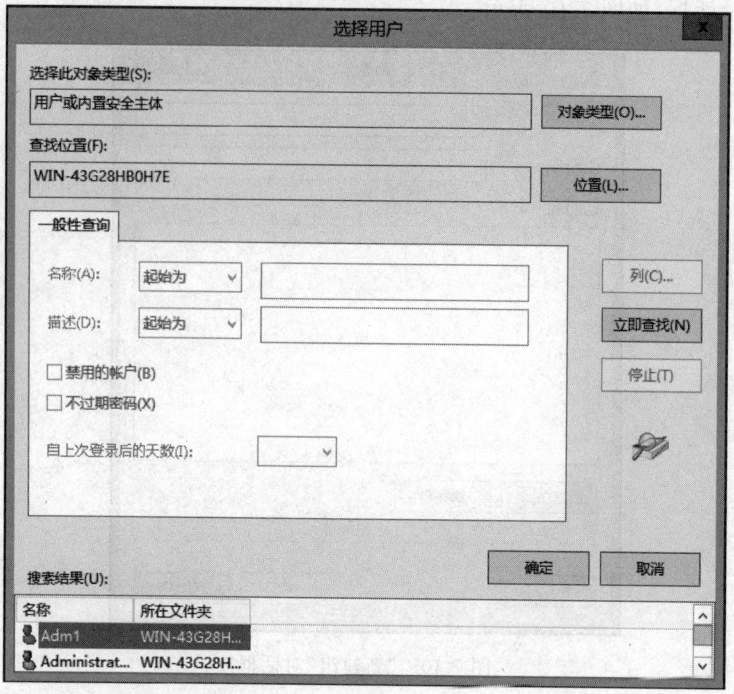

图 7-12　搜索结果

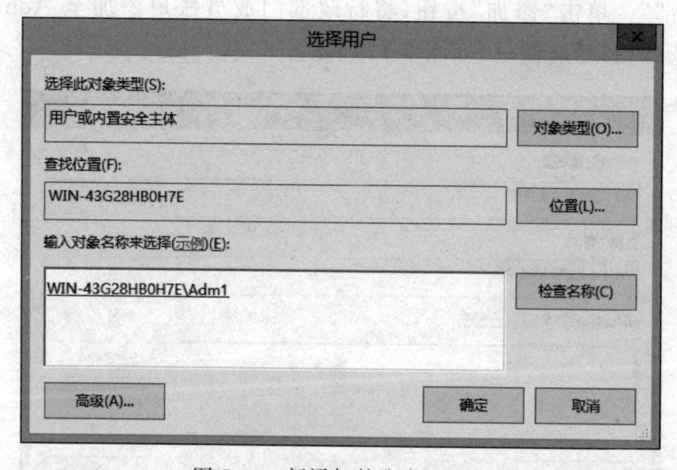

图 7-13　新添加的账户 Adm1

(5) 单击“确定”按钮，在“新建组”对话框的“成员”列表中显示了刚刚添加的账户 Adm1，此时说明账户 Adm1 成功添加至 Administrations 组中，如图 7-14 所示。

(6) 单击“创建”按钮，此时在“计算机管理”窗口的“组”列表中显示了刚刚创建的 Administrations 组，如图 7-15 所示。

(7) 重复步骤(1)～步骤(6)，创建市场营销与推广部的组 Markets，并将部门成员 Mar1 添加至 Markets 组中，如图 7-16 和图 7-17 所示。

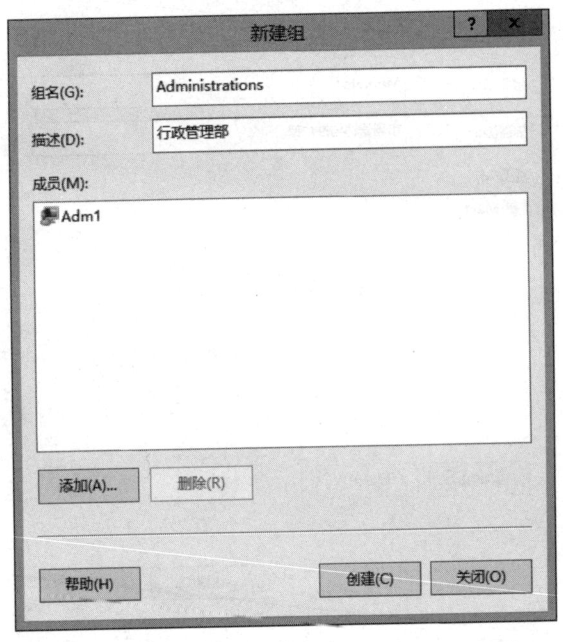

图 7-14　账户 Adm1 添加至 Administrations 组

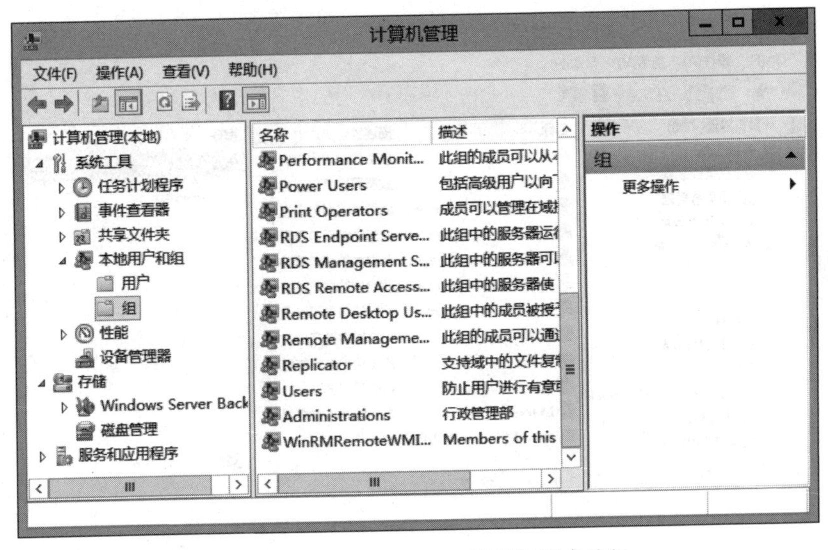

图 7-15　Administrations 组添加至本地组

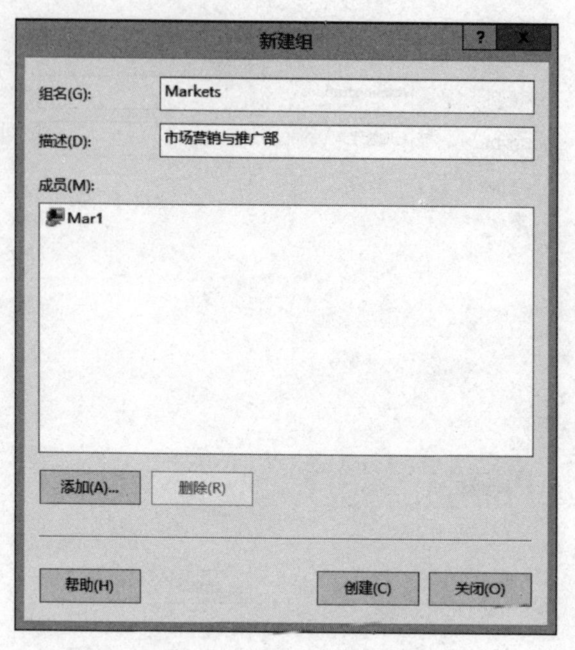

图 7-16　创建 Markets 组

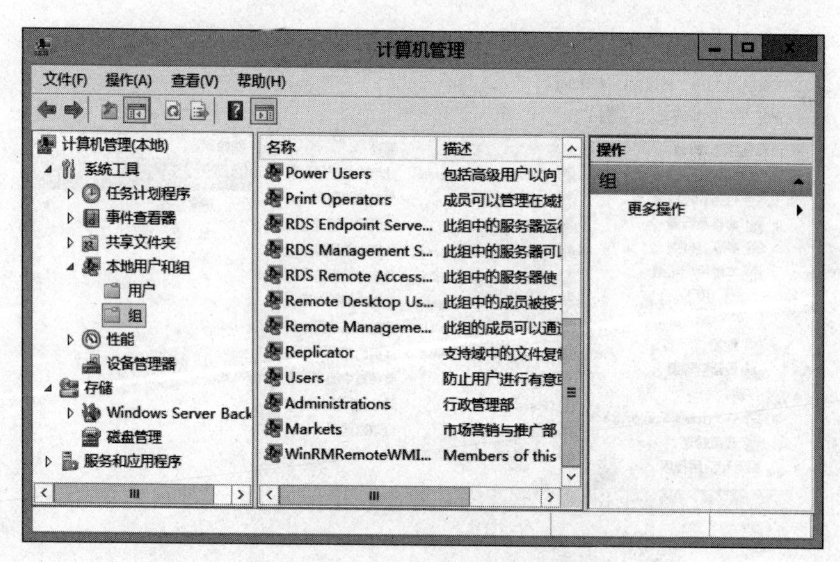

图 7-17　将 Markets 组添加至本地组

(8) 重复步骤(1)～步骤(6),创建产品设计部的组 Products,并将部门成员 Pro1 添加至 Products 组中,如图 7-18 和图 7-19 所示。

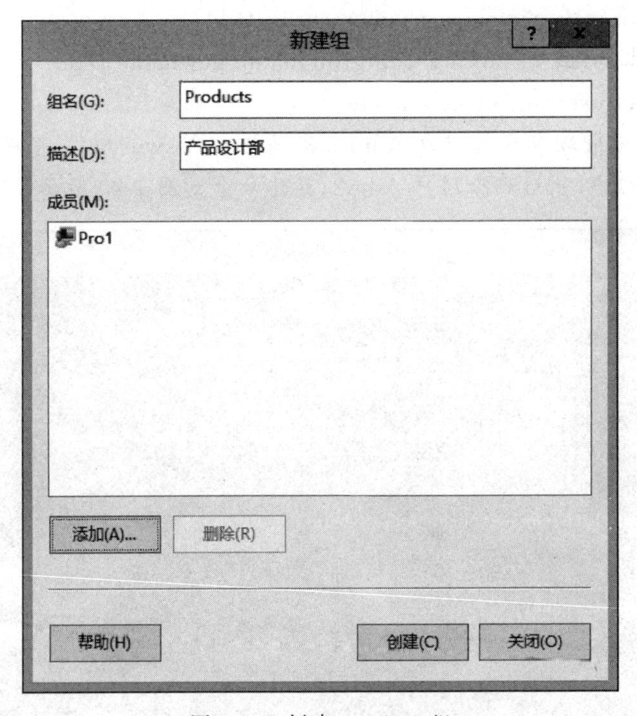

图 7-18　创建 Products 组

图 7-19　将 Products 组添加至本地组

提示：创建用户、将用户添加至本地组、删除用户也可以在命令提示符窗口中输入命令来实现。

创建用户：net user newname newnamepass /add。

将用户加入本地组：net localgroup groupname newname /add。

删除用户：net user newname /delete。

例如，创建行政管理部成员用户 Adm2，密码是 p@ssw0rda02，将用户 Adm2 添加至 Administrations 组中，然后删除用户 Adm2，具体命令如图 7-20 所示。

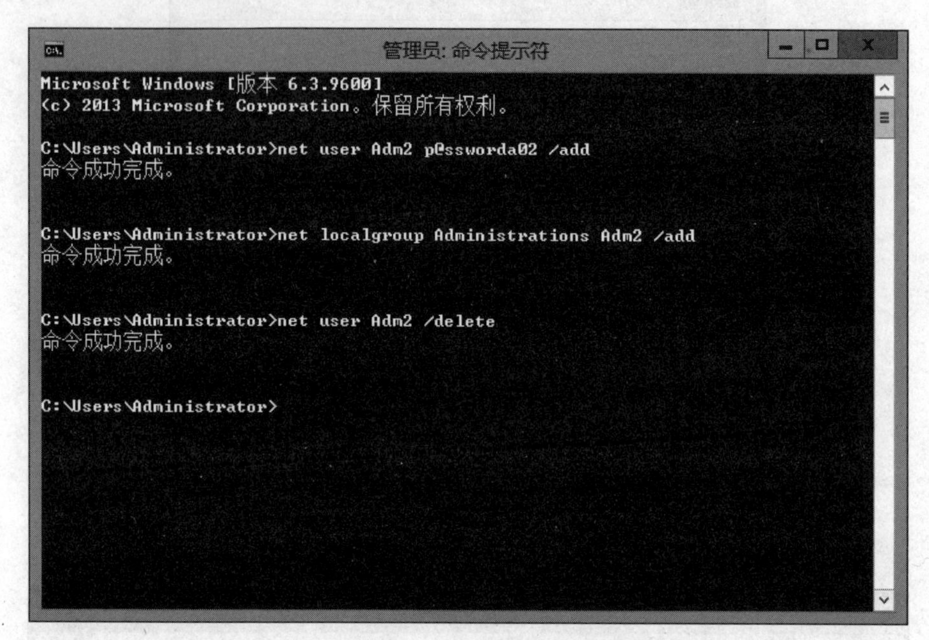

图 7-20　用命令创建行政管理部成员 Adm2

7.5.3　将总经理账户添加至管理员组

由于总经理 Manager 对存放三个部门扫描资料的文件的权限都是“完全控制”，而管理员组 Administrators 是内置本地组，对计算机中所有文件夹都是“完全控制”，所以只须将账户 Manager 添加至管理员组 Administrators 即可。将总经理账号添加至管理员组的具体步骤如下。

(1) 在“计算机管理”窗口中，单击“组”，在右侧本地组列表中找到 Administrators 组并右击，在弹出的快捷菜单中选择“属性”命令，打开“Administrators 属性”对话框，如图 7-21 所示。

(2) 单击“添加”按钮，弹出“选择用户”对话框。单击“高级”按钮，在弹出的“选择用户”对话框中单击“立即查找”按钮，在“搜索结果”列表框中找到用户 Manager 并双击，单击“确定”按钮，此时在“Administrators 属性”对话框的“成员”列表中显示了刚刚添加的用户 Manager，如图 7-22 所示。

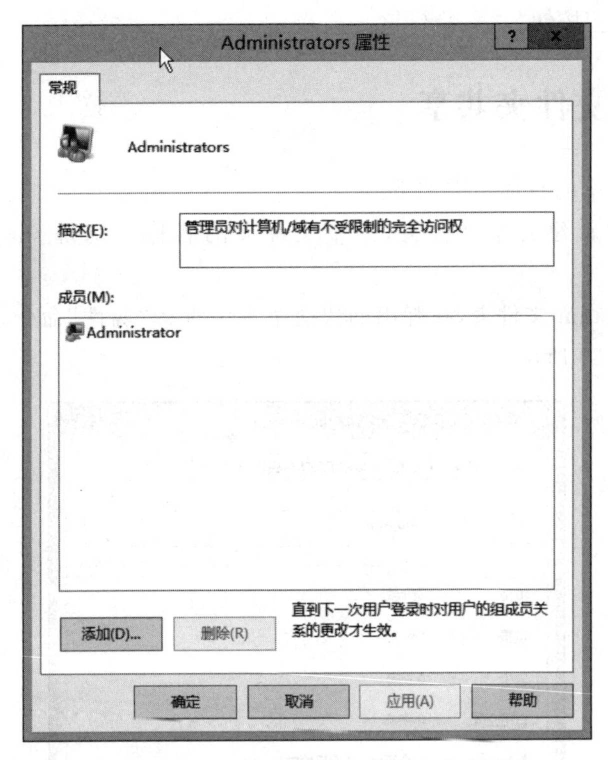

图 7-21　“Administrators 属性”对话框

图 7-22　添加账户 Manager 至管理员组 Administrators

(3) 单击“确定”按钮。

7.5.4 设置文件夹共享

设置文件夹共享的具体步骤如下。

(1) 在D盘中新建三个文件夹,三个文件夹的名称分别是 sha_mar、sha_pro 和 sha_adm。

(2) 右击 sha_adm 文件夹,在弹出的快捷菜单中选择“属性”命令,弹出“sha_adm 属性”对话框,如图 7-23 所示。

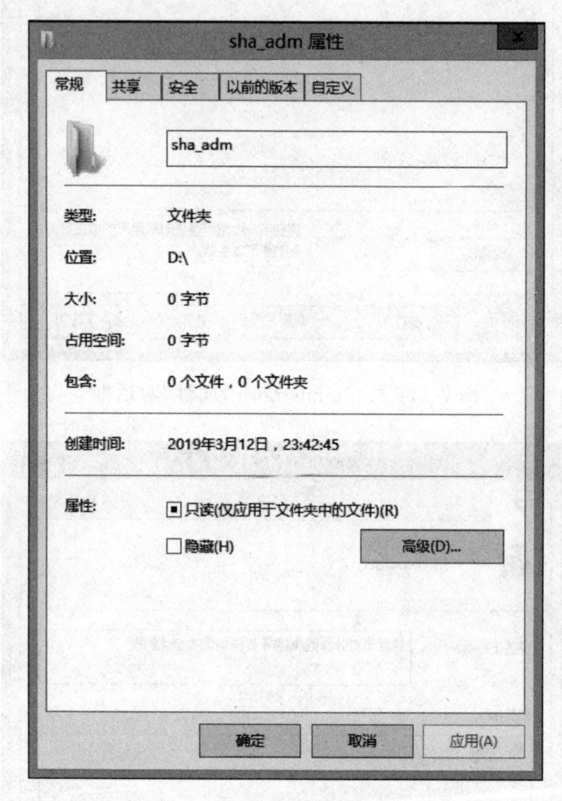

图 7-23 “sha_adm 属性”对话框

(3) 选择“共享”选项卡,单击“高级共享”按钮,弹出“高级共享”对话框。选中“共享此文件夹”复选框,此时在“共享名”文本框中默认将文件夹名作为共享名,如图 7-24 所示。若要设置其他共享名,则在“共享名”文本框中输入即可。这里使用默认的文件夹名作为共享名。

(4) 单击“权限”按钮,弹出“sha_adm 的权限”对话框。在“组或用户名”列表框中默认有 Everyone 这个组。在“Everyone 的权限”列表中,将“完全控制”后的“允许”复选框选中,如图 7-25 所示。这样所有的用户都可以通过网络访问到该文件夹。

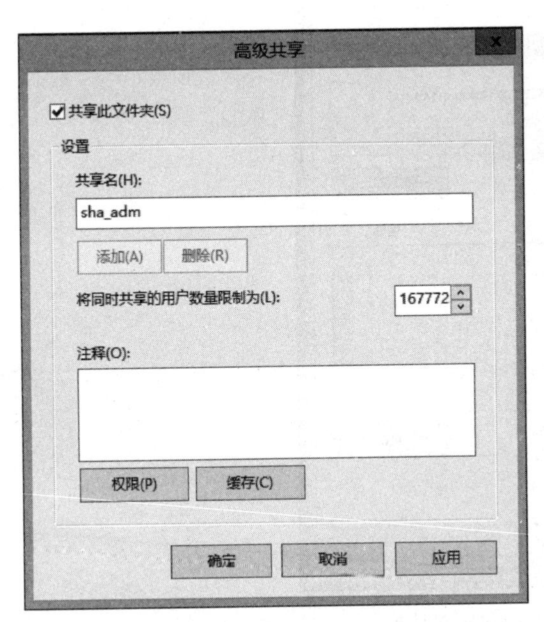

图 7-24　“高级共享”对话框

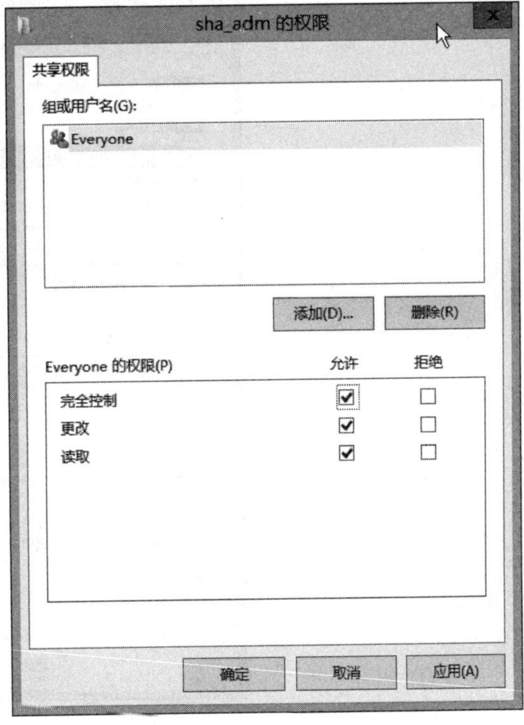

图 7-25　“sha_adm 的权限”对话框

(5) 依次单击“确定”→“确定”→“关闭”按钮。这样就将 sha_adm 文件夹设置成了共享文件夹。

(6) 重复步骤(2)～步骤(5)，将 sha_mar 文件夹和 sha_pro 文件夹设置为共享文件夹，并将 Everyone 组的权限设置为完全控制。

7.5.5　设置文件夹的 NTFS 权限

设置文件夹的 NTFS 权限的具体步骤如下。

(1) 右击 sha_adm 文件夹，在弹出的快捷菜单中选择“属性”命令，弹出“sha_adm 属性”对话框，选择“安全”选项卡，如图 7-26 所示。

(2) 单击“高级”按钮，弹出“sha_adm 的高级安全设置”对话框，如图 7-27 所示。

(3) 由于 sha_adm 文件夹是存放行政管理部门扫描资料的文件夹，公司总经理和行政管理部的成员对 sha_adm 文件夹的权限是完全控制，市场营销与推广部和产品设计部没有权限查看该文件夹。公司总经理在 Adiminstrators 组中，因此不需要将总经理账号添加至“权限条目”列表中。由于所有新创建的用户默认都在 Users 组中，因此要删除 Users 组，将行政管理部门对应的组 Administrations 添加至“权限条目”列表中，并设置其权限为完全控制。单击“禁用继承”按钮，弹出“阻止继承”对话框，如图 7-28 所示。

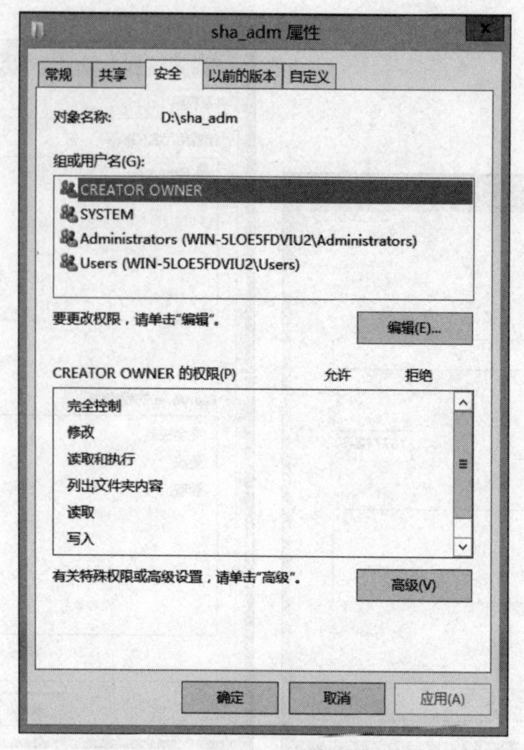

图 7-26 "sha_adm 属性"对话框

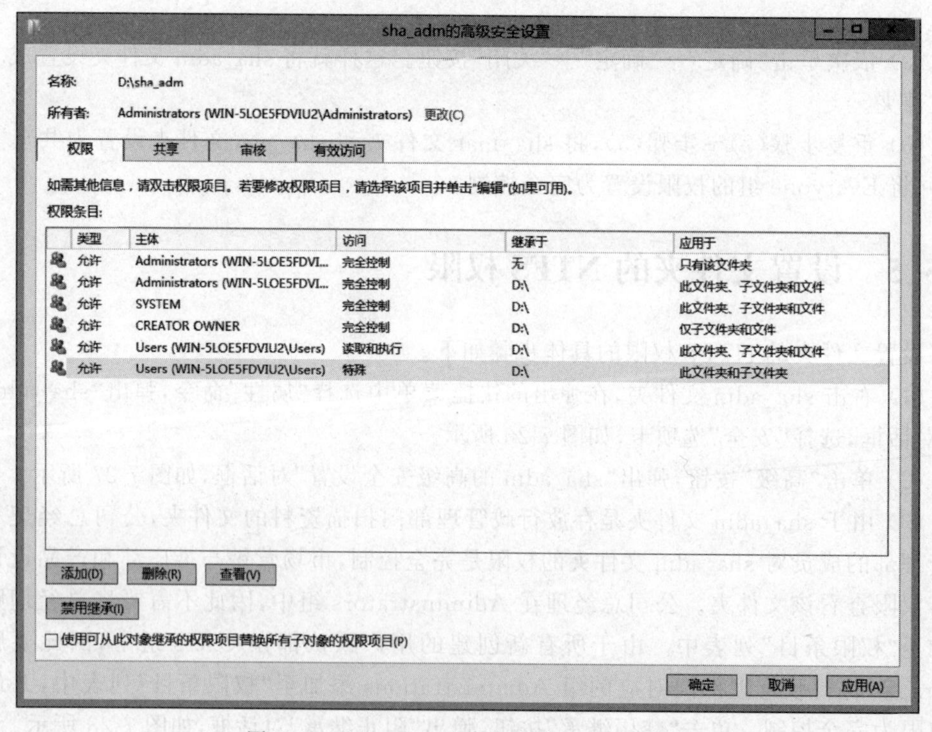

图 7-27 "sha_adm 的高级安全设置"对话框

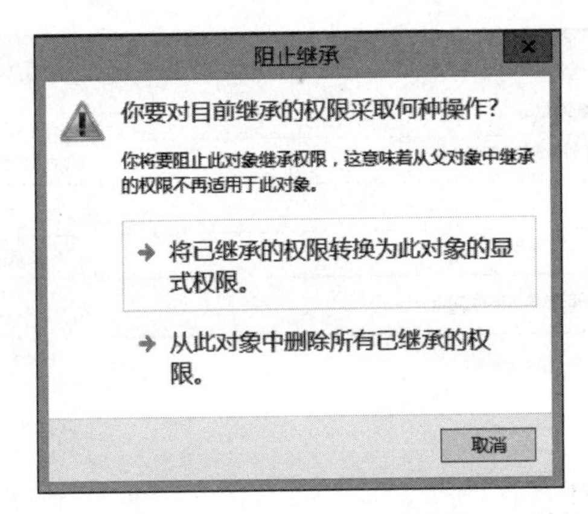

图 7-28　“阻止继承”对话框

(4) 单击“将已继承的权限转换为此对象的显式权限”。单击“权限条目”列表中“访问”权限为“读取和执行”权限的 Users 组，单击“删除”按钮。单击“权限条目”列表中“访问”权限为“特殊”权限的 Users 组，单击“删除”按钮。此时，“权限条目”列表中就没有 Users 组了，如图 7-29 所示。

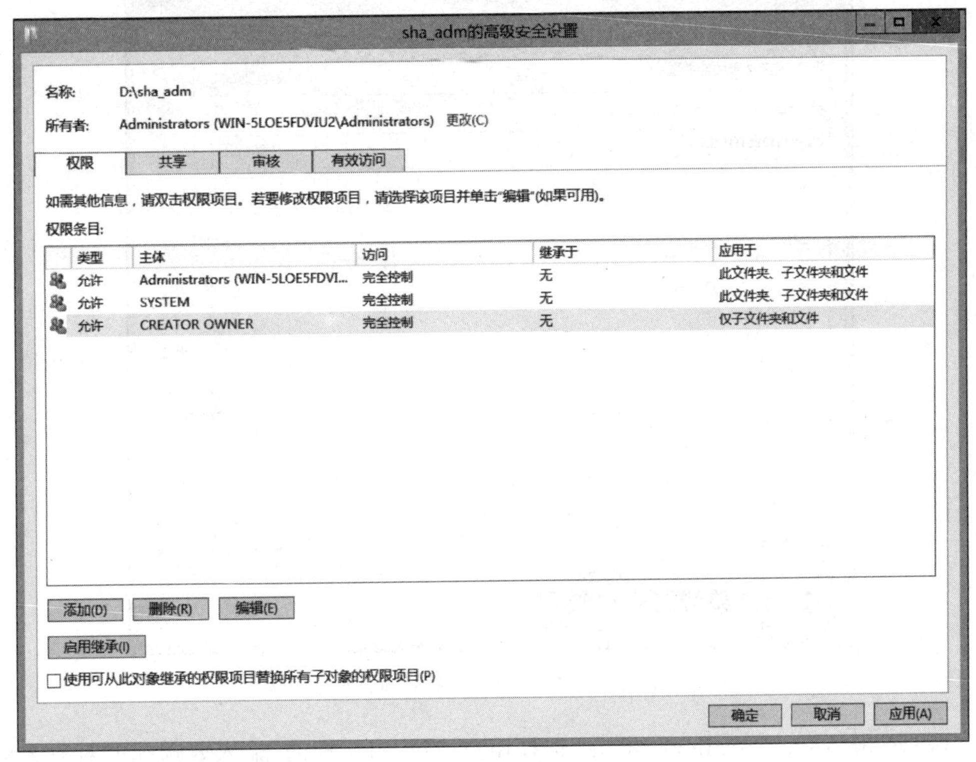

图 7-29　“sha_adm 的高级安全设置”对话框

(5) 单击“添加”按钮，弹出“sha_adm 的权限项目”对话框。单击“选择主体”，弹出“选择用户或组”对话框，如图 7-30 所示。

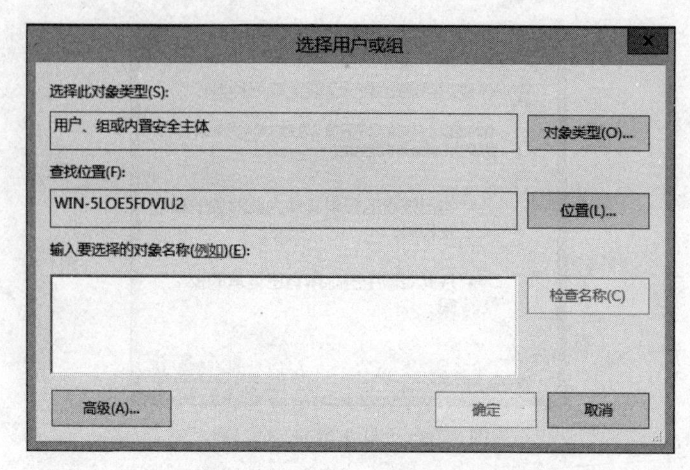

图 7-30 “选择用户或组”对话框

(6) 单击“高级”按钮，在弹出的“选择用户或组”对话框中单击“立即查找”按钮，在“搜索结果”列表框中找到行政管理部对应的 Administrations 组，如图 7-31 所示。

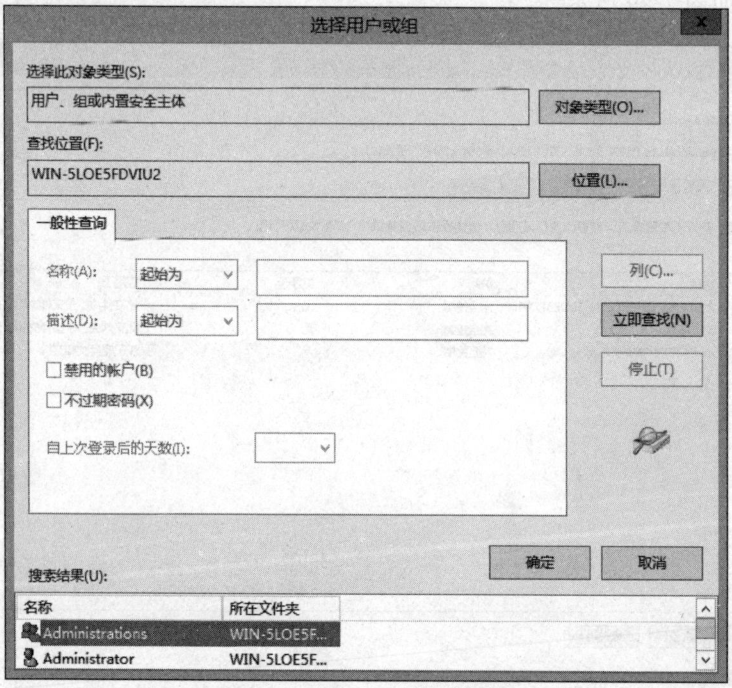

图 7-31 “选择用户或组”对话框

(7) 双击 Administrations 组，在“选择用户或组”对话框的“输入要选择的对象名称”列表中显示了刚刚添加的 Administrations 组，如图 7-32 所示。

(8) 单击“确定”按钮。在“sha_adm 的权限项目”对话框中选中“基本权限”中的“完全控制”复选框，如图 7-33 所示。

(9) 单击“确定”按钮。在“sha_adm 的高级安全设置”对话框的“权限条目”中新增了

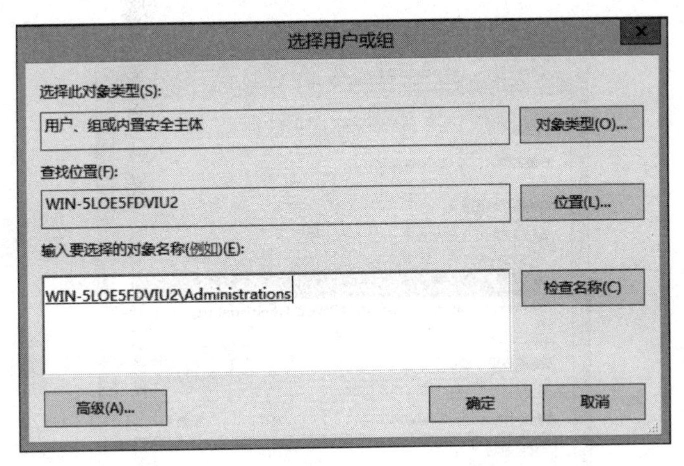

图 7-32　“选择用户或组”对话框

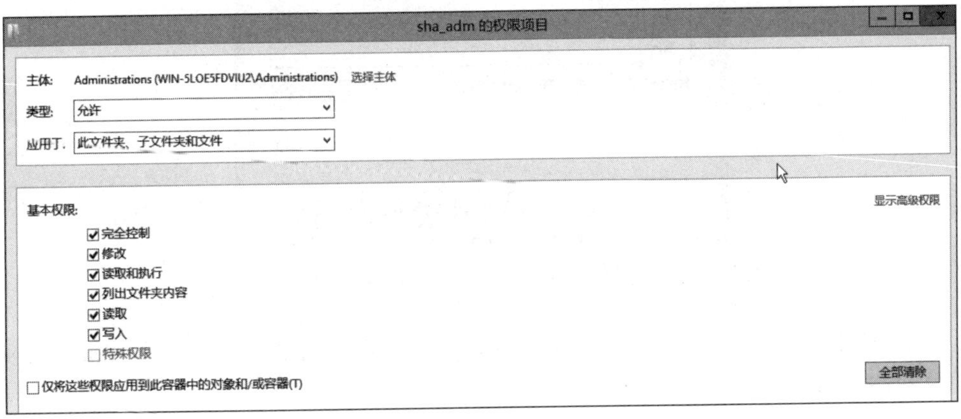

图 7-33　选中“完全控制”权限

刚刚添加的 Administrations 组，且“访问”的权限为“完全控制”，如图 7-34 所示。

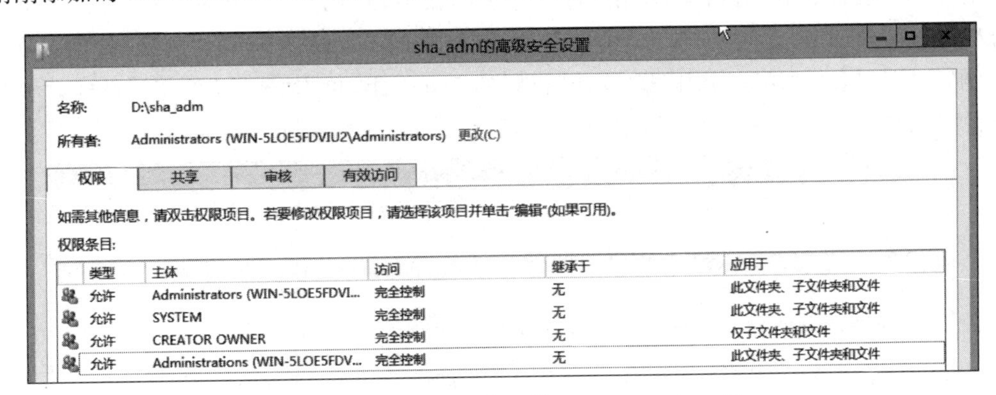

图 7-34　“权限条目”中新增 Administrations 组

（10）单击“确定”按钮。在“sha_adm 属性”对话框的“组或用户名”列表中增加了 Administrations 组，且在“Administrations 的权限”列表中“允许”的权限为“完全控制”，如图 7-35 所示。

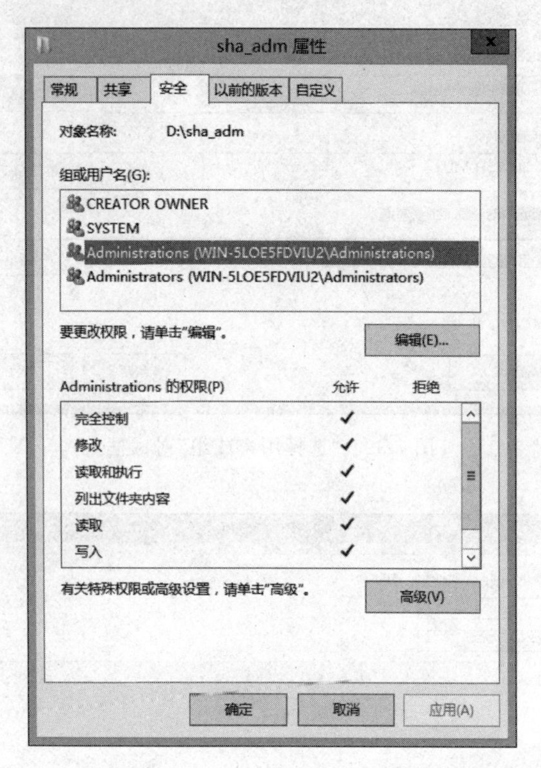

图 7-35 “组或用户名”列表中增加了 Administrations 组

(11) 单击“确定”按钮。此时,完成了存放行政管理部扫描资料的 sha_adm 文件夹的 NTFS 权限设置。

(12) 右击 sha_pro 文件夹,在弹出的快捷菜单中选择“属性”命令。在“sha_pro 属性”对话框中单击“高级”按钮,在“sha_pro 的高级安全设置”对话框中,单击“禁用继承”按钮,弹出“阻止继承”对话框,单击“将已继承的权限转换为此对象的显式权限”。单击“权限条目”列表中“访问”权限为“读取和执行”权限的 Users 组,单击“删除”按钮;单击“权限条目”列表中“访问”权限为“特殊”权限的 Users 组,单击“删除”按钮。此时,“权限条目”列表中就没有 Users 组了,如图 7-36 所示。

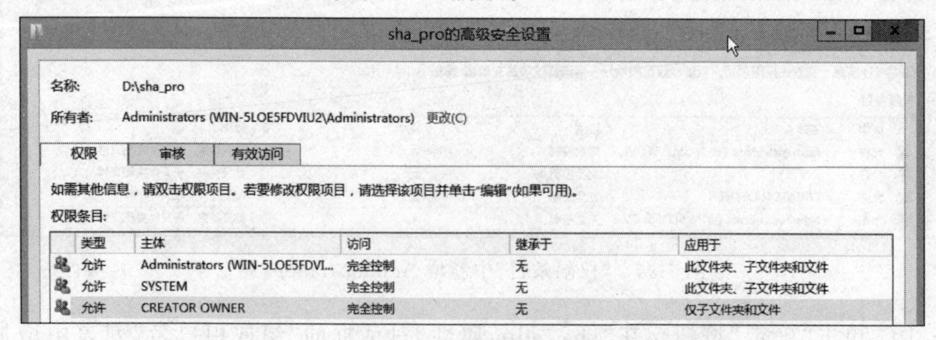

图 7-36 删除 Users 组

(13) 单击“添加”按钮，弹出“sha_pro 的权限项目”对话框。单击“选择主体”，弹出“选择用户或组”对话框。单击“高级”按钮，在新弹出的“选择用户或组”对话框中单击“立即查找”按钮，在“搜索结果”列表中找到产品设计部对应的组 Products 组。双击 Products 组，在“输入要选择的对象名称”列表中增加了 Products 组。单击“确定”按钮。选中“sha_pro 的权限项目”对话框中“基本权限”下的“完全控制”复选框，如图 7-37 所示。

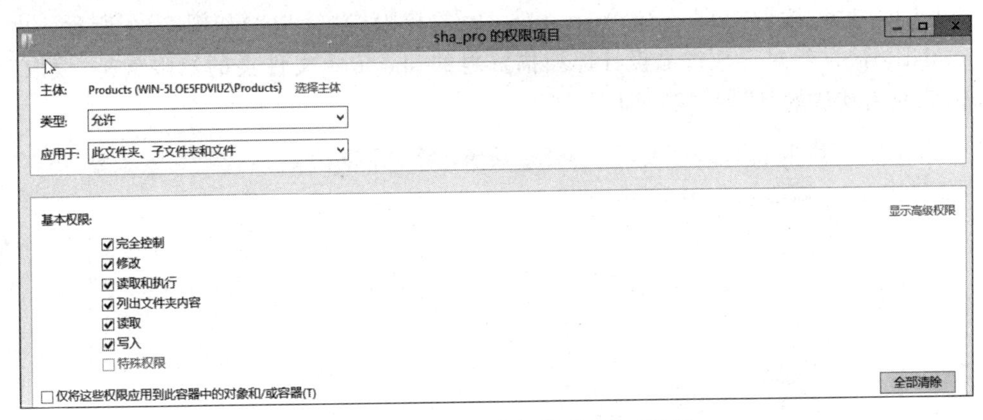

图 7-37　“sha_pro 的权限项目”对话框

(14) 单击“确定”按钮。在“sha_pro 属性”对话框的“组或用户名”列表中增加了 Products 组，且在“Products 的权限”列表中“允许”的权限为“完全控制”，如图 7-38 所示。

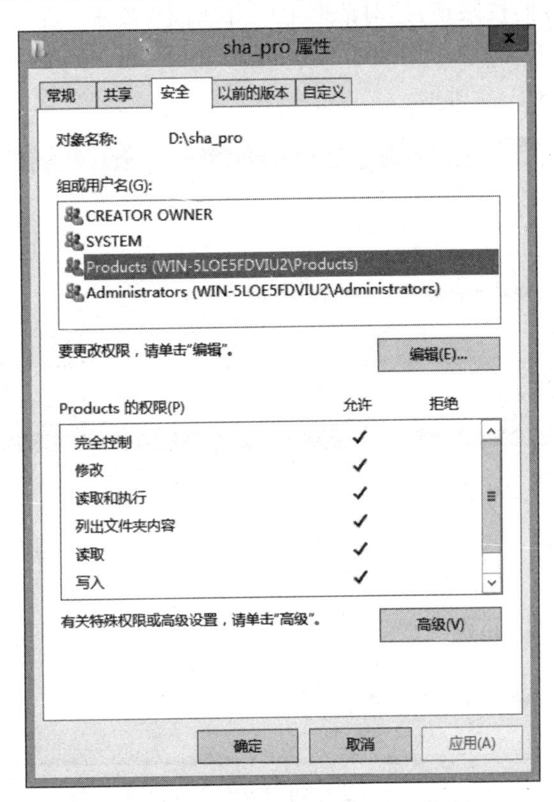

图 7-38　Products 组权限为“完全控制”

（15）单击“高级”按钮，在弹出的“sha_pro 的高级安全设置”对话框中单击“添加”按钮。弹出“sha_pro 的权限项目”对话框。单击“选择主体”按钮，在弹出的“选择用户或组”对话框中单击“高级”按钮，在新弹出的“选择用户或组”对话框中单击“立即查找”按钮，在“搜索结果”中找到 Administrations 组并双击，然后单击“确定”按钮。在“sha_pro 的权限项目”对话框的“基本权限”中，默认 Administrations 组的权限为“读取和执行、列出文件夹的内容、读取”，即 Administrations 组的权限为“读取”，如图 7-39 所示。由于 Administrations 组对存放产品设计部扫描资料的 sha_pro 文件夹的权限就是“读取”权限，因此使用默认的“读取”权限即可。

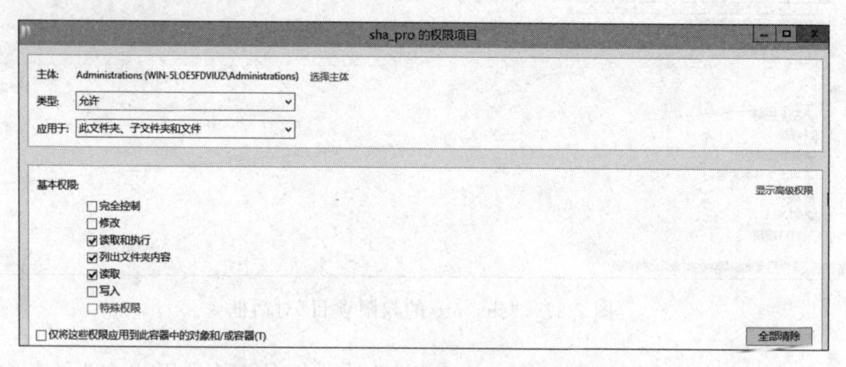

图 7-39 “sha_pro 的权限项目”对话框

（16）在“sha_pro 的权限项目”对话框中单击“确定”按钮。在“sha_pro 的高级安全设置”对话框的“权限条目”列表中增加了 Administrations 组，且 Administrations 组的权限为“读取和执行”，如图 7-40 所示。

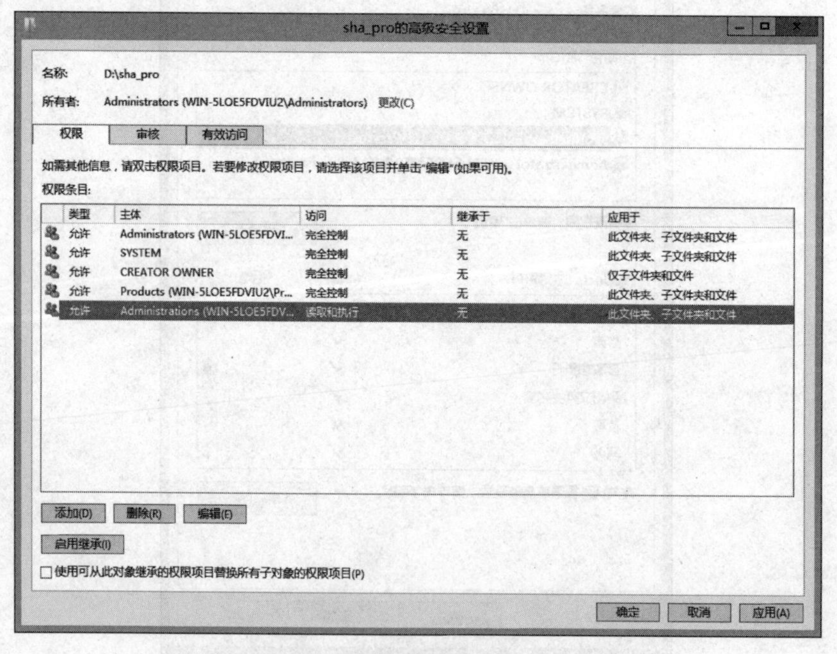

图 7-40 “sha_pro 的高级安全设置”对话框

(17) 单击“确定”按钮。在“sha_pro 属性”对话框中的“组或用户名”列表框中增加了 Administrations 组，在“Administrations 的权限”列表中“允许”的权限为“读取”权限，如图 7-41 所示。

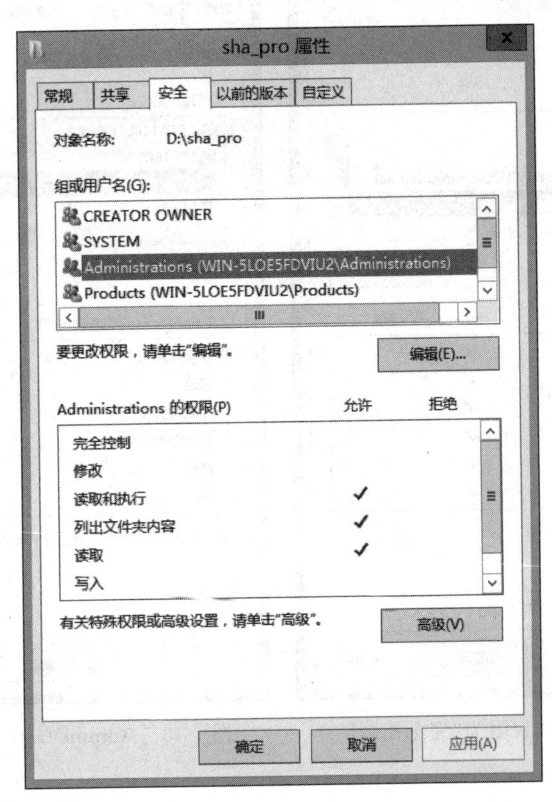

图 7-41　Administrations 组的权限为“读取”

(18) 单击“确定”按钮。

(19) 重复步骤(12)～步骤(18)，设置 sha_mar 文件夹的 NTFS 权限：Markets 组对 sha_mar 文件夹的权限是“完全控制”，Administrations 组对 sha_mar 文件夹的权限是“读取”。完成 NTFS 权限设置后 sha_mar 文件夹的安全属性如图 7-42 和图 7-43 所示。

7.5.6　测试：各部门远程访问自己部门的文件夹

此处以行政管理部总经理账户 Manager 和市场营销与推广部门员工账户 Mar1 为例进行测试。

1. 配置服务器和客户机 IP 地址

配置存放各部门扫描文件的服务器 Svr2012 的 IP 地址为 192.168.50.10，如图 7-44 所示；配置行政管理部总经理客户机 Manager 的 IP 地址为 192.168.40.100，如图 7-45 所示；配置市场营销与推广部 Mar1 员工的客户机 Mar1 的 IP 地址为 192.168.20.2，如

图 7-46 所示。

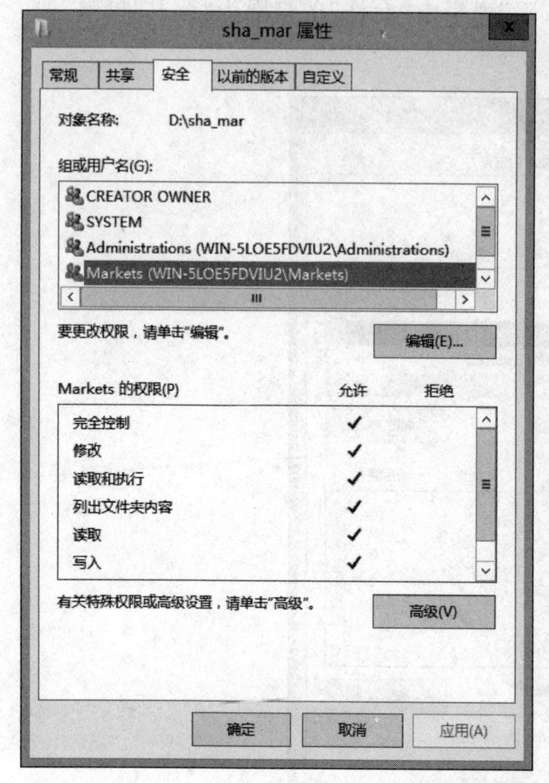

图 7-42　Markets 组的权限为"完全控制"

图 7-43　Administrations 组的权限为"读取"

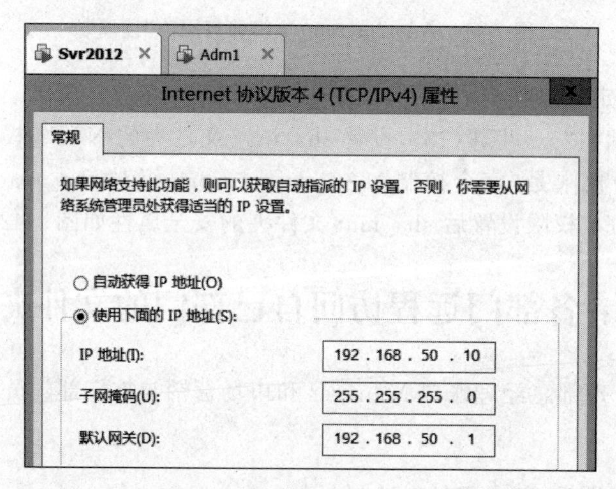

图 7-44　存放扫描文件服务器 Svr2012 的 IP 地址

2. 测试网络连通性

（1）将各客户机以及 Svr2012 服务器的防火墙关闭。

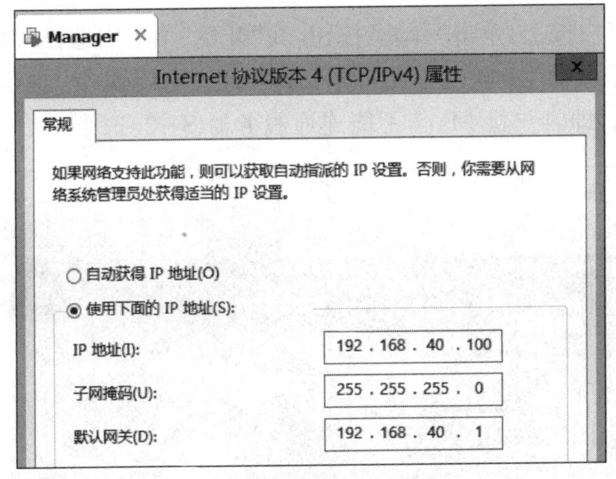

图 7-45　总经理客户机 Manager 的 IP 地址

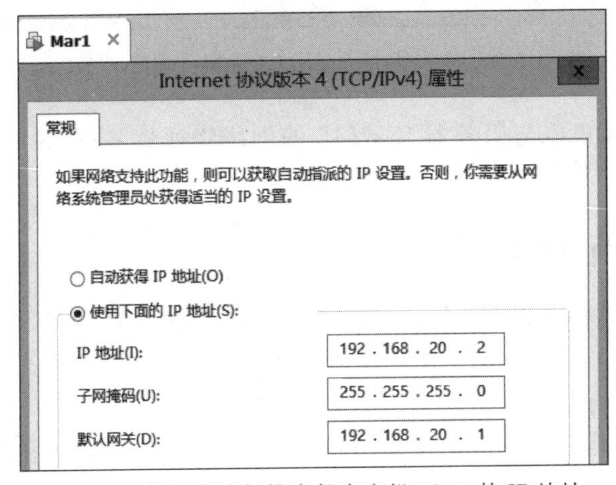

图 7-46　市场营销与推广部客户机 Mar1 的 IP 地址

(2) 在 Manager 客户机上，单击“开始”按钮，在“开始”菜单中选择“命令提示符”命令，弹出“管理员：命令提示符”窗口，执行 ping 192.168.50.10 命令，提示“无法访问目标主机”，如图 7-47 所示，即客户机 Manager 不能连通服务器 Svr2012。

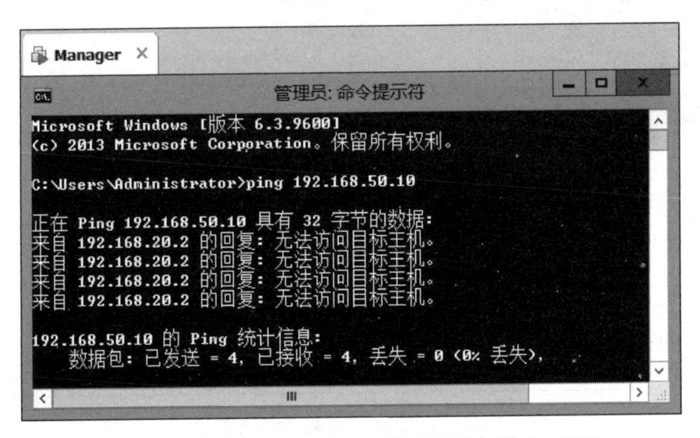

图 7-47　客户机 Manager 不能连通服务器 Svr2012

(3) 在 Mar1 客户机上,单击“开始”按钮,在“开始”菜单中选择“命令提示符”命令,弹出“管理员: 命令提示符”窗口,执行 ping 192.168.50.10 命令,提示“无法访问目标主机”,如图 7-48 所示,即客户机 Mar1 不能连通服务器 Svr2012。

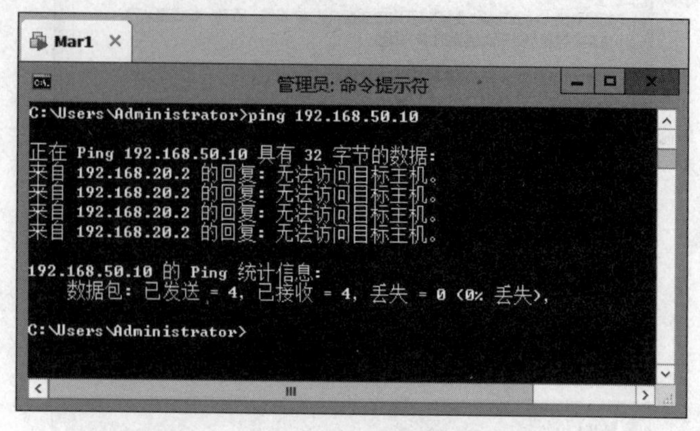

图 7-48　客户机 Mar1 不能连通服务器 Svr2012

(4) 通过以上客户机与服务器 Svr2012 的网络连通性测试,说明与服务器 Svr2012 不在同一网段的客户机都不能连通服务器 Svr2012。

3. 配置路由与远程访问

不同网段的计算机要相互通信,需要在一台计算机上配置路由与远程访问服务,这里选择在虚拟计算机 static_route 上配置路由与远程访问。

1) 在计算机 static_route 上增加一块网卡

(1) 选择计算机 static_route,选择“虚拟机”→“设置”命令,弹出“虚拟机设置”对话框。单击“网络适配器”,在右侧的“网络连接”列表中选中“NAT 模式: 用户共享主机的 IP 地址”单选按钮,如图 7-49 所示。

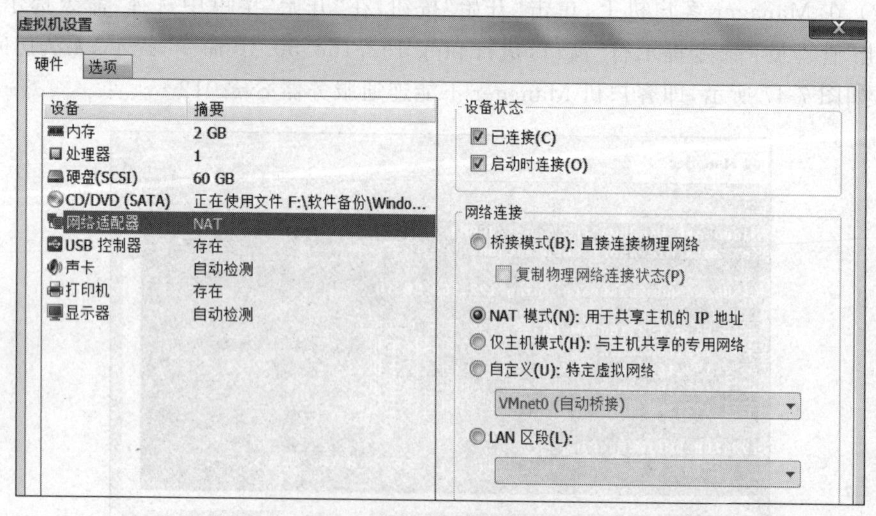

图 7-49　设置网络连接为 NAT 模式

(2) 在“虚拟机设置”对话框中单击左下方的“添加”按钮，弹出“添加硬件向导”对话框。在“硬件类型”列表中选择“网络适配器”，如图 7-50 所示。

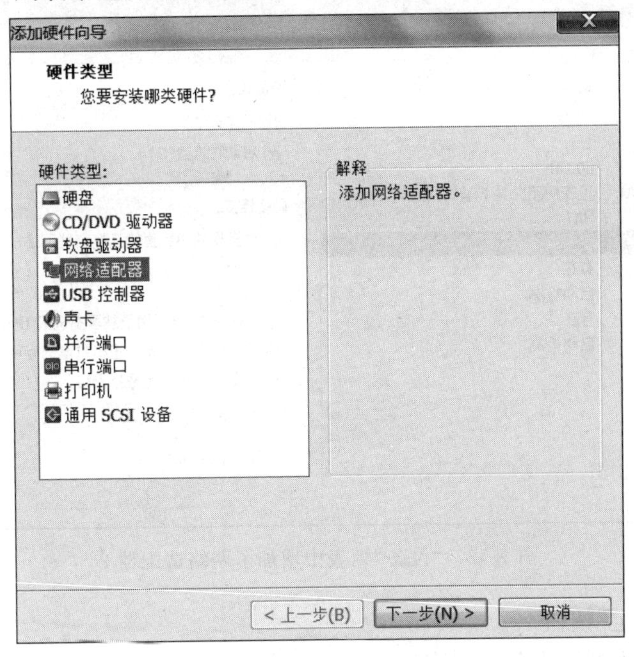

图 7-50　新增网络适配器

(3) 单击“下一步”按钮。在“网络连接”列表中选择“仅主机模式：与主机共享的专用网络”，如图 7-51 所示。

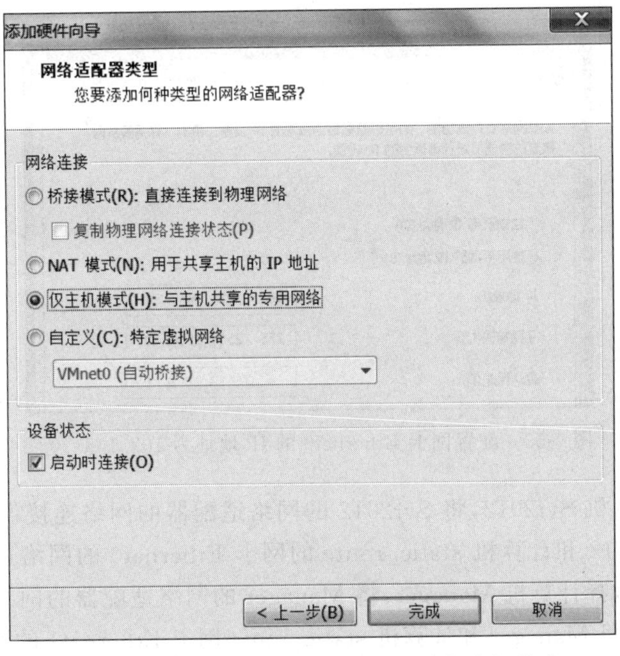

图 7-51　设置新增网卡的网络连接为仅主机模式

(4) 单击“完成”按钮。此时,在“设备”列表中增加了网络适配器 2,如图 7-52 所示。

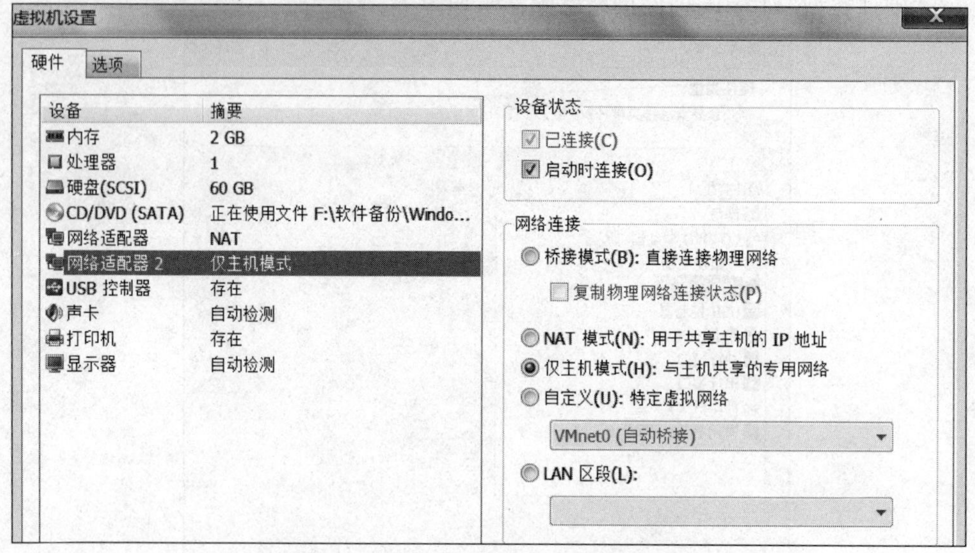

图 7-52 “设备”列表中增加了网络适配器 2

(5) 单击“确定”按钮。

2) 配置两块虚拟网卡的 IP 地址

(1) 在桌面上双击“网络”图标,弹出“网络和共享中心”窗口。单击“更改适配器设置”按钮,弹出“网络连接”窗口。将网卡 Ethernet0 的 IP 地址配置为 192.168.50.1,如图 7-53 所示。将网卡 Ethernct1 的 IP 地址配置为 192.168.40.1,如图 7-54 所示。

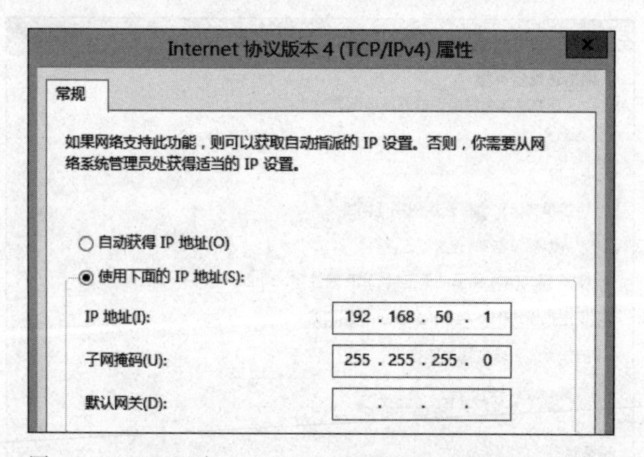

图 7-53 配置网卡 Ethernet0 的 IP 地址为 192.168.50.1

(2) 选择计算机 Svr2012,将 Svr2012 的网络适配器的网络连接设置为 NAT 模式,保证计算机 Svr2012 和计算机 static_route 的网卡 Ethernet0 的网络连接方式为同一模式即共享模式。选择计算机 Manager,将 Manager 的网络适配器的网络连接设置为仅主机模式,保证计算机 Manager 和计算机 static_route 网卡 Ethernet1 的网络连接方式为同一模式即仅主机模式。

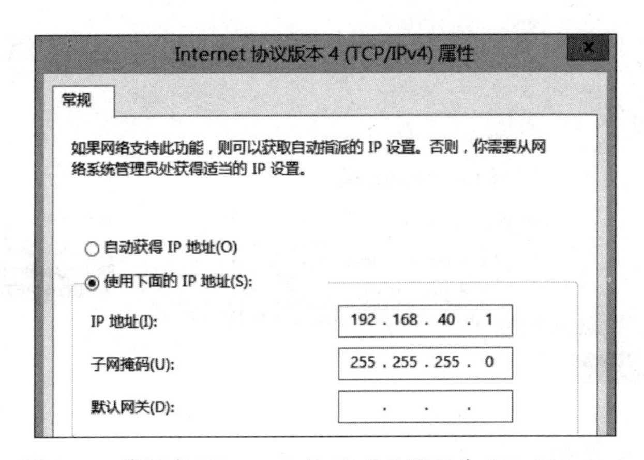

图 7-54　将网卡 Ethernet1 的 IP 地址配置为 192.168.40.1

3）在计算机 static_route 上安装并配置路由与远程访问服务

（1）选择计算机 static_route，单击快速启动任务栏中的“服务器管理器”图标，弹出“服务器管理器”窗口。单击“快速启动”中的“2 添加角色和功能”，弹出“添加角色和功能向导”对话框，依次单击“下一步”→“下一步”→“下一步”按钮。在“选择服务器角色”对话框的“角色”列表中找到并选中“远程访问”复选框，如图 7-55 所示。

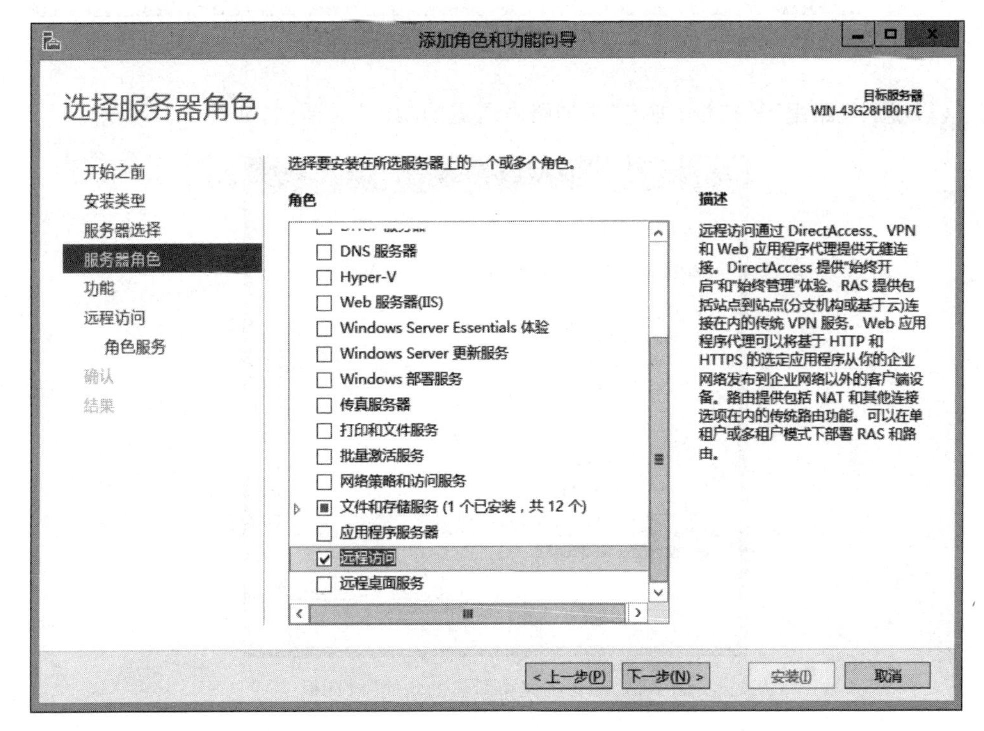

图 7-55　在“角色”列表中选中“远程访问”复选框

（2）依次单击“下一步”→“下一步”→“下一步”按钮，在“角色服务”列表框中找到“路由”复选框，如图 7-56 所示。

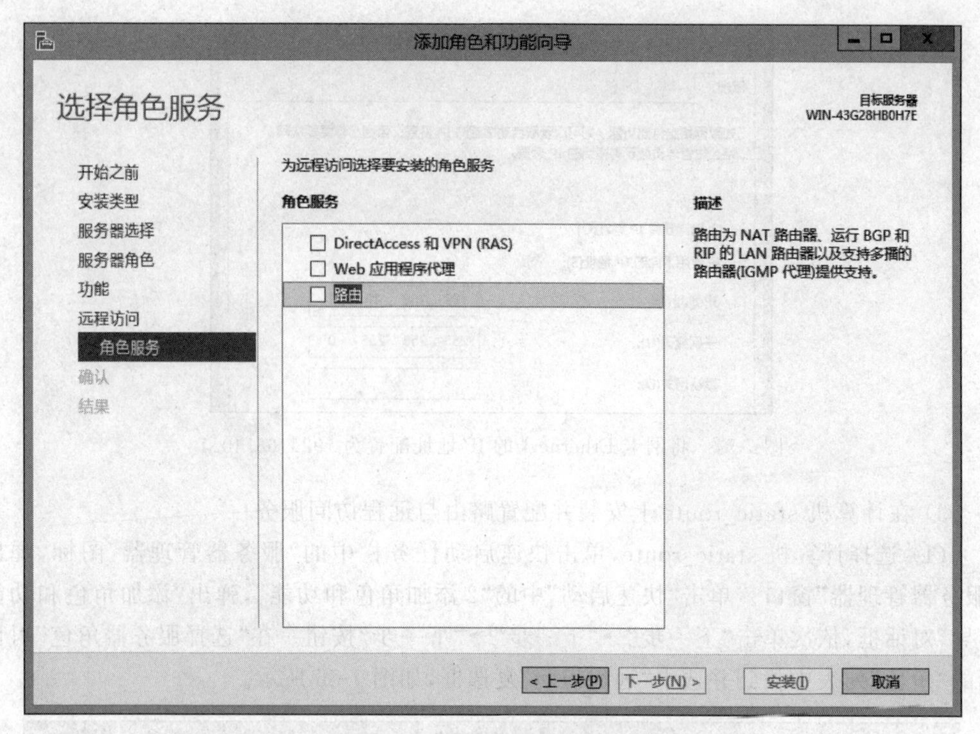

图 7-56　在"角色服务"列表框中找到"路由"复选框

(3) 选中"路由"复选框,弹出"添加路由所需的功能"对话框,如图 7-57 所示。

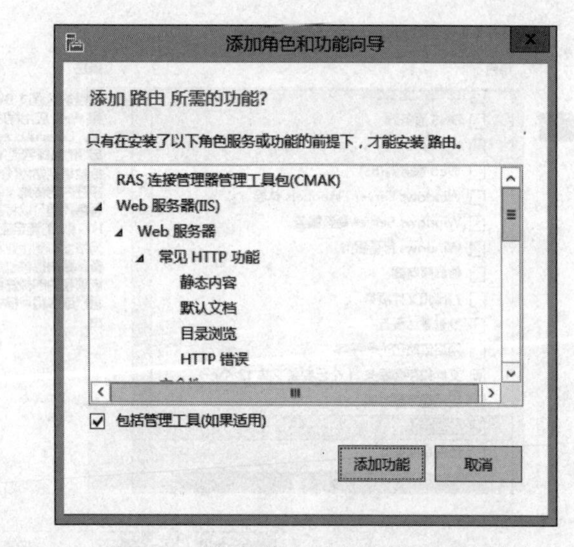

图 7-57　"添加路由所需的功能"对话框

(4) 单击"添加功能"按钮。此时,在"角色服务"列表框中"路由"复选框被选中,如图 7-58 所示。

(5) 依次单击"下一步"→"下一步"→"下一步"→"安装"按钮。安装成功后,在"查看安装进度"对话框中提示安装成功,如图 7-59 所示。

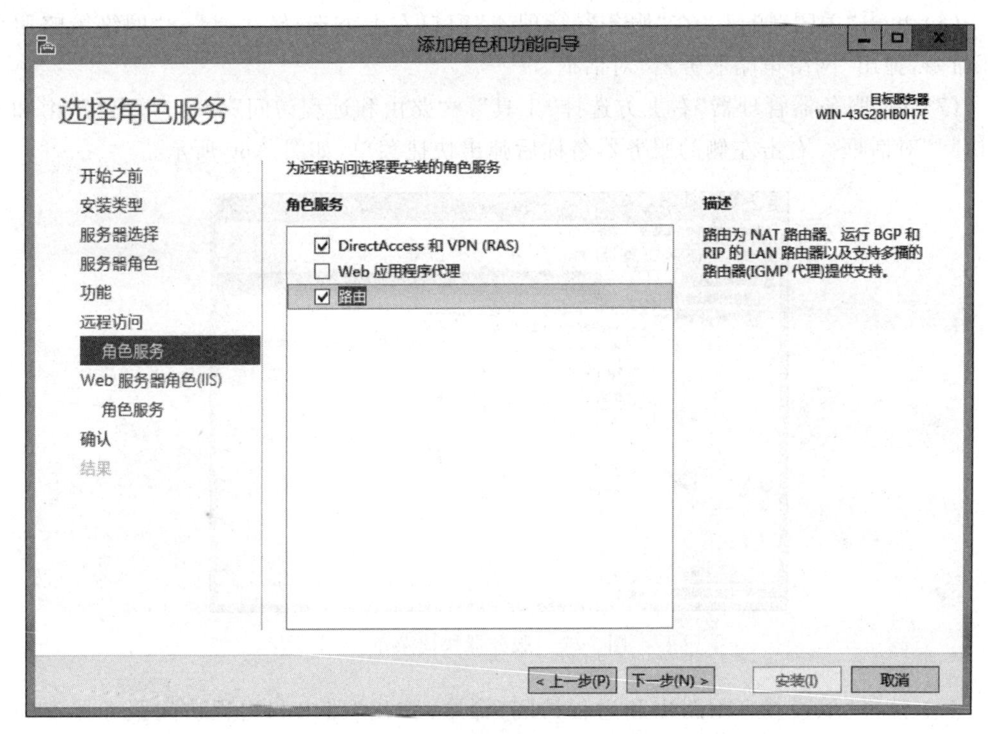

图 7-58　“角色服务”列表框中“路由”复选框被选中

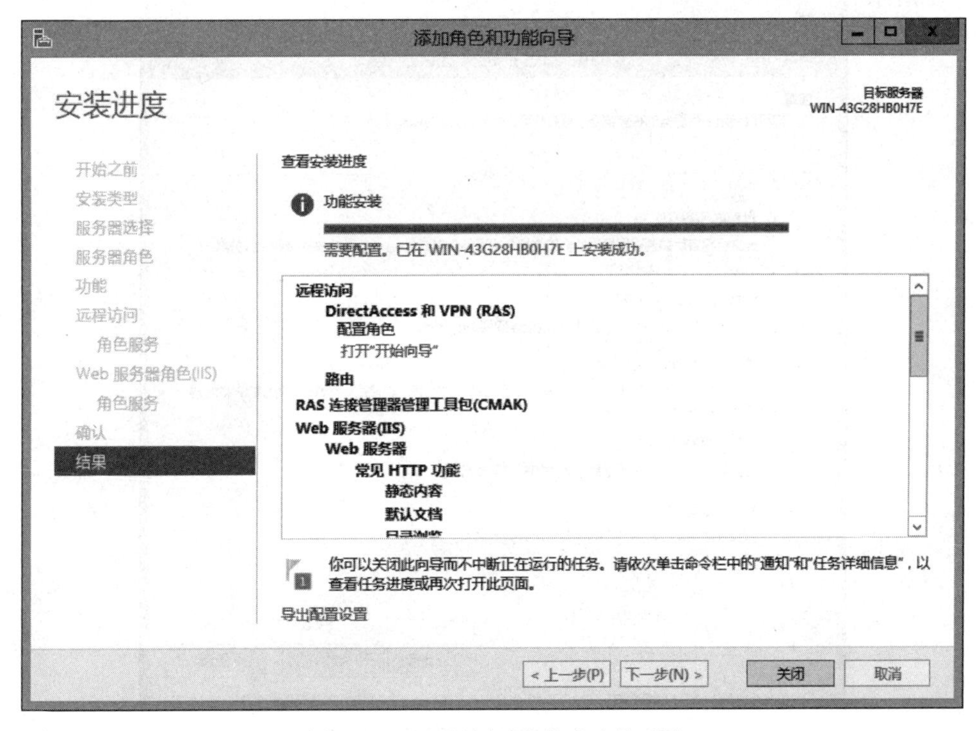

图 7-59　“远程访问”安装成功界面图

（6）单击“关闭”按钮。在“服务器管理器”窗口右上方选择“工具”→“网络策略服务器”命令，弹出“网络策略服务器”对话框。

（7）在“服务器管理器”右上方选择“工具”→“路由和远程访问”命令，弹出“路由和远程访问”对话框。右击左侧的服务器名称后弹出快捷菜单，如图7-60所示。

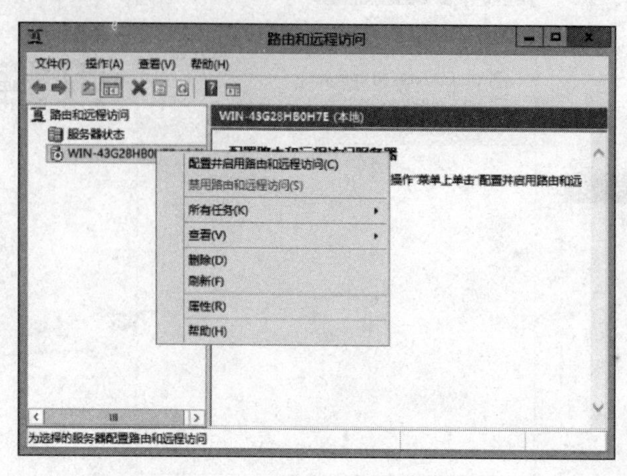

图7-60　服务器快捷菜单

（8）选择“配置并启用路由和远程访问”命令，弹出“路由和远程访问服务器安装向导”对话框。单击“下一步”按钮。在“配置”对话框中选中“自定义配置”单选按钮，如图7-61所示。

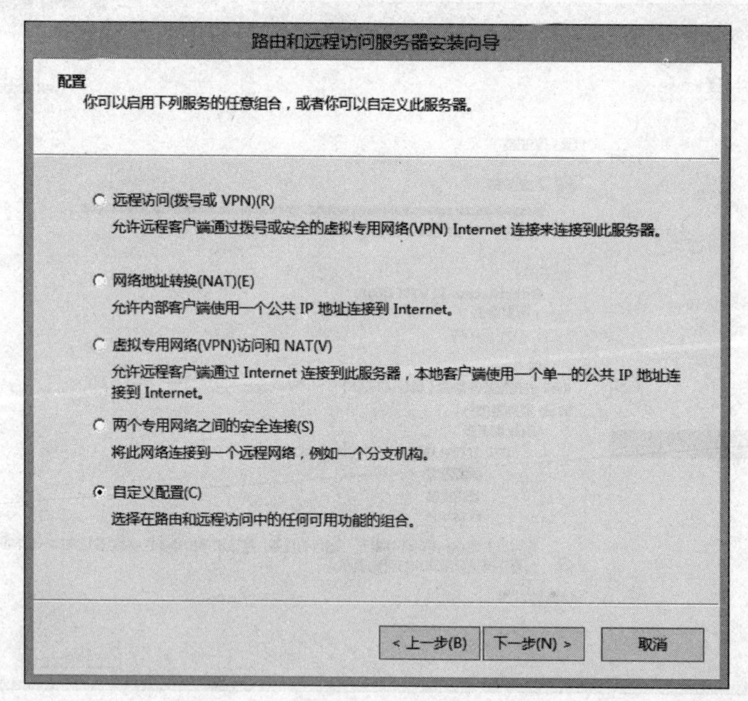

图7-61　选中“自定义配置”单选按钮

(9) 单击"下一步"按钮。在"自定义配置"对话框中选中"LAN 路由"复选框，如图 7-62 所示。

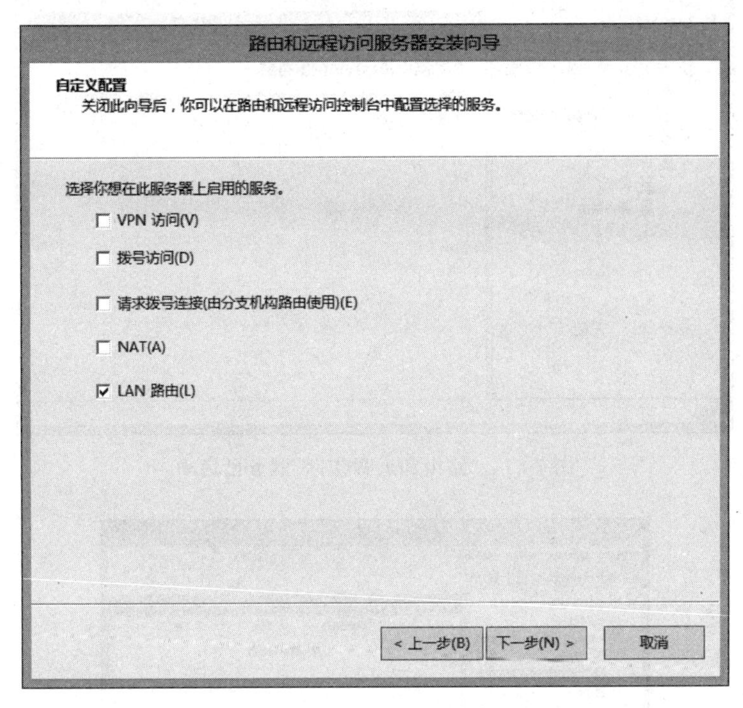

图 7-62　选中"LAN 路由"复选框

(10) 依次单击"下一步"→"完成"按钮。此时，弹出"启动服务"对话框，如图 7-63 所示。

(11) 单击"启动服务"按钮。此时，在"路由和远程访问"对话框左侧导航菜单的"服务器名称"上有个向上的绿色箭头，表示"路由和远程访问"服务已启动，如图 7-64 所示。

(12) 依次展开左侧导航菜单 IPv4，右击"静态路由"节点，弹出快捷菜单，如图 7-65 所示。

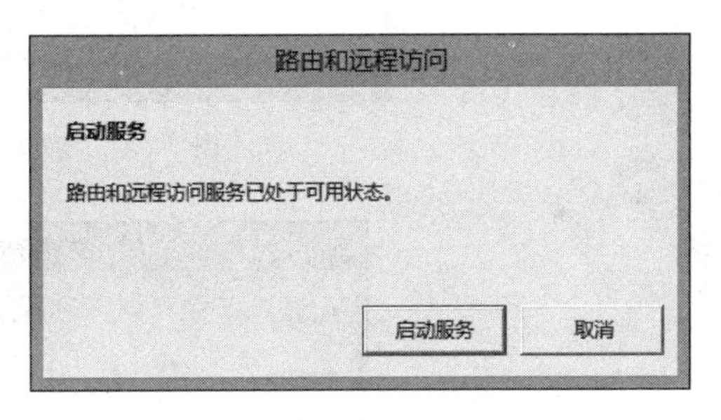

图 7-63　"启动服务"对话框

(13) 在快捷菜单中选择"新建静态路由"命令，弹出"IPv4 静态路由"对话框，在"目标"文本框中输入 192.168.40.0，在子网掩码中输入 255.255.255.0，在网关中输入 192.168.50.1，如图 7-66 所示。

(14) 单击"确定"按钮。在右侧"静态路由"列表中显示了刚刚新增的一条静态路由，如图 7-67 所示。

4. 再次测试网络连通性

(1) 选择 Manager 客户机，打开命令提示符窗口，输入 ipconfig 命令获取当前 Manager

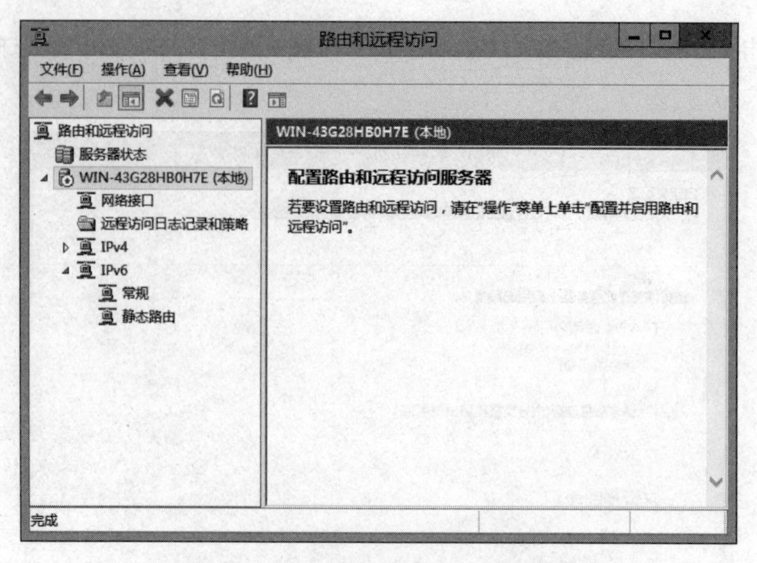

图 7-64 “路由和远程访问”服务已启动

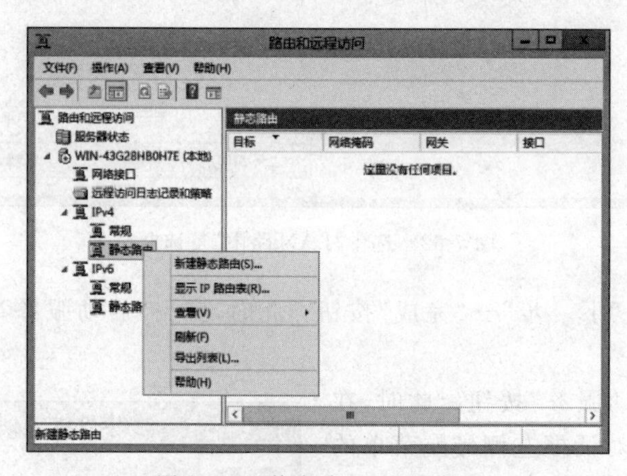

图 7-65 “静态路由”快捷菜单

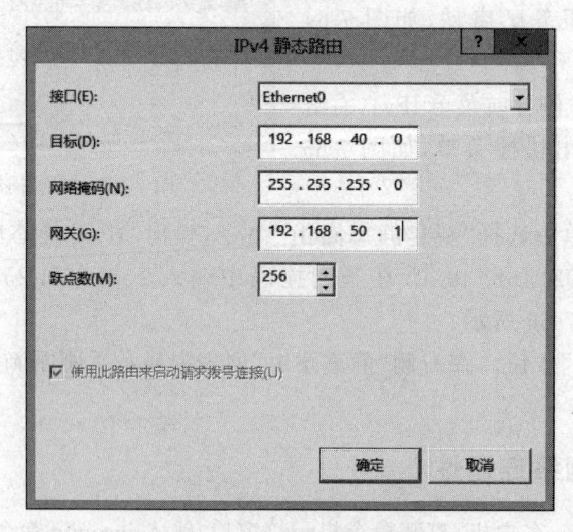

图 7-66 “IPv4 静态路由”对话框

客户机的 IP 地址为 192.168.40.100。再执行 ping 192.168.50.10 命令，此时发现能 Ping 通 Svr2012 服务器了，如图 7-68 所示。

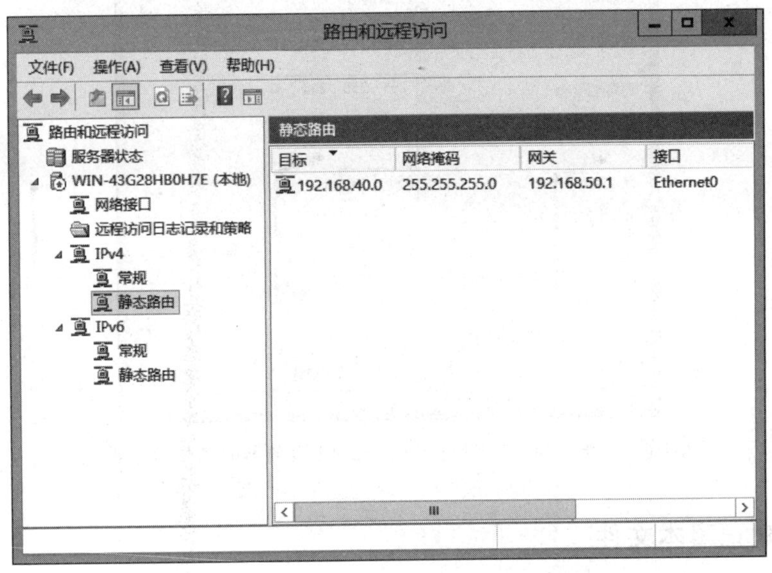

图 7-67 “静态路由”列表中显示新增的一条静态路由界面图

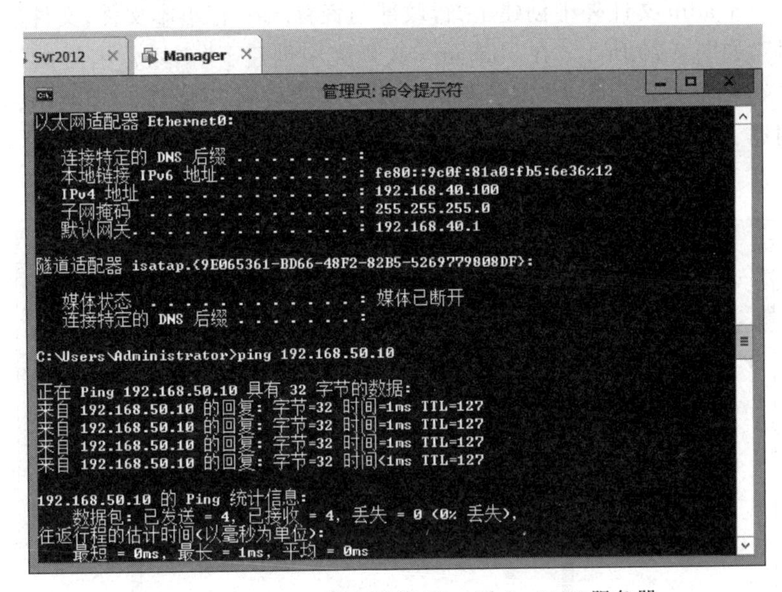

图 7-68 Manager 客户机能 Ping 通 Svr2012 服务器

(2) 由于 Static_route 计算机中只添加了一块网卡 Ethernet1，只设置了 192.168.50.0 网段到 192.168.40.0 网段的静态路由。而 Mar1 客户机在 192.168.20.0 网段中，所以在测试 Mar1 客户机与 Svr2012 服务器的连通性时，只须修改 Static_route 计算机网卡 Ethernet1 的 IP 地址为 192.168.20.1，同时再新一条增静态路由。新增静态路由的参数如图 7-69 所示。

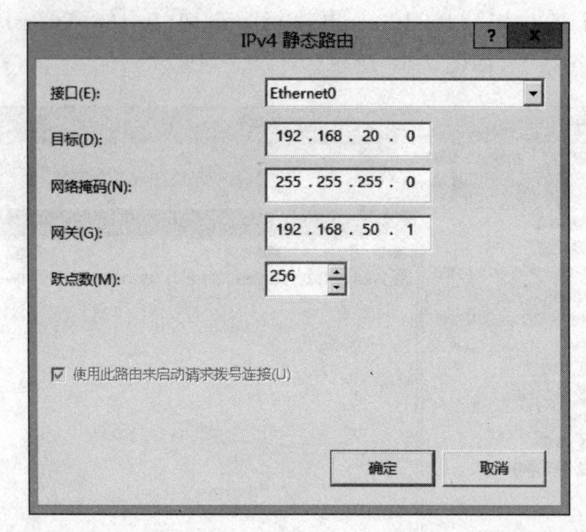

图 7-69　测试 Mar1 客户机与 Svr2012 服务器时新增静态路由

5. 创建记事本文件

为了测试不同用户的访问权限，在存放各部门扫描资料的文件夹中创建了一个记事本文件。在 sha_adm 文件夹中创建了“行政部门资料. txt”记事本文件，文件的内容为“行政部门资料”，如图 7-70 所示；在 sha_mar 文件夹中创建了“市场营销与推广部门资料. txt”记事本文件，文件的内容为“市场营销与推广部门资料”，如图 7-71 所示；在 sha_pro 文件夹中创建了“产品设计部门资料. txt”记事本文件，文件的内容为“产品设计部门资料”，如图 7-72 所示。

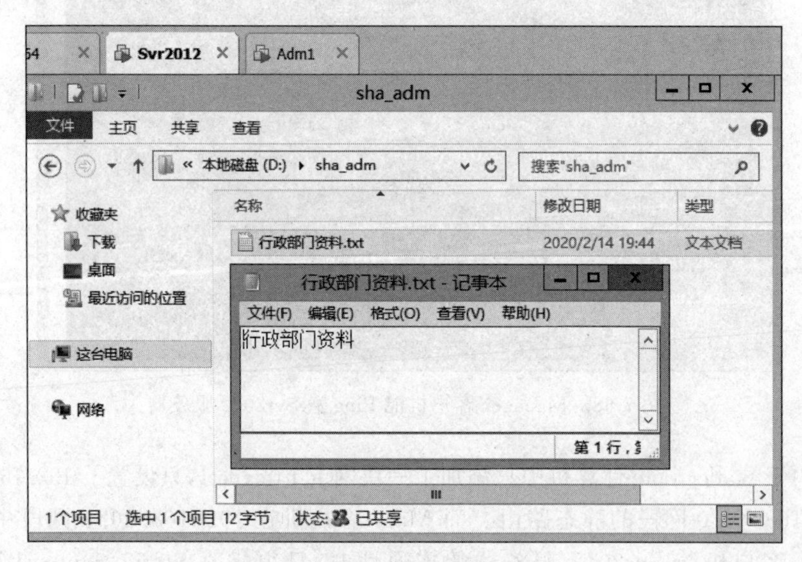

图 7-70　在 sha_adm 文件夹中创建“行政部门资料. txt”记事本文件

第7章　远程访问共享文件夹

【情境描述】 第6章中项目组完成了在服务器上安装Windows Server 2012操作系统。

公司的三个部门经常要扫描一些部门文件、会议材料等，以方便各部门各员工可以通过网络查看这些电子资料。公司的文印室负责扫描各部门文件以及会议材料等，并将各部门的扫描文件以各自部门的命名文件夹存放在一台安装Windows Server 2012的服务器(NTFS格式)上，其中要求：行政管理部对本部门的资料拥有完全控制权限，且可以看到但不能修改市场营销与推广部和产品设计部的资料；其他两个部门只能对本部门的资料拥有完全控制权限；公司总经理对这三个部门拥有完全控制权限。同时，根据需求，行政管理部还配有一台打印机，以方便行政管理部员工打印一些普通资料，要求实现行政管理部内部打印机共享，使得该部门所有成员都可以使用打印机实现文件打印。

(1) 在一个计算机网络中，计算机是被用户访问的客体，用户是访问计算机的主体，两者缺一不可。用户必须拥有账户才能访问计算机。

(2) 要保护网络的安全，就要限制未经授权的用户访问网络，所以每一个网络用户都必须在网络中有自己的账户。为了方便对网络中的所有用户账户进行管理维护，需要学习用户组的概念和用户组的创建。

(3) 三个部门的员工要远程访问文印室扫描仪所连接的计算机上的扫描资料，需要使用共享服务。三个部门员工对扫描仪所连接的计算机上的数据和资料有不同的访问权限，因此要针对不同的用户设置不同的访问权限。

(4) 要实现部门内打印机共享，也就是允许部门内成员可以从网络访问打印机，需要学习打印系统的一些基本概念和本地安全策略。

7.1　本地用户管理

7.1.1　本地用户的命名规则

在Windows Server 2012系统上建立本地用户账户，必须遵循以下的命名规则。

(1) 唯一的用户名：在同一台独立服务器上用户名必须是唯一的。

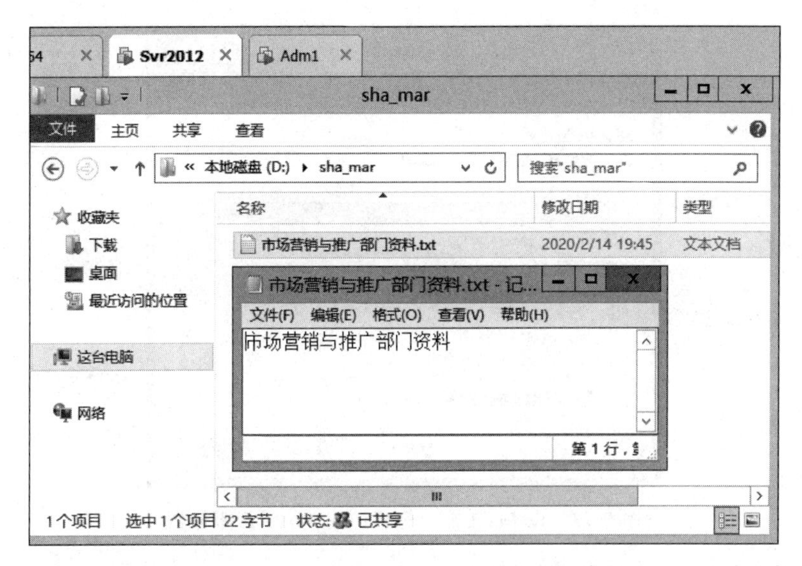

图 7-71　在 sha_mar 文件夹中创建“市场营销与推广部门资料. txt”记事本文件

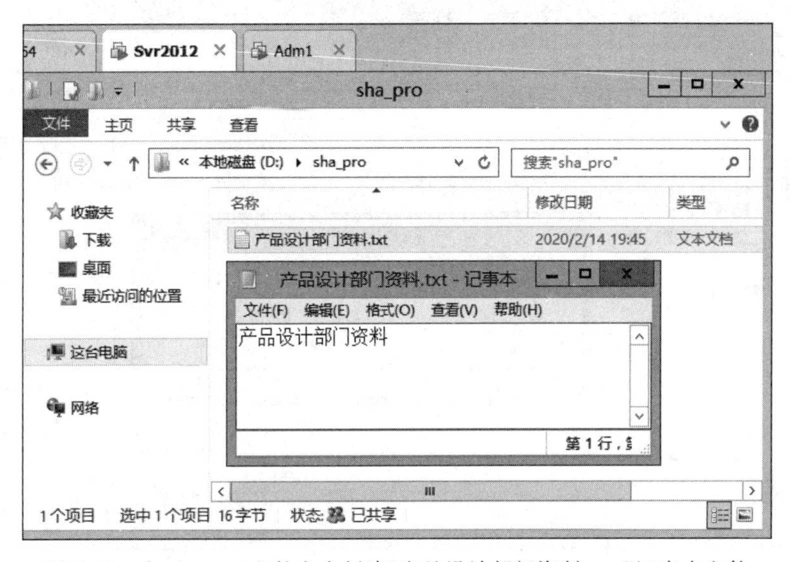

图 7-72　在 sha_pro 文件夹中创建“产品设计部门资料. txt”记事本文件

6. 在 Mar1 客户机上以 Mar1 账户访问 Svr2012 服务器

（1）单击“开始”按钮，在“开始”菜单中选择“运行”命令，弹出“运行”对话框。在“打开”文本框中输入\\192.168.50.10 并单击“确定”按钮，弹出“Windows 安全”对话框，在“用户名”文本框中输入 Mar1，“密码”文本框中输入 p@ssw0rdm01，如图 7-73 所示。

（2）单击“确定”按钮，可以看到 sha_adm、sha_mar 和 sha_pro 三个共享文件夹。双击 sha_mar 共享文件夹，可以打开 sha_mar 文件夹。双击 sha_mar 文件夹中的“市场营销与推广部门资料. txt”记事本文件，可以打开并读取记事本文件内容，如图 7-74 所示。

图 7-73 以 Mar1 账户远程访问 Svr2012 服务器

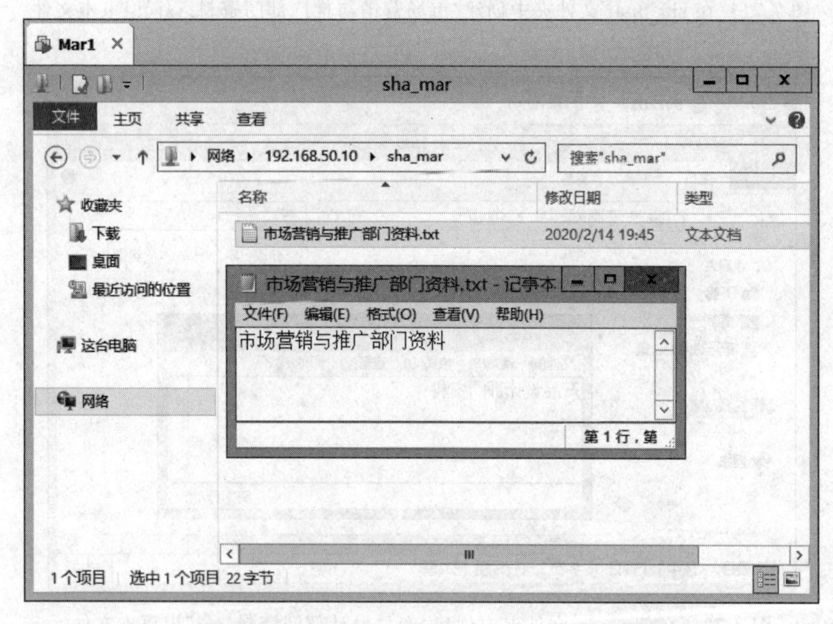

图 7-74 Mar1 用户对 sha_mar 共享文件夹具有"读取"权限

即 Mar1 用户对 sha_mar 共享文件夹具有"读取"权限。

(3) 在 sha_mar 共享文件夹中可以新建 test_mar. txt 记事本文件，如图 7-75 所示。即 Mar1 用户对 sha_mar 共享文件夹具有"写入"权限。

(4) 右击刚刚新建的 test_mar. txt 记事本文件，在快捷菜单中选择"删除"命令，弹出"删除文件"确认对话框，如图 7-76 所示。即 Mar1 用户对 sha_mar 共享文件夹具有"删除"权限。所以 Mar1 用户对 sha_mar 共享文件夹具有"完全控制"权限。

(5) 当双击 sha_adm 共享文件夹时，弹出"网络错误"对话框，提示"没有权限访问 \\192. 168. 50. 10\\sha_adm"，如图 7-77 所示。即 Mar1 用户不能访问行政管理部的

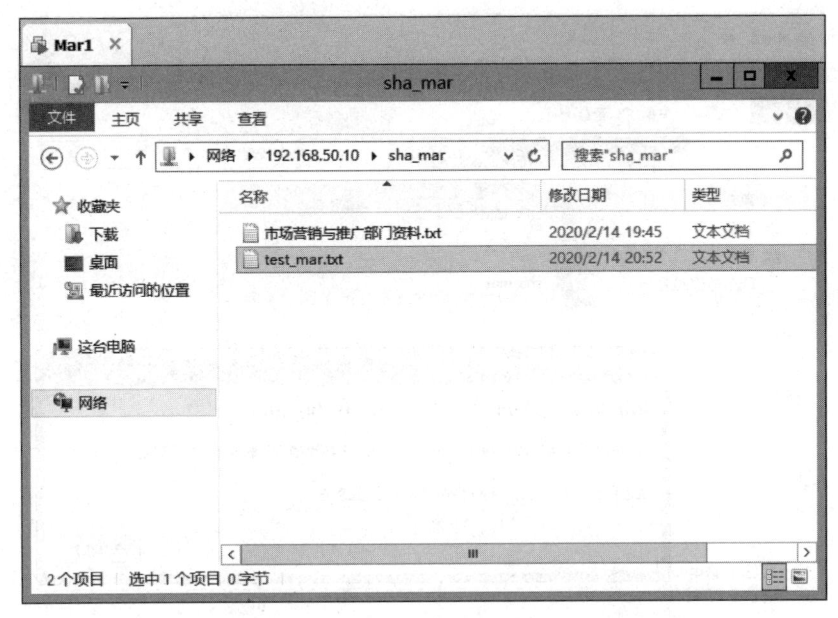

图 7-75　Mar1 用户对 sha_mar 共享文件夹具有“写入”权限

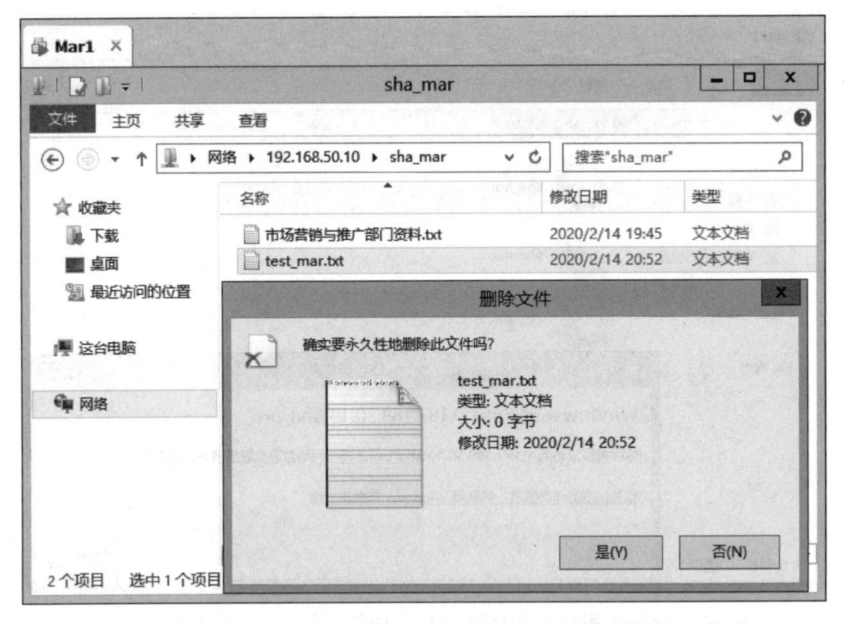

图 7-76　Mar1 用户对 sha_mar 共享文件夹具有“删除”权限

sha_adm 共享文件夹。

（6）当双击 sha_pro 共享文件夹时，弹出“网络错误”对话框，提示“没有权限访问 \\192.168.50.10\\sha_pro”，如图 7-78 所示。即 Mar1 用户不能访问行政管理部的 sha_pro 共享文件夹。

（7）通过以上测试，用户 Mar1 对自己部门的 sha_mar 共享文件夹具有“完全控制”

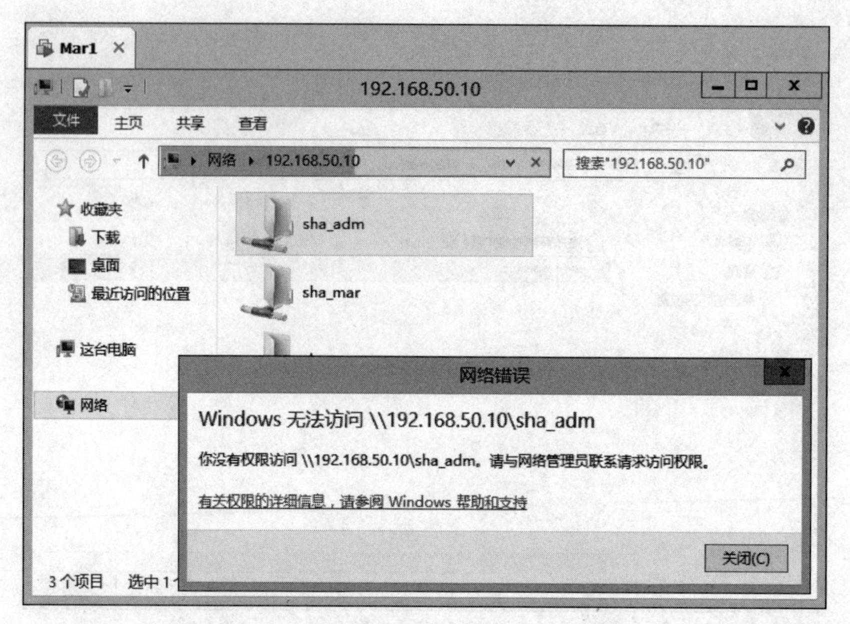

图 7-77　Mar1 用户不能访问行政管理部门的 sha_adm 共享文件夹

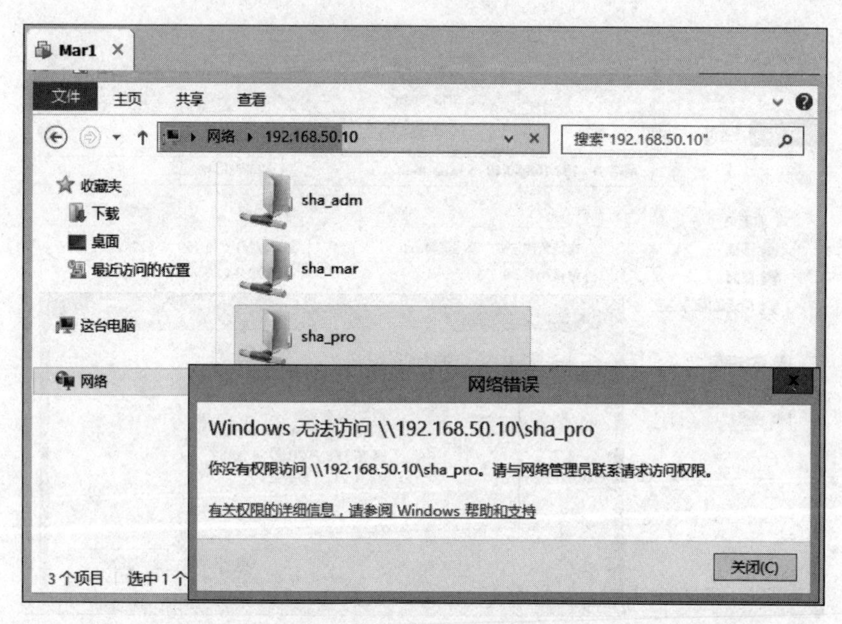

图 7-78　Mar1 用户不能访问行政管理部门的 sha_pro 共享文件夹

权限，不能访问行政管理部门的 sha_adm 共享文件夹和产品设计部门的 sha_pro 共享文件夹。

7. 在 Manager 客户机上以 Manager 账户访问 Svr2012 服务器

(1) 单击“开始”按钮，在“开始”菜单中选择“运行”命令，弹出“运行”对话框。在“打开”文本框中输入\\192.168.50.10 并单击“确定”按钮，弹出“Windows 安全”对话框，在“用户名”文本框中输入 Manager，“密码”文本框中输入 p@ssw0rdmg，如图 7-79 所示。

图 7-79　以 Manager 账号远程访问 Svr2012 服务器

(2) 单击“确定”按钮，可以看到 sha_adm、sha_mar 和 sha_pro 三个共享文件夹。双击 sha_adm 共享文件夹，可以打开 sha_adm 文件夹。双击 sha_adm 文件夹中的“行政部门资料.txt”记事本文件，可以打开并读取文件内容，如图 7-80 所示，即 Manager 用户对 sha_adm 共享文件夹具有“读取”权限。

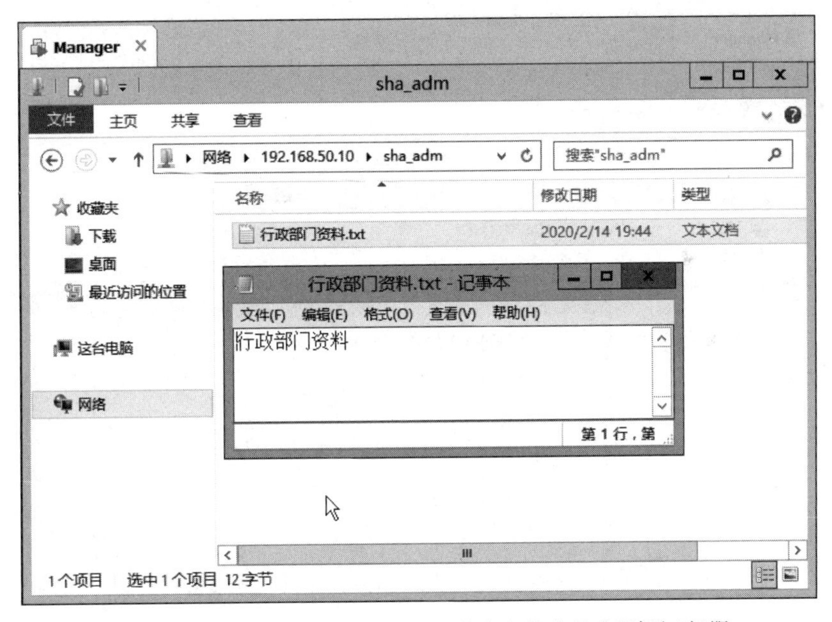

图 7-80　Manager 用户对 sha_adm 共享文件夹具有“读取”权限

(3) 在 sha_adm 共享文件夹中可以新建 test_mg1.txt 记事本文件，如图 7-81 所示。即 Manager 用户对 sha_adm 共享文件夹具有“写入”权限。

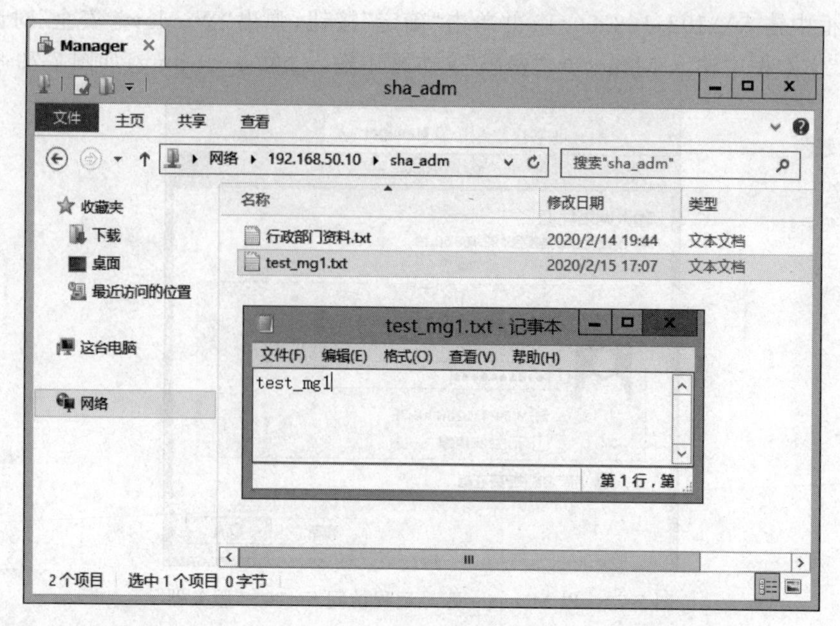

图 7-81　Manager 用户对 sha_adm 共享文件夹具有“写入”权限

（4）右击刚刚新建的 test_mg1. txt 记事本文件，在快捷菜单中选择“删除”命令，弹出“删除文件”确认对话框，如图 7-82 所示。即 Manager 用户对 sha_adm 共享文件夹具有“删除”权限。所以 Manager 用户对 sha_adm 共享文件夹具有“完全控制”权限。

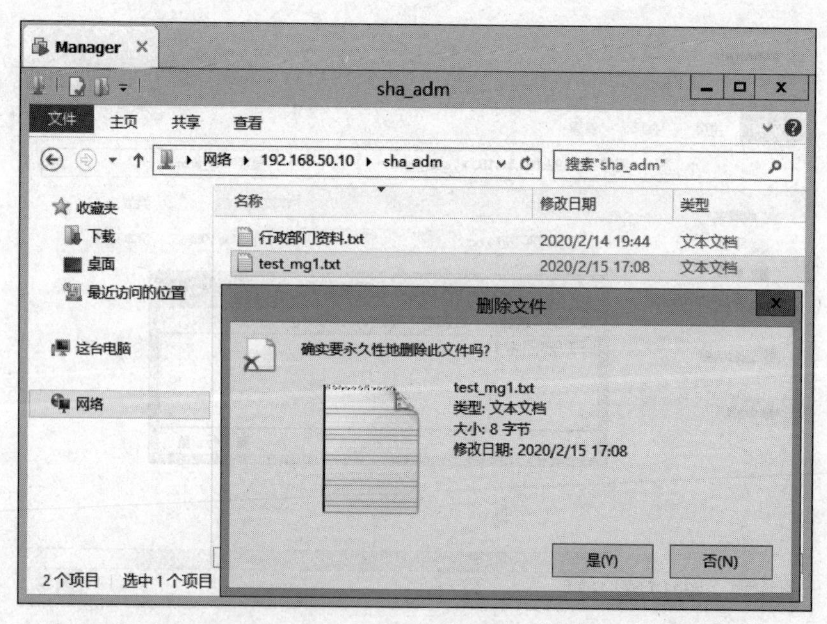

图 7-82　Manager 用户对 sha_adm 共享文件夹具有“删除”权限

（5）双击 sha_mar 共享文件夹，可以打开 sha_mar 文件夹。双击 sha_mar 文件夹中的“市场营销与推广部门资料. txt”记事本文件，可以打开并读取文件内容，如图 7-83 所示，即 Manager 用户对 sha_mar 共享文件夹具有“读取”权限。

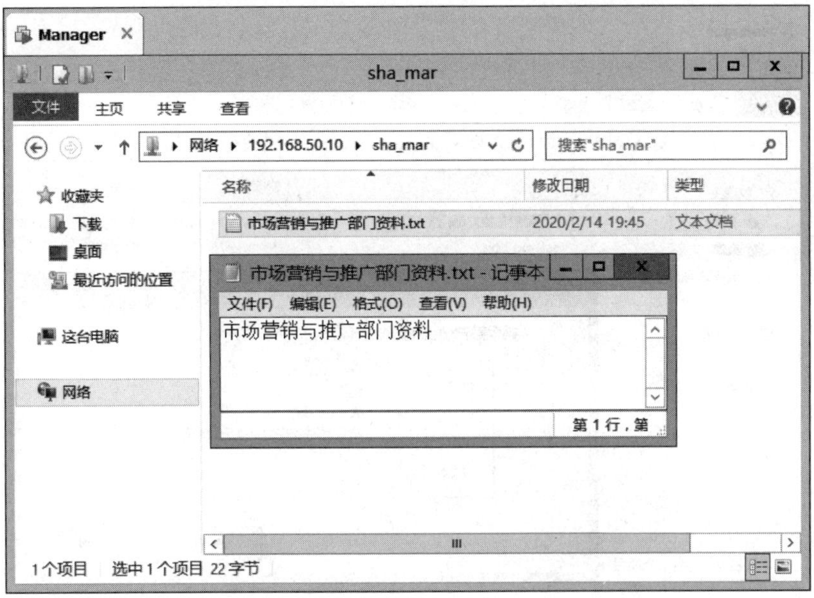

图 7-83　Manager 用户对 sha_mar 共享文件夹具有“读取”权限

（6）在 sha_mar 共享文件夹中可以新建 test_mg2. txt 记事本文件，如图 7-84 所示，即 Manager 用户对 sha_mar 共享文件夹具有“写入”权限。

图 7-84　Manager 用户对 sha_mar 共享文件夹具有“写入”权限

（7）右击刚刚新建的 test_mg2. txt 记事本文件，在快捷菜单中选择“删除”命令，弹出“删除文件”确认对话框，如图 7-85 所示，即 Manager 用户对 sha_mar 共享文件夹具有“删除"权限。所以 Manager 用户对 sha_mar 共享文件夹具有"完全控制"权限。

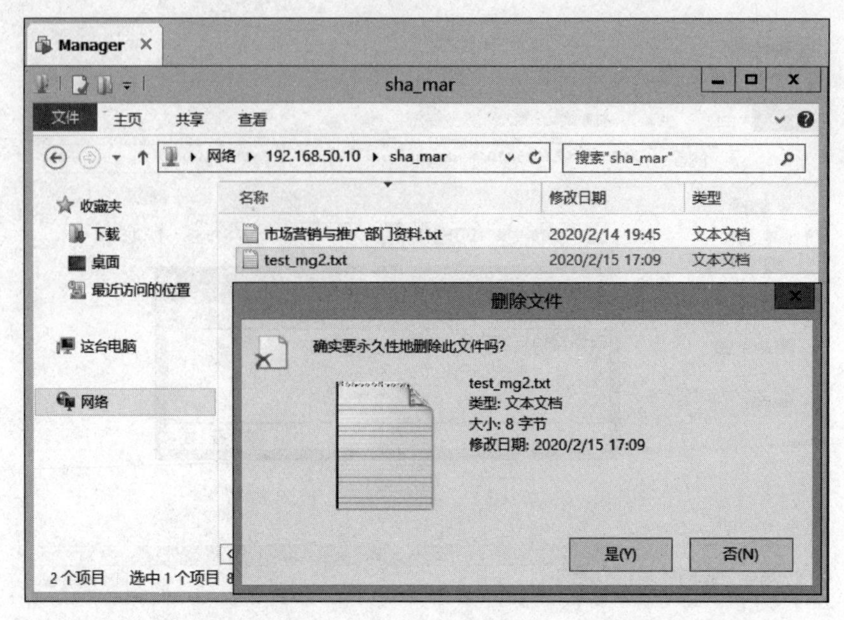

图 7-85 Manager 用户对 sha_mar 共享文件夹具有"删除"权限

(8) 双击 sha_pro 文件夹中的"产品设计部门资料. txt"记事本文件，可以打开并读取文件内容，如图 7-86 所示，即 Manager 用户对 sha_pro 共享文件夹具有"读取"权限。

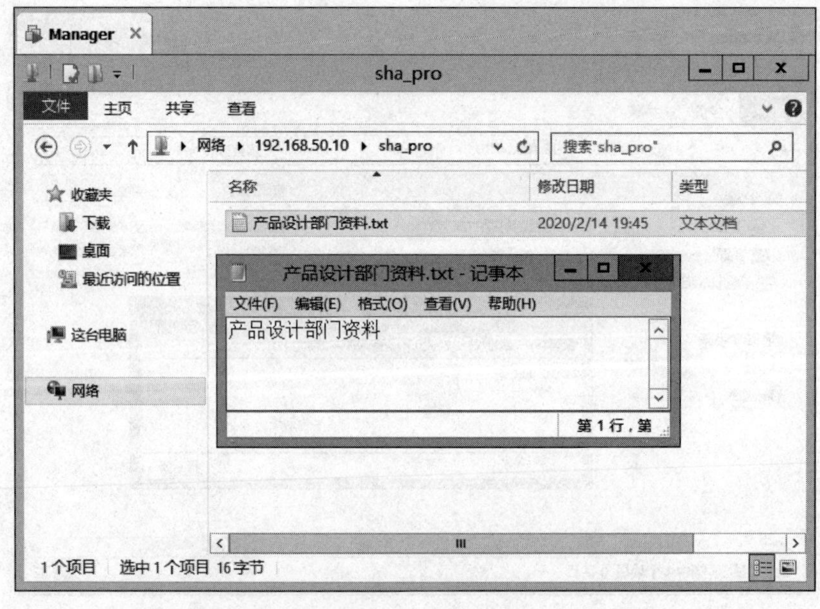

图 7-86 Manager 用户对 sha_mar 共享文件夹具有"读取"权限

(9) 在 sha_pro 共享文件夹可以新建 test_mg3. txt 记事本文件，如图 7-87 所示，即 Manager 用户对 sha_pro 共享文件夹具有"写入"权限。

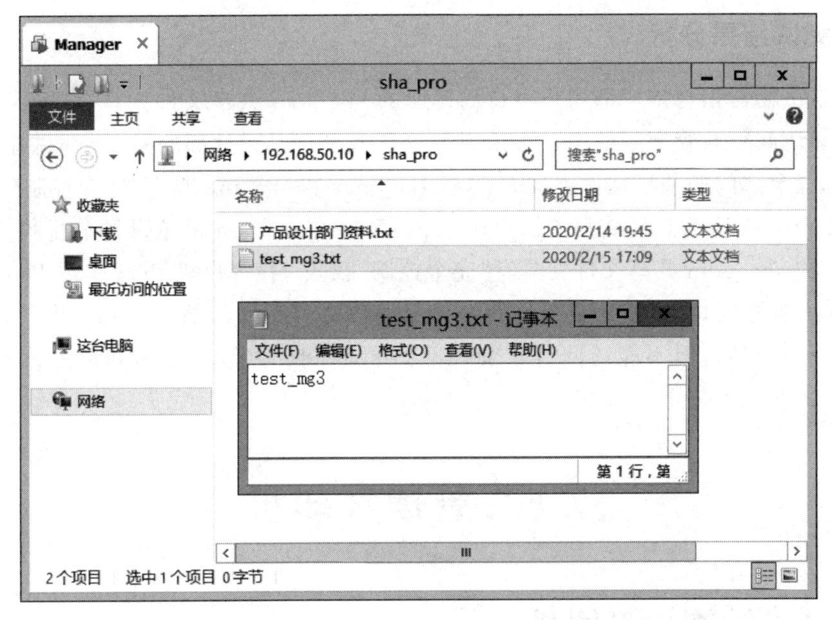

图 7-87　Manager 用户对 sha_pro 共享文件夹具有“写入”权限

(10) 右击刚刚新建的 test_mg3. txt 记事本文件，在快捷菜单中选择“删除”命令，弹出“删除文件”确认对话框，如图 7-88 所示，即 Manager 用户对 sha_pro 共享文件夹具有“删除”权限。所以 Manager 用户对 sha_mar 共享文件夹具有“完全控制”权限。

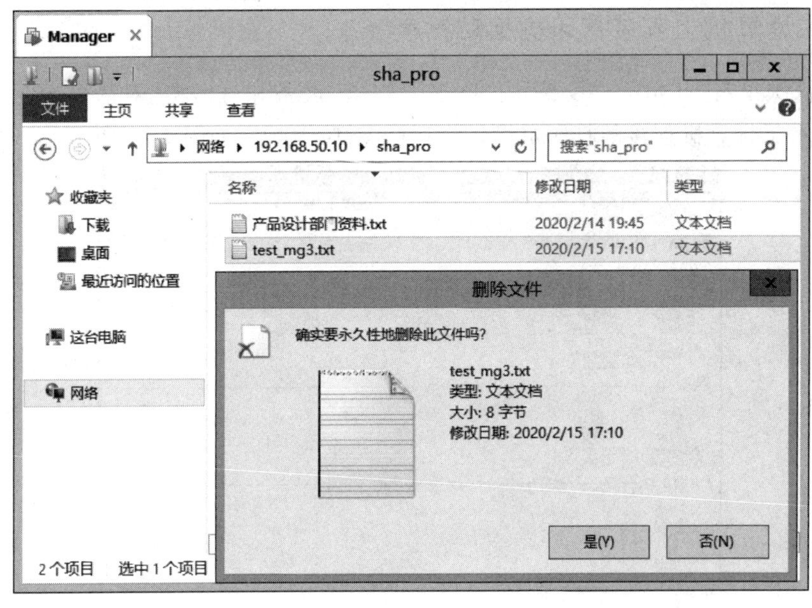

图 7-88　Manager 用户对 sha_pro 共享文件夹具有“删除”权限

8. 测试结果分析

综上,市场营销与推广部用户对自己部门的 sha_mar 共享文件夹具有“完全控制”权限,但不能访问行政管理部的 sha_adm 共享文件夹和产品设计部的 sha_pro 共享文件夹;总经理对三个部门的共享文件夹 sha_adm、sha_mar 和 sha_pro 具有“完全控制”权限。

在客户机 Adm1 上以 Adm1 账户访问 Svr2012 服务器,测试结果显示行政部用户对自己部门的 sha_adm 共享文件夹具有“完全控制”权限;在客户机 Pro1 上以 Pro1 账户访问 Svr2012 服务器,测试结果显示产品设计部用户对自己部门的 sha_pro 共享文件夹具有“完全控制”权限,但不能访问行政管理部的 sha_adm 共享文件夹和产品设计部门的 sha_mar 共享文件夹。

7.6 管理打印机

7.6.1 安装本地打印机

1. 将打印机连接到计算机

将打印线缆的 USB 一端插入计算机,另一端插入打印机的接口。

2. 在计算机上安装打印机驱动程序

(1) 依次单击“开始”→“设备和打印机”,弹出“设备和打印机”对话框。在“未指定”列表中显示了计算机连接的打印机设备 HP LaserJet 1020,如图 7-89 所示。

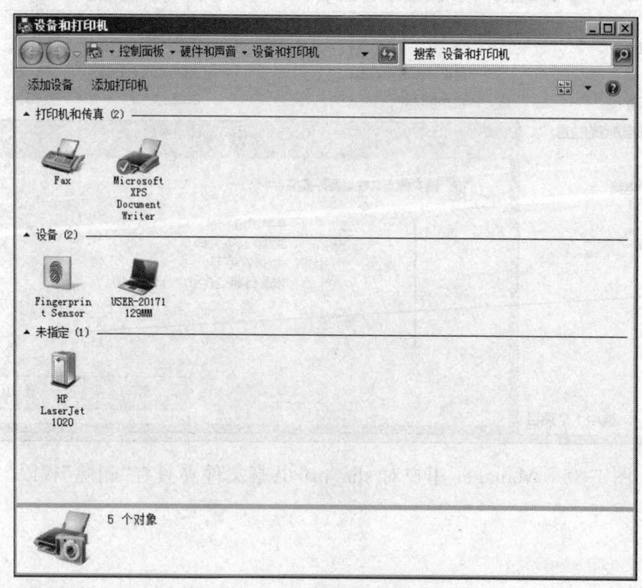

图 7-89 “设备和打印机”对话框

(2) 右击打印设备 HP LaserJet 1020,在弹出的快捷菜单中选择“属性”命令,弹出“HP LaserJet 1020 属性”对话框,选择“硬件”选项卡,如图 7-90 所示。

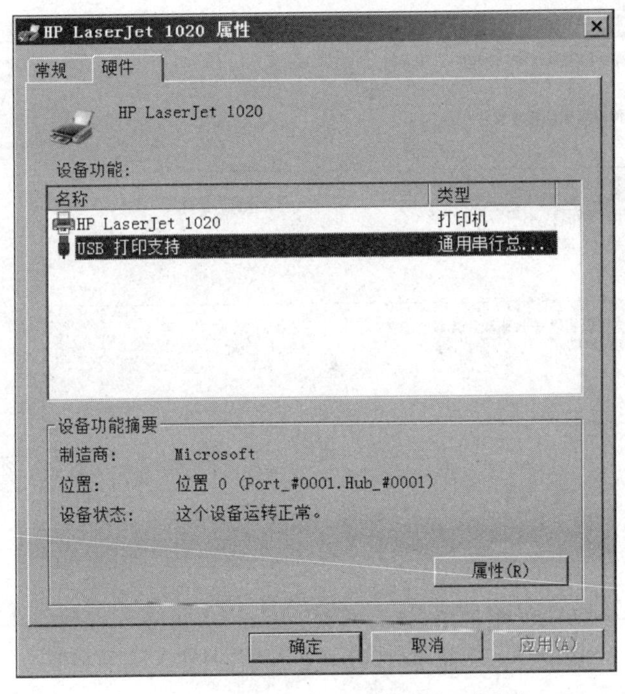

图 7-90　“HP LaserJet 1020 属性”对话框

(3) 单击“设备功能”列表中“USB 打印支持”,然后单击“设备功能摘要”区域中的“属性”按钮,弹出“USB 打印支持属性”对话框,选择“驱动程序”选项卡,如图 7-91 所示。

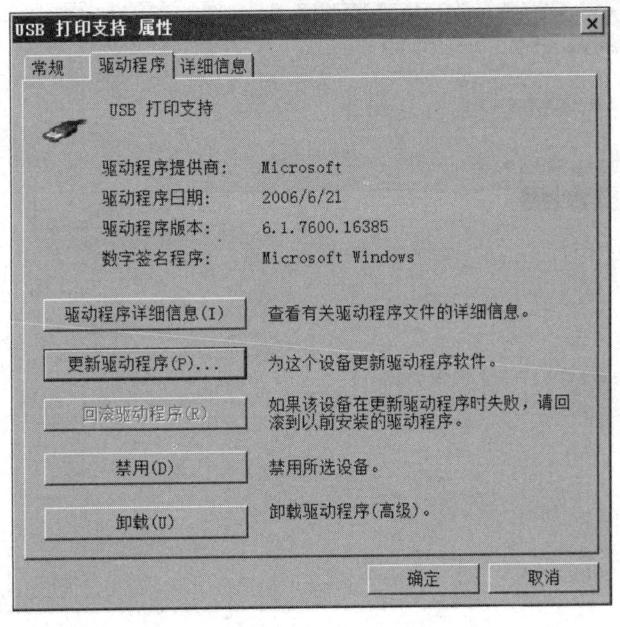

图 7-91　“USB 打印支持 属性”对话框

(4) 单击“更新驱动程序”按钮,弹出“更新驱动程序软件-USB 打印支持”对话框,如图 7-92 所示。

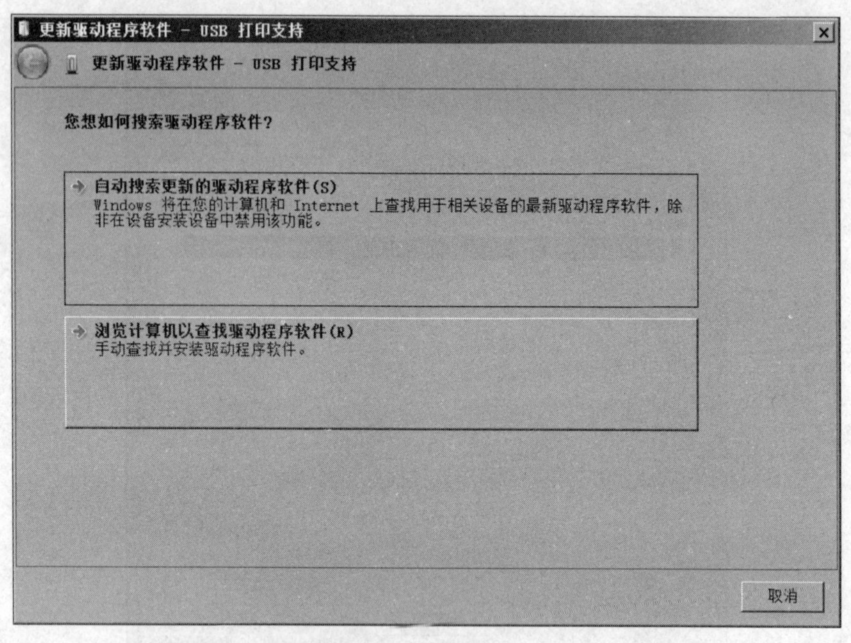

图 7-92 “更新驱动程序软件-USB 打印支持”对话框

(5) 单击“浏览计算机以查找驱动程序软件”按钮,弹出“更新驱动程序软件-USB 打印支持”对话框。单击“浏览”按钮,选择打印设备 HP LaserJet 1020 驱动程序存放的路径,此处为 F:\HP LaserJet 1020,如图 7-93 所示。

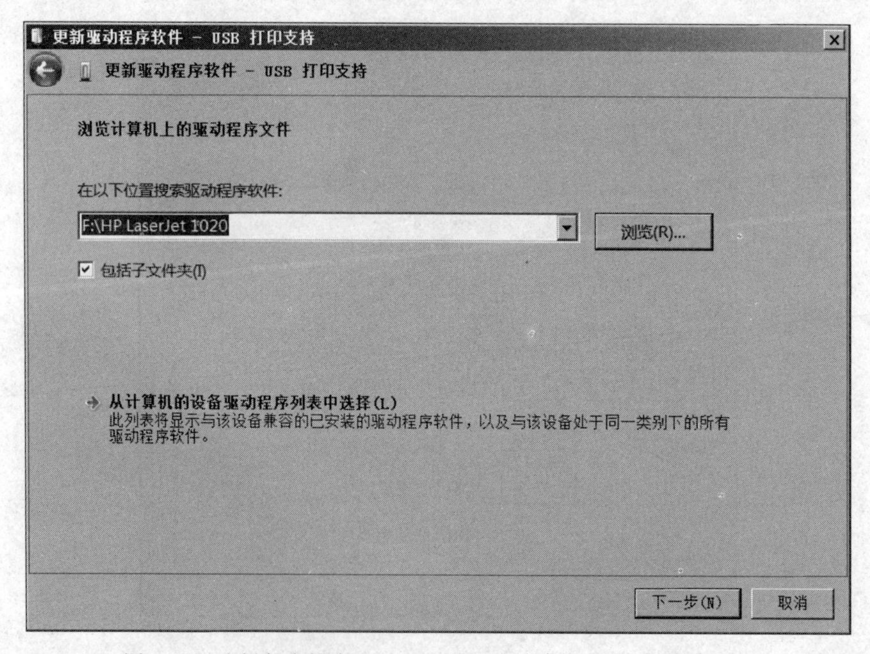

图 7-93 选择打印设备 HP LaserJet 1020 驱动程序存放的路径

(6) 单击"下一步"按钮，此时对话框中显示"已安装适合设备的最佳驱动程序软件"，如图 7-94 所示。

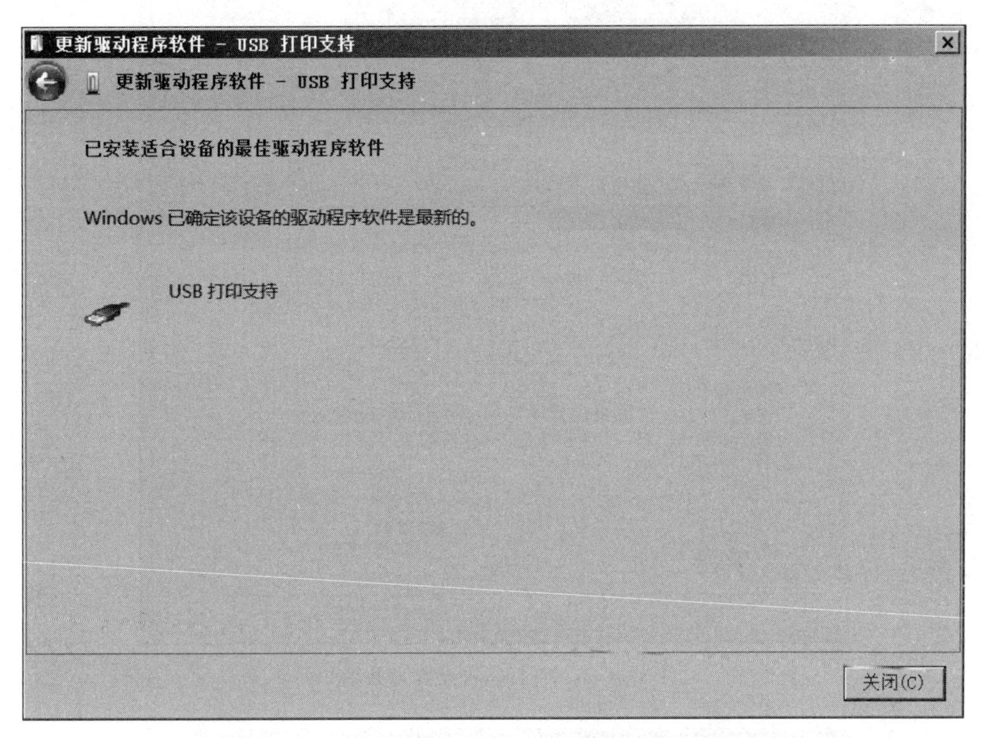

图 7-94　打印设备 HP LaserJet 1020 驱动程序安装成功

(7) 单击"关闭"按钮。

3. 将打印机设置为共享

(1) 在"设备和打印机"对话框中，右击打印设备 HP LaserJet 1020，在弹出的快捷菜单中选择"打印机属性"命令，弹出"HP LaserJet 1020 属性"对话框，选择"共享"选项卡。选中"共享这台打印机"复选框，在"共享名"文本框中默认显示打印设备名 HP LaserJet 1020，如图 7-95 所示。若要自定义共享名，可以在"共享名"文本框中输入需要设置的共享名。

(2) 单击"确定"按钮，完成共享打印机的设置。

7.6.2　管理打印权限

管理打印权限的具体操作如下。

(1) 在"设备和打印机"对话框中，右击打印设备 HP LaserJet 1020，在弹出的快捷菜单中选择"打印机属性"命令，弹出"HP LaserJet 1020 属性"对话框，选择"安全"选项卡。在"组或用户名"列表中单击组 Everyone，在"Everyone 的权限"列表中显示默认允许打印，即默认允许所有人都可以通过这台打印机打印，如图 7-96 所示。

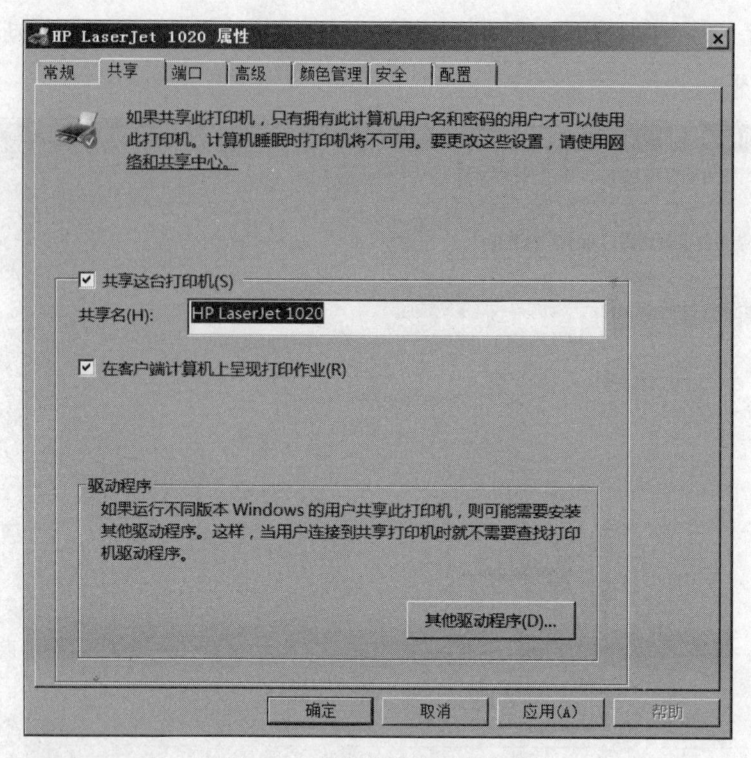

图 7-95 将打印机设置为共享

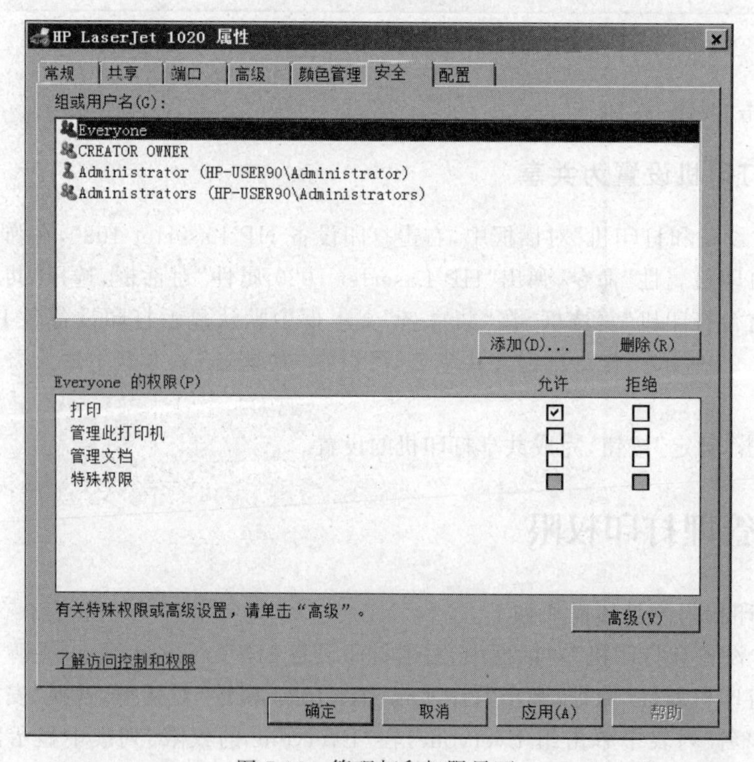

图 7-96 管理打印权限界面

(2) 单击“确定”按钮，完成打印机打印权限的设置。

7.6.3　安装网络打印机

1. 在客户机上安装打印设备 HP LaserJet 1020 的驱动程序

(1) 下载 HP LaserJet 1020 的驱动程序，在驱动安装文件夹中找到驱动安装文件 setup. exe，如图 7-97 所示。

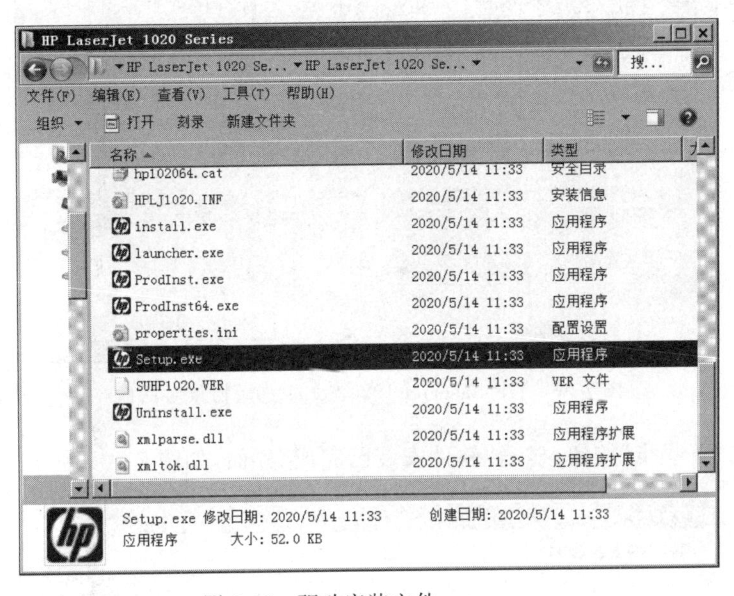

图 7-97　驱动安装文件 setup. exe

(2) 双击该安装文件，显示 HP 设备安装界面，如图 7-98 所示。

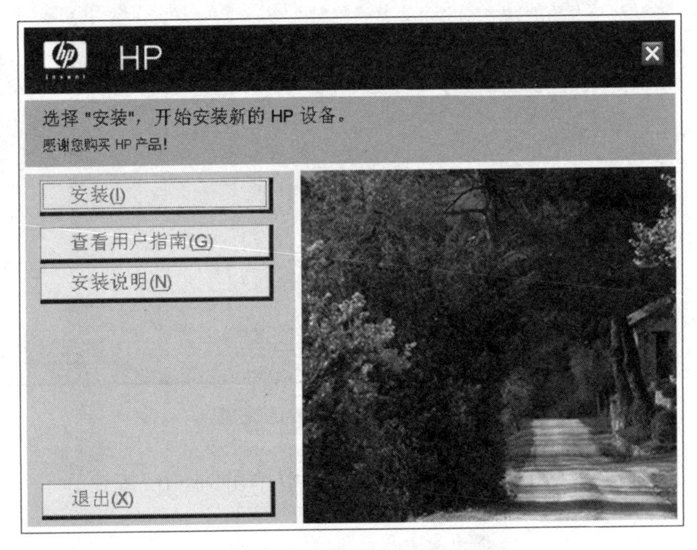

图 7-98　HP 设备安装界面

(3) 单击“安装”按钮,弹出 HP LaserJet 1020 Series 对话框,选中“我接受许可协议的条款”复选框,如图 7-99 所示。

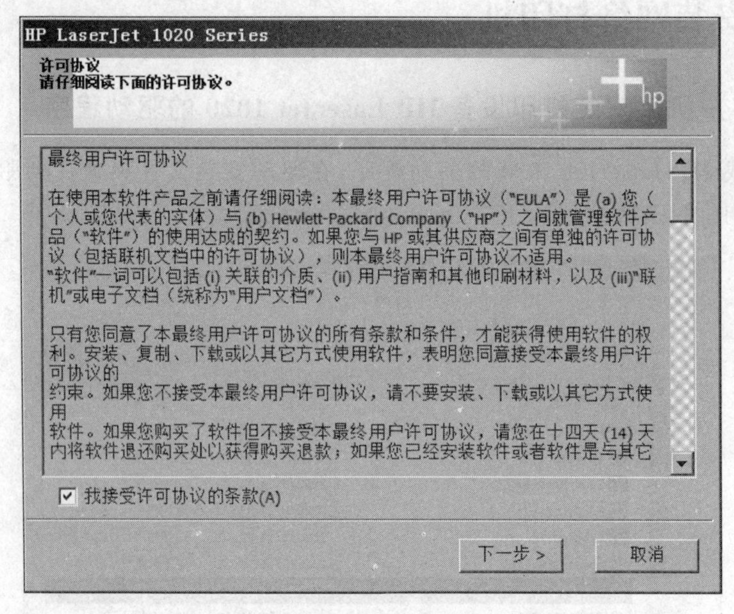

图 7-99　HP LaserJet 1020 Series 许可协议对话框

(4) 单击“下一步”按钮,显示“软件安装已完成”界面,如图 7-100 所示。

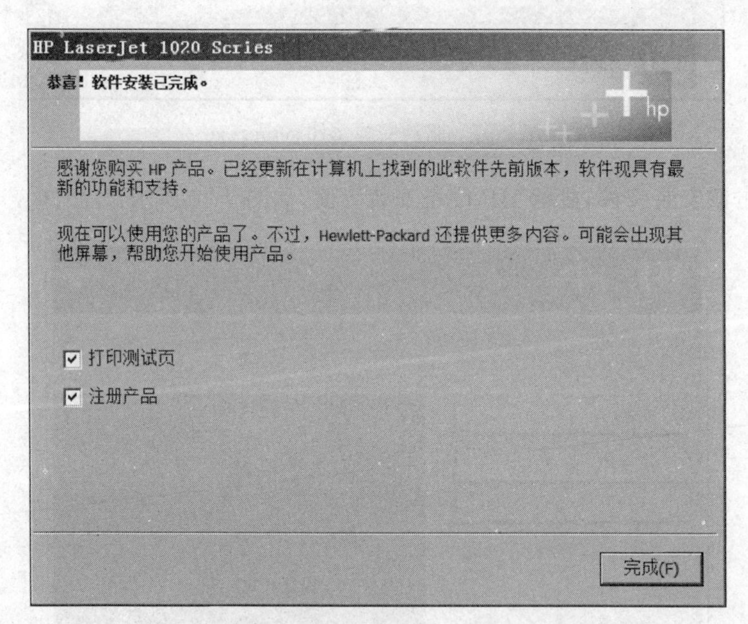

图 7-100　软件安装已完成

(5) 单击“完成”按钮。在 HP 设备安装界面中单击“退出”按钮。

2. 添加网络打印机

（1）依次单击“开始”菜单→“设备和打印机”，弹出“设备和打印机”对话框，如图 7-101 所示。

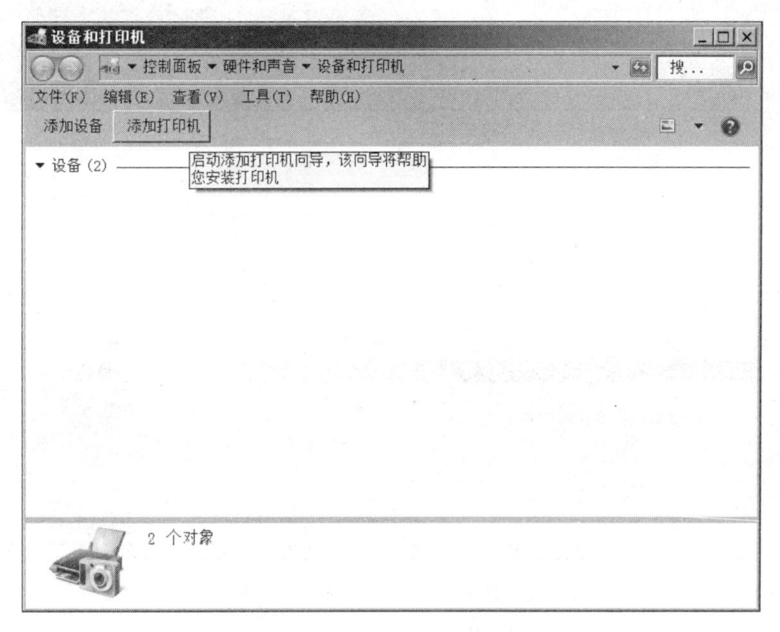

图 7-101　“设备和打印机”对话框

（2）单击“添加打印机”按钮，弹出“要安装什么类型的打印机”对话框，如图 7-102 所示。

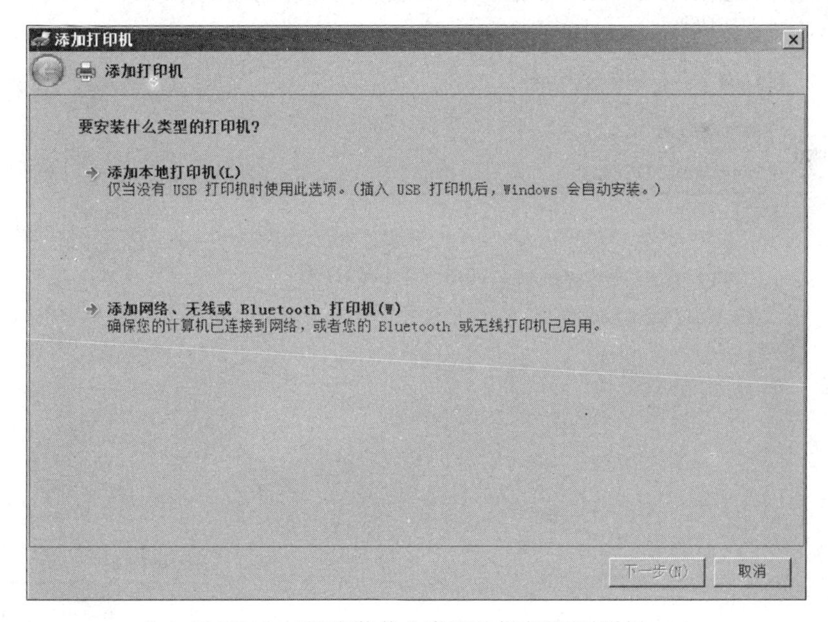

图 7-102　“要安装什么类型的打印机”对话框

(3) 单击“添加网络、无线或 Bluetooth 打印机”选项，弹出“添加打印机”对话框，如图 7-103 所示。

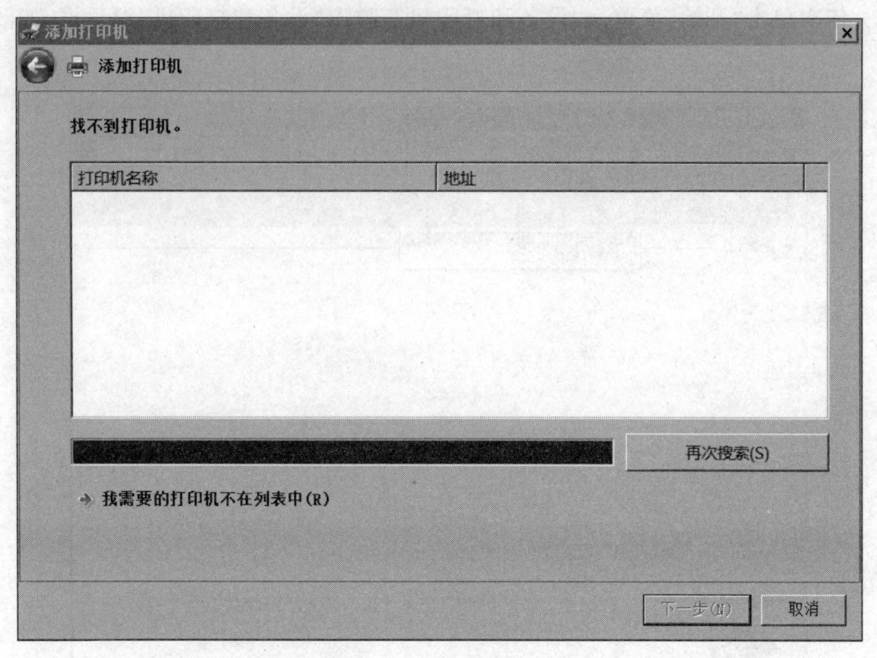

图 7-103 “添加打印机”对话框

(4) 单击“我需要的打印机不在列表中”选项，弹出“按名称或 TCP/IP 地址查找打印机”对话框，选中“按名称选择共享打印机”单选按钮，如图 7-104 所示。

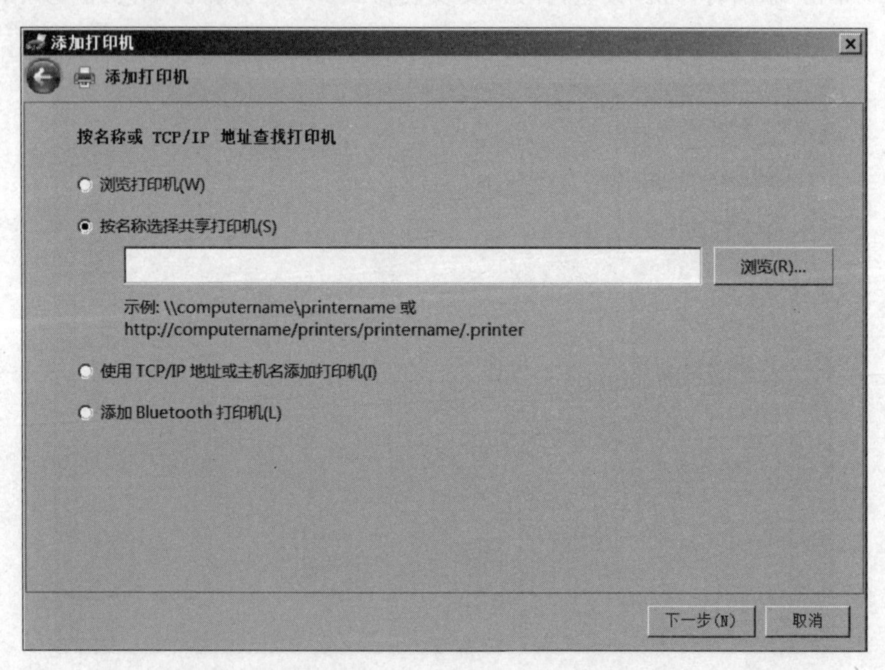

图 7-104 “按名称或 TCP/IP 地址查找打印机”对话框

(5) 单击“浏览”按钮,弹出“请选择希望使用的网络打印机并单击‘选择’以与之连接”对话框,在“打印机”文本框中输入打印机的 IP 地址路径\\192.168.40.200,如图 7-105 所示。

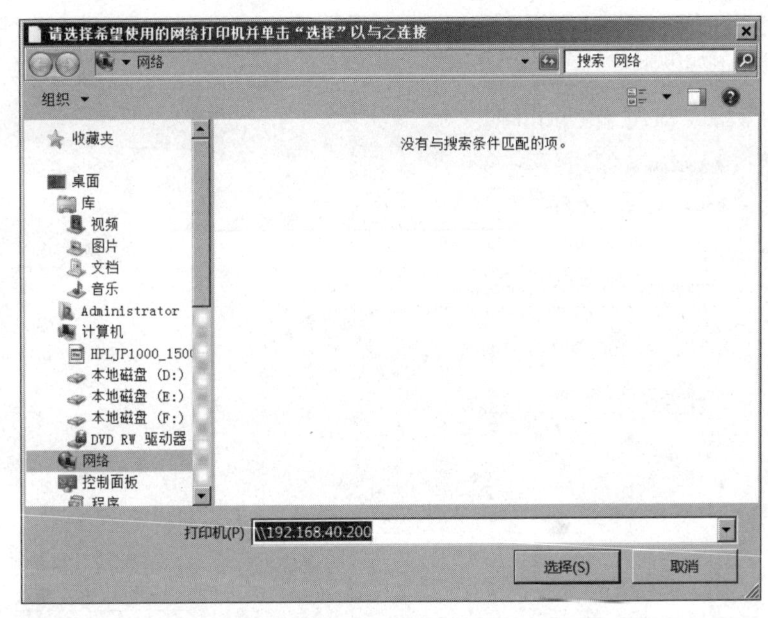

图 7-105　“请选择希望使用的网络打印机并单击‘选择’以与之连接”对话框

(6) 单击“选择”按钮,在“请选择希望使用的网络打印机并单击‘选择’以与之连接”对话框中显示已搜索到的网络中 IP 地址为 192.168.40.200 的打印机 HP LaserJet 1020,如图 7-106 所示。

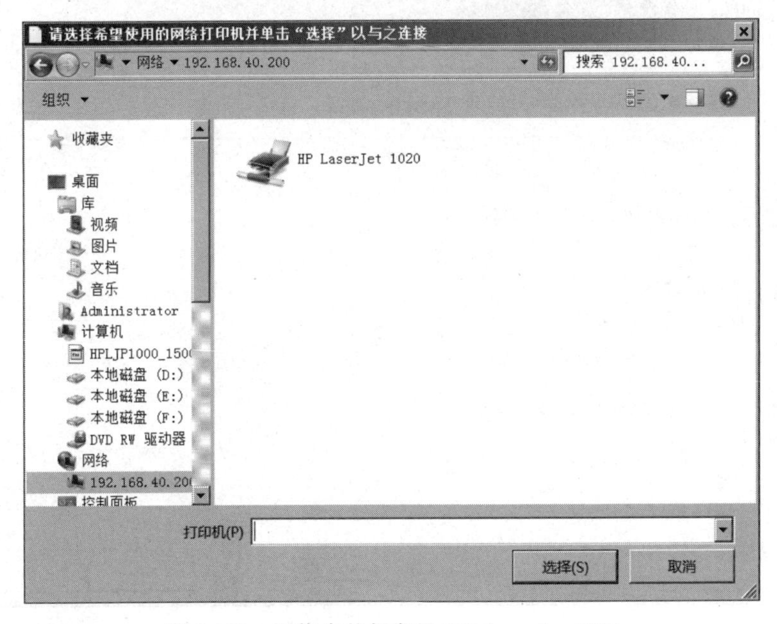

图 7-106　网络中的打印机 HP LaserJet 1020

(7) 双击打印机 HP LaserJet 1020 图标,此时在"按名称或 TCP/IP 地址查找打印机"对话框的"按名称选择共享打印机"文本框中显示了连接到打印机 HP LaserJet 1020 的路径\\192.168.40.200\HP LaserJet 1020,如图 7-107 所示。

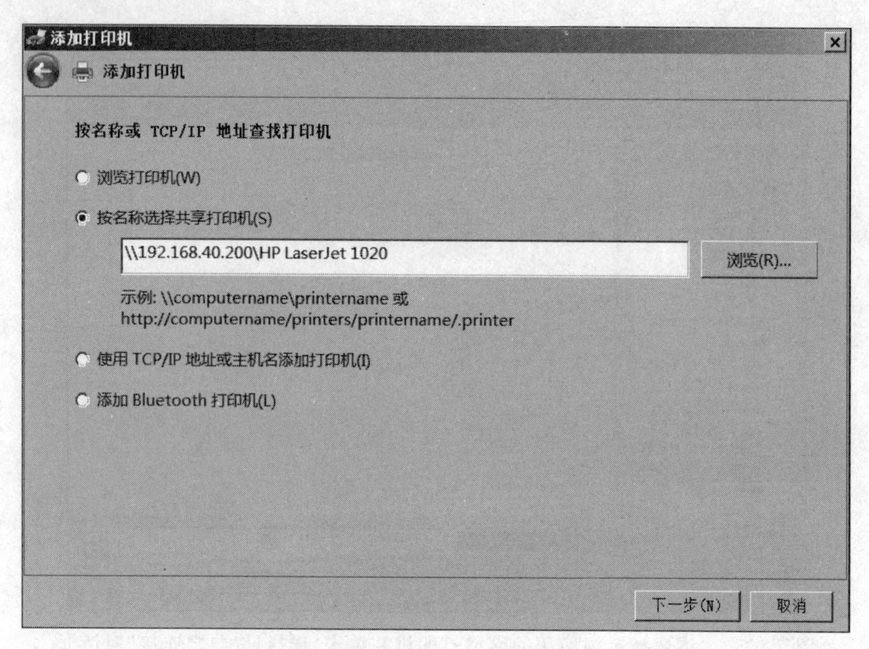

图 7-107 "按名称或 TCP/IP 地址查找打印机"对话框

(8) 单击"下一步"按钮,在"添加打印机"对话框中显示了"已成功添加 192.168.40.200 上的 HP LaserJet 1020",如图 7-108 所示。

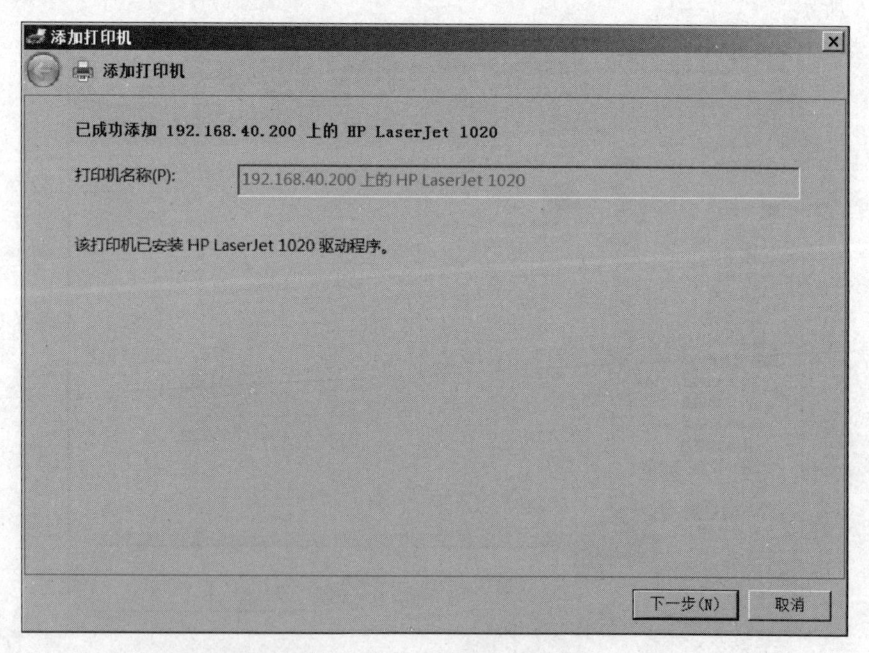

图 7-108 成功添加 192.168.40.200 上的 HP LaserJet 1020

(9) 单击“下一步”按钮,在“添加打印机”对话框中单击“打印测试页”按钮来检查打印机是否正常工作,如图 7-109 所示。

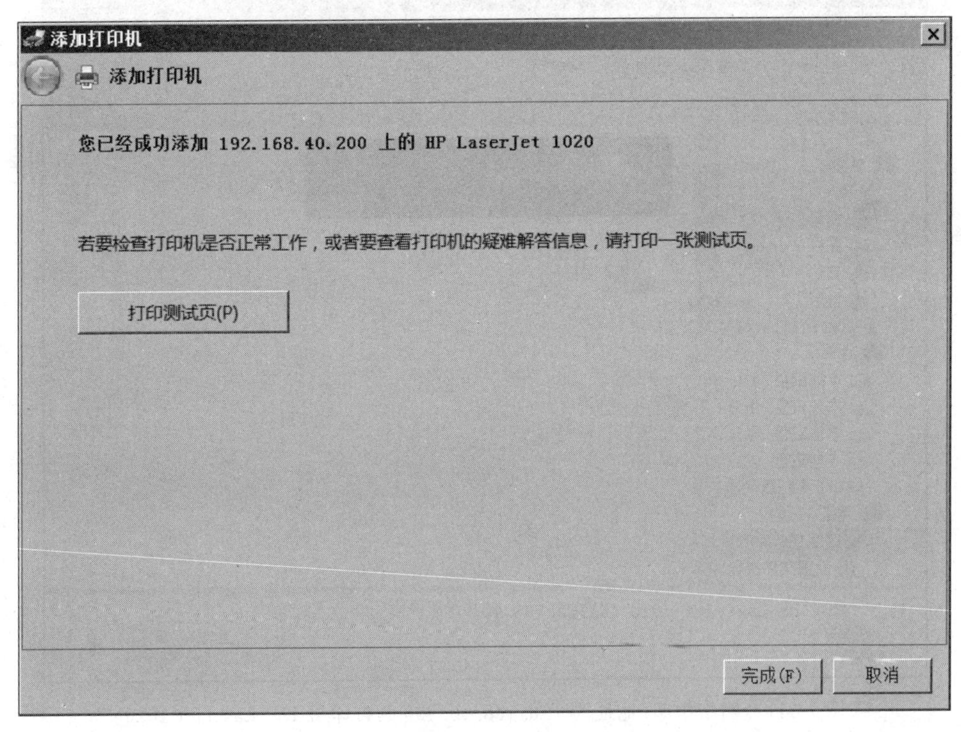

图 7-109　检查打印机是否正常工作

(10) 单击“完成”按钮,此时完成了添加网络打印机。

3. 连接网络打印机

(1) 依次单击“开始”菜单→“运行”,弹出“运行”对话框,在“打开”文本框中输入打印机的路径\\192.168.40.200,如图 7-110 所示。

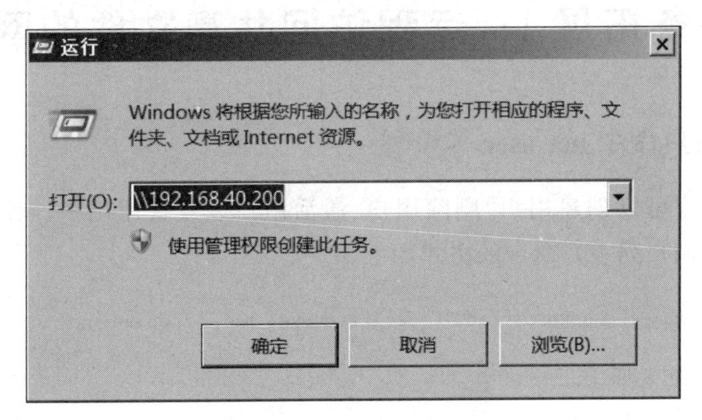

图 7-110　“运行”对话框

(2) 单击“确定”按钮,此时弹出 192.168.40.200 窗口,在右下窗格中显示了网络中

IP 地址为 192.168.40.200 的打印机 HP LaserJet 1020，如图 7-111 所示。

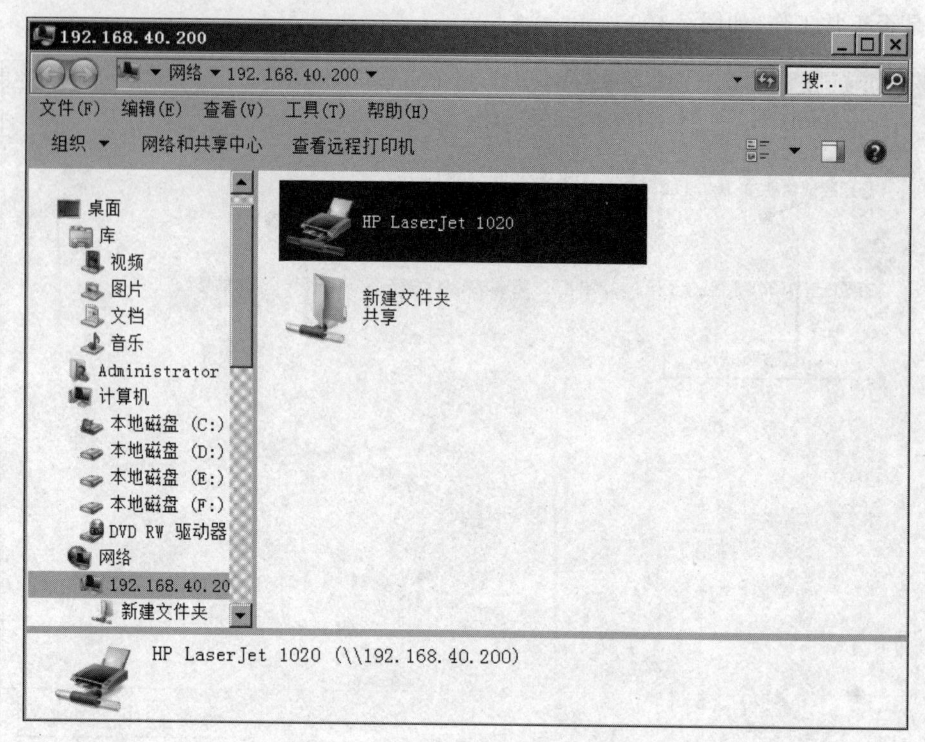

图 7-111 网络中 IP 地址为 192.168.40.200 的打印机 HP LaserJet 1020

(3) 在 192.168.40.200 窗口中，右击打印机 HP LaserJet 1020，在弹出的快捷菜单中选择"连接"命令，在弹出的对话框中显示"正在连接到 192.168.40.200 上的 HP LaserJet 1020"，连接成功后会自动关闭对话框，此时完成了客户端网络打印机的安装并可以打印资料了。

7.7 任务拓展 1：远程访问共享文件的网络命令

1. 管理用户命令 net user

net user 命令可以创建用户、删除用户、激活用户以及禁用用户。使用不带参数的 net user 将显示用户列表。命令的格式如下。

```
net user[username][password][/add][/del][/active: yes] [/active: no]
```

其中各参数意义如下。

username：用户的名称。

password：用户的密码。

/add：创建用户。

/delete：删除用户。

/active：yes：激活某个用户。

/active：no：禁用某个用户。

例如，创建用户 manager，并设置密码为 p@ssw0rd，命令如图 7-112 所示。

图 7-112　管理用户命令 net user

2. 管理共享资源命令 net share

net share 是管理共享资源的命令。使用不带参数的 net share 显示本地计算机上所有共享资源的信息。命令的格式如下。

```
net share [ShareName = Drive: Path [{/users: number|/unlimited}] [/remark: "text"]
```

其中各参数意义如下。

ShareName：指定共享资源的网络名称。输入带参数 ShareName 的 net share 命令仅显示有关该共享的信息。

Drive：Path：指定共享目录的绝对路径。

/users：number：设置可以同时访问共享资源的最大用户数。

/unlimited：指定可以同时访问共享资源的用户数量不受限制。

/remark："text"：添加关于资源的描述注释。

例如，使用共享名 list 共享计算机的 C:\art lst 目录，命令如图 7-113 所示。

图 7-113　理共享资源命令 net share

3. 管理共享资源连接命令 net use

net use 命令用于将计算机与共享的资源相连接，或者切断计算机与共享资源的连接，当不带参数使用本命令时，它会列出计算机的网络连接。

（1）建立连接命令的格式如下。

```
net use \\共享资源的 IP 地址\共享文件名"密码"/user: "用户名"
```

(2) 查看本机网络连接的命令格式如下。

```
net use
```

(3) 删除网络连接的命令格式如下。

```
net user \\共享资源的 IP 地址\共享文件名 /delete
```

例如,以 manager 用户访问 IP 地址为 192.168.50.10 的共享文件 list,并查看网络连接以及删除网络连接,命令如图 7-114 所示。

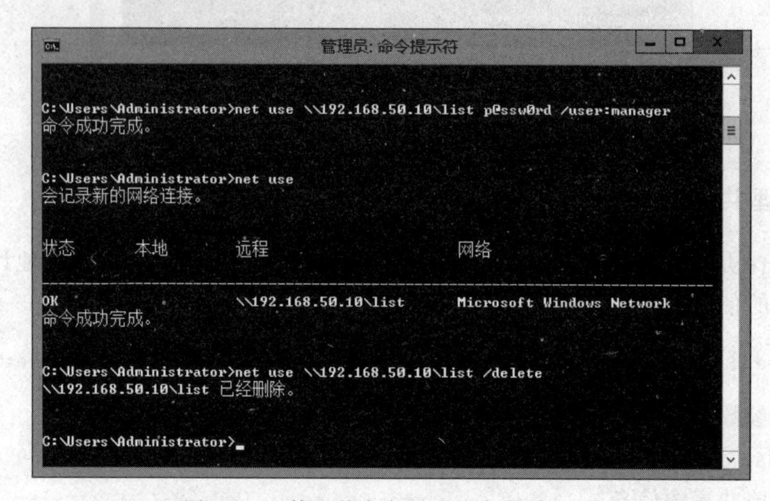

图 7-114 管理共享资源连接命令 net use

7.8 任务拓展 2: 查看共享会话数量

公司文印室存放各部门扫描资料的服务器 Svr2012 共享了三个文件后,有时出于某些原因需要知道谁在访问这些文件。另外,当访问的用户过多时,其他用户就连接不上共享文件了。那么如何查看当前有多少用户连接着共享文件以及如何删除一些空闲的连接呢?

1. 实时查看访问共享文件的用户

(1) 打开“服务器管理器”窗口,打开右上方的“工具”菜单,如图 7-115 所示。

(2) 选择“计算机管理”命令,弹出“计算机管理”窗口。展开左侧导航菜单“共享文件夹”,单击“会话”,在右侧窗格中就会显示出当前哪台计算机的哪个用户正在访问共享文件夹、该用户打开文件个数、该用户连接时长和空闲时间。如图 7-116 所示,当前访问共享文件夹的计算机的 IP 地址是 192.168.40.100,访问的用户是 manager,打开了 2 个文件,连接时长是 8 分 58 秒,空闲时间是 8 秒。

(3) 选择“会话”选项后,只能看到当前访问的计算机及访问用户,但不知道该用户正在访问那些共享文件夹。此时可以单击“打开的文件”,在右侧窗格中就显示哪些共享资料被哪些用户访问。如图 7-117 所示,当前 manager 用户正在访问 sha_mar 文件夹和 sha_mar

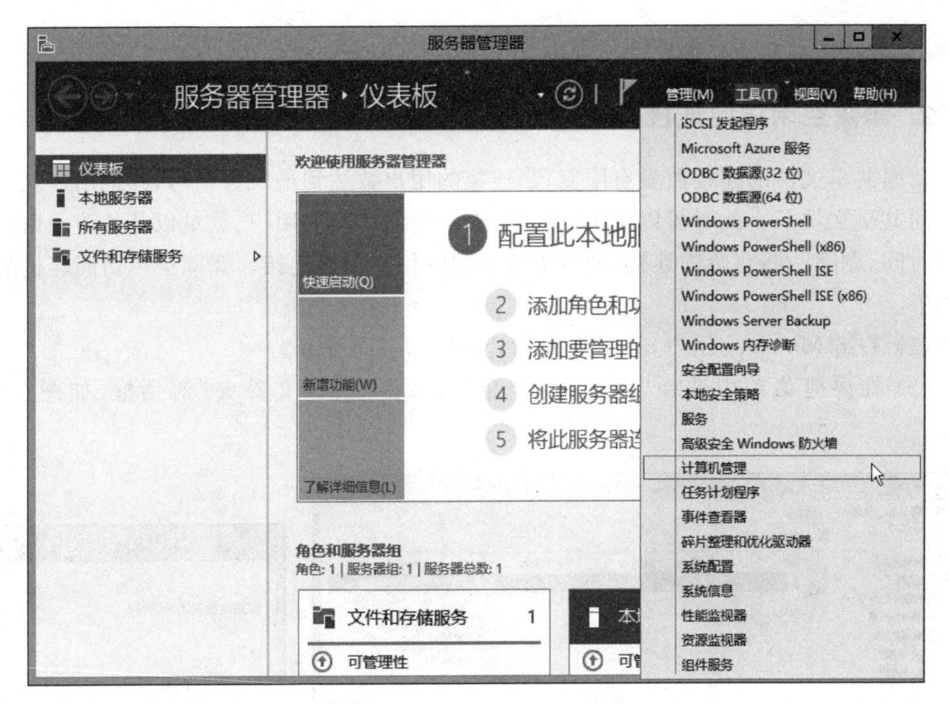

图 7-115　“工具”菜单

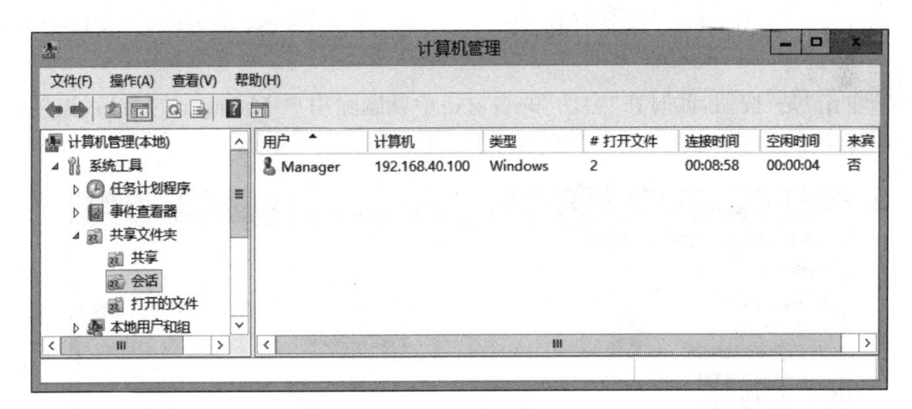

图 7-116　选择“会话”后的界面

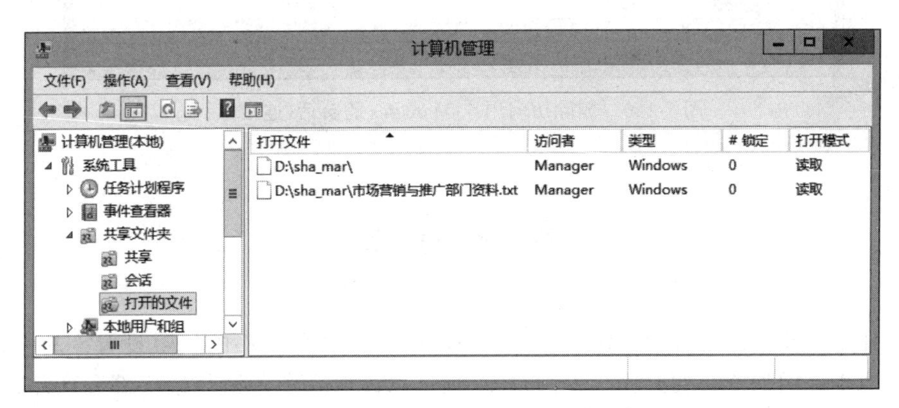

图 7-117　查看当前被访问的共享文件

文件夹下的"市场营销与推广部门资料.txt"文件。

2. 删除空闲访问连接

访问共享文件的连接数量有限制,当连接的用户数达到最大数量时,其他用户就不能再访问共享文件了。此时可以单击"会话",查看当前访问的用户、数量以及各访问用户的空闲时间,删除一些空余的连接,使得需要访问的用户可以连接。删除空闲访问连接的步骤如下。

(1) 右击 Manager 用户,弹出快捷菜单,如图 7-118 所示。

(2) 在快捷菜单中选择"关闭会话"命令,弹出"共享文件夹"对话框,如图 7-119 所示。

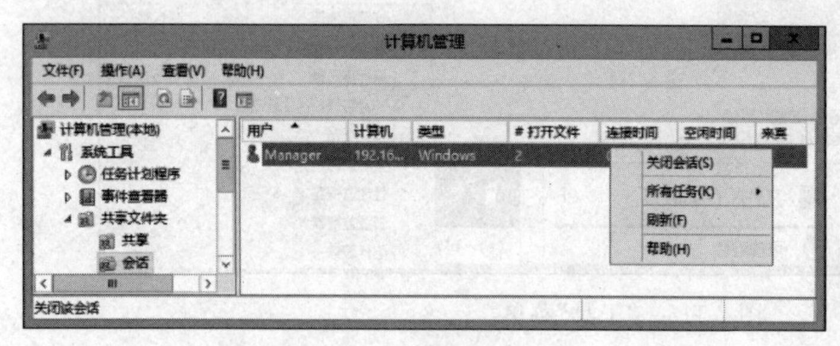

图 7-118 删除空闲连接

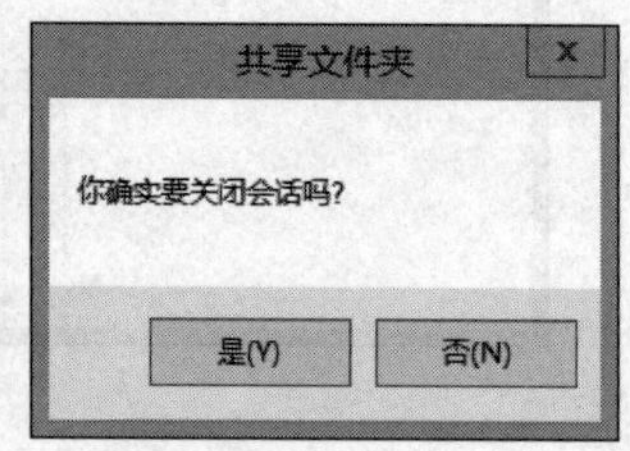

图 7-119 "共享文件夹"对话框

(3) 单击"是"按钮,此时在"会话"的右窗格中就删除用户 Manager 的会话(连接)了,如图 7-120 所示。

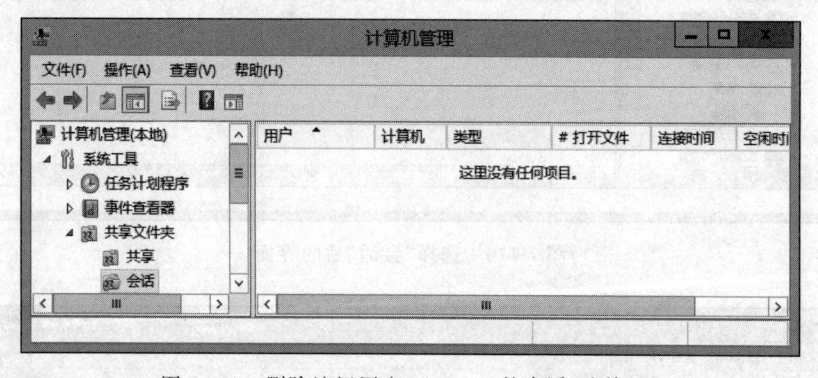

图 7-120 删除访问用户 Manager 的会话(连接)后

本章小结

本任务主要实现公司对文印室服务器 Svr2012 中共享文件的权限设置。其中,行政管理部对本部门的资料拥有完全控制权限,且可以读取市场营销与推广部和产品设计部的资料;其他两个部门只能对本部门的资料拥有完全控制权限;公司总经理对这三个部门拥有完全控制权限。在此过程中，主要介绍本地用户账户的管理、本地用户组的管理、文件系统和打印系统。在文件系统中，介绍访问控制列表(ACL)、NTFS文件权限、NTFS文件夹权限、NTFS权限的设置、NTFS权限的授予原则以及NTFS权限和共享权限进行组合，而将NTFS权限和共享权限进行组合设置可以实现远程访问文件。

习　题　7

1. 在Windows Server 2012中如何建立和管理共享文件夹?
2. 共享文件的权限类型有哪几种? 如何建立和设置共享文件夹?
3. 标准的NTFS权限的类型有哪几种? 如何设置NTFS权限?
4. 比较对文件、文件夹设置访问权限的不同点。
5. 什么是权限的累加性?
6. 共享文件夹与NTFS权限是如何配合的?

第 8 章　配置与管理 DHCP 服务器

【情境描述】 在本项目的网络中，除了网络中心以外，还有市场营销与推广部、产品设计部、行政管理部等部门，它们分布在多个区域，不同区域都有几台到几十台数量不等的计算机，计算机接入网络需要分配 IP 地址，但如果网络中计算机数量多，手动配置就会非常麻烦，并且容易出错，影响正常通信。而且项目中部分员工使用笔记本电脑，采用无线上网，手动为其分配 IP 地址非常不方便。因此，需要配置 DHCP 服务器，自动为网络中的计算机分配 IP 地址、子网掩码、网关、DNS 服务器等信息，解决 IP 地址分配问题。

在第 6 章中，已经在服务器上成功安装了 Windows Server 2012 操作系统，并以 Administrator 账户登录系统。要在服务器系统中安装 DHCP 服务，首先要知道什么是 DHCP 服务，它的好处是什么；其次需要理解 DHCP 的工作机制以及 IP 地址的续租。

8.1　DHCP 介绍

8.1.1　DHCP 概述

DHCP(dynamic host configuration protocol，动态主机配置协议)是一种简化主机 IP 地址分配管理的 TCP/IP 标准协议，它基于传输层 UDP 进行通信，通过服务器集中管理网络上使用的 IP 地址及其他相关配置信息，以降低管理 IP 地址配置的复杂性。

DHCP 是基于客户/服务器模式的。在使用 DHCP 时，网络中至少有一台服务器上安装了 DHCP 服务，其他要使用 DHCP 功能的客户机也必须设置成通过 DHCP 获得 IP 地址。客户机在向服务器请求一个 IP 地址时，如果还有 IP 地址没有被使用，则在数据库中登记该 IP 地址已被该客户机使用，然后回应这个 IP 地址以及相关的选项给客户机。图 8-1 所示是一个支持 DHCP 服务的示意图。

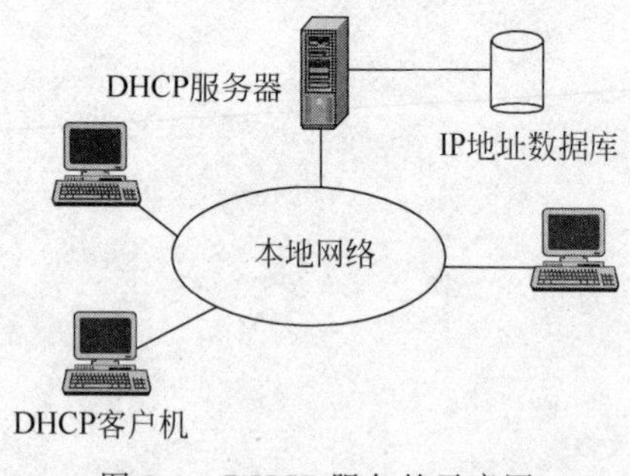

图 8-1　DHCP 服务的示意图

DHCP 服务具有以下优点。

(1) 管理员能够快速验证 IP 地址和其他配置参数，大大缩短了配置或重新配置网络中客户机所花费的时间，不用再去检查每台主机。

(2) DHCP 服务可以将 DHCP 服务器中的 IP 地址数据库中的 IP 地址动态地分配给局域网中的客户机，从而减轻了网络管理员的负担。并且不会从一个范围里同时租借相同的 IP 地址给两台主机，避免了手工操作的重复。

（3）可以为每台客户机设置若干选项，如可以为每台计算机设置默认网关、DNS 和 WINS 服务器的地址。

（4）大大方便了便携机用户，当移动到不同的子网时不再需要手动为便携机分配 IP 地址，依靠 DHCP 服务器自动完成，同时通过对 DHCP 服务器的设置可灵活地设置地址的租期。

8.1.2　DHCP 工作机制

当 DHCP 客户机第一次启动时，它通过一系列的步骤以获得其 TCP/IP 配置信息，并得到 IP 地址的租期。租期是指 DHCP 客户机从 DHCP 服务器获得完整的 TCP/IP 配置后对该 TCP/IP 配置的保留使用时间。DHCP 客户机从 DHCP 服务器上获得完整的 TCP/IP 配置需要经过 4 个过程，如图 8-2 所示。

1. DHCP 发现

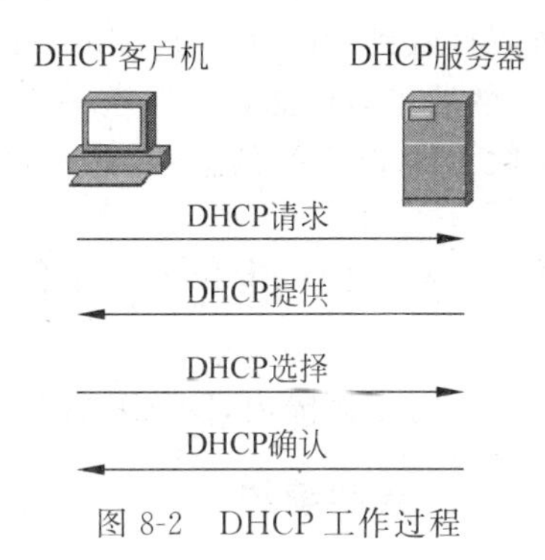

图 8-2　DHCP 工作过程

当 DHCP 客户端发出 TCP/IP 配置请求时，DHCP 客户端发送一个广播 DHCP DISCOVER。该广播信息含有 DHCP 客户端的网卡 MAC 地址和计算机名称。

当第一个 DHCP 广播信息发送出去后，DHCP 客户端将等待 1 秒。在此期间，如果没有 DHCP 服务器做出响应，DHCP 客户端将分别在第 9 秒、第 13 秒和第 16 秒重复发送一次 DHCP 广播信息。如果还没有得到 DHCP 服务器的应答，DHCP 客户端将每隔 5 分钟广播一次信息，直到得到一个应答为止。如果一直没有应答，DHCP 客户端如果是 Windows Server 2012 客户，就自动选一个自认为没有被使用的 IP 地址（从 169.254.x.x 地址段中选取）使用。尽管此时客户端已分配了一个静态 IP 地址，DHCP 客户端还要每隔 5 分钟发送一次 DHCP 广播信息，如果这时有 DHCP 服务器响应，DHCP 客户端将从 DHCP 服务器获得 IP 地址及其配置，并以 DHCP 方式工作。

2. DHCP 提供

DHCP 工作的第二个过程是 DHCP 提供（DHCP OFFER），是指当网络中的任何一个 DHCP 服务器（同一个网络中存在多个 DHCP 服务器时）在收到 DHCP 客户端的 DHCP 发现信息后，该 DHCP 服务器若能够提供 IP 地址，就从该 DHCP 服务器的 IP 地址池中选取一个没有出租的 IP 地址，然后利用广播方式（此时 DHCP 客户端还没有 IP 地址）提供给 DHCP 客户端。在还没有将该 IP 地址正式租用给 DHCP 客户端之前，这个 IP 地址会暂时保留起来，以免再分配给其他的 DHCP 客户端。

如果网络中有多台 DHCP 服务器，且这些 DHCP 服务器都收到了 DHCP 客户端的 DHCP 广播信息，而这些 DHCP 服务器都广播一个应答信息给该 DHCP 客户端时，则 DHCP 客户端将从收到应答信息的第一台 DHCP 服务器中获得 IP 地址及其配置。

提供应答信息是 DHCP 服务器发给 DHCP 客户端的第一个响应，它包含了 IP 地址、子网掩码、租用期(以小时为单位)和提供响应的DHCP服务器的IP地址。

3. DHCP选择

DHCP工作的第三个过程是DHCP选择(DHCP REQUEST),DHCP客户机通过广播DHCP REQUEST消息来响应收到的第一个DHCP OFFER并接受。该消息包含了一个服务器标识。DHCP客户端使用广播方式发送DHCP发现信息的原因是DHCP客户端不但通知它已选择的DHCP服务器,还必须通知其他的没有被选择的DHCP服务器,以便这些DHCP服务器能够将其原本要分配给该DHCP客户端的已保留的IP地址进行释放,供其他DHCP客户端使用。

4. DHCP确认

DHCP工作的最后一个过程是DHCP应答(DHCP ACK)。一旦被选择的DHCP服务器接收到DHCP客户端的DHCP选择信息后,就将已保留的这个IP地址标识为已租用,然后也以广播方式发送一个DHCP应答信息给DHCP客户端。该DHCP客户端在接收DHCP应答信息后,就完成了获得TCP/IP配置的过程。

8.1.3 IP地址的续租

在特定间隔内,DHCP客户机应试图续订其租约,以保证具有最新的配置信息。

1. 自动续约

租约持续时间达到租约期限的50%时,DHCP客户机将自动试图续约。为了进行续约,客户机自动发出DHCP发现消息,如果DHCP服务器可用,就会给客户机返回一个DHCP确认消息,这样客户机就成功续约。如果DHCP服务器不可用,客户机会定期重新发出DHCP发现消息,当达到租约期限的87.5%时,如果还没有得到服务器确认消息,该IP地址被释放,客户机重新开始租约过程。

2. 手动续约

如果需要立即续约DHCP配置信息,则可以手动续约。例如,如果希望DHCP客户机从DHCP服务器上立即获得新安装的路由器的地址,则可以通过客户机手动续约。

可以使用ipconfig/release命令释放原有TCP/IP配置信息,使用ipconfig/renew命令手动续约。这将向DHCP服务器发出DHCP发现消息,更新配置选项,并重新开始计算租约时间。

8.2 安装与配置DHCP服务器

通过以上知识的学习,项目组学生认识了DHCP服务的概念、DHCP的作用,理解了DHCP的工作机制以及IP地址的续租,接下来项目组可以利用DHCP服务,给网络中心的主机自动分配IP地址,为DNS服务器、Web服务器、FTP服务器保留固定IP地址。

IP 地址规划如表 8-1 所示。

表 8-1　服务器 IP 地址分配

服务器名称	IP 地址
主 DNS 服务器	192.168.10.2/24
辅助 DNS 服务器	192.168.10.3/24
WWW 服务器	192.168.10.4/24
FTP 服务器	192.168.10.5/24
邮件服务器	192.168.10.6/24
DHCP 服务器	192.168.10.7/24

8.2.1　设置 DHCP 服务器的 TCP/IP 属性

在 DHCP 服务器上右击“网络”，在弹出的快捷菜单中选择“属性”命令，弹出“网络和共享中心”窗口。单击左侧的“更改适配器”选项，弹出“网络连接”对话框。右击 Ethernet0，在弹出的快捷菜单中选择“属性”命令，弹出“Ethernet0 属性”对话框。在“此连接使用下列项目”列表框中双击“Internet 协议版本 4”，弹出“Internet 协议版本 4 (TCP/IPv4)属性”对话框中，将“IP 地址”设置为 192.168.10.7，将“子网掩码”设置为 255.255.255.0，将默认网关设置为 192.168.10.1，将“首选 DNS 服务器”设置为 192.168.10.2，将“备用 DNS 服务器”设置为 192.168.10.3，如图 8-3 所示。

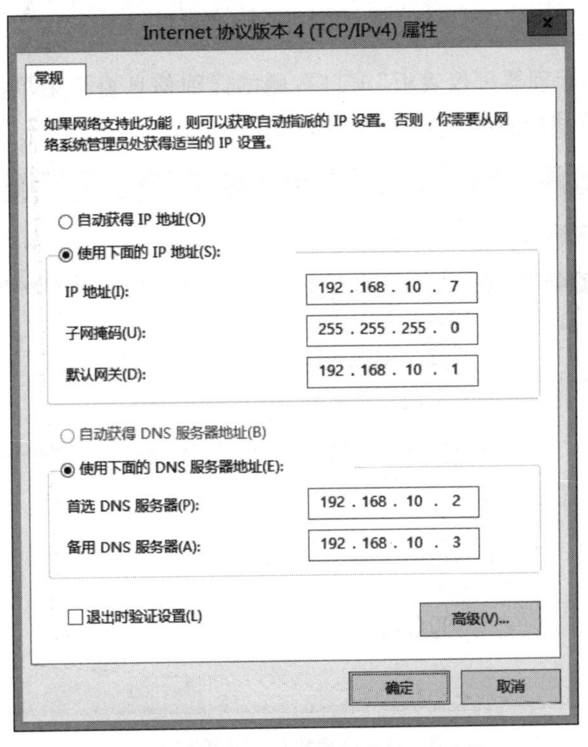

图 8-3　配置 DHCP 服务器的 IP 地址

(2) 依次单击“确定”→“确定”按钮，完成 DHCP 服务器 TCP/IP 属性的设置。

8.2.2 安装 DHCP 服务器角色

(1) 在 DHCP 服务器上，单击快速启动栏中的“服务器管理器”，弹出“服务器管理器”窗口，默认显示“服务器管理器 · 仪表板”，如图 8-4 所示。

图 8-4 “服务器管理器 · 仪表板”窗口

(2) 在“服务器管理器 · 仪表板”窗口右侧的详细信息窗格中单击“2 添加角色和功能”，弹出“添加角色和功能向导”对话框，如图 8-5 所示。

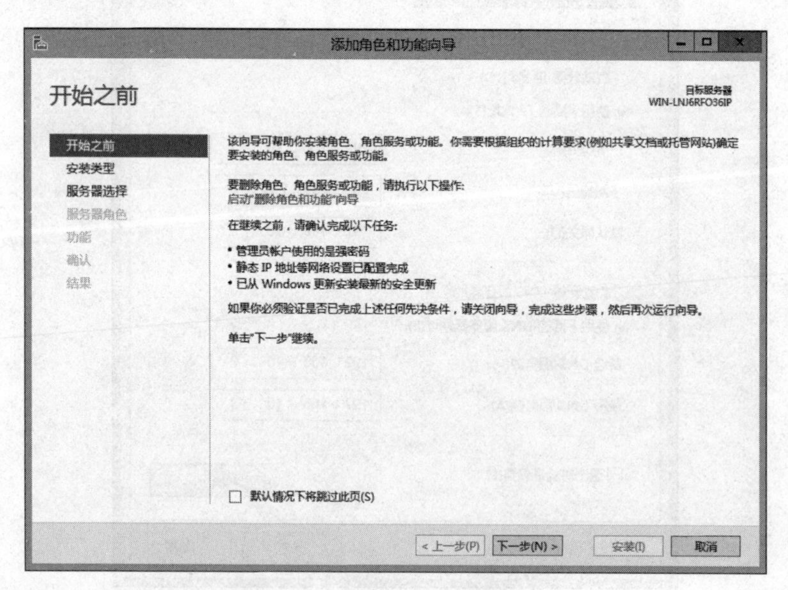

图 8-5 添加角色和功能向导

(3) 单击“下一步”按钮，显示“选择安装类型”界面，默认选中“基于角色或基于功能的安装”单选按钮，如图 8-6 所示。

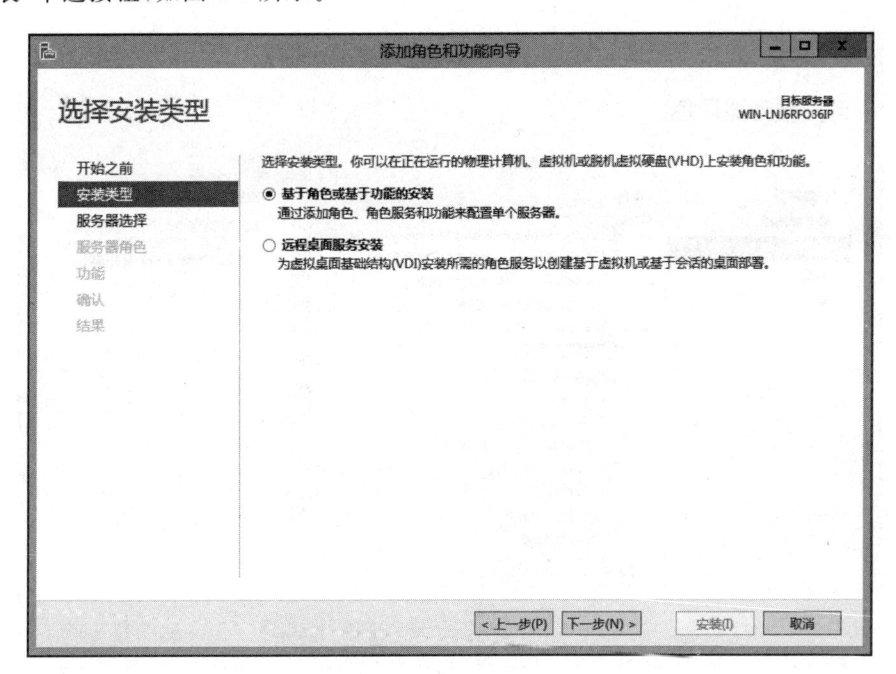

图 8-6　选择安装类型

(4) 单击“下一步”按钮，显示“选择目标服务器”界面，如图 8-7 所示。

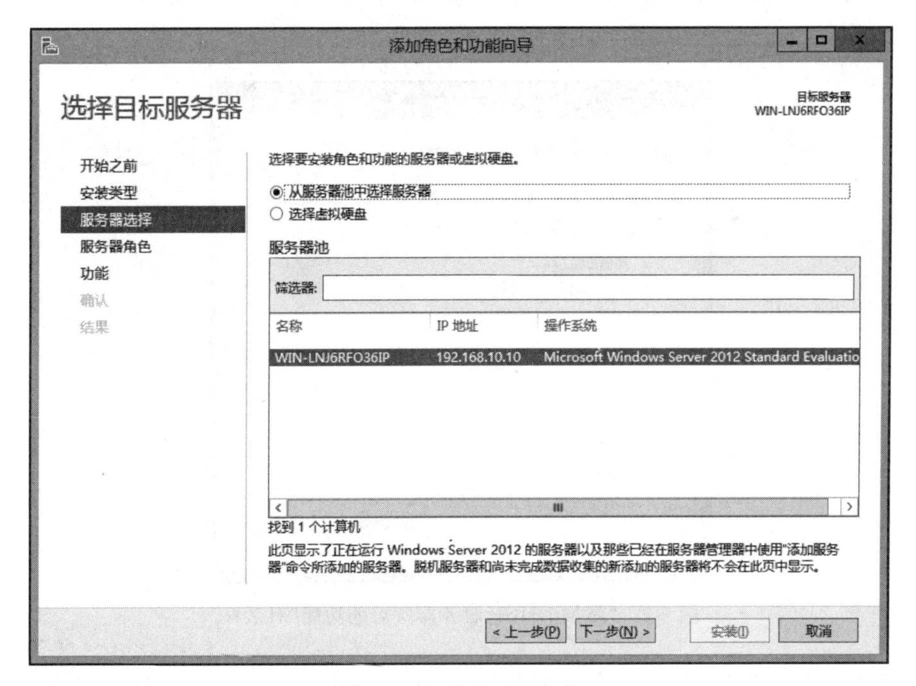

图 8-7　选择目标服务器

(5) 单击“下一步”按钮,显示“选择服务器角色”界面,在右侧“角色”列表中选择需要安装的一个或多个角色,如图 8-8 所示。

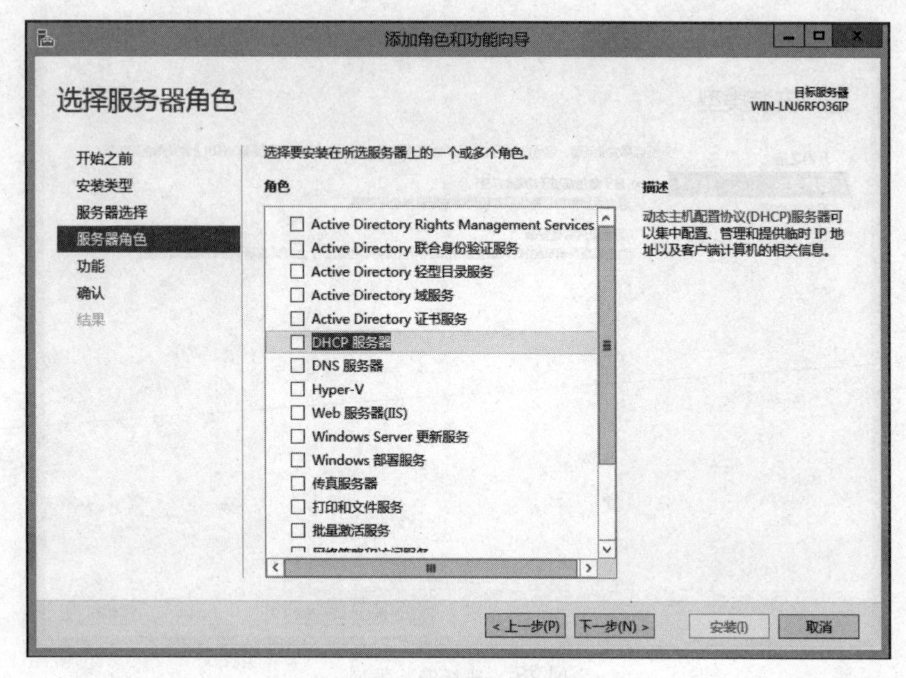

图 8-8　选择服务器角色

(6) 选中“DHCP 服务器”复选框,此时弹出“添加 DHCP 服务器所需的功能”对话框,如图 8-9 所示。

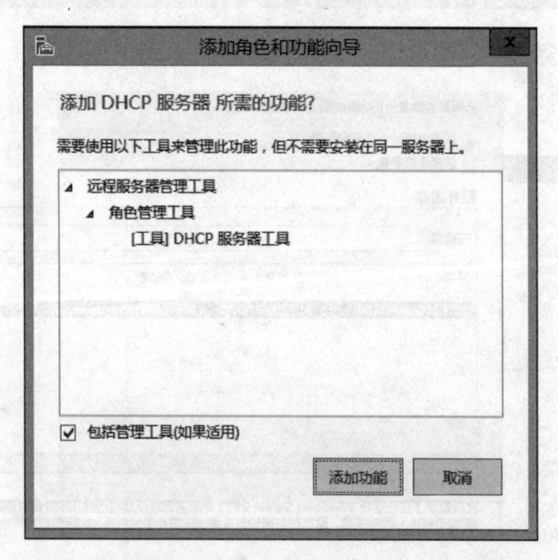

图 8-9　“添加 DHCP 服务器所需的功能”对话框

(7) 单击“添加功能”按钮,在弹出的“添加角色和功能向导”窗口中单击“下一步”按钮,显示 “DHCP 服务器”界面,如图 8-10 所示。

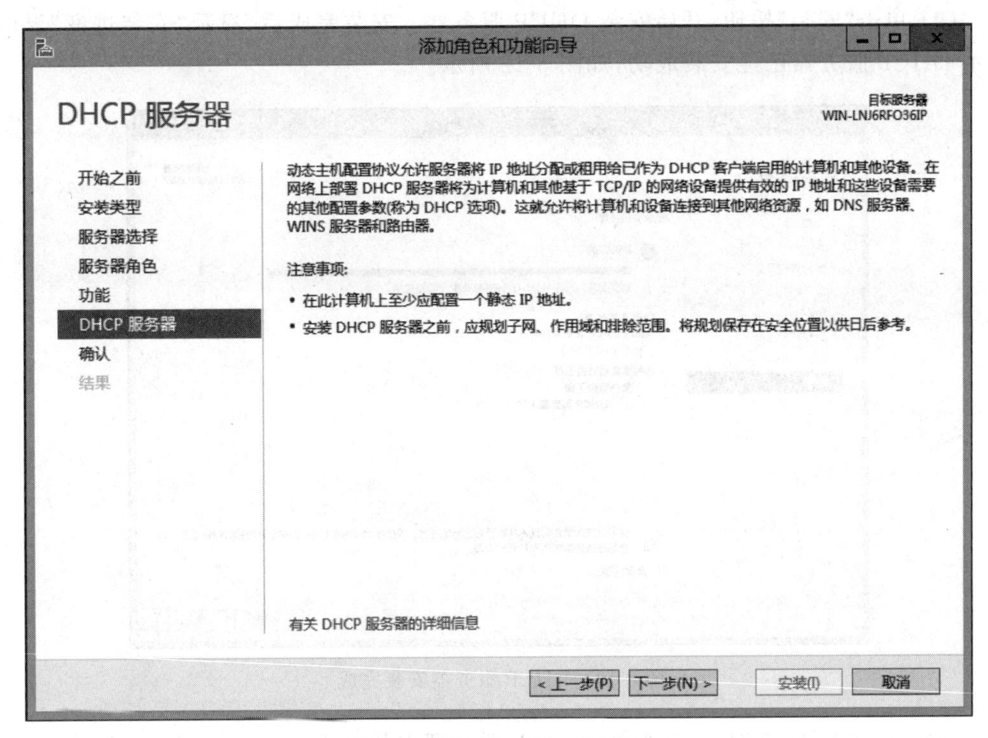

图 8-10　“DHCP 服务器”界面

(8) 单击“下一步”按钮，显示“确认安装所选内容”界面，如图 8-11 所示。

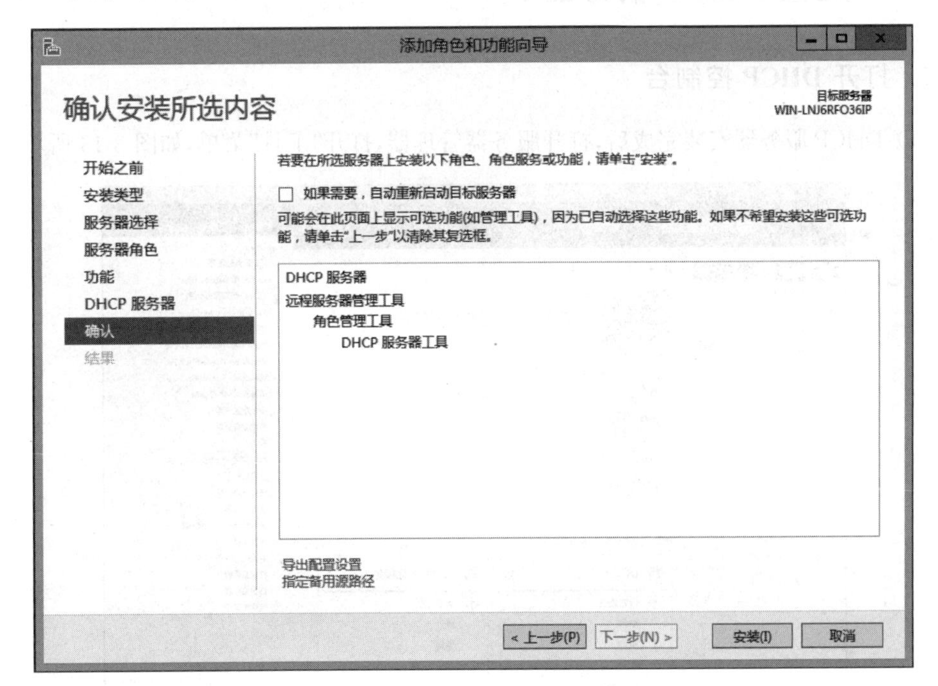

图 8-11　确认安装所选内容

(9) 单击"安装"按钮,开始安装 DHCP 服务器。安装完成后,显示"安装进度"界面,提示 DHCP 服务器已经安装成功,如图 8-12 所示。

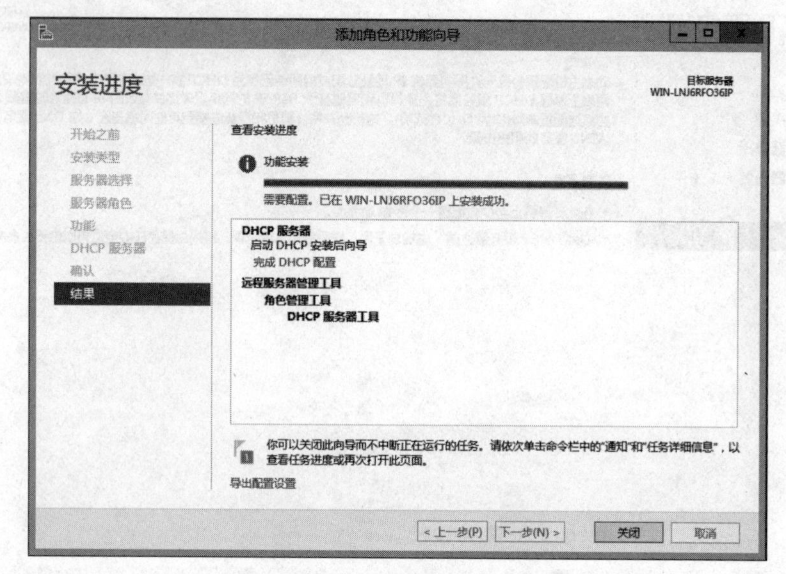

图 8-12　DHCP 服务器安装完成

(10) 单击"关闭"按钮关闭向导,DHCP 服务器安装完成。

8.2.3　配置 DHCP 服务器

1. 打开 DHCP 控制台

(1) DHCP 服务器安装完成后,打开服务器管理器,打开"工具"菜单,如图 8-13 所示。

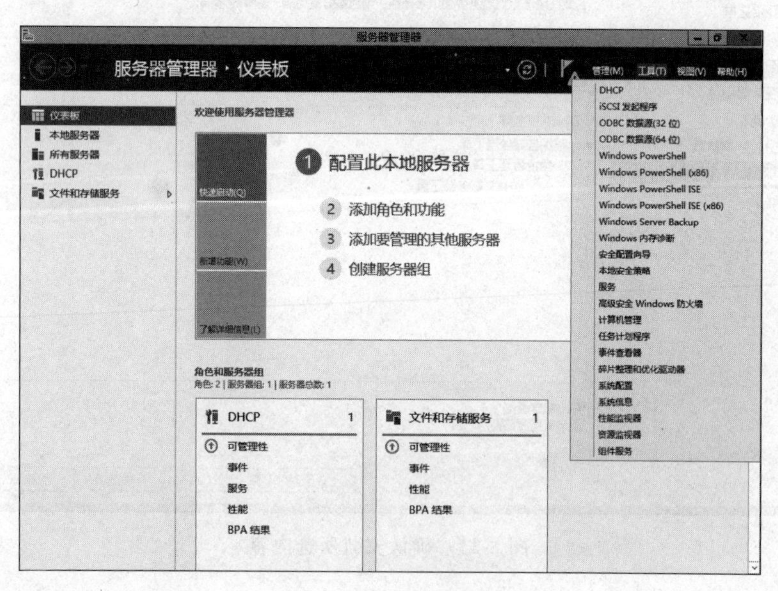

图 8-13　"工具"菜单

(2) 在"工具"菜单中选择 DHCP 命令,打开 DHCP 控制台,如图 8-14 所示,在该窗口中即可配置和管理 DHCP 服务器。

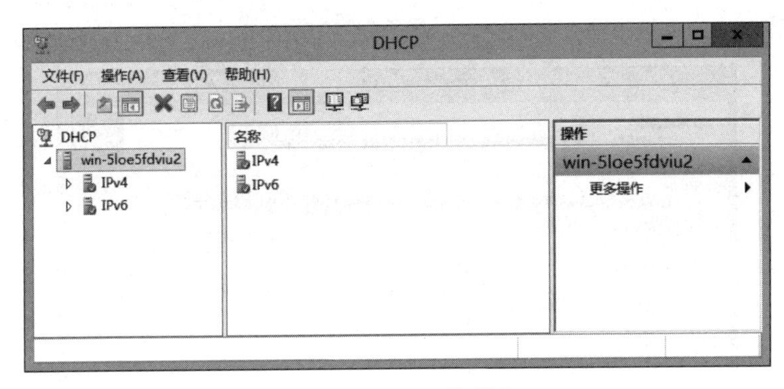

图 8-14　DHCP 控制台

2. 添加作用域

作用域是一个 IP 地址段。当安装完 DHCP 服务器后,还需要设置 IP 作用域(也称为 IP 地址段或 IP 地址范围)。在 DHCP 服务器上设置好 IP 作用域后,网络中的 DHCP 客户端向 DHCP 服务器请求 IP 地址时,如果 DHCP 服务器有可用的 IP 地址,DHCP 服务器就会从 IP 作用域中选择一个尚未出租的 IP 地址分配给 DHCP 客户端。因此,DHCP 服务器中 IP 作用域包含的 IP 地址的数量决定了 DHCP 服务器可管理的 DHCP 客户端的数量。在 DHCP 服务器中设置 IP 作用域的具体步骤如下。

(1) 打开 DHCP 控制台,展开服务器名,右击 IPv4 选项,在弹出的快捷菜单中选择"新建作用域"命令,此时弹出"新建作用域向导"对话框,如图 8-15 所示。

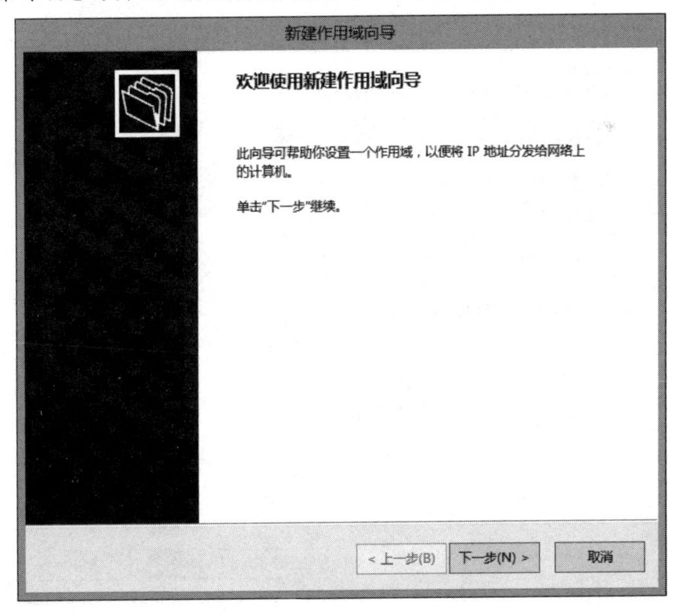

图 8-15　新建作用域向导

（2）单击“下一步”按钮，显示“作用域名称”界面。在“名称”文本框中输入新作用域的名称 wangluozhongxin，用来与其他作用域区分；在“描述”文本框中输入“网络中心”，如图 8-16 所示。

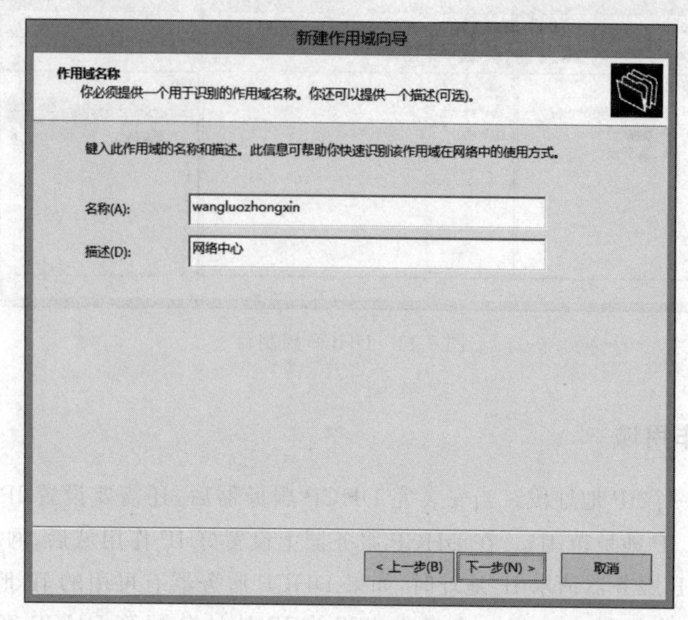

图 8-16 “作用域名称”界面

（3）单击“下一步”按钮，显示“IP 地址范围”界面。在“起始 IP 地址”和“结束 IP 地址”文本框中分别输入 192.168.10.2 和 192.168.10.254，表示此作用域分配的地址范围是 192.168.10.20～192.168.10.254，如图 8-17 所示。

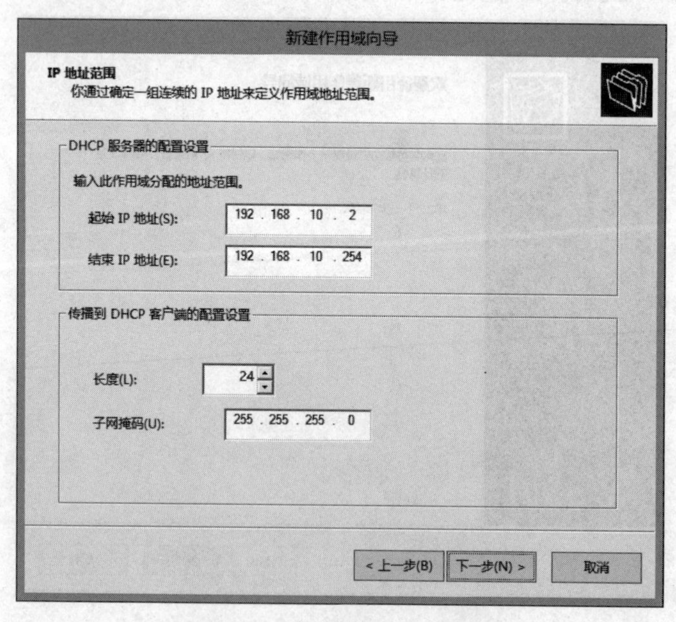

图 8-17 “IP 地址范围”界面

（4）单击“下一步”按钮，显示“添加排除和延迟”界面。在此界面可以设置服务器不分配的 IP 地址或 IP 地址范围以及 DHCP 服务器延迟 DHCP OFFER 消息传输的时间段。在“添加排除和延迟”界面的“起始 IP 地址”和“结束 IP 地址”文本框中分别输入 192.168.10.2 和 192.168.10.10，单击“添加”按钮，此时在“排除的地址范围”列表框中显示了排除的 IP 地址范围为 192.168.10.2～192.168.10.10，如图 8-18 所示。

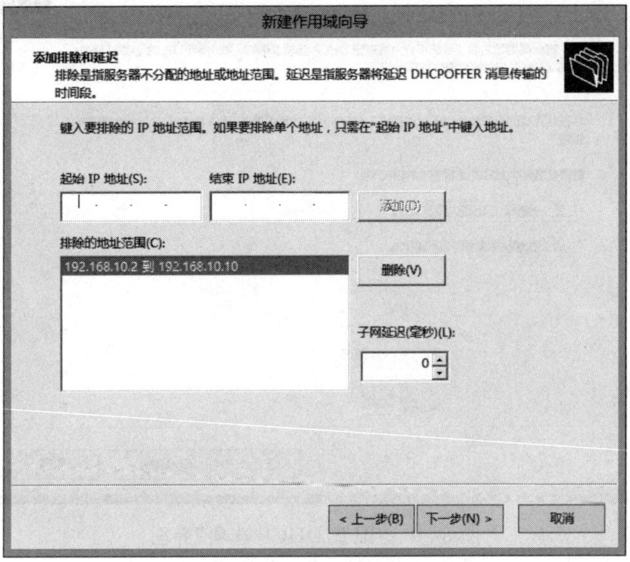

图 8-18　“添加排除和延迟”界面

（5）单击“下一步”按钮，显示“租用期限”界面。在此界面可以设置 DHCP 客户端从此作用域获取的 IP 地址的使用时间，默认是 8 天，如图 8-19 所示。

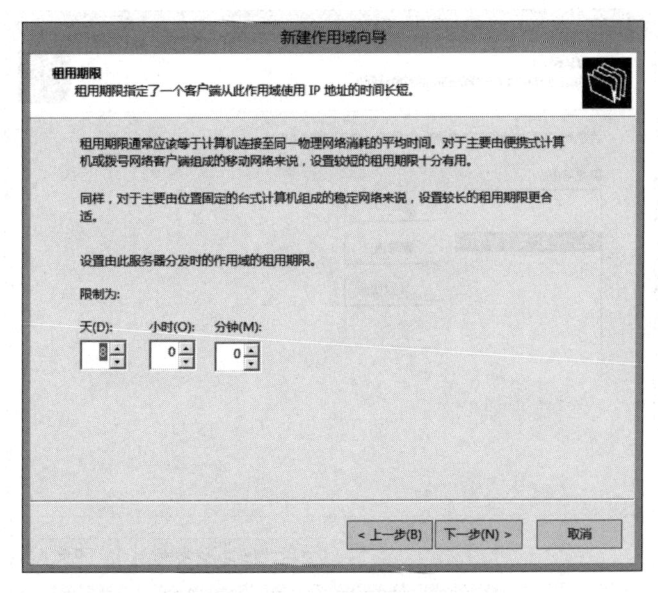

图 8-19　“租用期限”界面

(6) 单击"下一步"按钮,在"配置 DHCP 选项"界面选中默认的"是,我想现在配置这些选项"单选按钮,准备配置路由器的 IP 地址(默认网关)、DNS 服务器和作用域的 WINS 设置等选项,如图 8-20 所示。

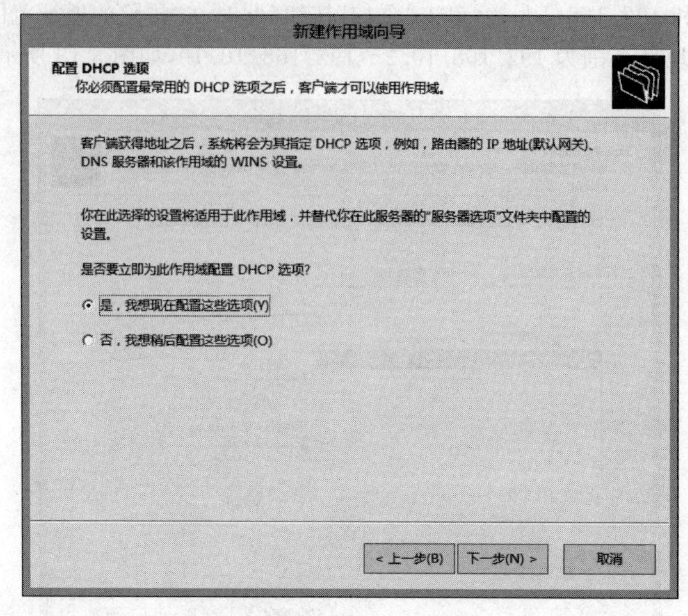

图 8-20 "配置 DHCP 选项"界面

(7) 单击"下一步"按钮,显示"路由器(默认网关)"界面,在"IP 地址"文本框中输入 DHCP 客户端使用的网关地址 192.168.10.1,单击"添加"按钮,在网关地址列表框中显示了添加的网关地址 192.168.10.1,如图 8-21 所示。

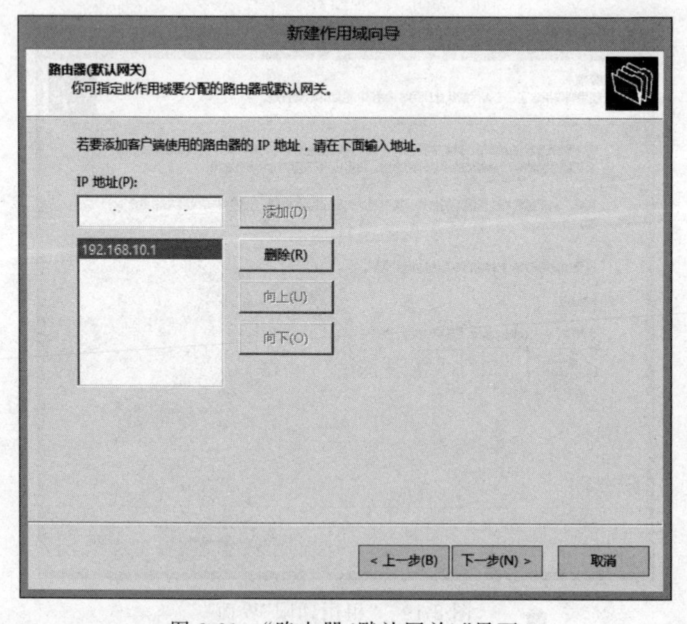

图 8-21 "路由器(默认网关)"界面

(8) 单击“下一步”按钮，显示“域名称和 DNS 服务器”界面，在“父域”文本框中输入 DHCP 客户端计算机用于解析 DNS 名称的父域 whwl.com，在“IP 地址”文本框中输入 DNS 服务器的 IP 地址 192.168.10.2，单击“添加”按钮，列表框中显示了添加的 DNS 服务器的 IP 地址 192.168.10.2，如图 8-22 所示。

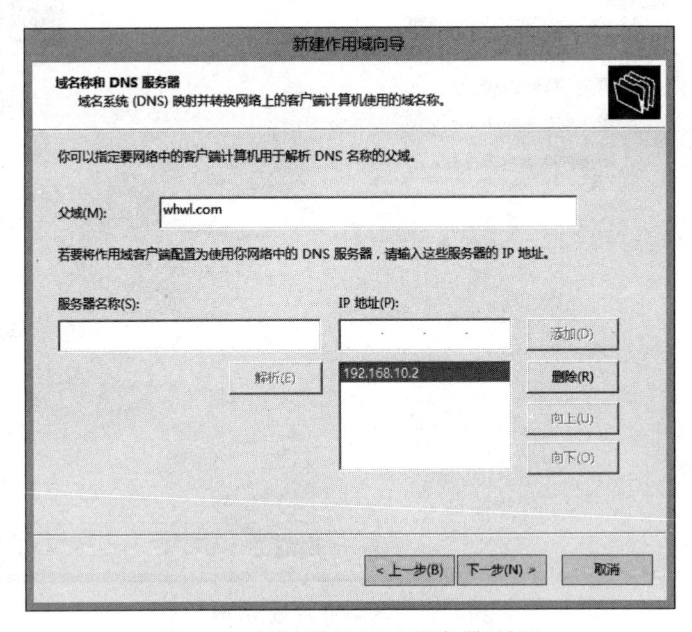

图 8-22　“域名称和 DNS 服务器”界面

(9) 单击“下一步”按钮，显示“WINS 服务器”界面，如图 8-23 所示。在此界面可以设置 WINS 服务器，若网络中未安装 WINS 服务器，则可不必设置。

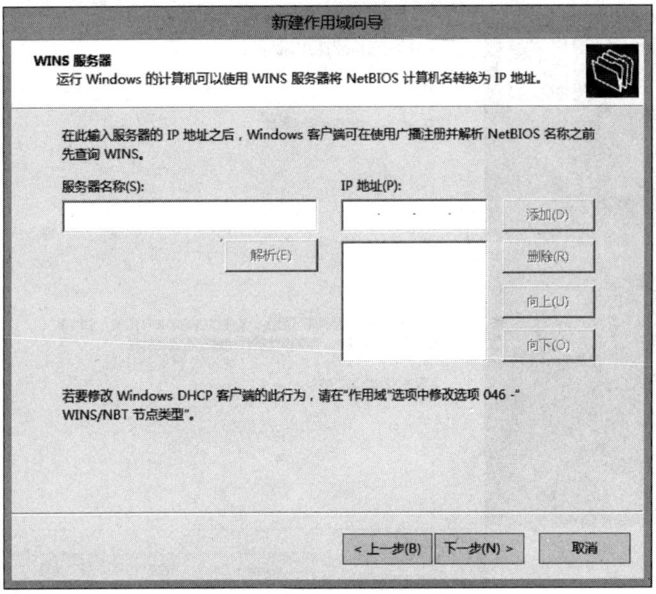

图 8-23　“WINS 服务器”界面

（10）单击“下一步”按钮，显示“激活作用域”界面，选中默认的“是，我想现在激活此作用域”单选按钮，如图 8-24 所示。

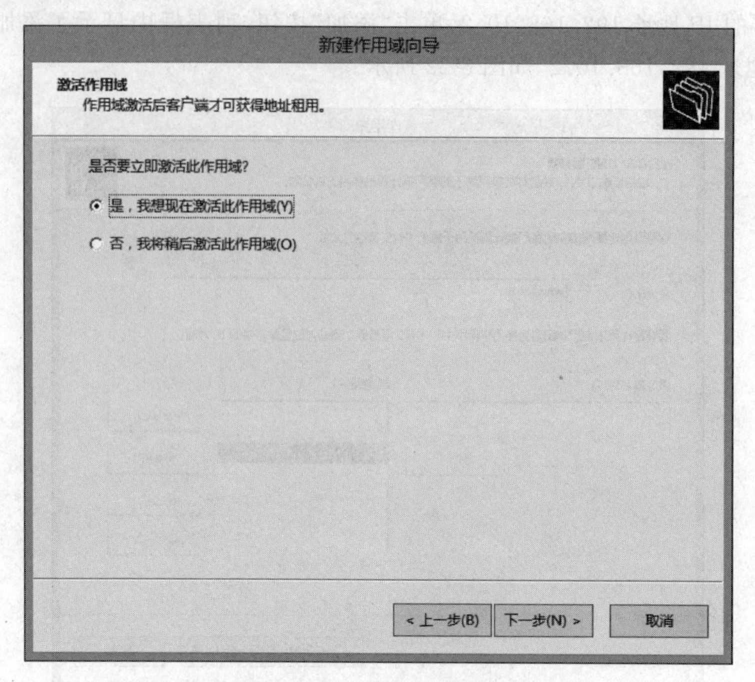

图 8-24 “激活作用域”界面

（11）单击“下一步”按钮，在“正在完成新建作用域向导”界面中提示已成功完成新建作用域向导，如图 8-25 所示。

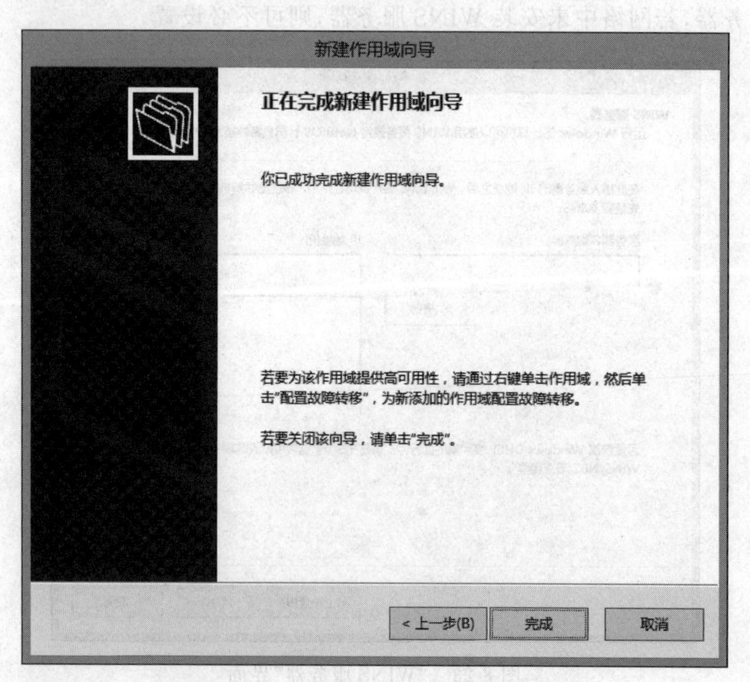

图 8-25 “正在完成新建作用域向导”界面

(12) 单击“完成”按钮,至此完成了作用域的创建。

3. 配置 DHCP 选项

在 DHCP 服务器中,可配置对所有作用域都有效的“公共”信息,例如某些常用的选项:默认网关(路由器)、WINS 服务器以及 DNS 服务器的 IP 地址等。服务器选项是 DHCP 服务器可以分配给 DHCP 客户端的额外配置参数。当“作用域选项”和“服务器选项”同时配置了参数,则作用域选项优先于服务器选项。

配置 DHCP 选项的步骤如下。

(1) 打开 DHCP 控制台,右击“服务器选项”,此时弹出“服务器选项”快捷菜单,如图 8-26 所示。

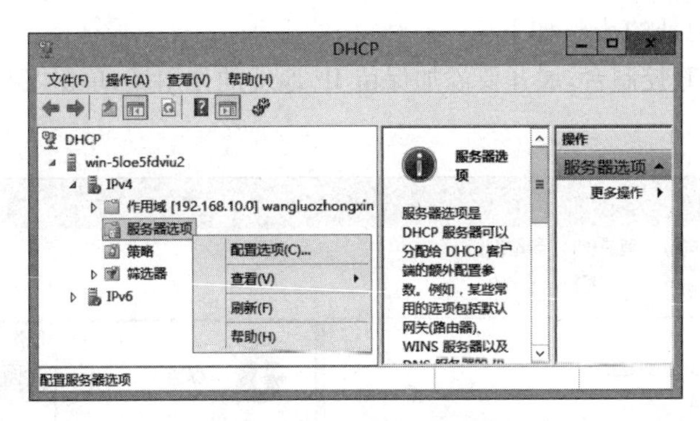

图 8-26 “服务器选项”快捷菜单

(2) 在弹出的快捷菜单中选择“配置选项”命令,此时弹出“服务器选项”界面,选中“003 路由器”复选框,在“IP 地址”文本框中输入路由器(默认网关)的 IP 地址 192.168.10.1,如图 8-27 所示。

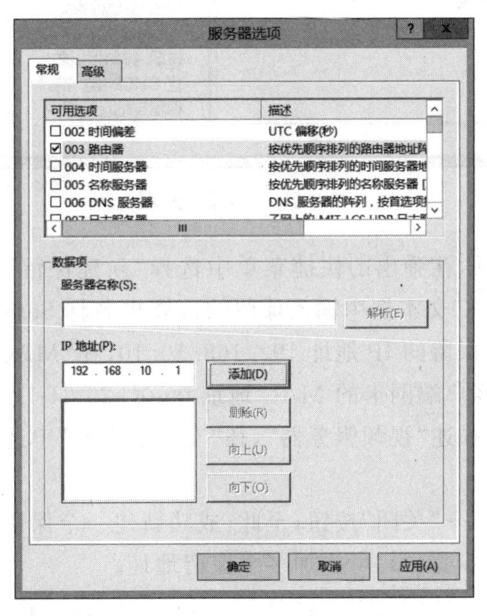

图 8-27 “服务器选项配置”界面

（3）在“服务器选项”界面单击“添加”按钮，在“IP 地址”列表框中显示了刚刚添加的路由器（默认网关）的 IP 地址 192.168.10.1。在此界面中还可以设置 DNS 服务器等其他服务器的 IP 地址，设置完成后单击“确定”按钮。

4. 配置保留 IP 地址

在 DHCP 服务器中，通常会保留一些 IP 地址给一些特殊用途的网络设备，如路由器、服务器等，如果客户端将自己的 IP 地址更改为这些地址，就会造成这些设备无法正常工作。这时可以将特定的 IP 地址与 MAC 地址进行绑定，以防止保留的 IP 地址被重复使用，同时，也可以使 DHCP 客户端每次向服务器请求时都能获得同一个 IP 地址。

配置保留 IP 地址的步骤如下。

（1）打开 DHCP 控制台，展开要添加保留 IP 地址的作用域，单击“保留”选项，如图 8-28 所示。

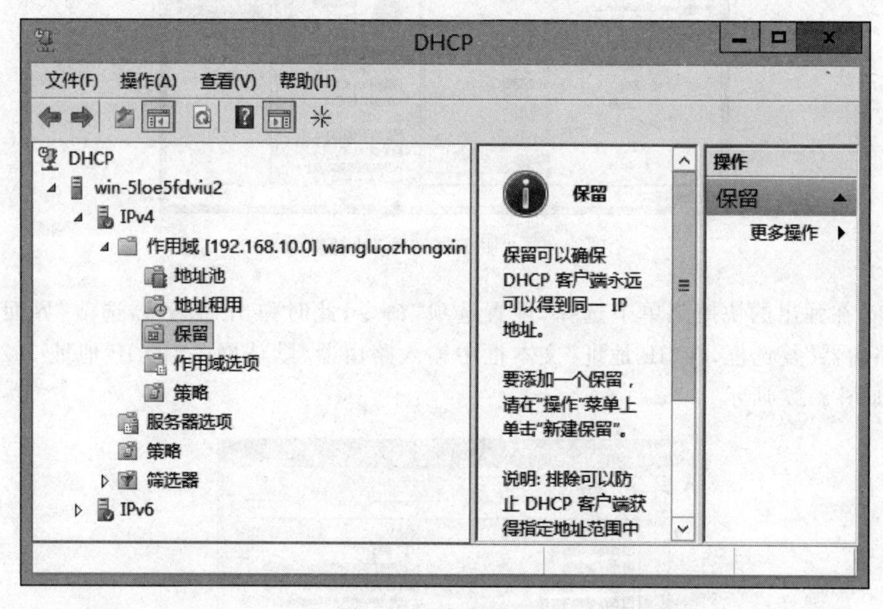

图 8-28 “保留”选项

（2）右击“保留”选项，在弹出的快捷菜单中选择“新建保留”命令，此时弹出“新建保留”对话框。在“保留名称”文本框中输入保留的计算机名称 Server1，在“IP 地址”文本框中输入为 DHCP 客户端保留的 IP 地址 192.168.10.10，在“MAC 地址”文本框中输入欲保留 IP 地址的 DHCP 客户端网卡的 MAC 地址 00-0C-29-34-1A-4A，在“描述”文本框中输入对 DHCP 客户端的描述“视频服务器”，在“支持的类型”中选中默认的“两者”单选按钮，如图 8-29 所示。

（3）依次单击“添加”→“关闭”按钮，至此，成功新建一个保留地址 192.168.10.10。

（4）重复步骤（1）～步骤（3），可添加多个保留地址。

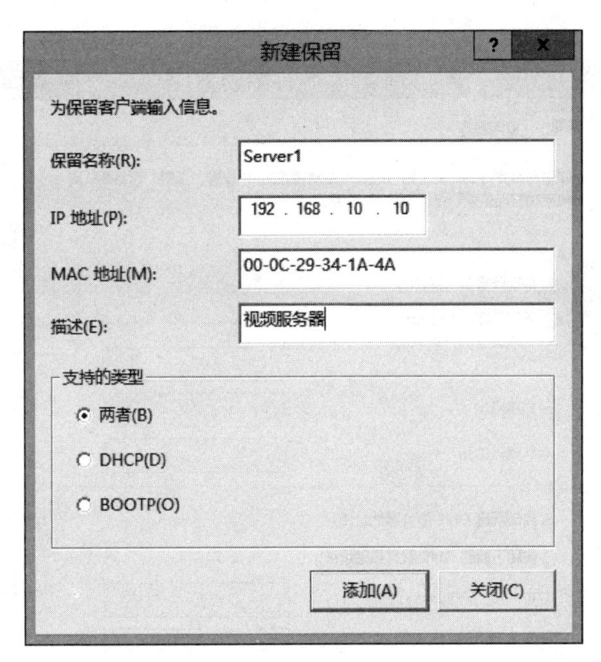

图 8-29 “新建保留”对话框

8.3 DHCP 服务器测试

1. 配置 DHCP 客户端

为了使 DHCP 客户端能够自动获取 IP 地址，除了 DHCP 服务器需要正常工作以外，还需要将 DHCP 客户端设置成自动获取 IP 地址的方式。

(1) 在网络中心的任意一台主机上，右击桌面上的“网络”图标，在弹出的快捷菜单中选择“属性”命令，此时显示“网络和共享中心”窗口。单击窗口左侧的“更改适配器设置”链接，弹出“网络连接”窗口。右击“本地连接”图标，在弹出的快捷菜单中选择“属性”命令，打开“本地连接 属性”对话框，双击“Internet 协议版本 4(TCP/IPv4)”选项，在打开的对话框中分别选中“自动获得 IP 地址”单选按钮和“自动获得 DNS 服务器地址” 单选按钮，如图 8-30 所示。

(2) 单击“确定”按钮，至此完成了 DHCP 客户端的设置。

2. 查看 IP 地址动态获取情况

(1) 打开“命令提示符”窗口，运行 ipconfig 命令，主机成功获得了 IP 地址 192.168.10.10，如图 8-31 所示。也可以在“网络连接详细信息”中查看主机 IP 地址获取信息，如图 8-32 所示。

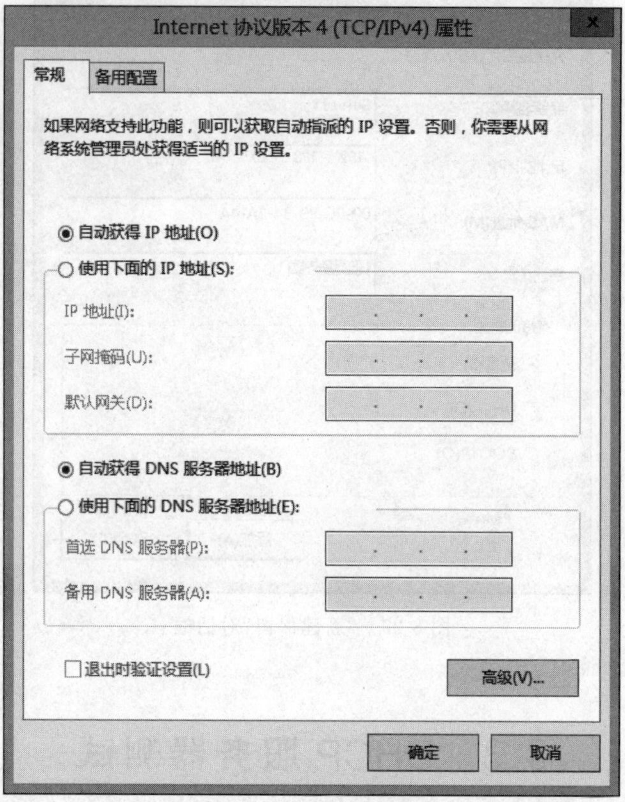

图 8-30　设置“DHCP 客户端”自动获取 IP 地址

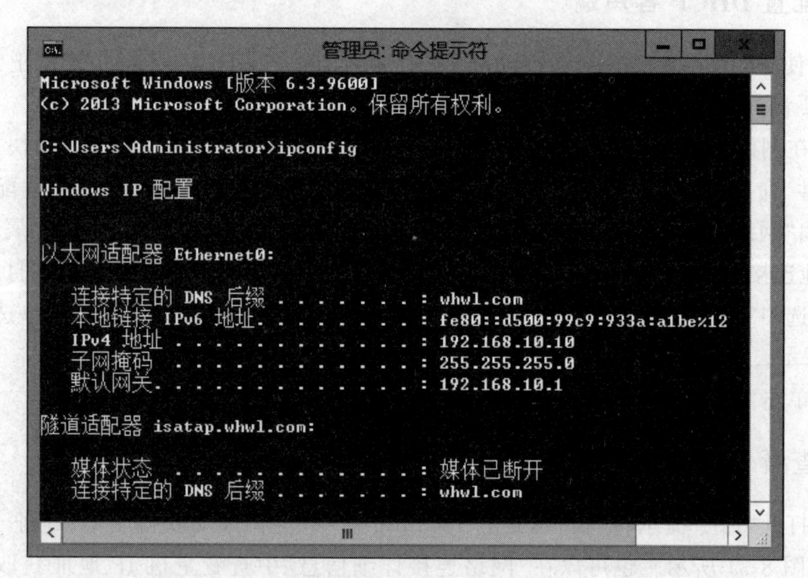

图 8-31　获得 IP 地址

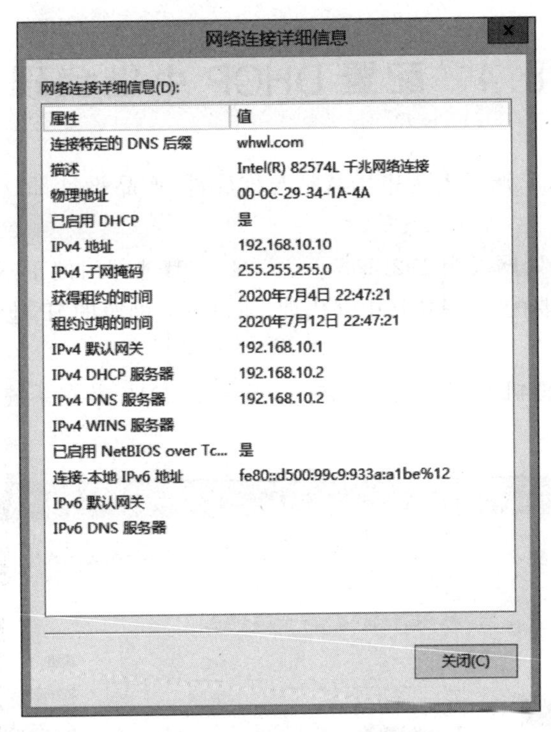

图 8-32　网络连接详细信息

(2) 若没有从 DHCP 服务器正确获得 IP 地址，Windows 系统会自动分配一个 169.254.x.x 段的 IP 地址。这时，需要运行 ipconfig/release 命令释放原来的 IP 地址，再运行 ipconfig/renew 命令从 DHCP 服务器获取新的 IP 地址，如图 8-33 所示。

图 8-33　释放并重新获取 IP 地址

8.4 配置 DHCP 中继代理

前面已通过 DHCP 服务器为市场营销与推广部、产品设计部、行政管理部的主机动态分配了 IP 地址。

DHCP 服务器所处网段为 192.168.10.0/24，与其他部门处于不同网段，要实现跨网段的 DHCP 服务，需要配置 DHCP 中继代理，使得不同网段的 IP 地址分配由一台 DHCP 服务器统一进行管理。

(1) 新建一台虚拟机并安装好 Windows Server 2012 操作系统，安装“远程访问”角色，如图 8-34 所示。

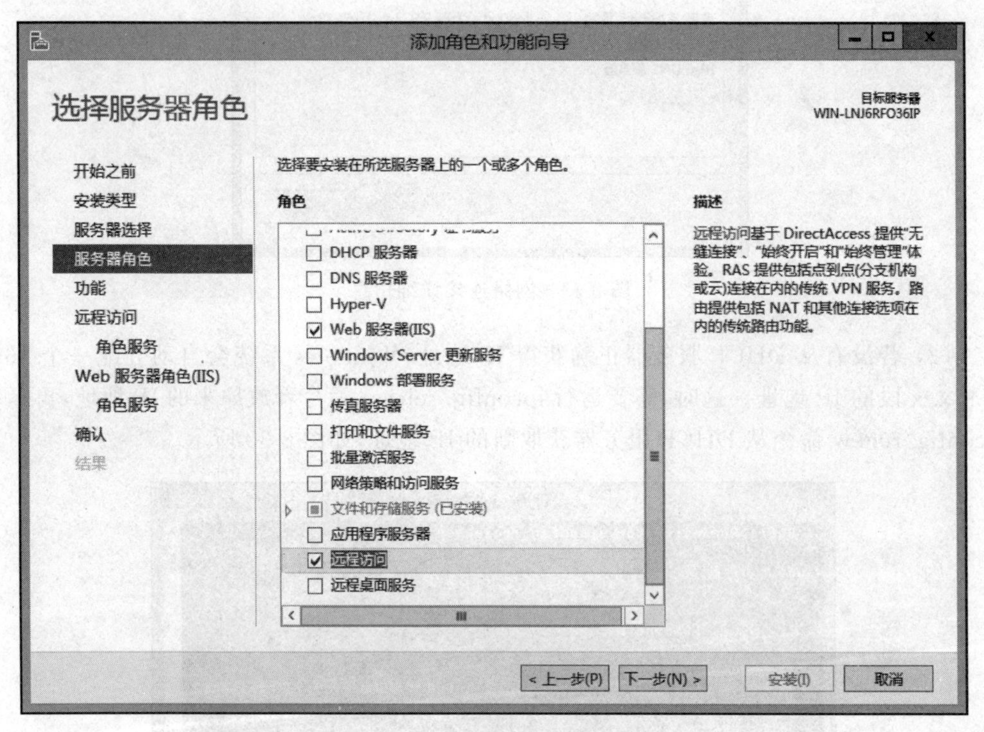

图 8-34　添加远程访问角色

(2) 在“选择角色服务”界面选中“路由”角色，如图 8-35 所示。然后按照安装向导完成“远程访问”角色的安装。

(3) 打开服务器管理器，打开“工具”菜单，如图 8-36 所示。

(4) 选择“路由和远程访问”命令，显示“路由和远程访问”界面。右击左侧的服务器名 WIN-LNJ6RFO36IP(本地)，弹出快捷菜单，如图 8-37 所示。

(5) 选择“配置并启动路由与远程访问”选项，弹出“路由和远程访问服务器安装向导”对话框，在“配置”界面中选中“自定义配置”单选按钮，如图 8-38 所示。

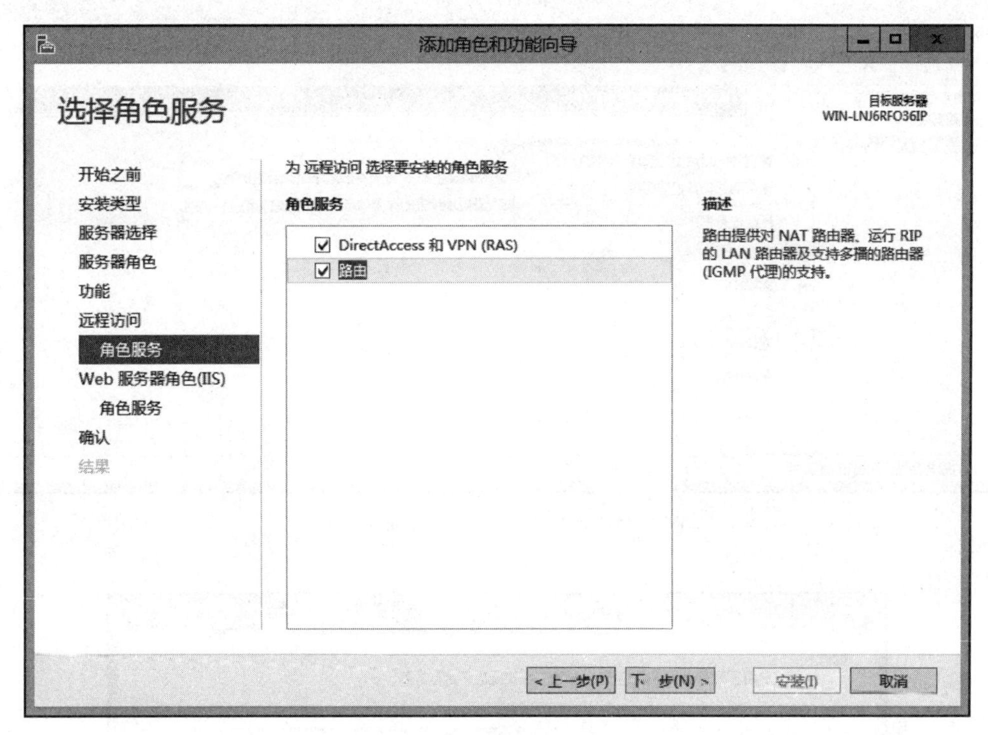

图 8-35　“选择角色服务”界面

图 8-36　“路由和远程访问”菜单界面

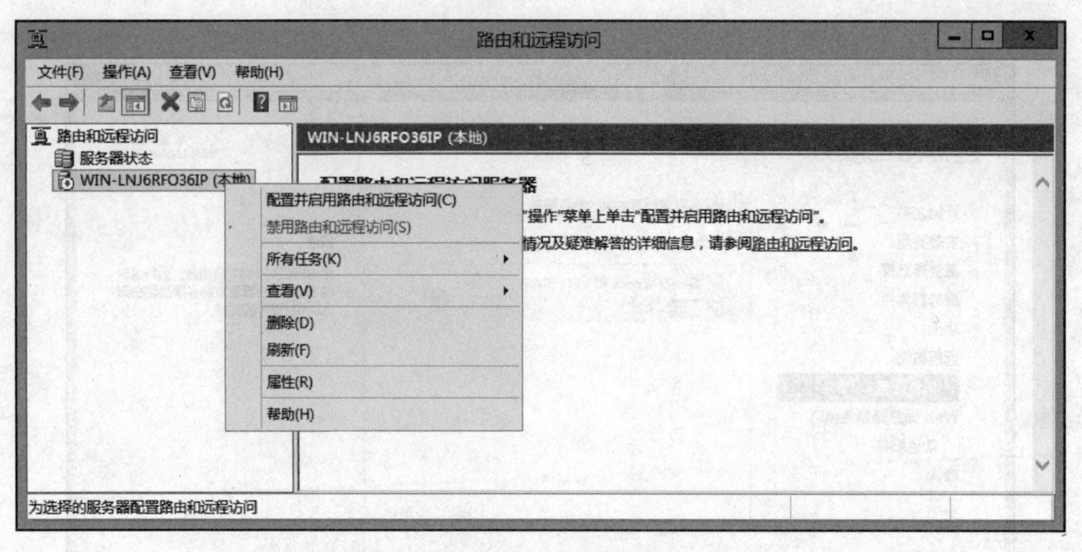

图 8-37　配置并启用路由和远程访问

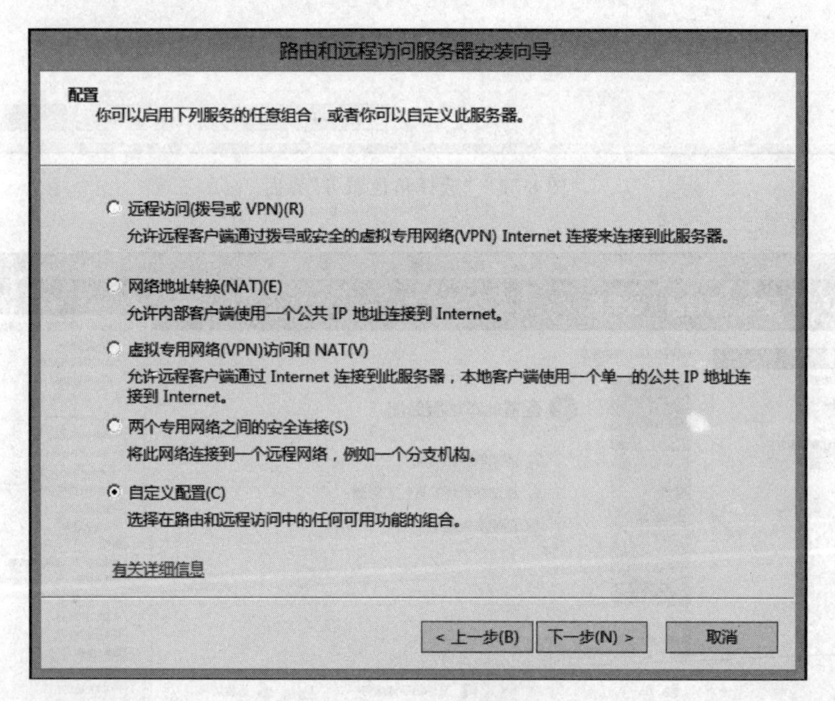

图 8-38　"配置"界面

(6) 单击"下一步"按钮，在"自定义配置"界面选中"LAN(路由)"复选框，如图 8-39 所示。

(7) 单击"下一步"按钮，然后按照向导完成"路由和远程访问服务器"的安装。

(8) 默认情况下，一台虚拟机中只安装了一块网络适配器，进入"虚拟机设置"界面增加一块网络适配器，如图 8-40 所示。

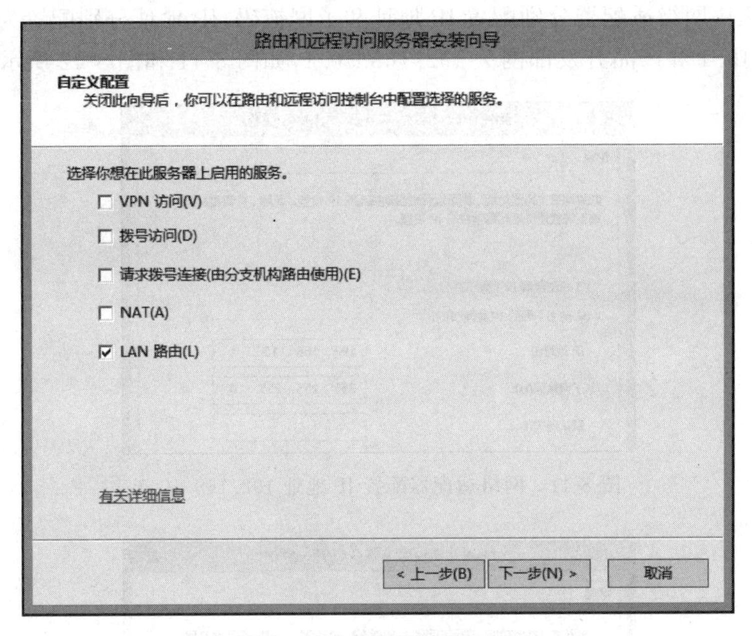

图 8-39　“自定义配置”界面

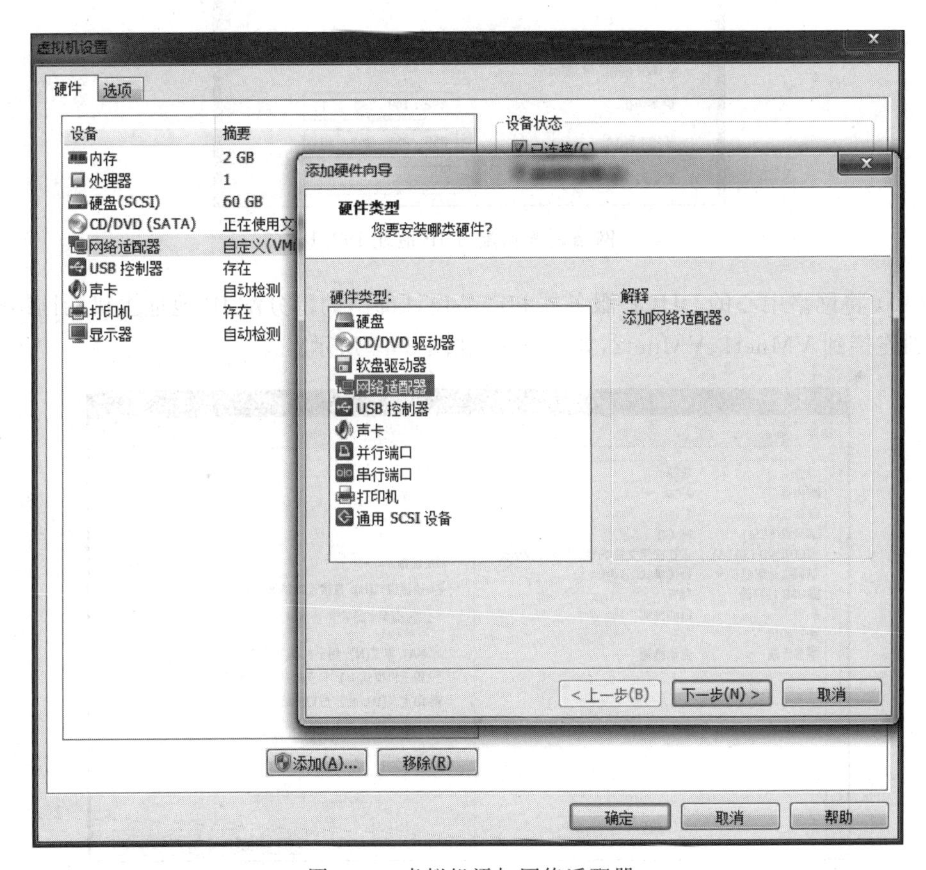

图 8-40　虚拟机添加网络适配器

(9) 为两块网络适配器分别配置 IP 地址和子网掩码,IP 地址分别配置为网络中心网关 192.168.10.1 和产品开发部网关 192.168.30.1,如图 8-41 和图 8-42 所示。

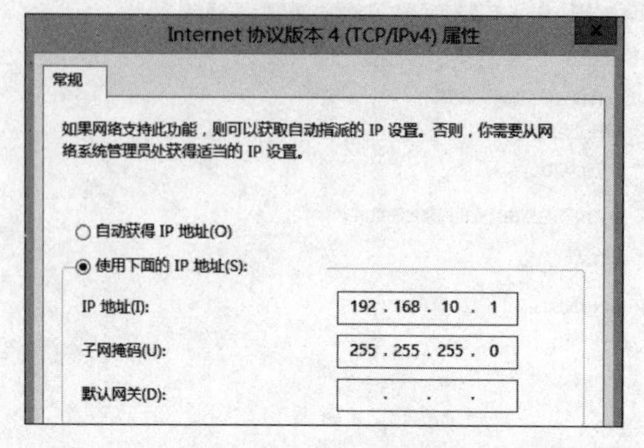

图 8-41　网络适配器配置 IP 地址 192.168.10.1

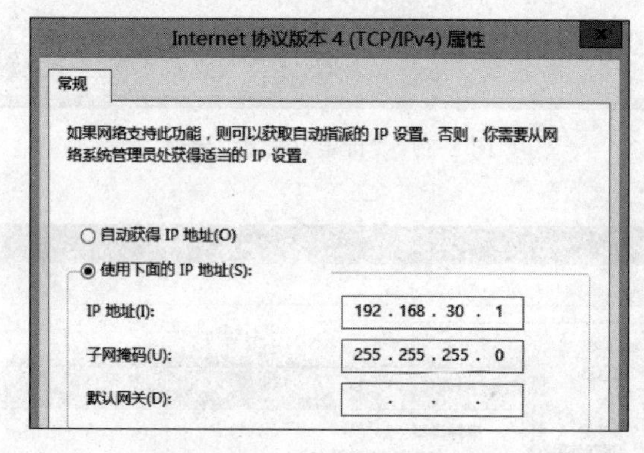

图 8-42　网络适配器配置 IP 地址 192.168.30.1

(10) 将网络中心的 DHCP 服务器和产品设计部门的待分配 IP 地址主机的网络适配器分别连接到 VMnet1、VMnet2,如图 8-43 和图 8-44 所示。

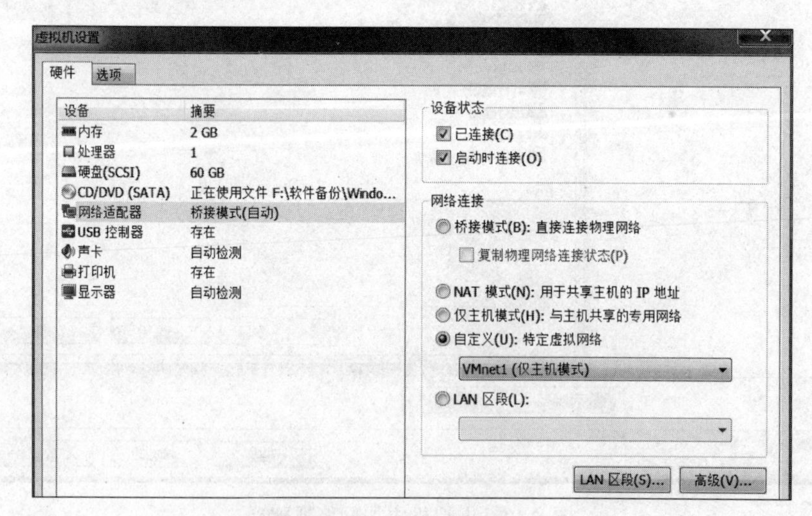

图 8-43　网络适配器连接到 VMnet1

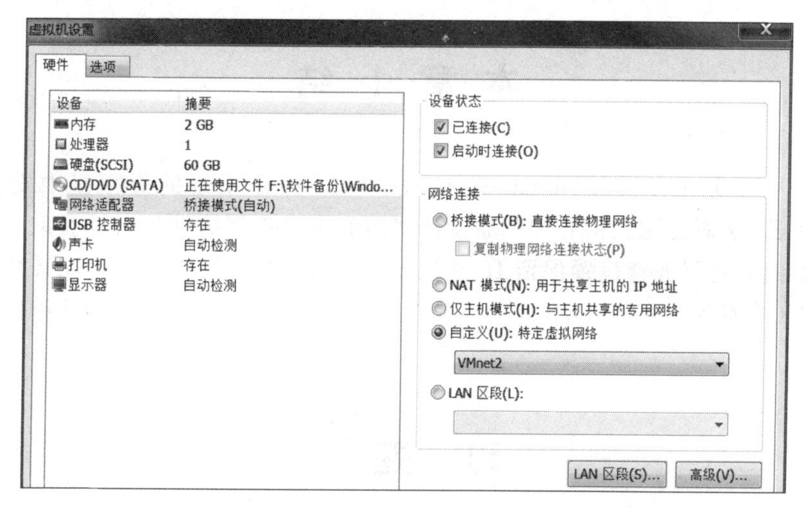

图 8-44　网络连接选择 VMnet2 模式

(11) 在 DHCP 服务器上新建产品设计部的 IP 作用域 product design，如图 8-45 所示。

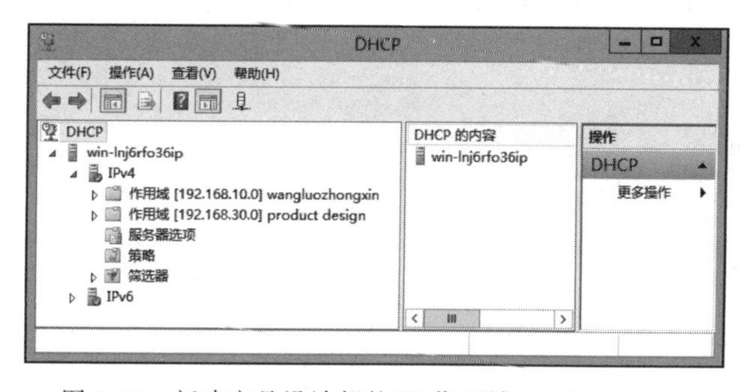

图 8-45　新建产品设计部的 IP 作用域 product design

(12) 测试产品设计部门主机是否成功自动获取 IP 地址。在产品设计部门的一台主机上打开“命令提示符”窗口，运行 ipconfig 命令，结果如图 8-46 所示，成功获取到产品设计部门作用域中可用的 IP 地址 192.168.30.2，实现了 DHCP 服务器跨网段分配 IP 地址。

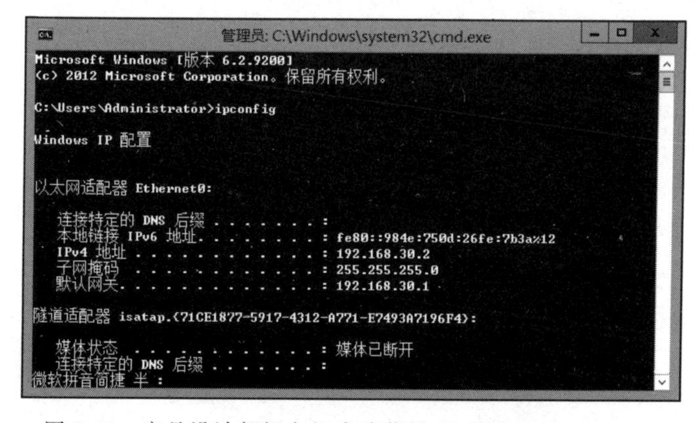

图 8-46　产品设计部门主机成功获得 IP 地址 192.168.30.2

本章小结

本任务主要实现在安装 Windows Server 2012 操作系统的虚拟机中安装并配置 DHCP 服务器，从而使网络中心和产品设计部门的主机都能成功地自动获取 IP 地址，并为网络中心的其他服务器设置保留 IP 地址。在此过程中，主要学习了 DHCP 服务的基本概念、DHCP 服务的作用、DHCP 的工作机制、保留 IP 地址、IP 地址的续租以及 DHCP 中继代理。

习　题　8

1. DHCP 作用域包括哪些信息？
2. 客户端如何获得 IP 地址？
3. 简述 DHCP 客户端获取 IP 地址的 4 个过程。

第 9 章　配置与管理 DNS 服务器

【情境描述】 网恒网络有限公司为了宣传公司的文化形象，开发了公司门户网站，并向 Internet 发布了 Web 网站。为了让更多的用户了解公司产品信息，需要使用形象易记的域名来访问公司门户网站。而公司下设的市场营销与推广部、产品设计部、行政管理部 3 个部门为了便于员工信息交流，也开发了各自的网站，并使用域名进行访问。企业员工因工作需要，要求可以访问 Internet 中的 DNS 域名。为了解决网络资源访问的问题以及保证域名服务不间断运行，企业网络中心配置了两台 DNS 服务器。

计算机之间是通过 IP 地址进行通信的，但用户在访问 Web 网站时，通常是使用域名来访问的。那么要使 Internet 上的用户能使用方便易记的名称访问公司门户网站以及部门员工使用域名访问公司内各部门网站，必须要理解 DNS 的概念和 DNS 域名解析的过程，掌握 DNS 服务的安装、正向查找区域的配置、反向查找区域的配置、DNS 主机记录的创建、反向查找记录的创建。为了实现 DNS 域名解析服务不间断，要掌握主 DNS 服务器和辅助 DNS 服务器的安装和配置。

9.1　DNS　介　绍

9.1.1　DNS 概述

DNS(domain name servive，域名服务)在 Internet/Intranet 中提供网络访问中域名到 IP 地址的自动转换功能。

在 TCP/IP 网络中，每台主机必须有一个唯一的 IP 地址，当某台主机要访问另外一台主机上的资源时，必须指定另一台主机的 IP 地址，但是，当网络的规模较大时，使用 IP 地址就不太方便了，所以便出现了主机名(host name)与 IP 地址之间的一种对应解决方案，可以通过使用形象易记的主机名而非 IP 地址进行网络的访问，这比单纯使用 IP 地址要方便得多。其实，在这种解决方案中使用了解析的概念和原理，单独通过主机名是无法建立网络连接的，只有通过解析的过程，在主机名和 IP 地址之间建立了映射关系后，才可以通过主机名间接地通过 IP 地址建立网络连接。

主机名与 IP 地址之间的映射关系，在小型网络中多使用 Hosts 文件来完成，后来随着网络规模的增大，为了满足不同组织的要求，以实现一个可伸缩、可自定义的命名方案的需要，InterNIC(internet network information center)制定了一套称为 DNS 的分层名字解析方案，当 DNS 用户提出 IP 地址查询请求时，可以由 DNS 服务器中数据库提供所需的数据。DNS 技术目前已广泛应用于 Internet 中。

9.1.2 DNS的域名结构

组成DNS系统的核心是DNS服务器,它是应答域名服务查询的计算机,它为连接Intranet和Internet的用户提供并管理DNS服务,维护DNS名称数据并处理DNS客户端对主机名的查询。DNS服务器保存了包含主机名和相应IP地址的数据库。例如,如果提供了域名 www. sina. com. cn,DNS服务器将返回新浪网站的IP地址 202. 106. 184. 200。

目前由InterNIC管理全世界的IP地址,在InterNIC下的DNS结构分为多个domain(域),如图9-1中root domain下的top-level domain都归InterNIC管理,图中还显示了由InterNIC分配给微软的域名空间。top-level domain可以再细分为second-level domain,如microsoft为公司名称,而second-level domain又可以分成多级的subdomain,如products,在最下面一层称为hostname(主机名称),如sis,一般用户使用完整的名称来表示,如 sis. products. microsoft. com。

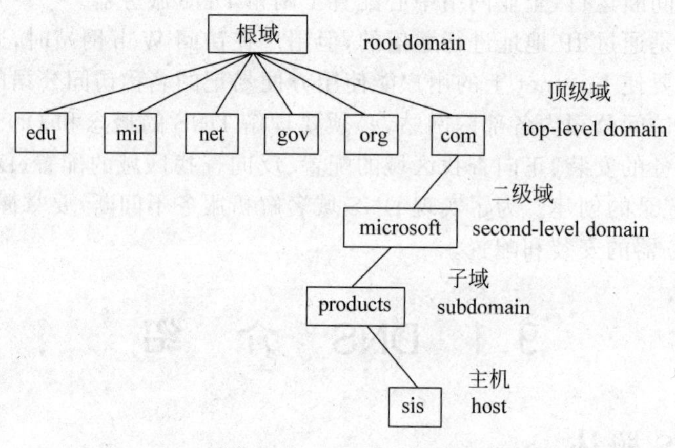

图9-1 DNS域名结构

9.1.3 DNS域名解析方法

DNS解析过程如图9-2所示。

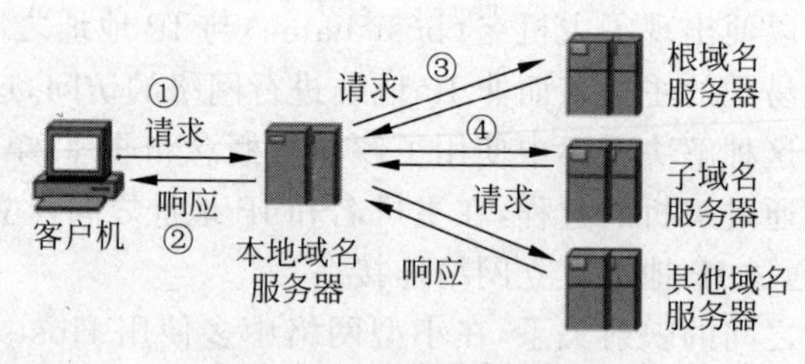

图9-2 域名解析过程

(1) 客户机提出域名解析请求,并将该请求发送给本地的域名服务器。

(2) 当本地的域名服务器收到请求后,就先查询本地的缓存,如果有该记录项,则本地的域名服务器就直接把查询的结果返回。

(3) 如果本地的缓存中没有该记录,则本地域名服务器就直接把请求发给根域名服务器,然后根域名服务器再给本地域名服务器返回一个所查询域(根的子域)的主域名服务器的地址。

(4) 本地服务器再向上一步返回的域名服务器发送请求,然后接受请求的服务器查询自己的缓存,如果没有该记录,则返回相关的下级的域名服务器的地址。

(5) 重复第(4)步,直到找到正确的记录。

(6) 本地域名服务器把返回的结果保存到缓存,以备下次使用,同时还将结果返回给客户机。

域名服务器实际上是一个服务器软件,它运行在指定的计算机上,完成域名到 IP 地址的映射工作,通常把运行域名服务软件的计算机叫作域名服务器。

上面介绍的域名解析过程中,DNS 客户机和 DNS 服务器之间的交互查询方法称为递归查询。除此之外,DNS 域名解析系统还支持另外两种域名解析的方法。下面对 3 种域名解析方法逐一介绍。

(1) 递归查询。图 9-2 中的域名解析过程完成后,无论是否解析到服务器的 IP 地址,DNS 服务器都要给予 DNS 客户机一个明确的结果,要么成功要么失败。DNS 服务器向其他 DNS 服务器转发请求域名解析请求的过程对 DNS 客户机来讲是不可见的,也就是说,DNS 服务器自己完成域名的转发请求,与客户机无关。

递归查询的 DNS 服务器的工作量大,担负解析的任务重,因此域名缓存的作用就十分明显,只要域名缓存中已经存在解析的结果,DNS 服务器就不必向其他 DNS 服务器发出解析请求。但如果域名缓存的结果无法访问,将重新向 DNS 服务器发出请求。目前 DNS 客户机自身也支持域名结果缓存,其作用和原理与 DNS 服务器的域名缓存是一样的。

图 9-2 中域名解析过程中的①和②就属于递归查询。

(2) 迭代查询。为了克服递归查询中所有的域名解析任务都落在 DNS 服务器上的缺点,可以想办法让 DNS 客户机也承担一定的 DNS 域名解析工作,这就是迭代查询。

具体的方法是:DNS 服务器如果没有解析出 DNS 客户机请求的域名,就将可以查询的其他 DNS 服务器的 IP 地址告诉 DNS 客户机,DNS 客户机再向其他 DNS 服务器发出域名解析请求,直到有明确的解析结果。如果最后一台 DNS 服务器也无法解析,则返回失败信息。

迭代查询中 DNS 客户机也承担域名解析的部分任务,DNS 服务器只负责本地解析和转发其他 DNS 服务器的 IP 地址,因此又称转寄查询或反复查询。域名解析的过程是由 DNS 服务器和 DNS 客户机配合自动完成的。

图 9-2 中域名解析过程中的③和④就属于迭代查询。

(3) 反向查询。递归查询和迭代查询都是正向域名解析,即从域名查找 IP 地址。DNS 服务器还提供反向查询功能,即通过 IP 地址查询域名。

9.1.4　DNS 区域

DNS 区域是指一台 DNS 域名空间中连续的树。它将域名空间按照需要划分成了若干较小的管理单位。

以图 9-3 为例，在 cctv 设置一个 DNS 服务器，这个 DNS 服务器将完成域名空间 cctv. com 下的域名解析工作，我们称这是一个区域。

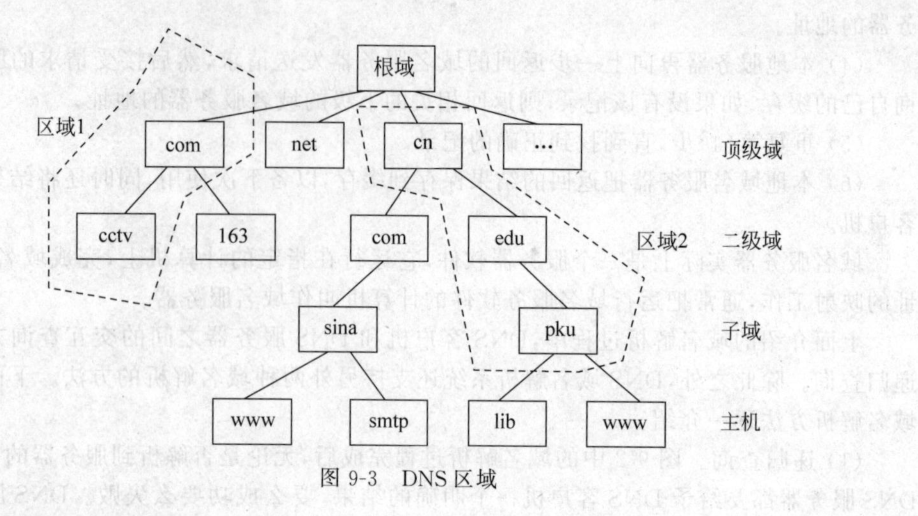

图 9-3　DNS 区域

在 pku 中设置一个 DNS 服务器，这个服务器完成域名空间 pku. edu. cn 下的域名解析工作，我们称这也是一个区域。

存储区域数据的文件称为区域文件。一台 DNS 服务器上可以存放多个区域文件，同一个区域文件也可以存放在多台 DNS 服务器上。一个区域必须是域名空间中连续的部分，否则无法构成一个区域。

在 DNS 服务器中必须先建立区域，在区域中建立子域，在区域或子域中添加主机记录。

9.1.5　网恒公司 DNS 解析方案设计

根据情境描述中企业应用的需求，需给出相应的企业网络服务设计的解决方案，并在实验室中进行必要的配置与验证实践。

该方案应具有以下特点。

(1) 可行性：所设计的解决方案能够充分考虑企业网络的特点和应用对象的技术、资源、管理等方面的约束；既简洁、合理，又能很好地结合现今主流网络技术进行方案的设计。

(2) 先进性：采用先进成熟的技术，能适应现在与未来一段时期的主流网络应用，又具有可升级性。

(3) 可靠性：能利用良好的硬件设备、合理有效的网络设计与维护，提供一个非常可靠的 Intranet 信息服务。

根据背景描述，方案设计如下。

(1) 服务器 IP 地址及域名分配情况如表 9-1 所示。

表 9-1　服务器 IP 地址及域名分配表

服务器	IP 地址	全称域名
主 DNS 服务器	192.168.10.2/24	dns.whwl.com
辅助 DNS 服务器	192.168.10.3/24	addns.whwl.com
WWW 服务器	192.168.10.4/24	www. whwl.com market.whwl.com product.whwl.com admin.whwl.com
FTP 服务器	192.168.10.5/24	ftp.whwl.com
邮件服务器	192.168.10.6/24	Mail.whwl.com

(2) 使用主机名形式发布公司门户网站和各部门网站，其中，www. whwl.com 是公司门户网站的主机名，而 market.whwl.com 是市场营销与推广部网站的主机名，product.whwl.com 是产品设计部网站的主机名，admin.whwl.com 是行政管理部网站的主机名，如表 9-2 所示。

表 9-2　Web 服务主机名规划表

部门子网	主　机　名
公司门户网站	www.whwl.com
市场营销与推广部网站	market.whwl.com
产品设计部网站	product.whwl.com
行政管理部网站	admin.whwl.com

(3) 配置 DNS 服务，实现上述域名解析。为了保证企业域名解析服务不间断运行，须配置主 DNS 服务器和辅助 DNS 服务器。由于本地 DNS 服务器只能解析本地网络中的 DNS 域名，为了能使企业员工访问 Internet 中的 DNS 域名，因此需要将 DNS 服务器配置为 DNS 转发器，将解析请求发送到其他 DNS 服务器进行解析。

9.2　安装 DNS 服务器

9.2.1　准备安装 DNS 服务器

安装 DNS 服务器的具体步骤如下。

(1) 在主 DNS 服务器上，右击“网络”，在弹出的快捷菜单中选择“属性”命令，弹出“网络和共享中心”窗口。单击左侧的“更改适配器”选项，弹出“网络连接”窗口。右击 Ethernet0，在弹出的快捷菜单中选择“属性”命令，弹出“Ethernet0 属性”对话框。在“此连接使用下列项目”列表框中双击“Internet 协议版本 4”，弹出“Internet 协议版本 4 (TCP/IPv4) 属性”对话框，将“IP 地址”设置为 192.168.10.2，将“子网掩码”设置为 255.255.255.0，将“默认网关”设置为 192.168.10.1，将“首选 DNS 服务器”设置为 192.168.10.2，将“备用 DNS 服务器”设置为 192.168.10.3，如图 9-4 所示。

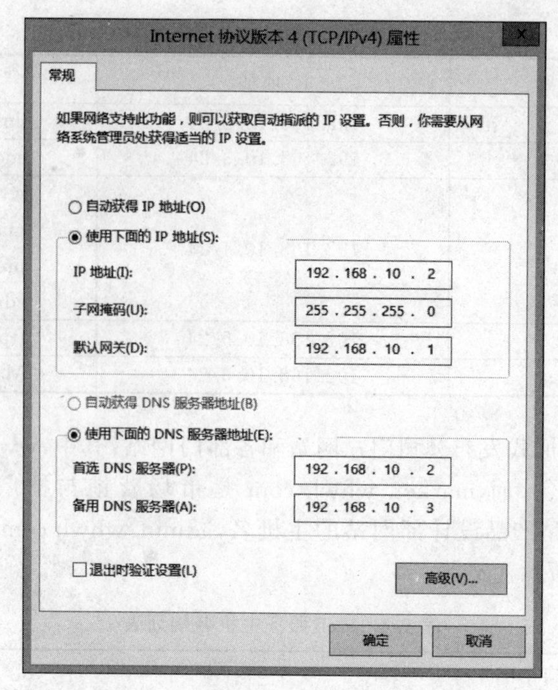

图 9-4　主 DNS 服务器配置 IP 地址

（2）依次单击"确定"→"确定"按钮，完成主 DNS 服务器的设置。

（3）重复步骤（1）～步骤（2），在辅助 DNS 服务器上，将"IP 地址"设置为 192.168.10.3，将"子网掩码"设置为 255.255.255.0，将"默认网关"设置为 192.168.10.1，如图 9-5 所示。

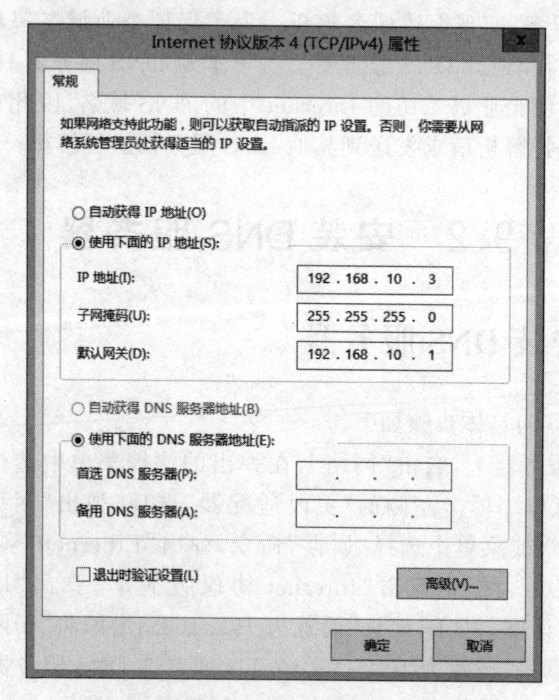

图 9-5　辅助 DNS 服务器配置 IP 地址

9.2.2　安装 DNS 服务器角色

安装 DNS 服务器角色的具体步骤如下。

(1) 在主 DNS 服务器上，单击快速启动栏中的“服务器管理器”，弹出“服务器管理器”窗口，默认显示“服务器管理器・仪表板”，如图 9-6 所示。

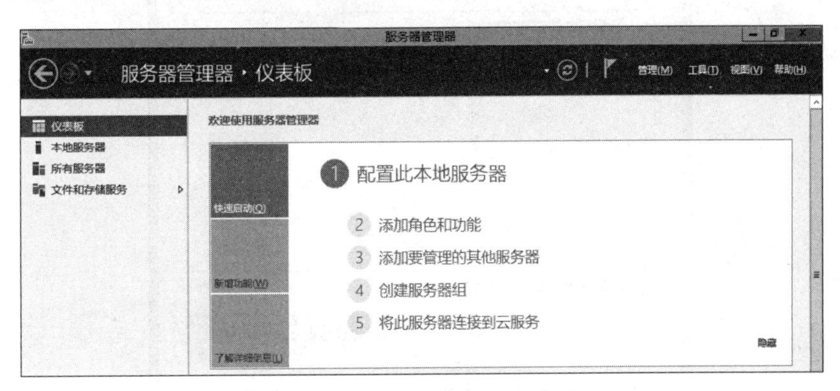

图 9-6　服务器管理器界面

(2) 在“服务器管理器・仪表板”右侧详细信息窗格中单击“2 添加角色和功能”，弹出“添加角色和功能向导”窗口，如图 9-7 所示。

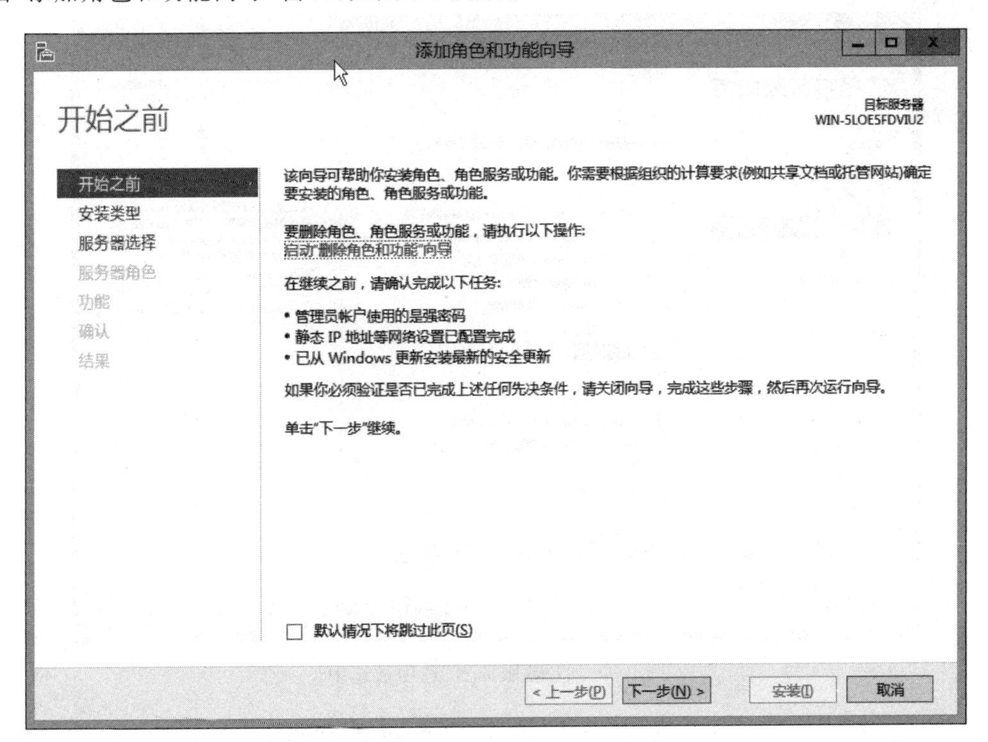

图 9-7　“添加角色和功能向导”窗口

(3) 依次单击“下一步”→“下一步”按钮，在“选择服务器角色”对话框的“角色”列表中选中“DNS 服务器”选项，此时弹出“添加 DNS 服务器所需的功能”界面，如图 9-8 所示。

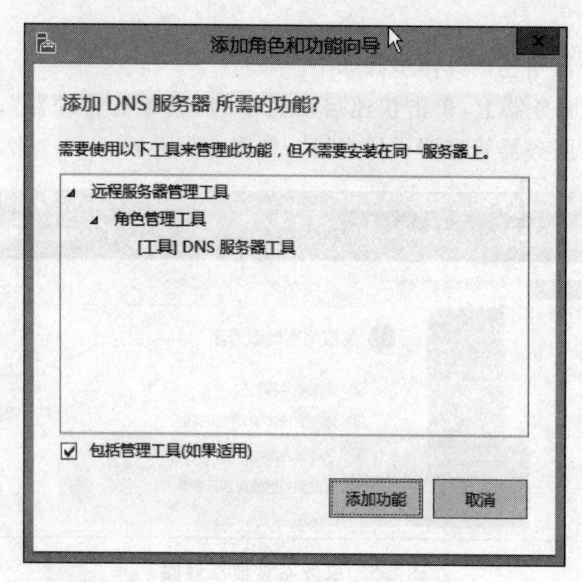

图 9-8 “添加 DNS 服务器所需的功能”界面

(4) 单击“添加功能”按钮，此时“DNS 服务器”选项被选中，如图 9-9 所示。

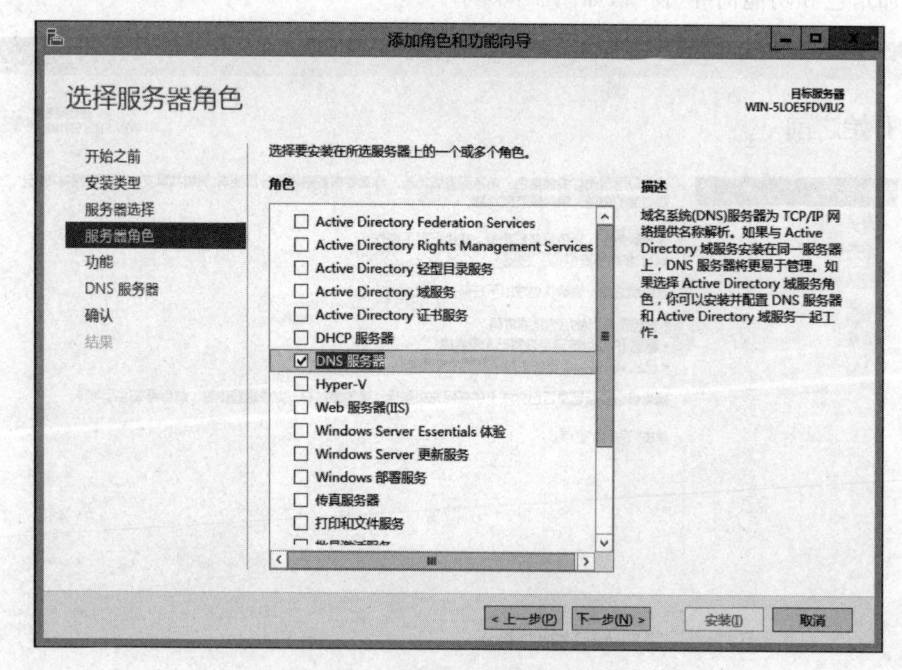

图 9-9 “DNS 服务器”选项被选中

(5) 依次单击“下一步”→“下一步”→“下一步”→“安装”按钮。安装完成后，在“安装进度”界面显示“安装成功”，如图 9-10 所示。

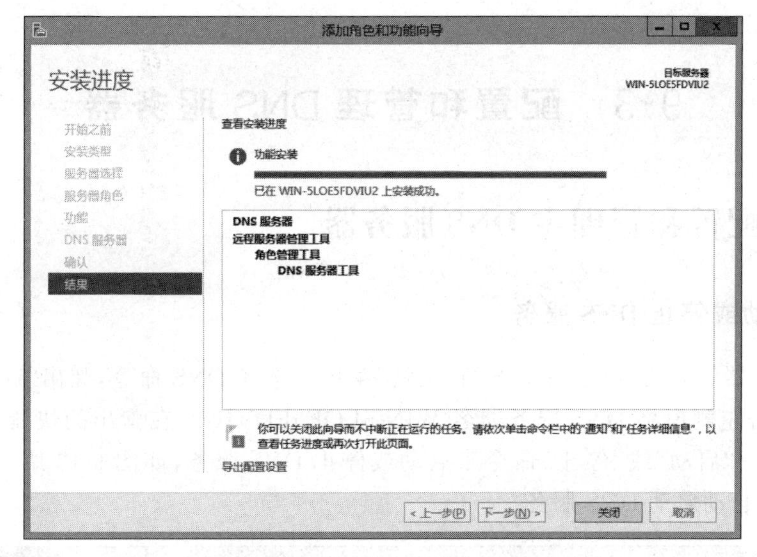

图 9-10　显示"安装成功"界面

（6）单击"关闭"按钮。打开"服务器管理器"窗口右上侧的"工具"菜单，如图 9-11 所示。

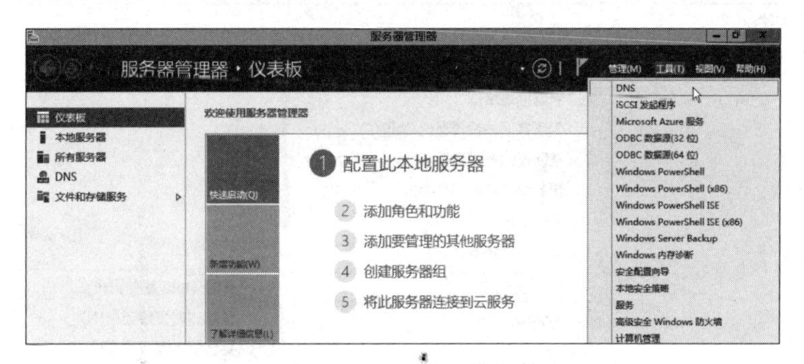

图 9-11　"工具"菜单

（7）在菜单中选择 DNS 命令，显示"DNS 管理器"窗口，如图 9-12 所示。

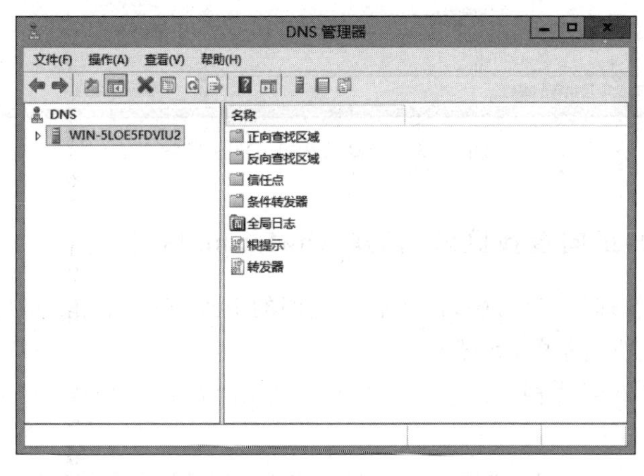

图 9-12　"DNS 管理器"窗口

9.3 配置和管理 DNS 服务器

9.3.1 配置和管理主 DNS 服务器

1. 启动或停止 DNS 服务

在“服务器管理器”窗口右上方的“工具”菜单中选择 DNS 命令，弹出“DNS 管理器”对话框，右击左侧窗格 DNS 服务器名 WIN-5LOE5FDVIU2，在弹出的快捷菜单中选择“所有任务”→“启动”或“停止”命令来启动或停止 DNS 服务，如图 9-13 所示，默认安装 DNS 服务后自动启动 DNS 服务。

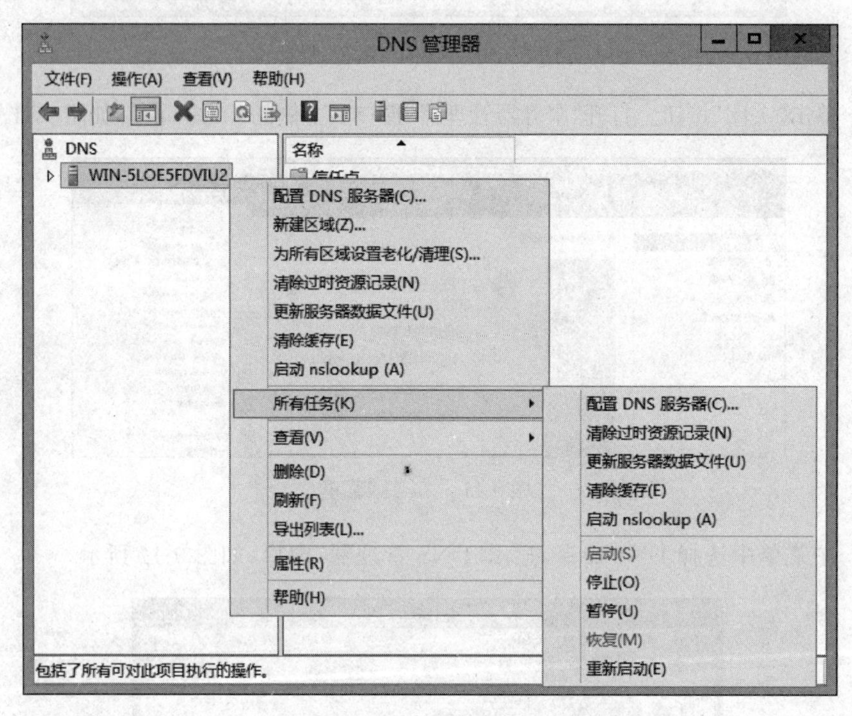

图 9-13　启动或停止 DNS 服务

2. 配置 DNS 正向查找区域，创建 whwl.com 区域

(1) 在“DNS 管理器”窗口中，依次展开左侧的节点菜单，右击“正向查找区域”选项，弹出正向查找区域快捷菜单，如图 9-14 所示。

(2) 在快捷菜单中选择“新建区域”命令，弹出“新建区域向导”对话框，如图 9-15 所示。

(3) 依次单击“下一步”→“下一步”按钮，在“区域名称”对话框的“区域名称”文本框

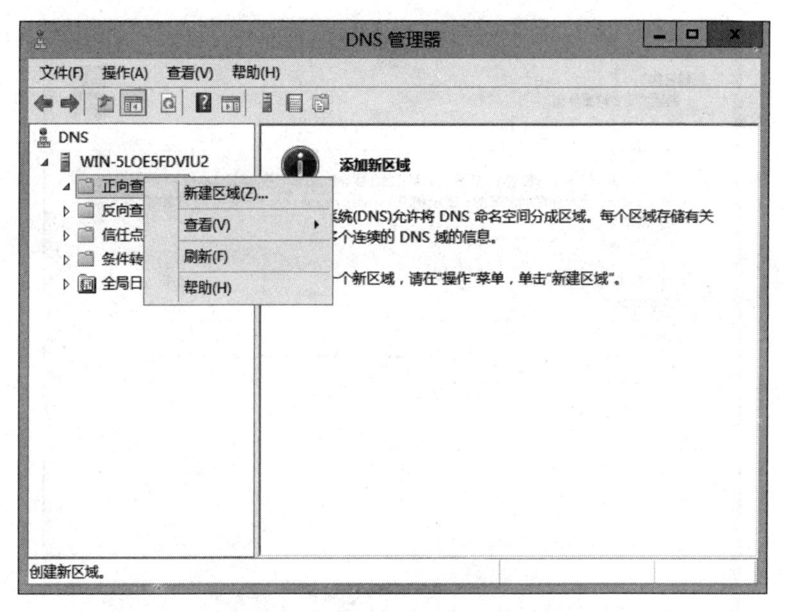

图 9-14　正向查找区域快捷菜单

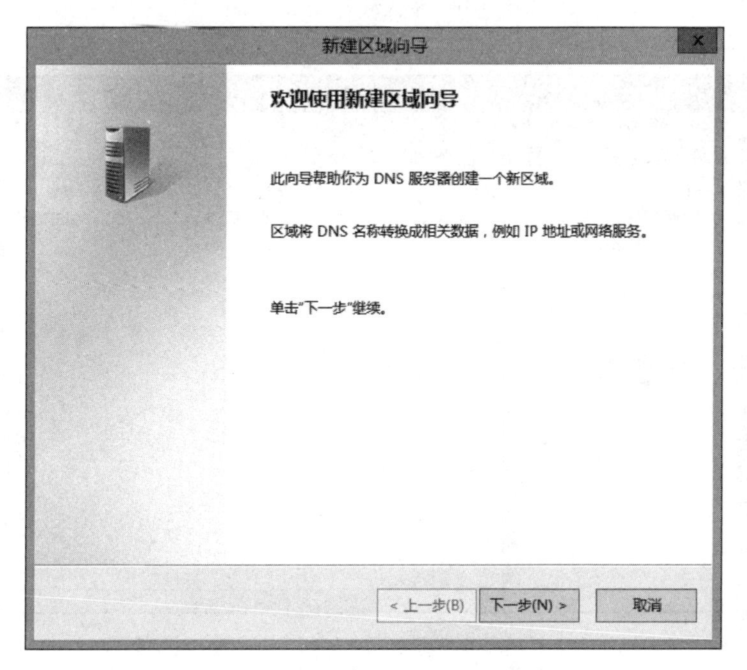

图 9-15　"新建区域向导"对话框

中输入域名 whwl.com，如图 9-16 所示。

(4) 依次单击"下一步"→"下一步"→"下一步"→"完成"按钮。此时，在"DNS 管理器"窗口左侧窗格的"正向查找区域"菜单下面显示了刚刚新建的 whwl.com 区域，如图 9-17 所示。

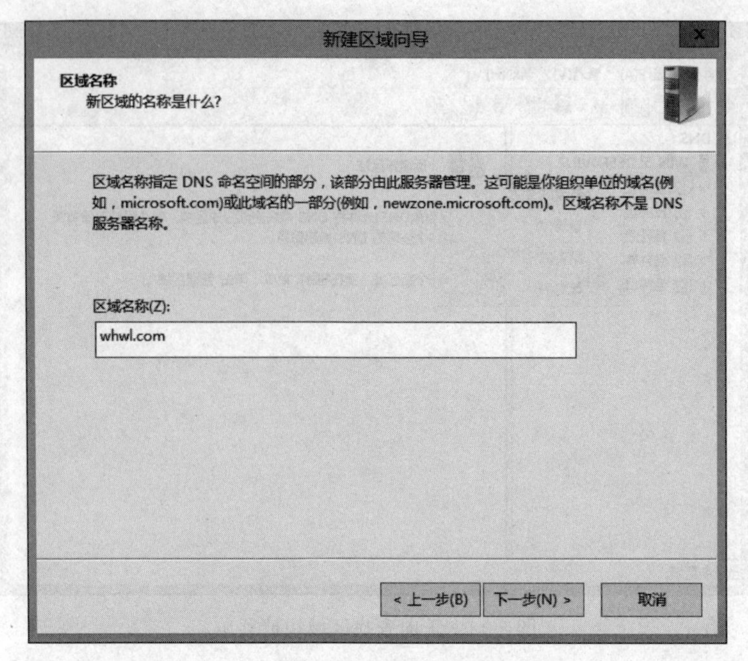

图 9-16　输入域名 whwl. com

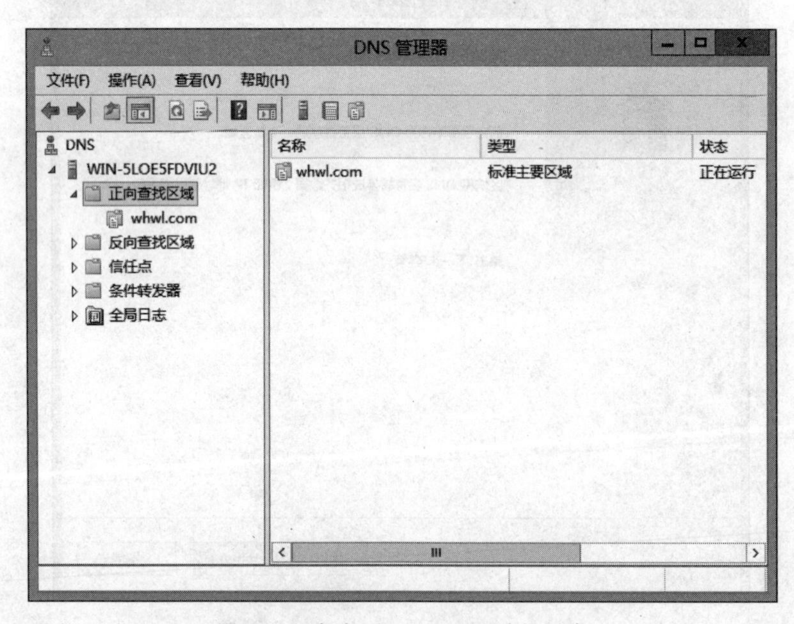

图 9-17　完成 whwl. com 区域的新建

3. 配置 DNS 反向查找区域

(1) 在“DNS 管理器”窗口中，依次展开左侧窗格的节点菜单，右击“反向查找区域”选项，弹出反向查找区域快捷菜单，如图 9-18 所示。

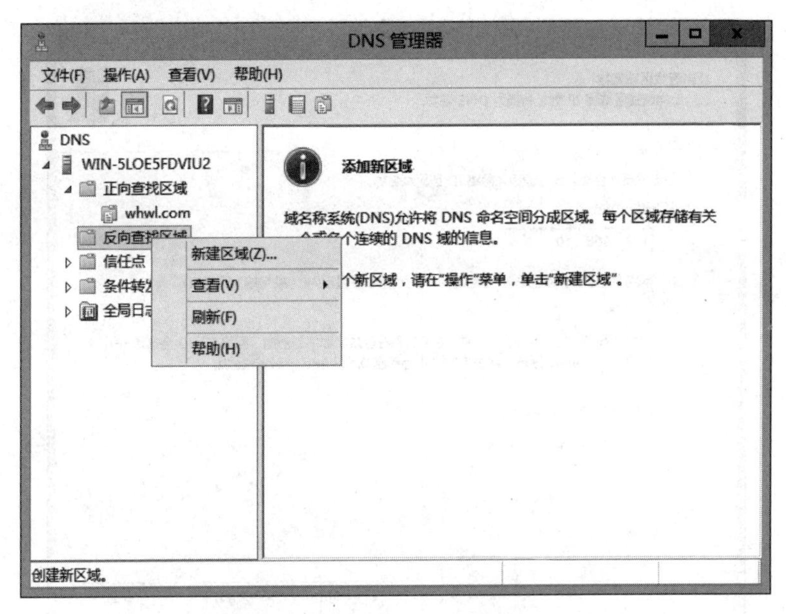

图 9-18　反向查找区域快捷菜单

(2) 在快捷菜单中选择"新建区域"命令，弹出"新建区域向导"对话框，如图 9-19 所示。

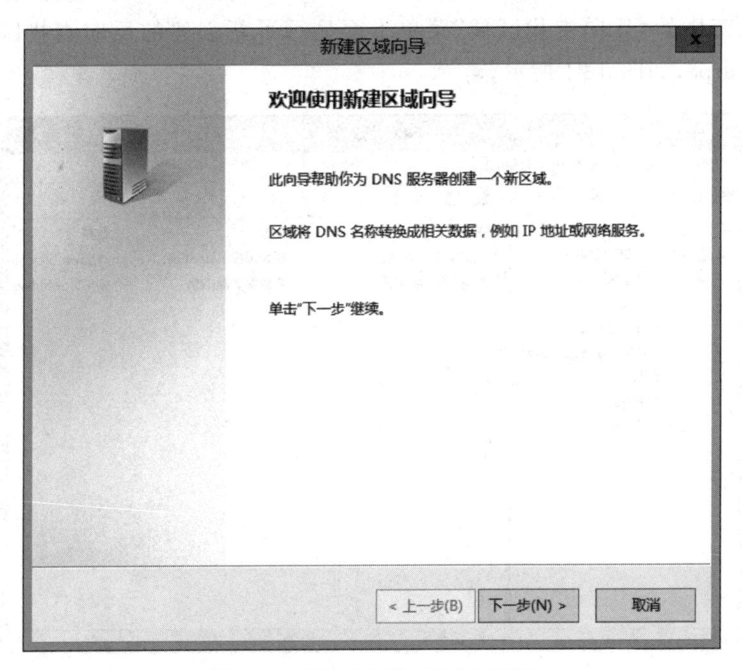

图 9-19　"新建区域向导"对话框

(3) 依次单击"下一步"→"下一步"→"下一步"按钮，在"反向查找区域名称"界面的"网络 ID"文本框中输入 192.168.10，如图 9-20 所示。

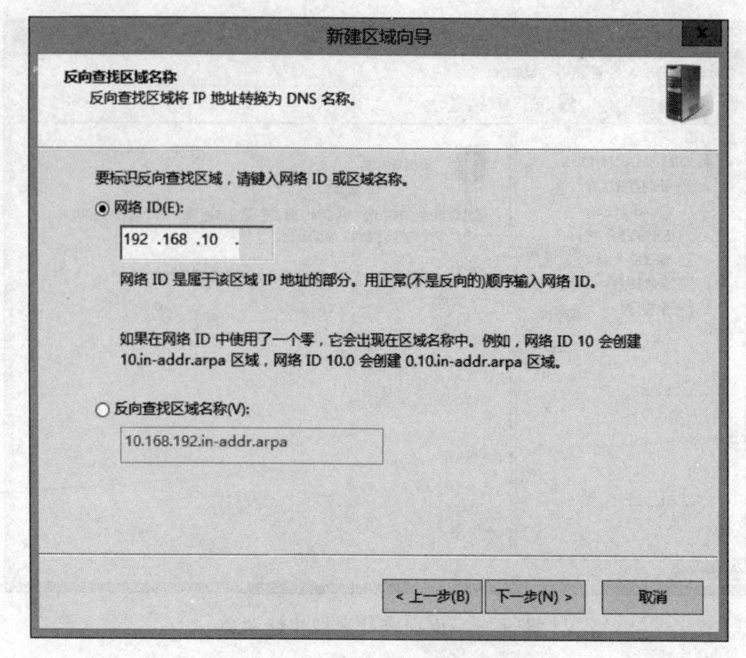

图 9-20 “反向查找区域名称”界面

(4) 依次单击“下一步”→“下一步”→“下一步”→“完成”按钮，此时，在“DNS 管理器”窗口左侧窗格的“反向查找区域”菜单下面显示了新创建的反向查找区域 10.168.192.in-addr.arpa，如图 9-21 所示。

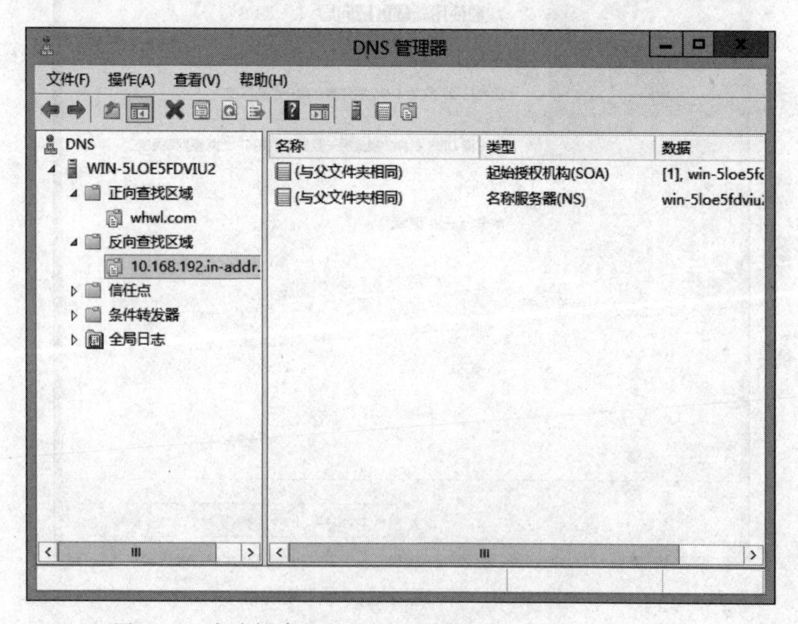

图 9-21 成功创建反向查找区域 10.168.192.in-addr.arpa

4. 添加主机记录

添加 8 条主机记录，分别是 dns. whwl. com、addns. whwl. comwww. whwl. com、market. whwl. com、product. whwl. com、admin. whwl. com 和 ftp. whwl. com。

(1) 在“DNS 管理器”窗口中，右击左侧窗格“正向查找区域”菜单下的 whwl. com，在快捷菜单中选择“新建主机”命令，弹出“新建主机”对话框，如图 9-22 所示。

(2) 在“名称”文本框中输入 dns，此时在“完全限定的域名”文本框中自动显示 dnd. whwl. com；在“IP 地址”文本框中输入主 DNS 服务器的 IP 地址 192. 168. 10. 2；选中“创建相关的指针(PTR)记录”复选框，如图 9-23 所示。

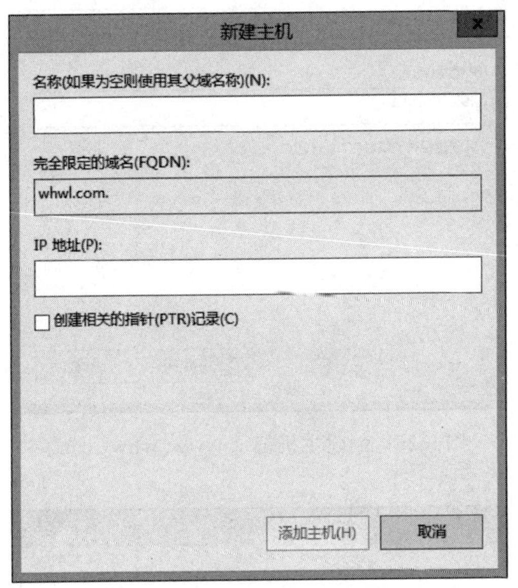

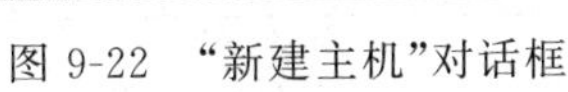
图 9-22　“新建主机”对话框

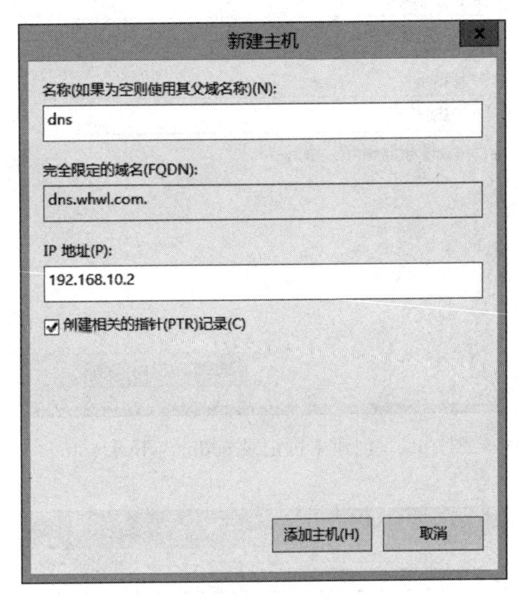

图 9-23　创建主机记录 dnd. whwl. com

(3) 单击“添加主机”按钮，弹出 DNS 对话框，提示“成功地创建了主机记录 dns. whwl. com，如图 9-24 所示。

图 9-24　成功创建主机记录 dns. whwl. com

(4) 单击“确定”按钮。

(5) 按照步骤(1)～步骤(4)继续创建主机记录 addns. whwl. com、www. whwl. com、market. whwl. com、product. whwl. com、admin. whwl. com 和 ftp. whwl. com。创建这

些主机记录的界面分别如图 9-25～图 9-30 所示。

（6）以上主机记录创建完成后，在“DNS 管理器”对话框右侧窗格中显示了新创建的 7 个主机记录，如图 9-31 所示。

（7）右击左侧窗格“反向查找区域”菜单下的 10.168.192.in-addr.arpa，弹出快捷菜单，如图 9-32 所示。

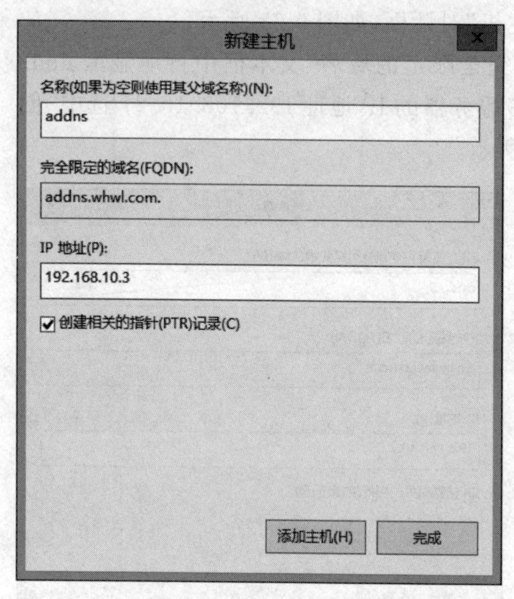

图 9-25　创建主机记录 addns.whwl.com

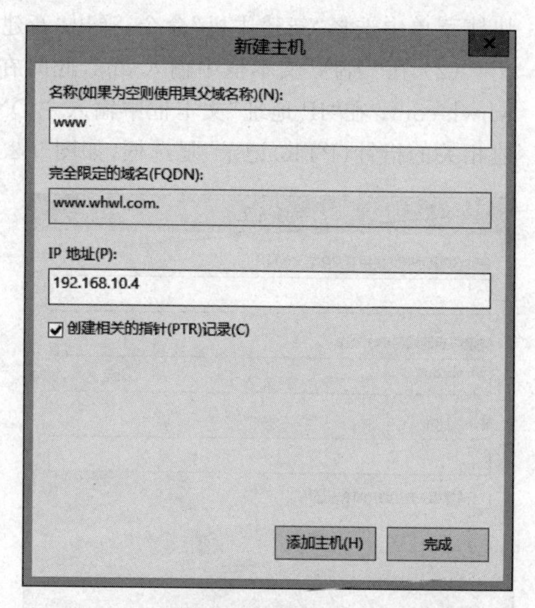

图 9-26　创建主机记录 www.whwl.com

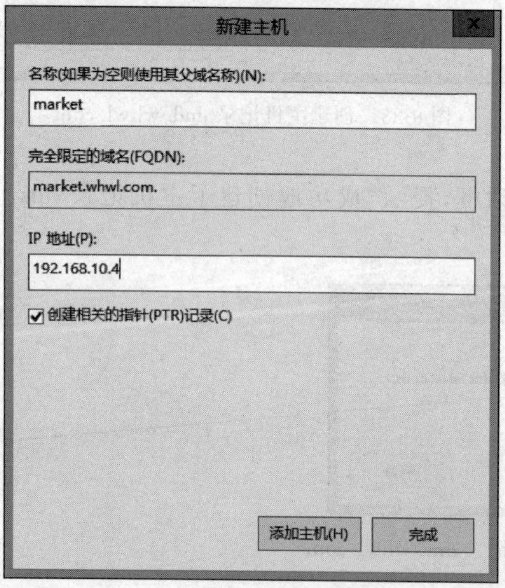

图 9-27　创建主机记录 market.whwl.com

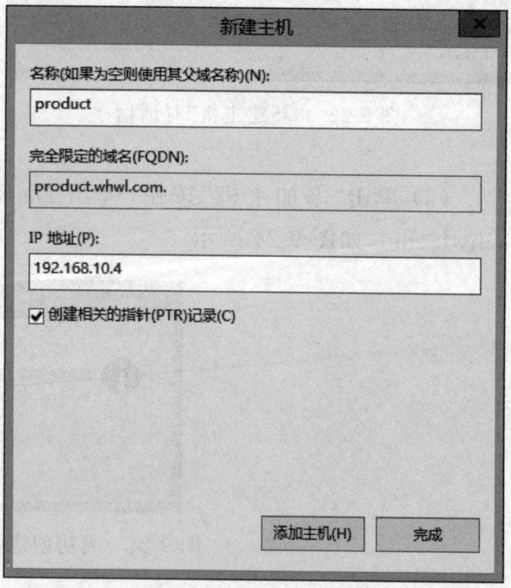

图 9-28　创建主机记录 product.whwl.com

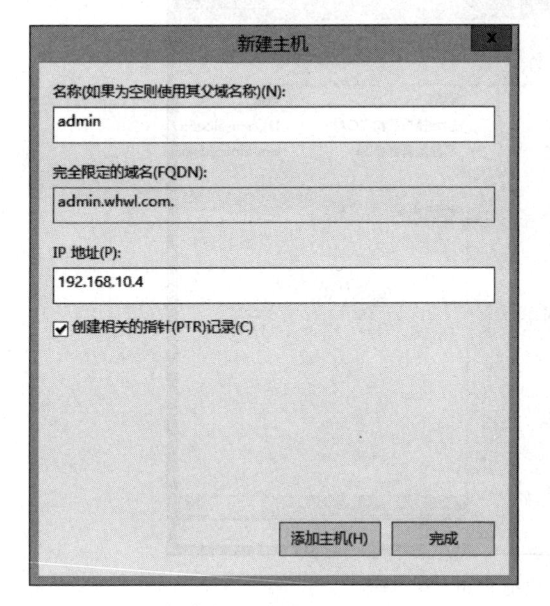

图 9-29　创建主机记录 admin. whwl. com

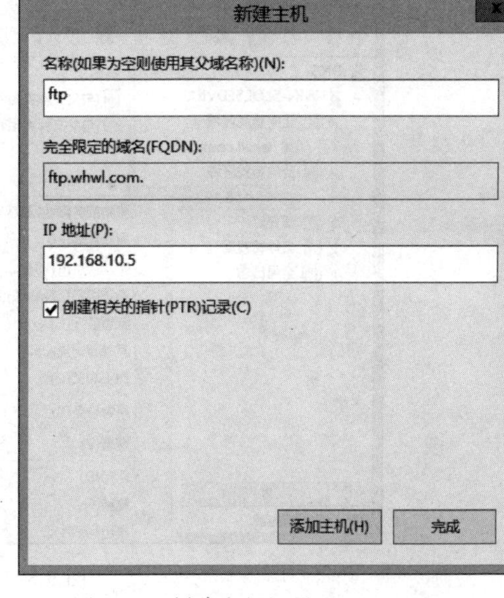

图 9-30　创建主机记录 ftp. whwl. com

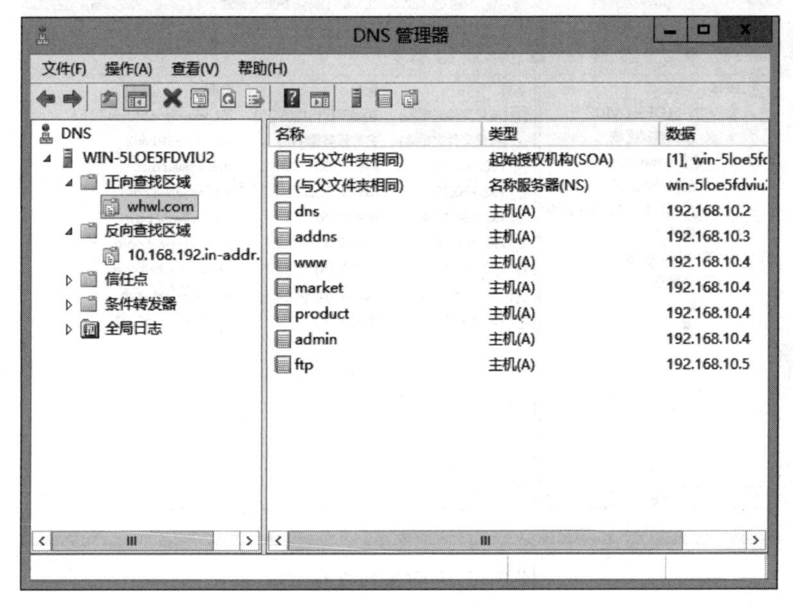

图 9-31　新建的 7 个主机记录

（8）在快捷菜单中选择“刷新”命令，此时右侧窗格中显示了 7 个主机记录相应的反向查找记录，如图 9-33 所示。

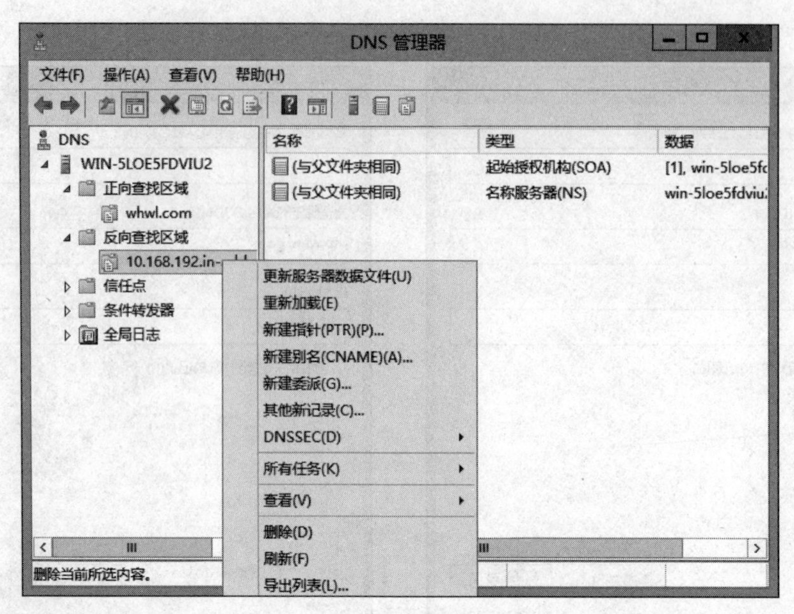

图 9-32 快捷菜单

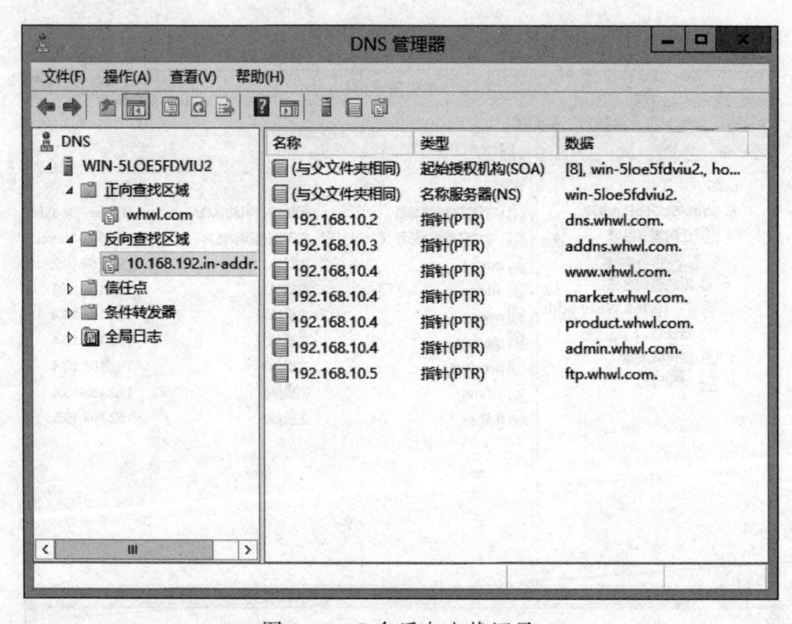

图 9-33 7 个反向查找记录

9.3.2 配置 DNS 转发

配置 DNS 转发的步骤如下。

(1) 右击左侧窗格中的 DNS 服务器名 WIN-5LOE5FDVIU2，弹出快捷菜单，如图 9-34 所示。

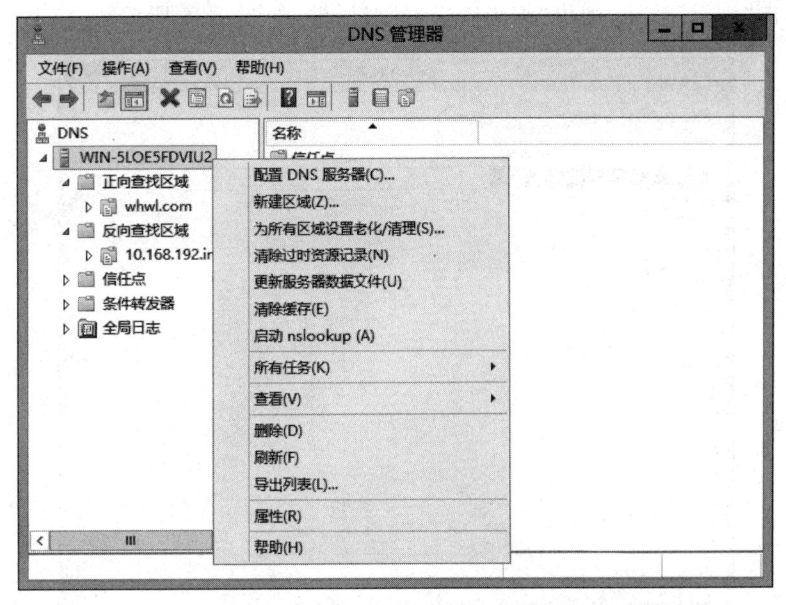

图 9-34　右击 DNS 服务器名 WIN-5LOE5FDVIU2 弹出的快捷菜单

(2) 选择“属性”命令,弹出“WIN-5LOE5FDVIU2 属性”对话框,选择“转发器”选项卡,如图 9-35 所示。

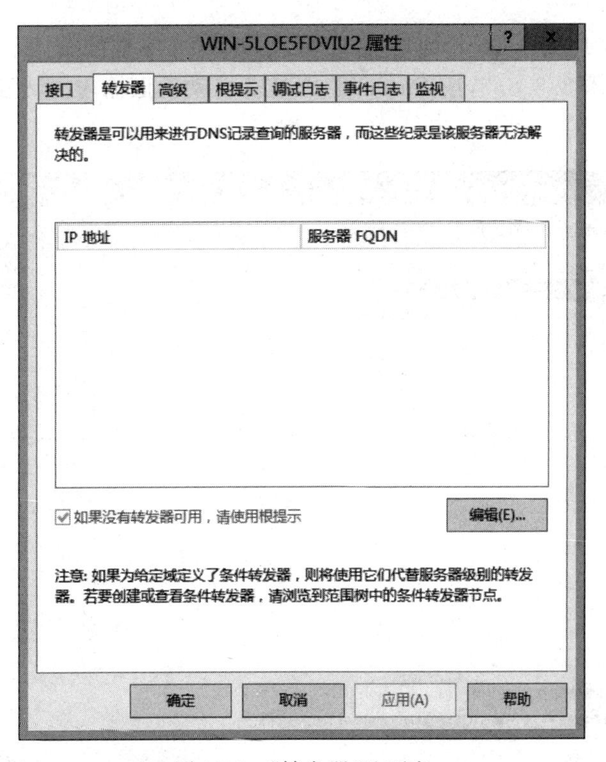

图 9-35　“转发器”选项卡

(3) 单击"编辑"按钮,弹出"编辑转发器"对话框,如图 9-36 所示。

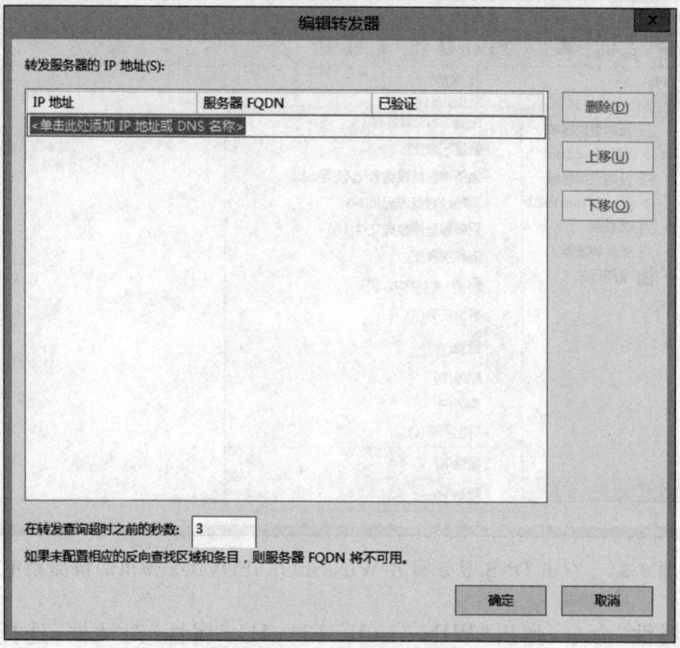

图 9-36 "编辑转发器"对话框

(4) 在"＜单击此处添加 IP 地址或 DNS 名称＞"文本框中输入转发器的 IP 地址或 DNS 域名,此处输入 8.8.8.8,按 Enter 键,系统会自动验证输入的转发器地址,如图 9-37 所示。

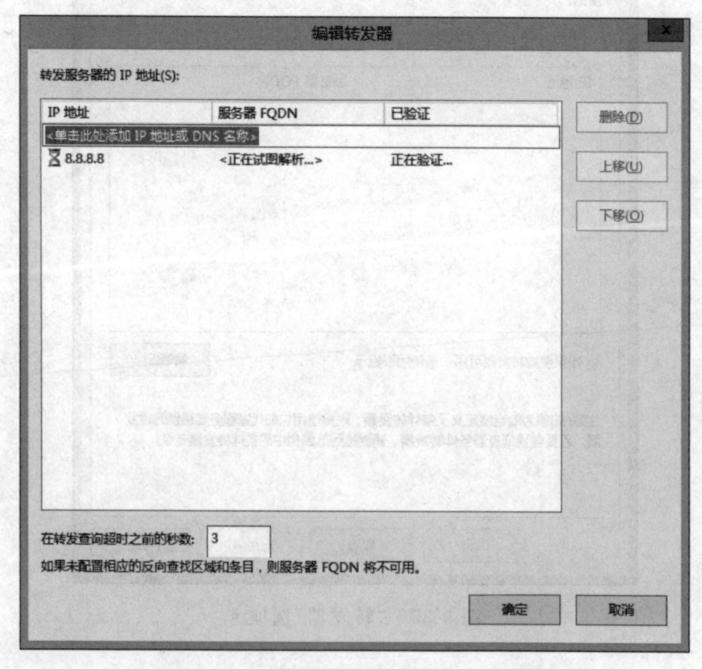

图 9-37 系统自动验证输入的转发器地址

(5) 如果输入的转发器地址无误,能够通过系统验证,则单击"确定"按钮。此时,DNS 转发器设置成功。这样企业部门员工访问 Internet 中的 DNS 域名时,主 DNS 服务器就会将域名解析请求发送给 DNS 转发器进行查询。

9.3.3　安装和配置辅助 DNS 服务器

1. 在主 DNS 服务器上添加允许传送的辅助 DNS 服务器地址

(1) 在主 DNS 服务器上,打开"DNS 管理器"窗口,在左侧窗格中右击 whwl.com,弹出快捷菜单,如图 9-38 所示。

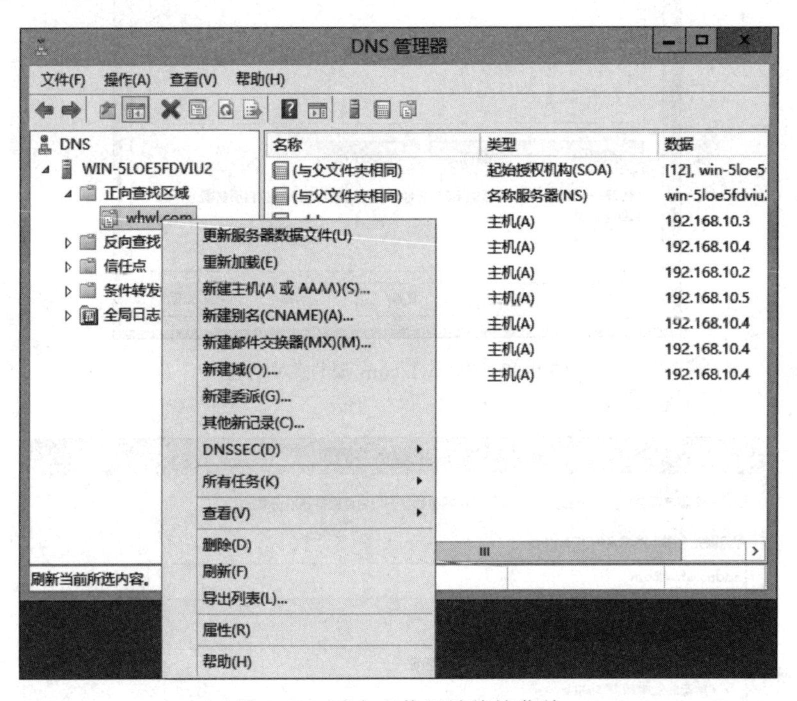

图 9-38　正向查找区域快捷菜单

(2) 选择快捷菜单中的"属性"命令,弹出"whwl.com 属性"对话框,选择"名称服务器"选项卡,如图 9-39 所示。

(3) 单击"添加"按钮,弹出"新建名称服务器记录"对话框,在"服务器完全限定的域名(FQDN)"文本框中输入辅助 DNS 服务器域名 addns.whwl.com,单击"解析"按钮,在"此 NS 记录的 IP 地址"列表中显示所解析出的 IP 地址,如图 9-40 所示。

(4) 单击"确定"按钮,在"名称服务器"列表中显示了刚刚添加的名称服务器,如图 9-41 所示。

(5) 在"whwl.com 属性"对话框中,选择"区域传送"选项卡,如图 9-42 所示。

(6) 单击"通知"按钮,弹出"通知"对话框,选中"在'名称服务器'选项卡上列出的服务器"单选按钮,如图 9-43 所示。

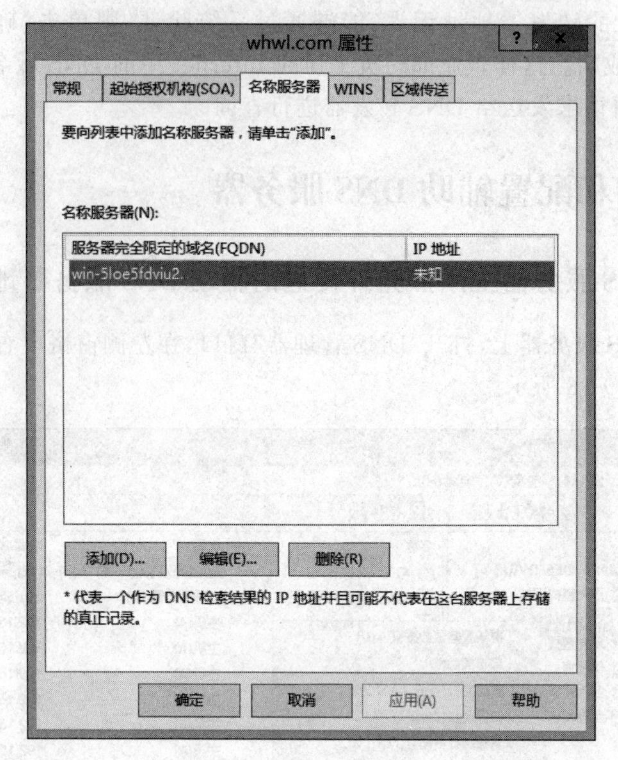

图 9-39 "whwl. com 属性"对话框

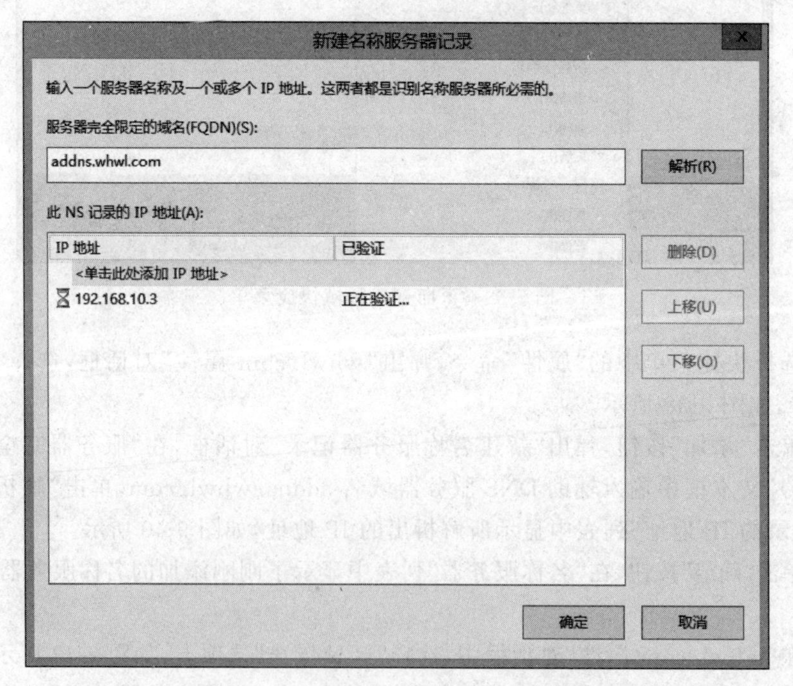

图 9-40 "新建名称服务器记录"对话框

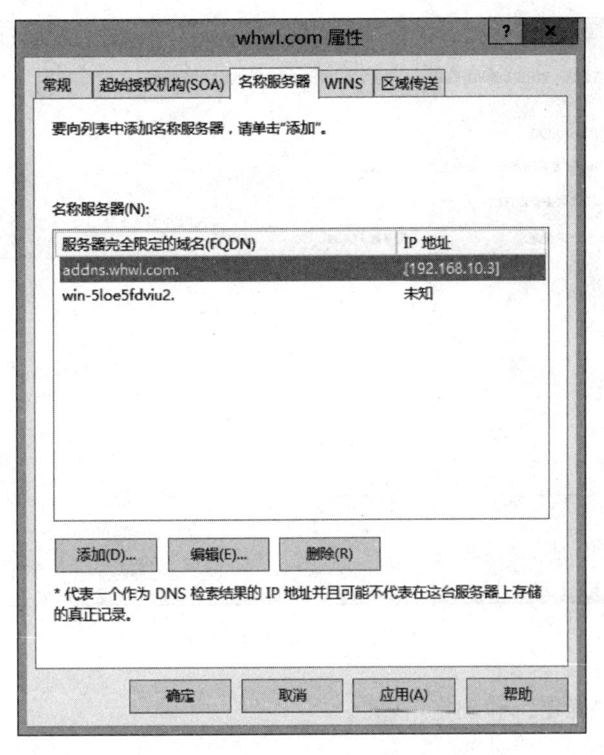

图 9-41　名称服务器添加成功界面

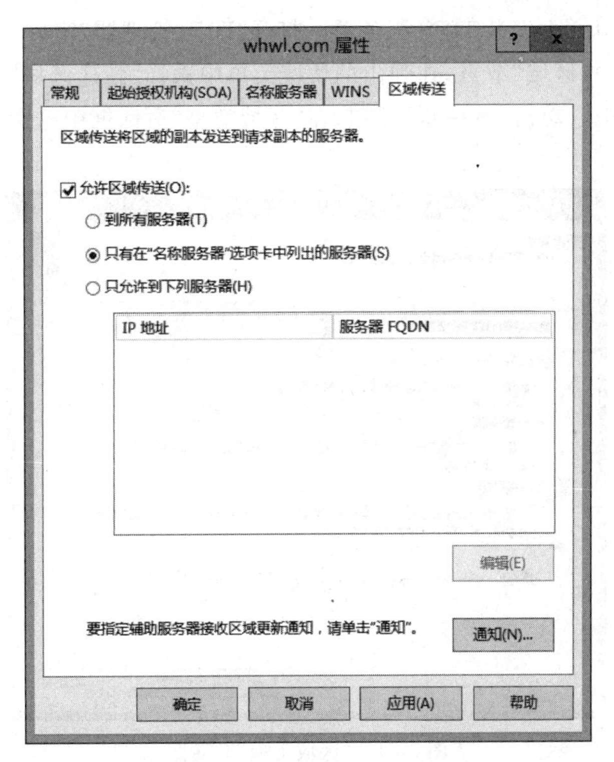

图 9-42　"区域传送"选项卡

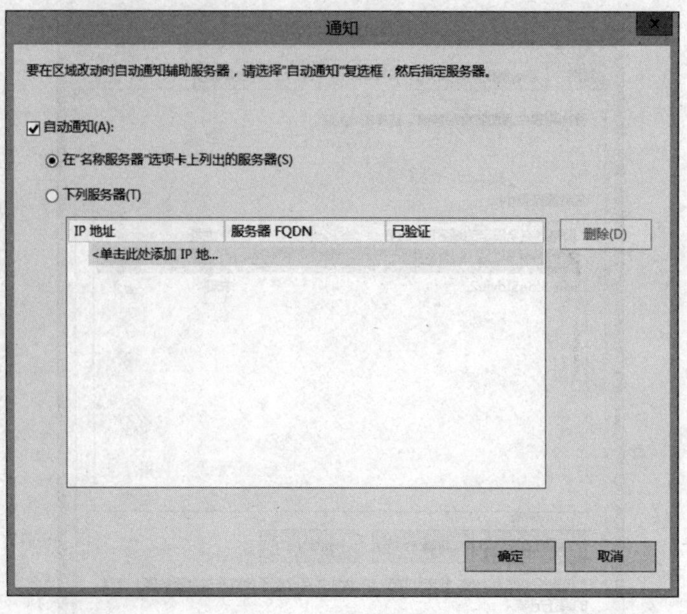

图 9-43 “通知”对话框

(7) 依次单击“确定”→“确定”按钮。

2. 安装 DNS 辅助服务器

(1) 在 Svr-addns 上安装 DNS 服务器。打开“DNS 管理器”窗口，展开左侧窗格中的菜单，右击“正向查找区域”节点，在弹出的快捷菜单中选择“新建区域”命令，此时弹出“新建区域向导”对话框。单击“下一步”按钮，在“区域类型”对话框中选中“辅助区域”单选按钮，如图 9-44 所示。

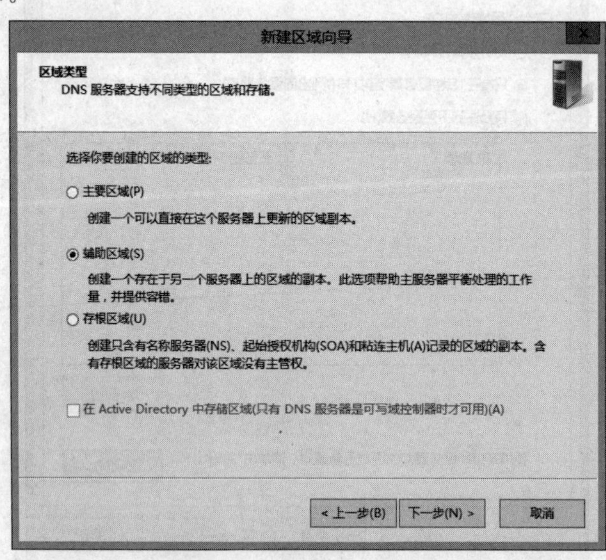

图 9-44 “区域类型”对话框

(3) 单击“下一步”按钮，在“区域名称”文本框中输入与主 DNS 服务器区域名称一致的区域名称 whwl. com，如图 9-45 所示。

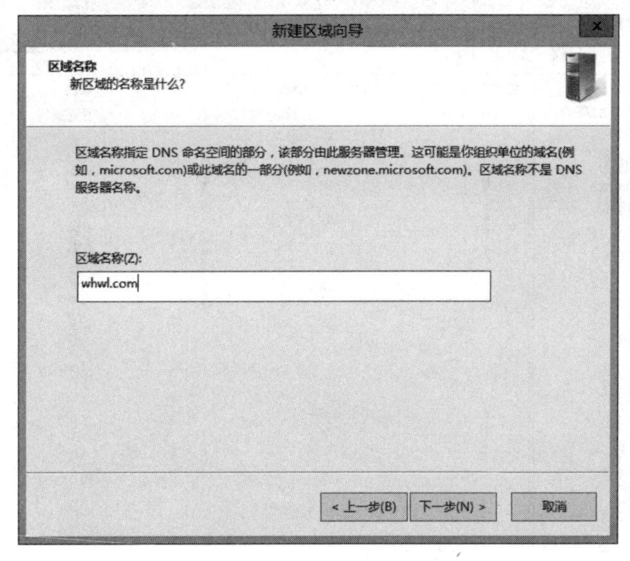

图 9-45　“区域名称”对话框

(4) 单击“下一步”按钮，在“主服务器”列表框中输入主 DNS 服务器地址 192. 168. 10. 2，并按 Enter 键进行验证，验证通过后在“已验证”列显示“确定”，如图 9-46 所示。

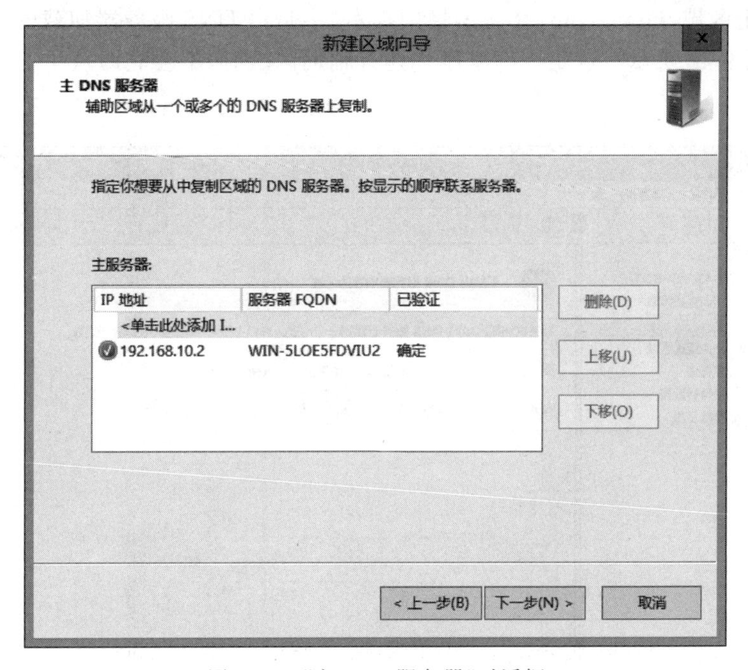

图 9-46　“主 DNS 服务器”对话框

(5) 依次单击“下一步”→“完成”按钮，此时在“DNS 管理器”的“正向查找区域”节点下面显示刚刚添加的区域 whwl. com，如图 9-47 所示。

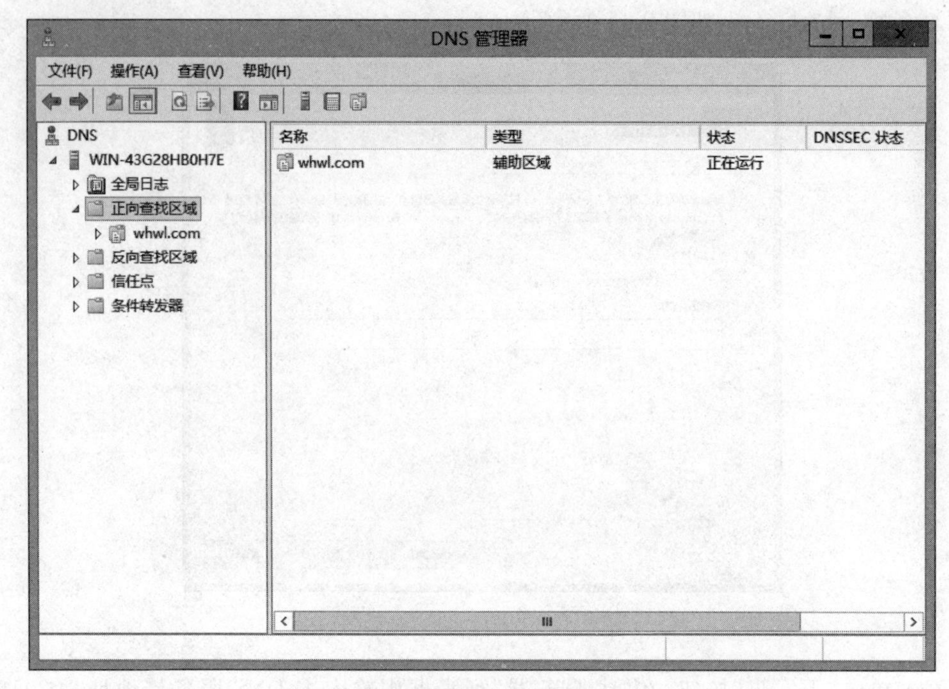

图 9-47　完成辅助 DNS 服务器正向查找区域 whwl. com 的添加

（6）单击区域 whwl. com，在右窗格中提示“不是由 DNS 服务器加载的区域”错误提示信息，如图 9-48 所示。这是因为刚刚创建好辅助区域时，不会立即从主 DNS 服务器复制数据。

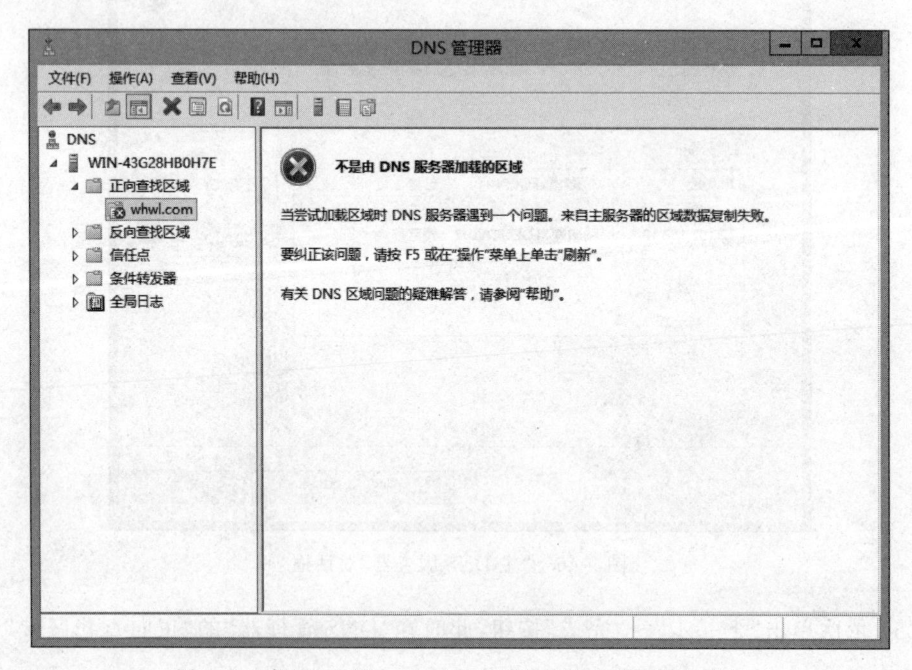

图 9-48　提示“不是由 DNS 服务器加载的区域”错误信息

(7) 右击区域 whwl.com,弹出快捷菜单。

(8) 在快捷菜单中选择"从主服务器传输"命令,此时在右窗格中显示了从主 DNS 服务器重新加载的数据,如图 9-49 所示。

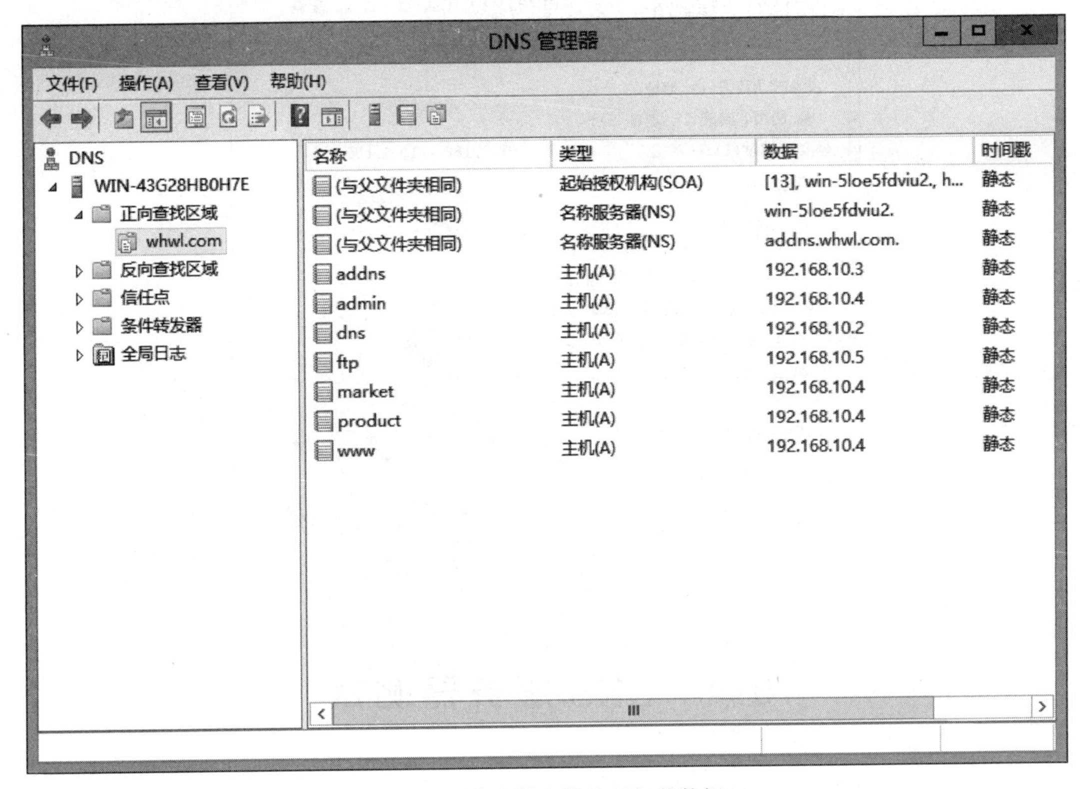

图 9-49　从主服务器重新加载数据

9.3.4　设置 Windows 客户端的 DNS 服务

企业部门内员工要访问 DNS 服务器时,如果网络中配置了 DHCP 服务器,客户机也设置了自动获得 IP 地址和自动获得 DNS 服务器地址,那么客户机就不用再设置 DNS 服务器地址了;如果客户机是手动配置 IP 地址的,那么须在客户机上的网络连接中设置主 DNS 服务器地址和辅助 DNS 服务器地址,具体设置步骤为:在 Windows 客户机上右击系统托盘中的"网络连接"图标,在弹出的快捷菜单中选择"打开网络和共享中心"命令,弹出"网络和共享中心"窗口。选择"更改适配器设置",显示"网络连接"窗口,右击"本地连接",在弹出的快捷菜单中选择"属性"命令,弹出"本地连接属性"对话框。双击"Internet 协议版本 4(TCP/IPv4)",弹出"Internet 协议版本 4(TCP/IPv4)属性"对话框,在"首选 DNS 服务器"文本框中输入主 DNS 服务器的地址 192.168.10.2,在"备用 DNS 服务器"文本框中输入辅助 DNS 服务器的地址 192.168.10.3,如图 9-50 所示。

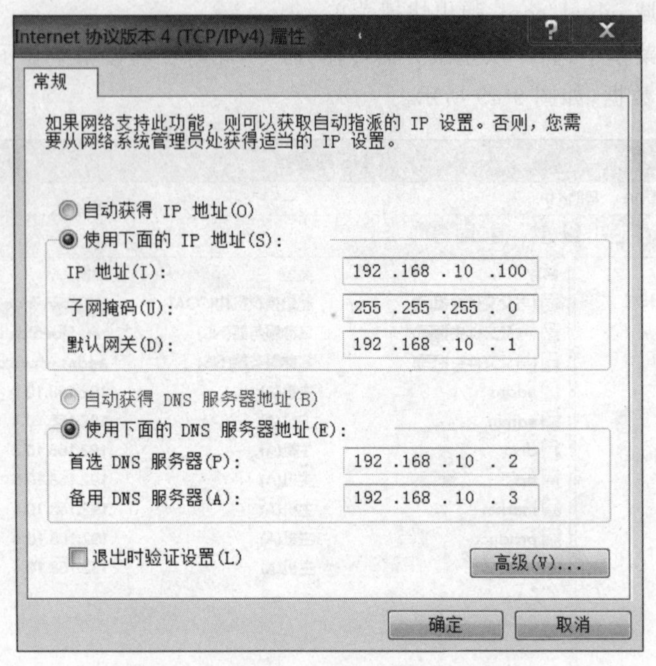

图 9-50　客户机设置 DNS 服务器地址

9.4　DNS 服务器测试

单击“开始”菜单，选择“运行”命令，弹出命令提示符窗口。执行 nslookup 命令正向解析 DNS 域名，测试结果如图 9-51 和图 9-52 所示。

图 9-51　使用 nslookup 命令正向解析 DNS 域名 1

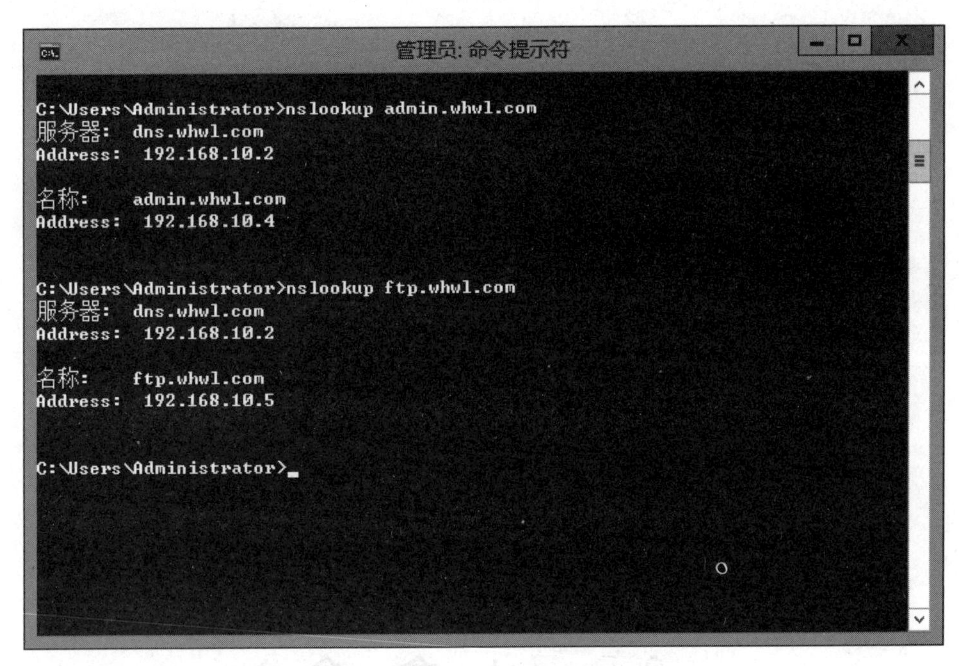

图 9-52　使用 nslookup 命令正向解析 DNS 域名 2

在命令提示符窗口中执行 nslookup 192. 168. 10. 4 "nslookup 192. 168. 10. 4"命令，解析出域名 www. whwl. com 对应的 IP 地址为 192. 168. 10. 4；执行 nslookup ftp. whwl. com 命令，解析出域名 ftp. whwl. com 对应的 IP 地址为 192. 168. 10. 5，如图 9-53 和图 9-54 所示。

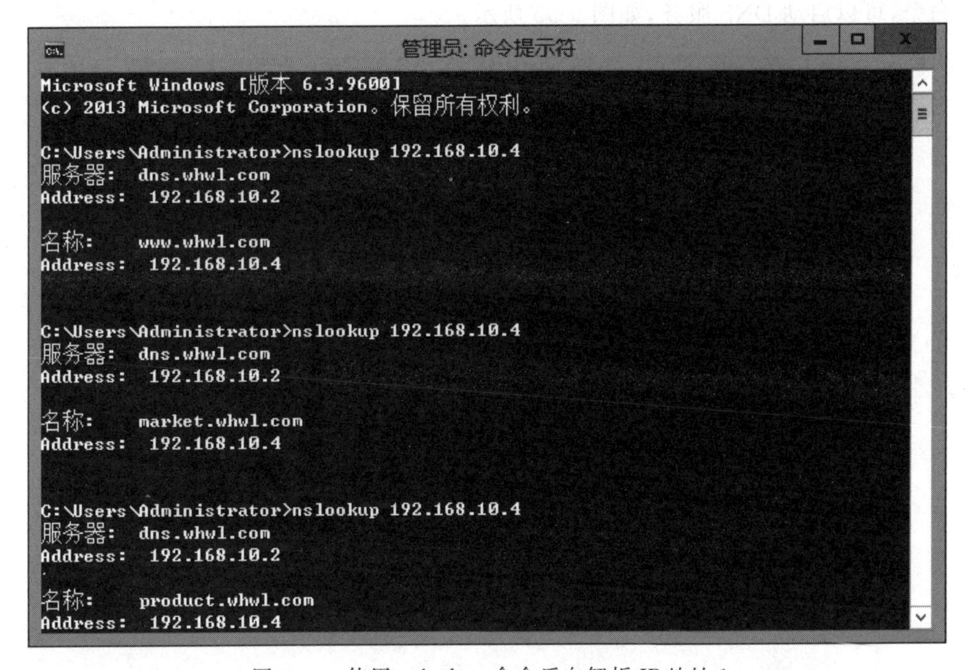

图 9-53　使用 nslookup 命令反向解析 IP 地址 1

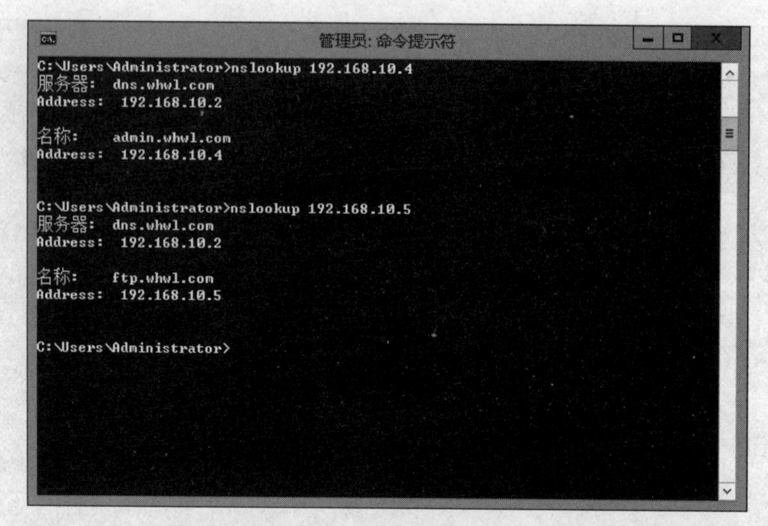

图 9-54 使用 nslookup 命令反向解析 IP 地址 2

9.5 net 命令

要启动或停止 DNS 服务，除使用服务器管理器外，还可以使用 net 命令，具体操作如下。

打开命令提示符窗口，执行 net stop dns 命令，可以停止 DNS 服务；执行 net start dns 命令，可以启动 DNS 服务，如图 9-55 所示。

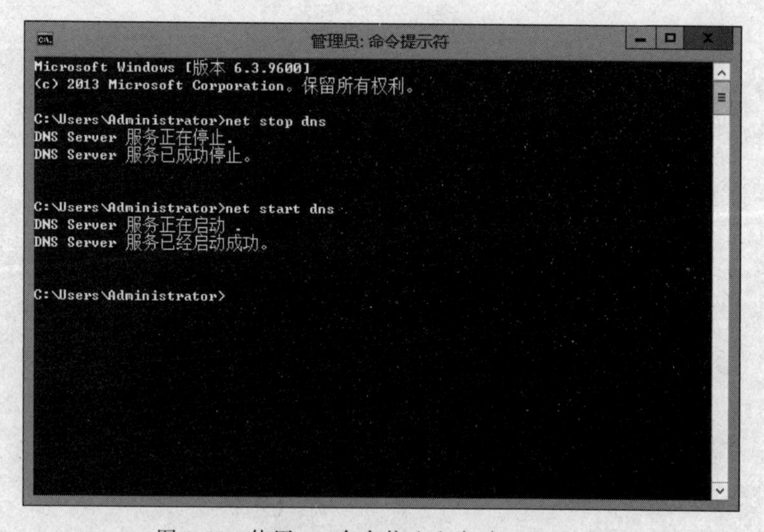

图 9-55 使用 net 命令停止和启动 DNS 服务

9.6　添加 MX 记录

MX 记录即邮件交换记录，用于将以该域名为结尾的电子邮件发送到对应的邮件服务器上。企业员工使用邮件程序给用户的邮箱 marketuser1@whwl.com 发送邮件时，系统会根据收信人地址的后缀 whwl.com 向 DNS 服务器申请解析域名 whwl.com 的 MX 记录，即查询域名 whwl.com 中邮件服务器的 IP 地址。具体操作如下。

（1）打开“DNS 管理器”窗口，添加邮件服务器主机记录 mail. whwl.com，如图 9-56 和图 9-57 所示。

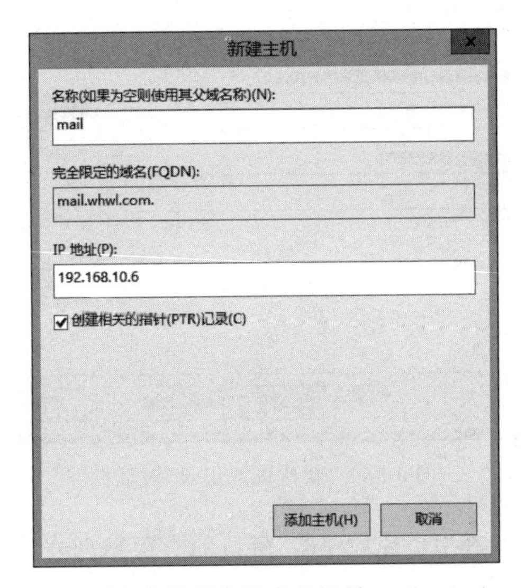

图 9-56　添加邮件服务器主机记录 mail.whwl.com

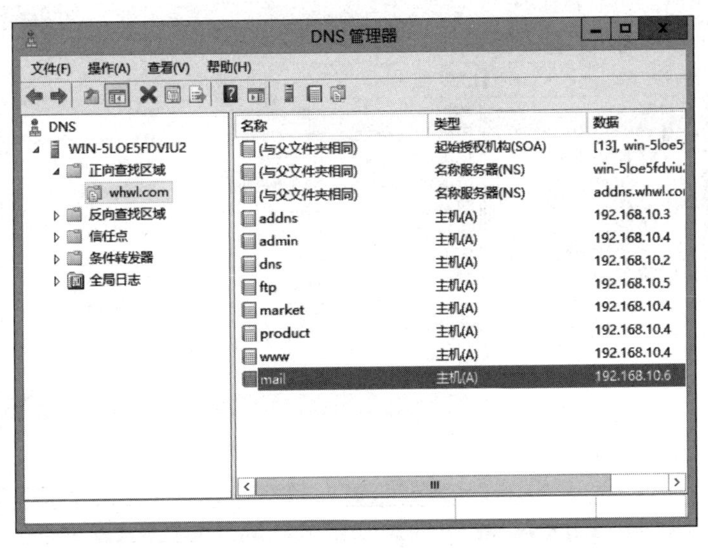

图 9-57　成功添加邮件服务器主机记录 mail.whwl.com

(2) 右击正向查找区域 whwl. com,在弹出的快捷菜单中选择"新建邮件交换器"命令,弹出"新建资源记录"对话框,在"邮件服务器的完全限定的域名"文本框中输入 mail. whwl. com,如图 9-58 所示。

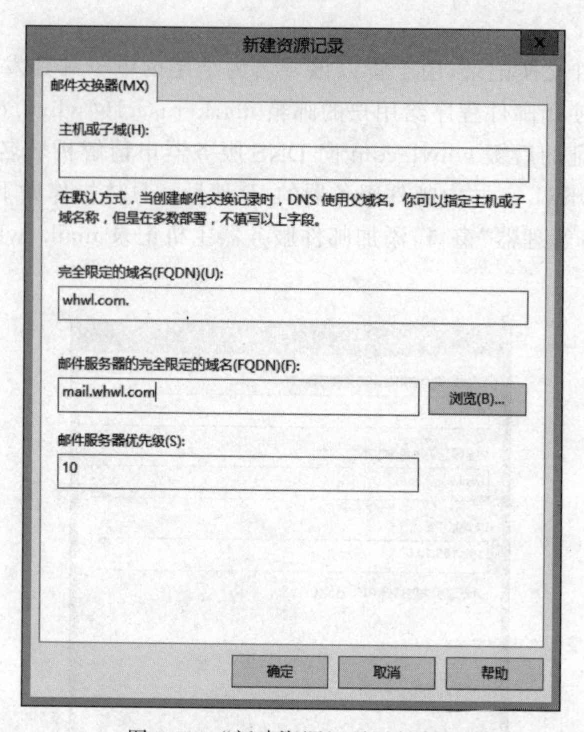

图 9-58 "新建资源记录"对话框

(3) 单击"确定"按钮,在"DNS 管理器"窗口的右窗格列表中显示了添加成功的邮件交换器记录,如图 9-59 所示。

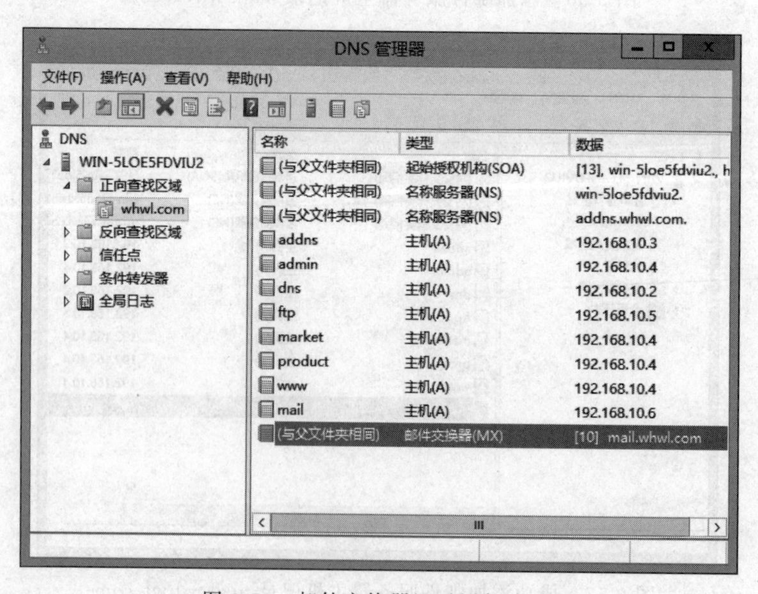

图 9-59 邮件交换器记录添加成功

9.7　添加别名记录

如果一台主机拥有多个主机名称时，可以为该主机设置别名。网恒公司在 Web 服务器上发布了企业门户网站，主机名称为 www.whwl.com。如果在该 Web 服务器上还要发布文印室网站 printing.whwl.com，由于都是同一 IP 地址的主机，所以可以新建别名来实现。具体操作步骤如下。

(1) 打开"DNS 管理器"窗口，右击正向查找区域 whwl.com，在弹出的快捷菜单中选择"新建别名"命令，弹出"新建资源记录"对话框，在"别名"文本框中输入 printing，在"目标主机的完全合格的域名"文本框中输入 www.whwl.com，如图 9-60 所示。

图 9-60　"新建资源记录"对话框

(2) 单击"确定"按钮，在"DNS 管理器"窗口的右窗格中显示了刚刚添加成功的别名记录 printing.whwl.com，如图 9-61 所示。

图 9-61　别名记录"printing.whwl.com"添加成功

本章小结

本任务实现了企业 DNS 服务器的安装、配置和管理，包括安装 DNS 服务器、创建正向查找区域、创建反向查找区域、添加主机记录、配置 DNS 转发、安装辅助 DNS 服务器，并进行了DNS测试。通过任务的实施，可以学习和掌握DNS的概念、DNS的解析方法和DNS区域。

习　题　9

1. 简述DNS的两种查询方式。
2. DNS服务器对外提供服务的协议、默认端口号是多少？
3. 熟记常用域名以及域名的含义，如com、cn、org、net分别代表了什么含义？

第 10 章　配置和管理 Web 服务器

【情境描述】　为了提高公司的知名度，宣传公司的产品，网恒网络公司开发了一个企业门户网站，用于介绍企业的各种产品信息和提供相关资源，URL 地址为 www. whwl. com，设置网站的最大连接数为 1000，网站连接超时为 60s，网站的带宽为 1000KB/s，使用 W3C 记录日志，每天创建一个新的日志文件，使用当地时间作为日志文件名，日志只允许记录日期、时间、客户端 IP 地址、用户名、服务器 IP 地址、服务器端口号。再以各部门（市场营销与推广部、产品设计部、行政管理部）为单位，新建 3 个 Web 站点，其内容为各部门的信息和相关资源，URL 地址分别为 market. whwl. com、product. whwl. com、admin. whwl. com。

根据上述需求进行站点架设，并进行域名服务器的配置。

对企业门户站点实现匿名访问；而部门的站点只允许各部门的成员访问自己的站点。

10.1　Web 服务器

Web 服务的实现采用客户/服务器模式，信息提供者为服务器，信息的需要者或获取者称为客户。作为服务器的计算机中安装有 Web 服务器端程序，并且保存大量的公用信息，随时等待用户的访问。作为客户的计算机中则安装 Web 客户端程序，即 Web 浏览器（如 IE），可通过局域网或 Internet 从 Web 服务器中浏览或获取信息。

Web 服务器响应 Web 请求大致分为三个步骤，如图 10-1 所示。

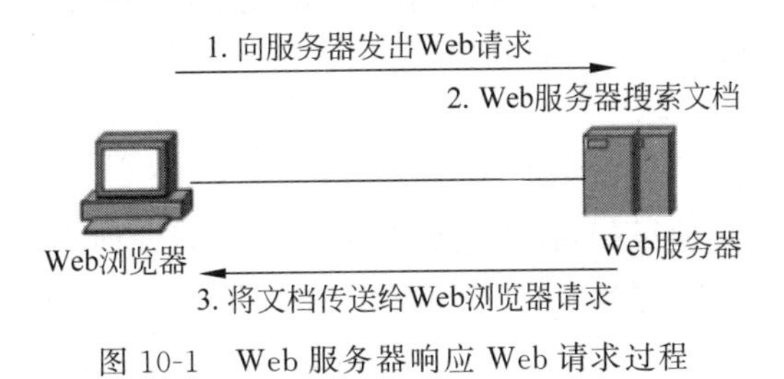

图 10-1　Web 服务器响应 Web 请求过程

(1) Web 浏览器向一个特定的服务器发出 Web 页面请求。

(2) Web 服务器接收到 Web 页面请求后，寻找所请求的 Web 页面，并将所请求的 Web 页面传送给 Web 浏览器。

(3) Web 浏览器接收到所请求的 Web 页面，并将其显示出来。

10.2 IIS 8.0 概述

Internet 信息服务(Internet information services,IIS)是微软内置在 Windows Server 2012 网络操作系统中的文件和应用服务器,其中 IIS 8.0 捆绑在 Windows Server 2012 操作系统中。IIS 8.0 支持标准的信息协议,提供了 Internet 服务器应用程序编程接口(ISAPI)和通用网关接口(CGI),完全支持 Microsoft Visual Basic 编程系统、VBScript、Microsoft JScript 开发软件和 Java 组件,为 Internet、Intranet 和 Extranet 站点提供服务器解决方案。IIS 8.0 集成了安装向导、安全性和身份验证应用程序、Web 发布工具和对其他基于 Web 的应用程序的支持等附加特性,可以充分利用 Windows 中 NTFS 文件系统内置的安全性来保证 IIS 的安全,从而提高 Internet 的整体性能。

IIS 8.0 提供了许多组件,其中一些组件是和相关的服务及工具绑在一起的。IIS 8.0 主要有以下核心组件。

(1) WWW 服务。WWW(world wide web)服务的功能是管理和维护网站、网页,并回复基于浏览器的请求。通过 IIS 的 ISAPI 应用程序接口、ASP、工业标准的 CGI 脚本及内置的对数据库连接的支持,可以创建各种各样的 Internet 应用程序。

(2) FTP 服务。FTP(file transport protocol,文件传送协议)服务是 Internet 上广泛使用的一种服务。它通过在文件服务器和客户端之间建立起双重连接(控制连接和数据连接),实现在服务器和客户端之间的文件传送,包括从服务器下载和上传到服务器。

10.3 Web 网站访问安全与用户身份验证

当 Web 网站中的信息非常敏感,只允许那些具有特殊权限的用户才能浏览时,数据的加密传输和用户的授权就成为网络安全的重要组成部分。需要注意的是,Web 网站的用户授权是建立在 Windows Server 2012 用户基础之上的,也就是说,除了匿名访问用户外,Web 站点不会也无法自已设立新的账号。

1. 匿名验证

匿名访问也是要通过验证的,称为匿名验证。匿名验证使用户无须输入用户名或密码便可以访问 Web 站点的公共区域。当用户试图连接公共 Web 站点时,Web 服务器将分配给用户一个名为 IUSR_computername(computername 是运行 IIS 的服务器名称)的 Windows 用户账户。

1) 匿名验证的实现

默认情况下 IUSR_computername 账户包含在 Windows 用户组 Guests 中,该组具有安全限制,并指出了访问级别和可用于公共用户的内容类型。

如果服务器上有多个站点,或者站点上的区域要求不同的访问权限,就可以创建多个匿名账户，分别用于 Web 或 FTP 站点、目录或文件。通过赋予这些账户不同的访问权限，或者将这些账户分配到不同的 Web 用户组，便可允许用户对公共 Web 和 FTP 内容的不同区域进行匿名访问。

IIS 以下列方式使用 IUSR_computername 账户。

（1）将 USR_computername 账户添加到计算机上的 Guests 组。

（2）收到请求时，IIS 执行代码或访问文件之前模拟 IUSR_computername 账户。IIS 可以模拟 IUSR_computername 账户，因为 IIS 知道该账户的用户名和密码。

（3）在将页面返回客户端之前，IIS 检查 NTFS 文件和目录权限，查看是否允许 IUSR_computername 账户访问该文件。

（4）如果允许访问，验证完成后用户便可以得到这些资源。

（5）如果不允许访问，IIS 将尝试使用其他验证方法。如果没有做出任何选择，IIS 则向浏览器返回"HTTP 403 访问被拒绝"错误提示消息。

2）更改用于匿名验证的账户

如果需要，可以更改用于匿名验证的账户，无论是在 Web 服务器的服务级，还是单独的虚拟目录和文件级。不过，修改后的匿名账户必须具有本地登录的用户权限，否则 IIS 将无法为任何匿名请求提供服务。需要注意的是，IIS 在安装时特别授予 IUSR_computername 账户"本地登录"权限。不过，在默认情况下，不为域控制器上的 IUSR_computername 账户授予 Guests 权限。因此，要允许匿名登录，必须更改为"本地登录"。

另外，也可以通过使用 MMC 的组策略管理器更改 Windows 中的 IUSR_computername 账户。但是，如果匿名用户账户不具有特定文件或资源的访问权限，Web 服务器将拒绝建立与该资源的匿名连接。

2. 验证访问

默认状态下，任何用户都可以访问 Web 服务器，即 Web 服务器实际上允许用户以匿名方式访问。当要限制普通用户对 Web 网站的访问时，用户身份验证无疑是最简单也是最有效的方式。若要取消对匿名访问的允许，可取消选中"验证方法"对话框中的"匿名访问"复选框，从而要求所有访问该站点的用户都必须通过身份验证。需要注意的是，必须首先创建有效的用户账户，然后再授予这些用户账户对某些目录和文件（必须采用 NTPS 文件系统）的访问权限，服务器才能验证用户的身份。

1）基本验证

若要以基本验证方式确认验证用户身份，用于基本验证的 Windows 用户必须具有"本地登录"用户权限，因为基本验证将"模仿"为一个本地用户（即实际登录到服务器的用户）。

2）集成 Windows 验证

如果集成 Windows 验证失败是由于不正确的用户证书或其他原因引起的，浏览器将提示用户输入其用户名和密码。需要注意的是，集成 Windows 验证无法在代理服务器或其他防火墙应用程序后使用。

10.4 Web 服务器方案设计

根据情境描述，须对企业门户站点以及 3 个部门站点进行架设并发布，通过在 DNS 服务器中配置 4 个站点的域名，使用户能够通过域名访问这 4 个站点。第 8 章中已完成了这个 4 个站点域名服务器的配置，其中 Web 服务器的 IP 地址配置为 192.168.10.4/24。因此，本次任务需要搭建一台 Web 服务器，在 Web 服务器上发布这 4 个站点。同时，对于企业门户站点要求实现匿名访问；而部门的站点只允许各部门的成员访问。

根据以上任务分析，方案设计如下。

首先搭建一台 Web 服务器，然后使用主机名形式发布公司门户网站和各部门网站，其中 www.whwl.com 作为公司门户网站的主机名，而 market.whwl.com 则作为市场营销与推广部网站的主机名，product.whwl.com 则作为产品设计部网站的主机名，admin.whwl.com 作为行政管理部网站的主机名，如表 10-1 所示。最后通过设置身份验证来实现站点安全需求。

表 10-1 Web 服务器主机名规划表

部门子网	主机名
公司门户网站	www.whwl.com
市场营销与推广部网站	market.whwl.com
产品设计部网站	product.whwl.com
行政管理部网站	admin.whwl.com

10.5 安装 Web 服务器

10.5.1 准备安装 Web 服务器

安装 Web 服务器的具体步骤如下。

(1) 在 Web 服务器上，右击“网络”，在弹出的快捷菜单中选择“属性”命令，弹出“网络和共享中心”窗口。单击左侧的“更改适配器”选项，弹出“网络连接”窗口。右击 Ethernet0，在弹出的快捷菜单中选择“属性”命令，弹出“Ethernet0 属性”对话框。在“此连接使用下列项目”列表框中双击“Internet 协议版本 4”，弹出“Internet 协议版本 4 (TCP/IPv4)属性”对话框，将 IP 地址设置为 192.168.10.4，将子网掩码设置为 255.255.255.0，将默认网关设置为 192.168.10.1，将首选 DNS 服务器设置为 192.168.10.2，将备用 DNS 服务器设置为 192.168.10.3，如图 10-2 所示。

(2) 依次单击“确定”→“确定”按钮，完成 Web 服务器的 IP 地址设置。

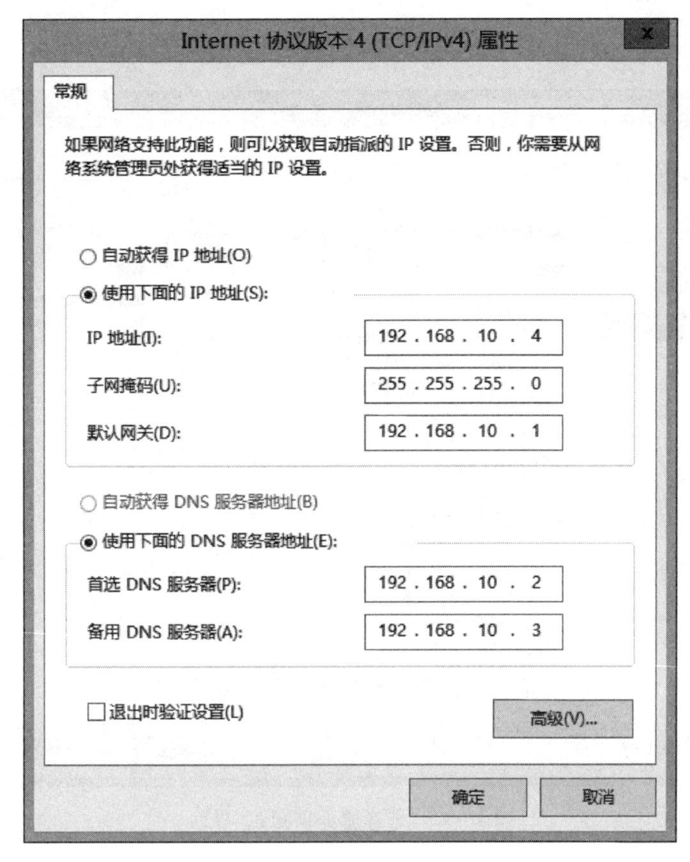

图 10-2　配置 Web 服务器的 IP 地址

10.5.2　安装 Web 服务器角色

1. 安装 Web 服务器角色

(1) 打开“服务器管理器”窗口，在“服务器管理器 · 仪表板”右侧的详细信息窗格中单击“2 添加角色和功能”，弹出“添加角色和功能向导”窗口，依次单击“下一步”→“下一步”→“下一步”按钮，在“选择服务器角色”界面的“角色”列表中找到“Web 服务器(IIS)”，如图 10-3 所示。

(2) 选中“Web 服务器(IIS)”复选框，弹出“添加角色和功能向导”对话框，如图 10-4 所示。

(3) 单击“添加功能”按钮，此时“Web 服务器(IIS)”复选框被选中，如图 10-5 所示。

(4) 依次单击“下一步”→“下一步”→“下一步”→“下一步”按钮，显示“确认安装所选内容”界面，如图 10-6 所示。

(5) 单击“安装”按钮，即开始安装 Web 服务器。安装完成后，在“安装进度”界面中显示安装成功，如图 10-7 所示。

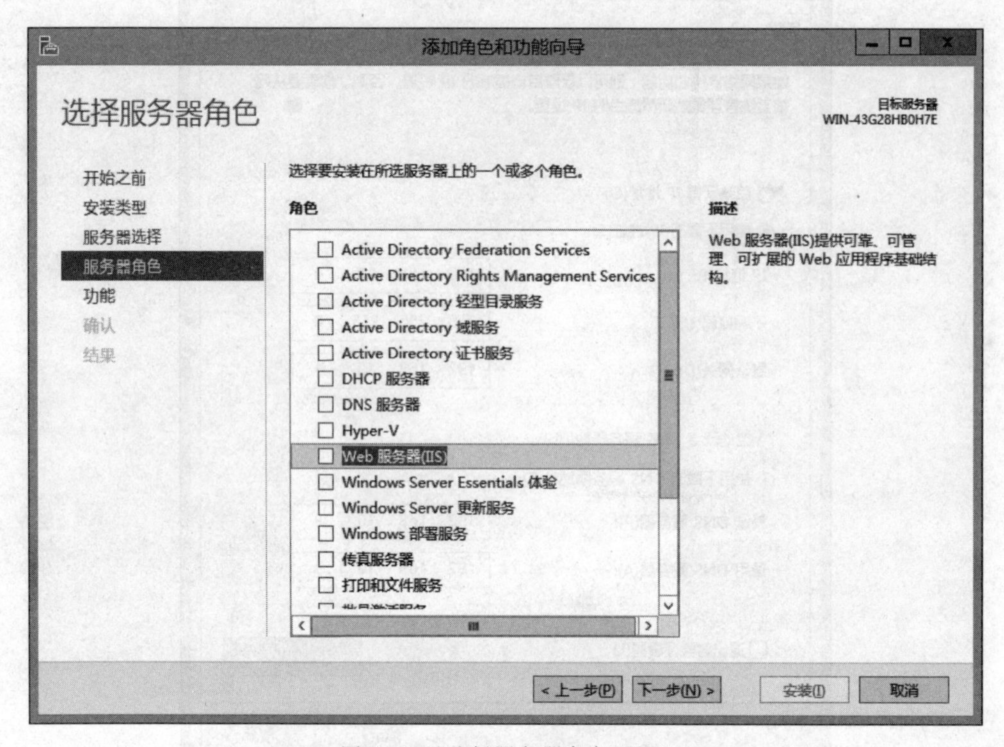

图 10-3 “选择服务器角色”界面

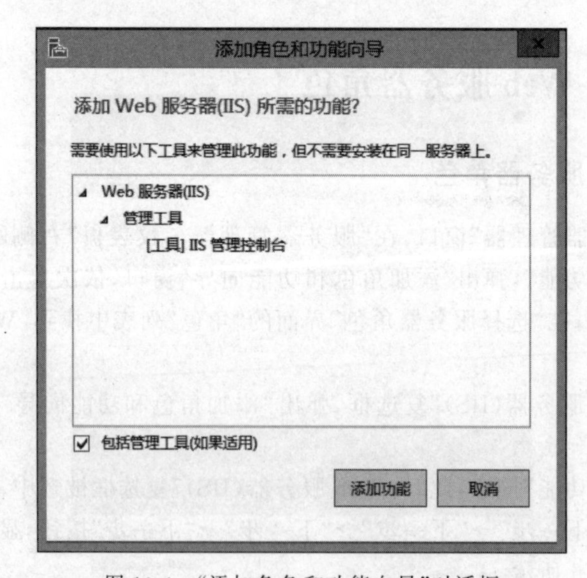

图 10-4 “添加角色和功能向导”对话框

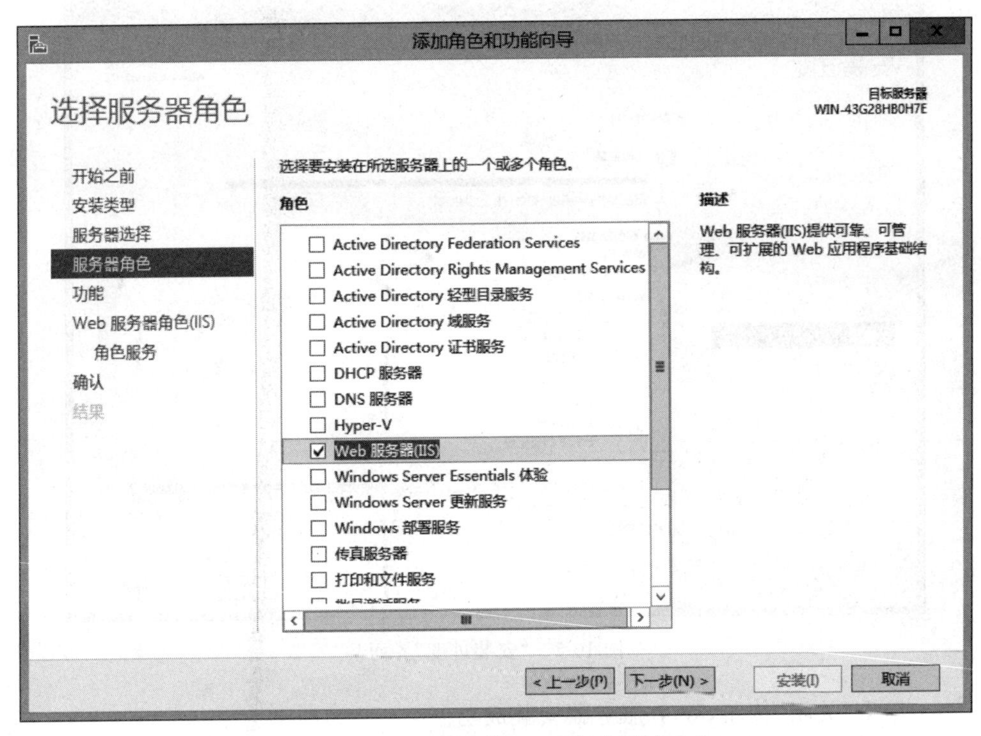

图 10-5　“Web 服务器(IIS)”复选框被选中

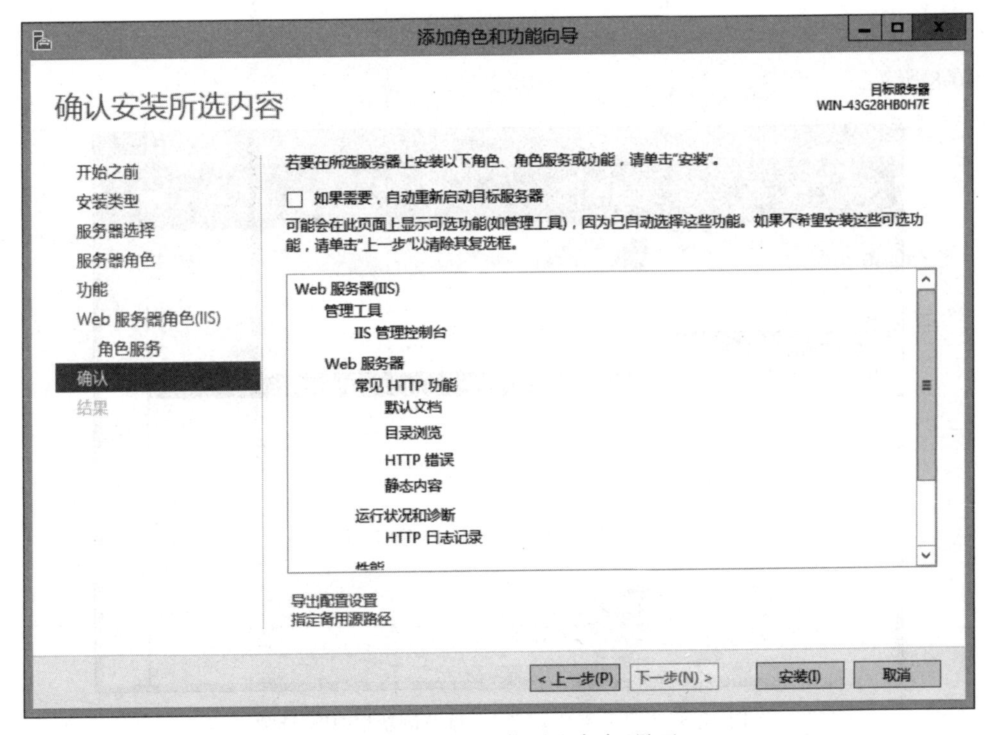

图 10-6　“确认安装所选内容”界面

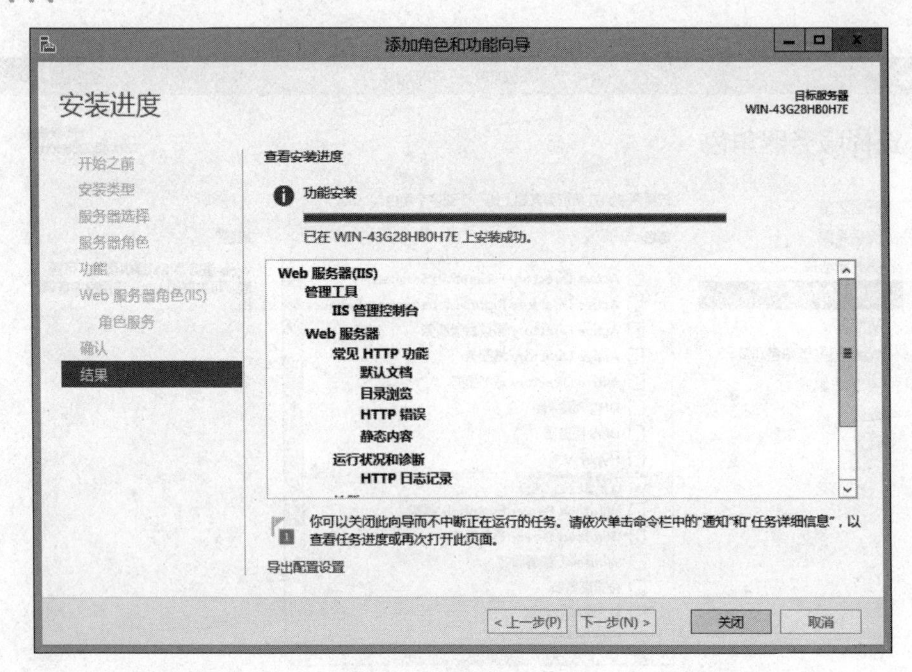

图 10-7 "安装进度"界面

(6) 单击"关闭"按钮,Web 服务器安装成功。

2. 测试 Web 服务器安装

(1) Wcb 服务器安装后,在"服务器管理器"窗口左侧选项中新增了 IIS 选项,如图 10-8 所示。

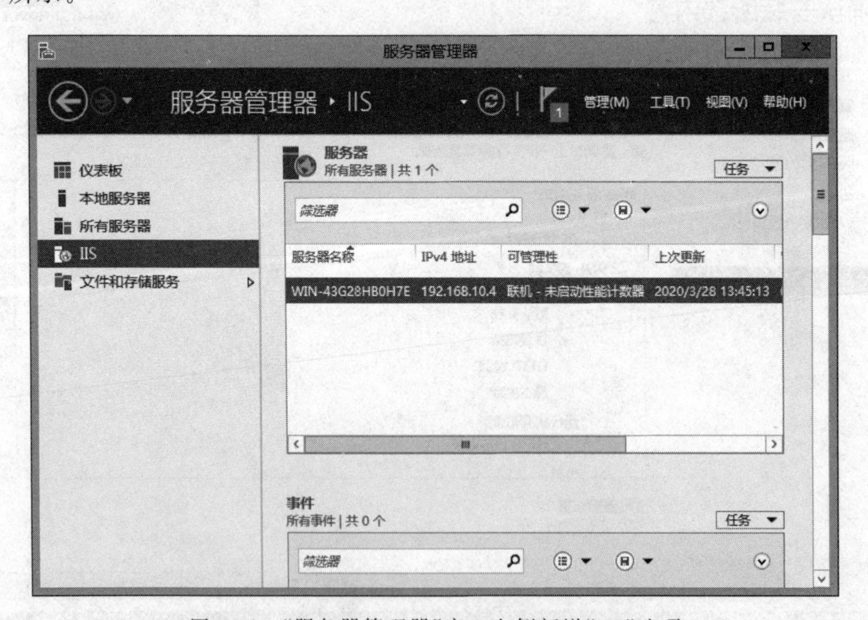

图 10-8 "服务器管理器"窗口左侧新增"IIS"选项

(2) 在右侧窗格的“服务”区域，显示了 AppHostSvc 的状态为“正在运行”，W3SVC 的状态为“正在运行”，WAS 的状态为“正在运行”，如图 10-9 所示。

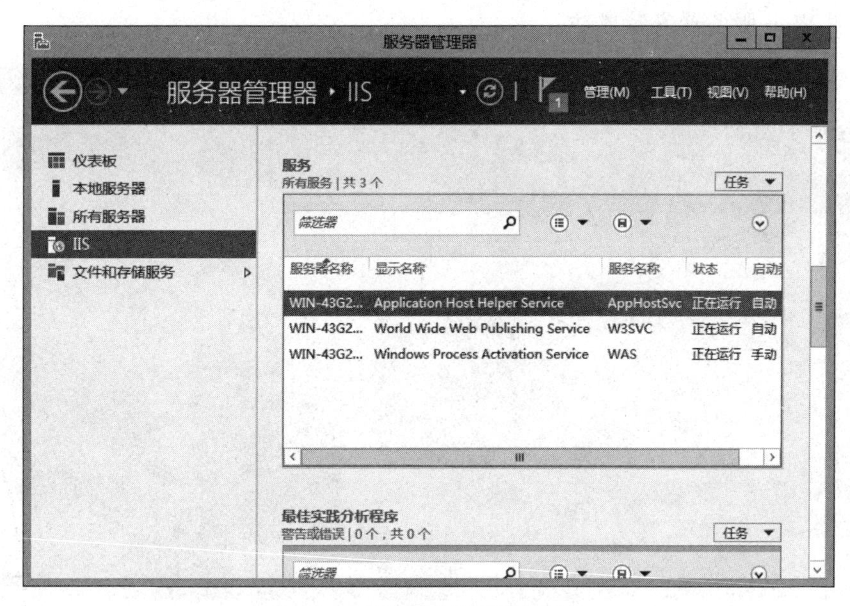

图 10-9　IIS 选项的“服务”区域

(3) 在 IIS 选项右侧窗格的“角色和功能”区域，显示了已经安装的角色服务的列表，如图 10-10 所示。

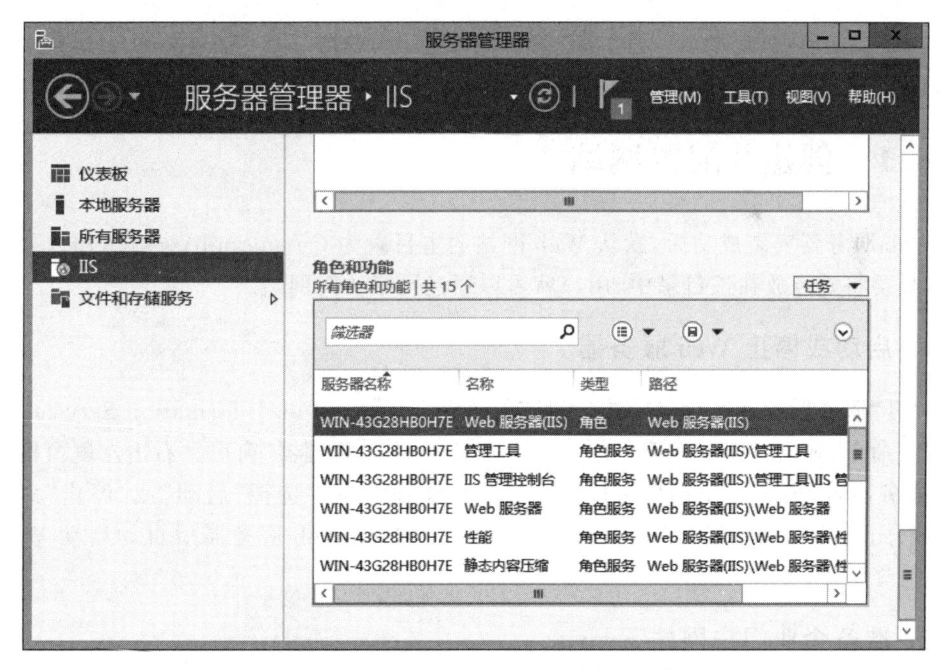

图 10-10　IIS 选项的“角色和功能”区域

(4) 关闭“服务器管理器”窗口。打开 IE 浏览器,在地址栏中输入 http://localhost/,按 Enter 键,显示默认的 Internet Information Services 欢迎界面,如图 10-11 所示,说明 Web 服务器安装成功。

图 10-11 Internet Information Services 欢迎界面

10.6 配置和管理 Web 服务器

10.6.1 创建并配置网站

Web 服务器安装成功后,默认 Web 网站的主目录为 C:\inetpub\wwwroot。要发布网站,只要将站点放在该目录中,用户就可以通过网络访问网站。

1. 启动或停止 Web 服务器

打开“服务器管理器”窗口,在“工具”菜单中选择“Internet Information Services(IIS)管理器”命令,弹出“Internet Information Services(IIS)管理器”窗口。右击左侧窗格中的 Web 服务器名 WIN-43G28HB0H7E,在弹出的快捷菜单中选择“启动”或“停止”命令来启动或停止 Web 服务器,如图 10-12 所示。默认安装 Web 服务器后自动启动 Web 服务器。

2. 准备企业门户网站 www

(1) 在 C:\inetpub\wwwroot\下新建文件夹 www,作为企业门户网站的主目录,如图 10-13 所示。

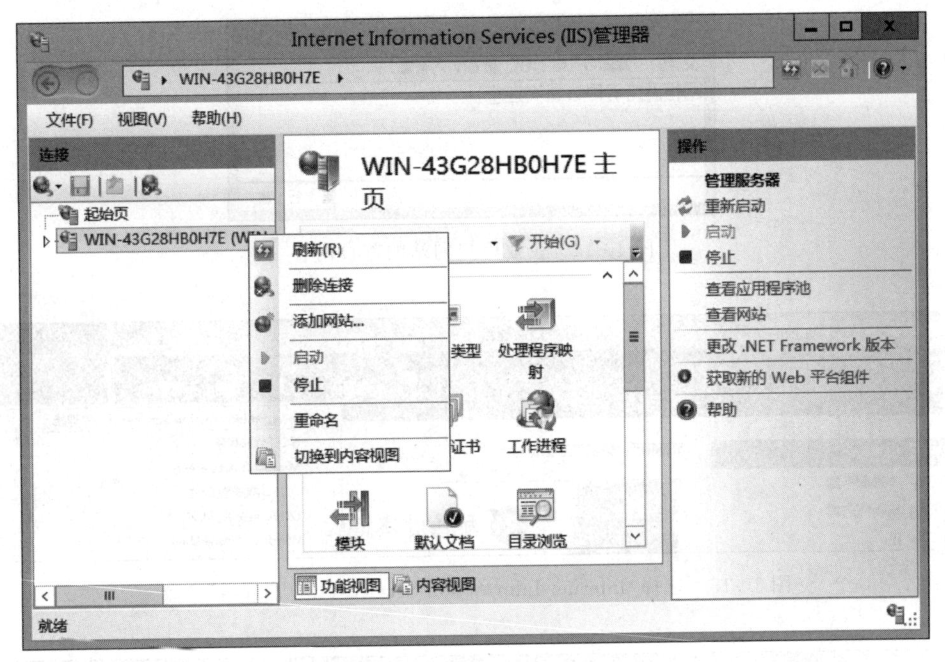

图 10-12　启动或停止 Web 服务器

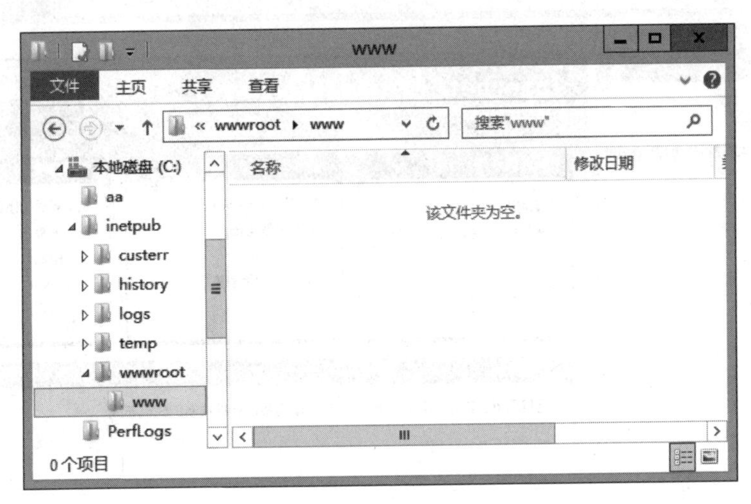

图 10-13　企业门户网站 www 主目录

(2) 在 C:\inetpub\wwwroot\www 下新建网站首页文件 index. html，网页内容为"网恒网络有限公司欢迎您！"，如图 10-14 所示。

3. 发布企业门户网站，使用域名 www. whwl. com 访问

(1) 打开"服务器管理器"窗口，在"工具"菜单中选择"Internet Information Services (IIS)管理器"命令，如图 10-15 所示，弹出"Internet Information Service(IIS)管理器"窗口，如图 10-16 所示。

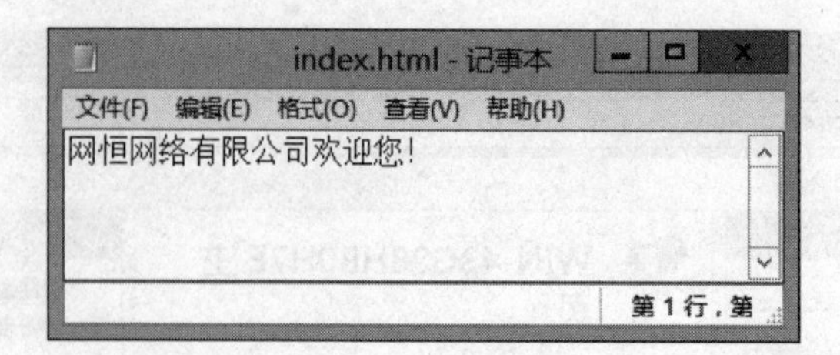

图 10-14 企业门户网站的首页内容

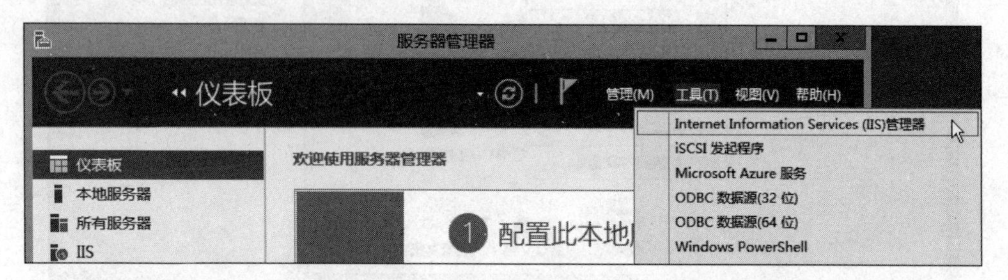

图 10-15 选择“Internet Information Services(IIS)管理器”命令

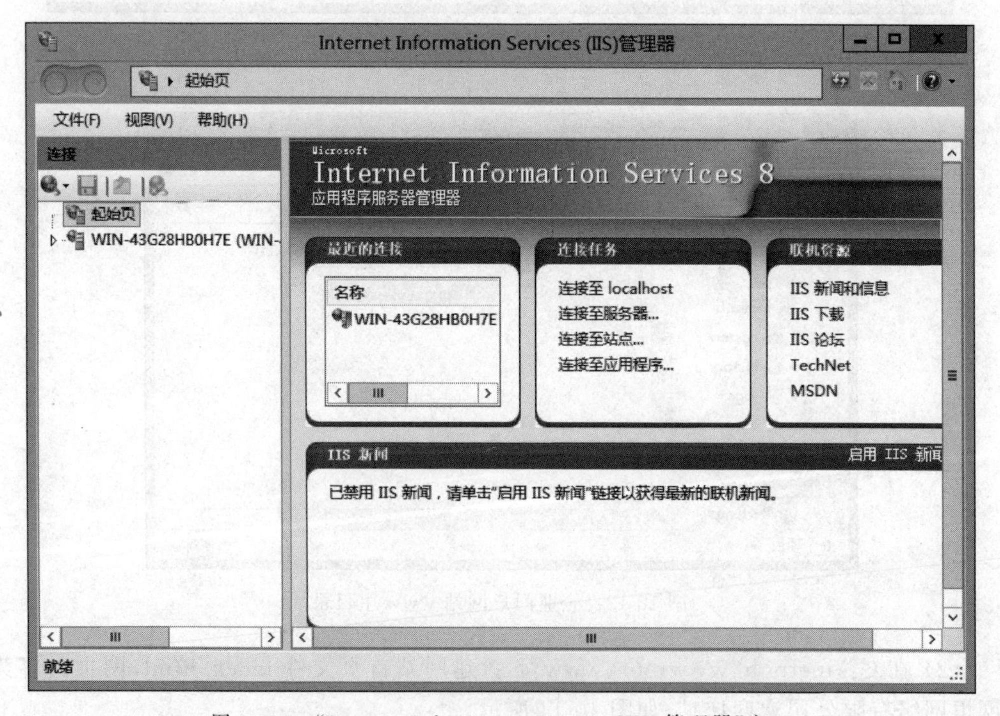

图 10-16 “Internet Information Services(IIS)管理器”窗口

(2) 单击左侧窗格中服务器名 WIN-43G28HB0H7E，弹出“Internet Information Services(IIS)管理器”对话框，如图 10-17 所示。

(3) 单击“否”按钮。在左侧窗格中右击“网站”，在弹出的快捷菜单中选择“添加网站”命令，弹出“添加网站”对话框。在“添加网站”对话框的“网站名称”文本框中输入网站

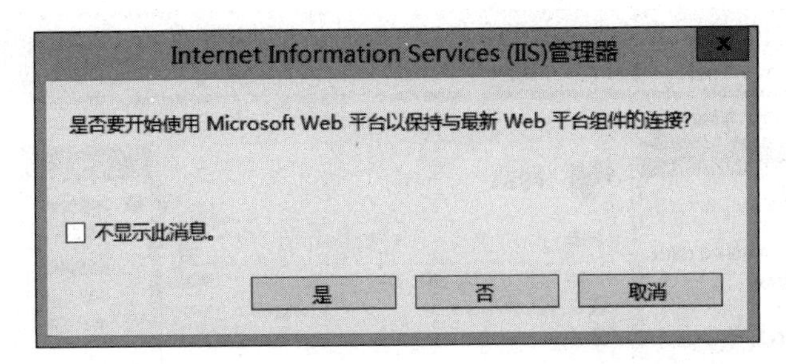

图 10-17 “Internet Information Services(IIS)管理器”对话框

名称 www。在“物理路径”文本框中输入企业门户网站的站点路径 C:\inetpub\wwwroot\www,也可以单击“浏览文件夹”按钮来选择站点路径。在“绑定”区域的“IP 地址”下拉列表中选择 Web 服务器默认的 IP 地址 192.168.10.4,在“主机名”文本框中输入 www.whwl.com,如图 10-18 所示。

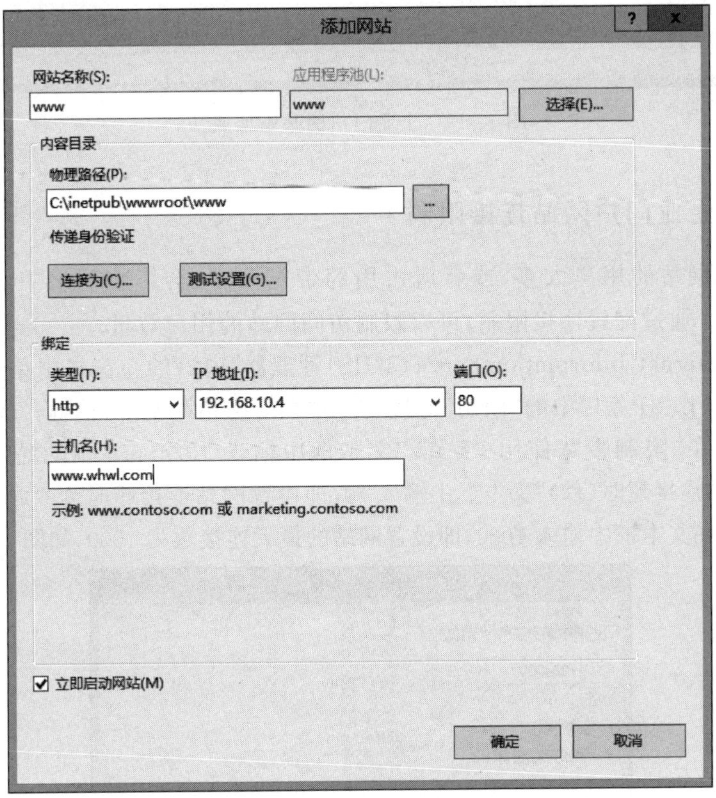

图 10-18 “添加网站”对话框

(4) 单击“确定”按钮,此时在“Internet Information Services(IIS)管理器”窗口的左窗格中显示了新增的网站 www,在中间的“网站”窗格中显示了新增的网站 www 的状态为“已启动”,如图 10-19 所示。

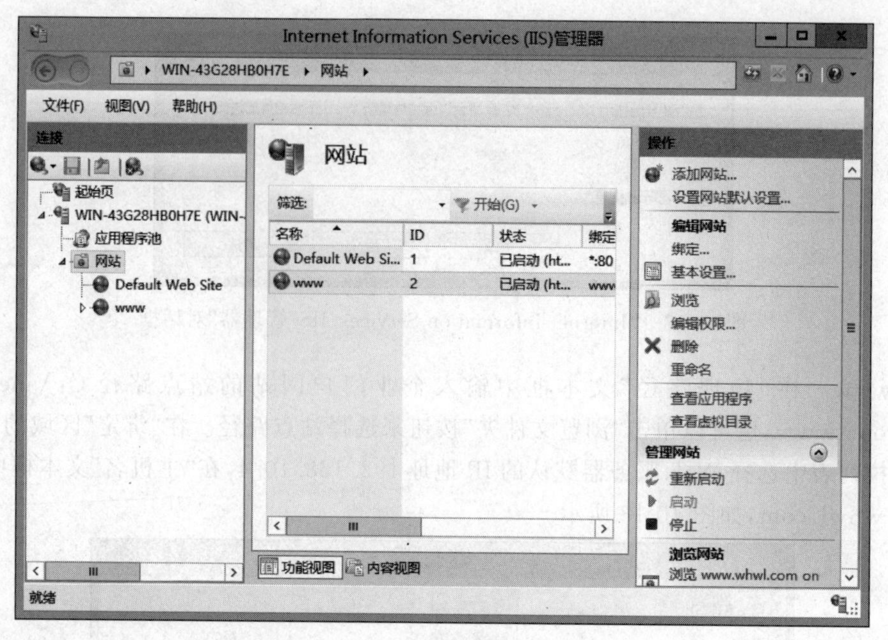

图 10-19　企业门户网站添加成功

4. 配置企业门户网站连接限制

如果访问网站的用户太多，或者所占用的带宽太多，会影响网络中其他服务器的Internet 应用。通过配置连接限制，可以限制访问网站的用户数量。

(1) 在"Internet Information Services(IIS)管理器"窗口的左窗格中单击网站 www，再单击右侧"操作"任务栏中的"限制"链接，弹出"编辑网站限制"对话框。选中"限制带宽使用"复选框，在"限制带宽使用(字节)"文本框中输入 1024000，即设置网站的带宽为1000KB/s；在"连接超时(秒)"文本框中输入 60，即设置网站连接超时为 60s；选中"限制连接数"复选框，在文本框中输入 1000，即设置网站的最大连接数为 1000，如图 10-20 所示。

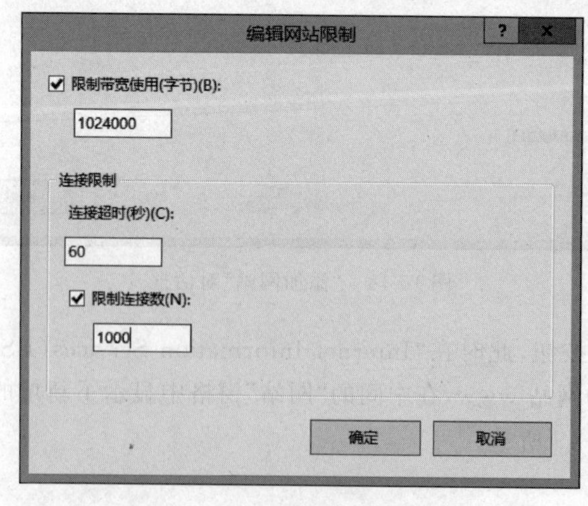

图 10-20　"编辑网站限制"对话框

(2) 单击“确定”按钮,完成网站连接限制的配置。

5. 配置网站日志文件

对企业门户网站,应使用 W3C 记录日志,每天创建一个新的日志文件,使用当地时间作为日志文件名,日志只允许记录日期、时间、客户端 IP 地址、用户名、服务器 IP 地址、服务器端口号。

(1) 在“Internet Information Services(IIS)管理器”窗口的左窗格中,单击网站 www,双击中间窗格中的“日志”选项。默认每个网站有一个日志文件,日志文件格式默认是 W3C,如图 10-21 所示。

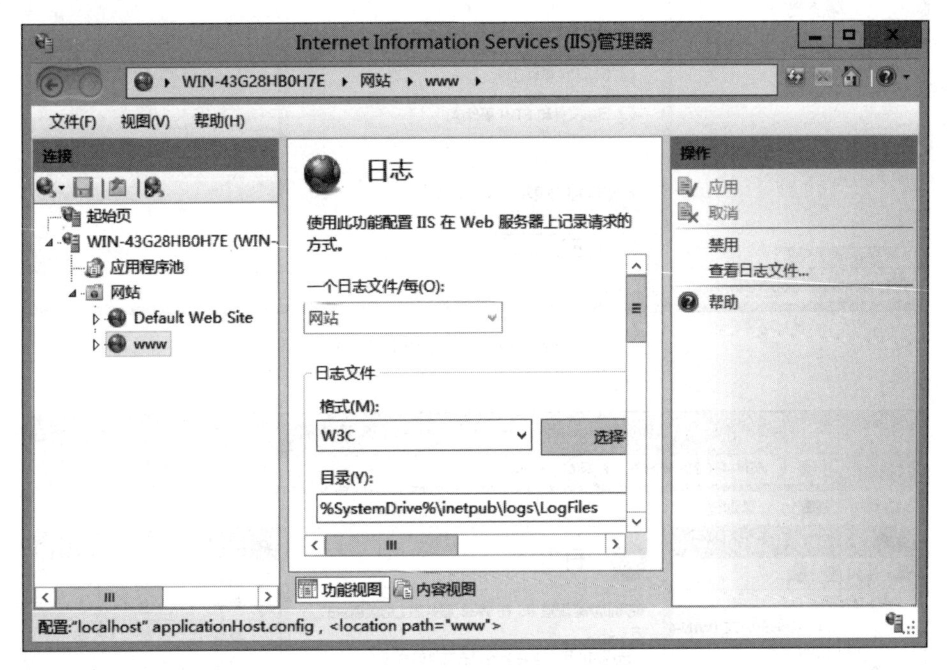

图 10-21　设置日志文件格式

(2) 在“日志事件目标”列表中默认选中“仅日志事件”单选按钮,如图 10-22 所示。

(3) 在“选择 IIS 用来创建新的日志文件的方法”区域,“计划”下拉列表默认显示“每天”,即每天创建一个新的日志文件;选中“使用本地事件进行文件命名和滚动更新”复选框,即使用当地时间作为日志文件名,如图 10-23 所示。

(4) 单击右侧“操作”任务栏中的“应用”链接,在右侧“警报”任务栏中显示“已成功保存更改”,即配置网站日志成功,如图 10-24 所示。

6. 在 Windows 客户机测试企业门户网站

1) 为 Windows 客户机设置 DNS 服务器地址

因为要使用域名访问企业门户网站,因此需要 DNS 服务器解析网站域名对应的 IP 地址。在 Windows 客户机设置 DNS 服务器地址如图 10-25 所示。

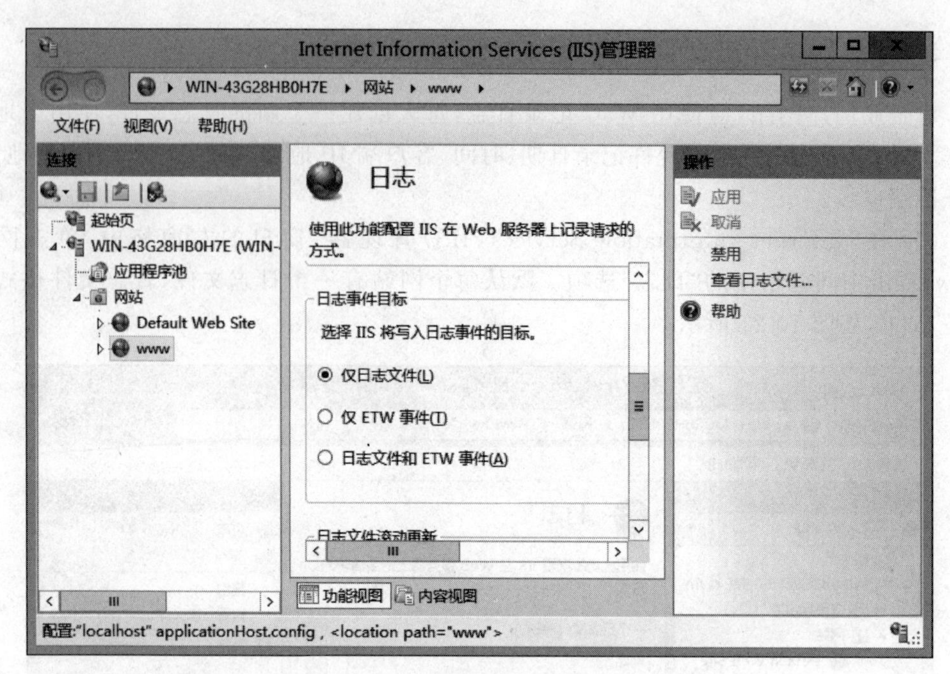

图 10-22 设置日志事件目标

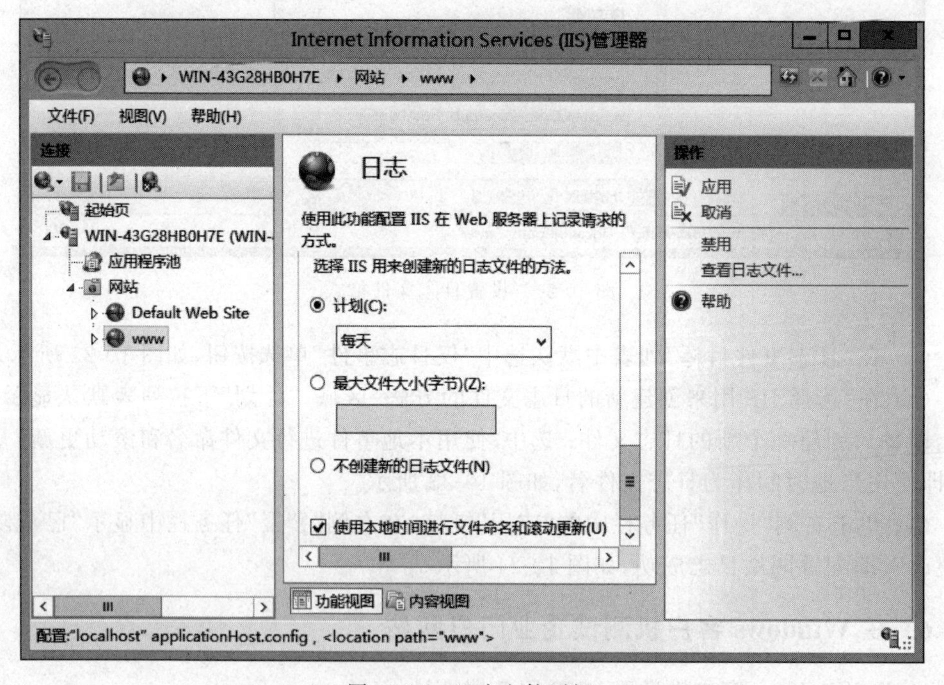

图 10-23 日志文件更新

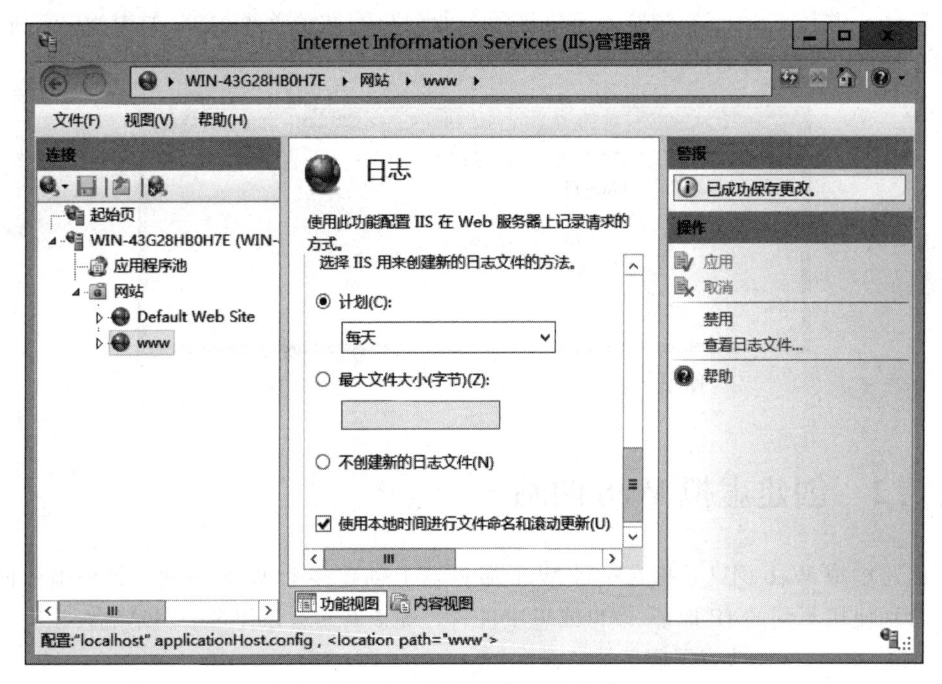

图 10-24　配置网站日志成功

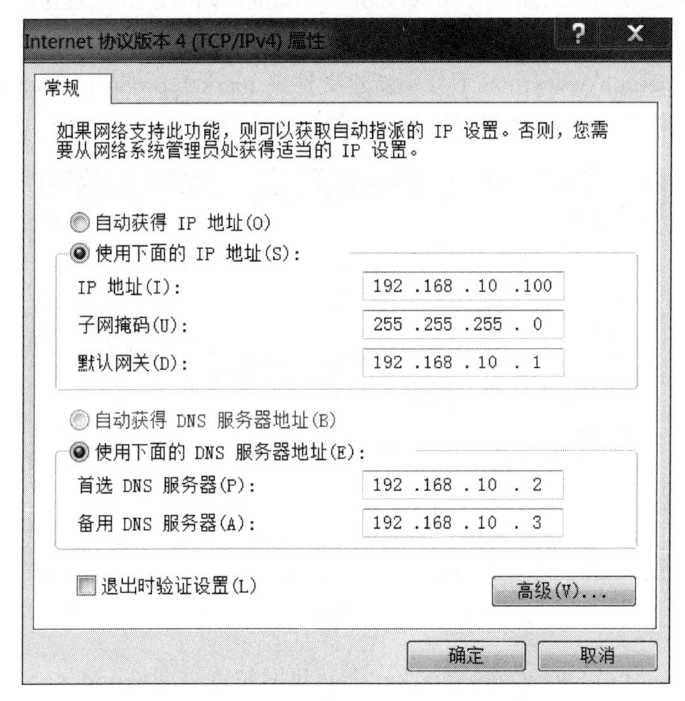

图 10-25　为 Windows 客户机设置 DNS 服务器地址

2）在 Windows 客户机访问企业门户网站

在 Windows 客户机上打开 IE 浏览器，在地址栏中输入企业门户网站的域名 www.

whwl.com,并按 Enter 键,浏览器窗口显示企业门户网站的首页内容,如图 10-26 所示,说明企业网站发布成功。

图 10-26　用 IE 浏览器显示企业门户网站首页

10.6.2　创建虚拟 Web 网站

创建虚拟 Web 网站是指在一台 Web 服务器上创建多个 Web 网站。每个虚拟网站可以分别使用不同的 IP 地址、端口或者主机名。虚拟网站可以使多个网站配置在同一台 Web 服务器上,从而节省了服务器资源。

利用虚拟网站功能,在 Web 服务器新建市场营销与推广部、产品设计部、行政管理部的 Web 站点,域名分别为 market.whwl.com、product.whwl.com、admin.whwl.com,具体配置步骤如下。

(1) 在 C:\inetpub\wwwroot\下分别新建文件夹 market、product 和 admin,分别作为市场营销与推广部网站、产品设计部网站和行政管理部网站的主目录,如图 10-27 所示。

图 10-27　三个部门网站主目录

(2) 在 C:\inetpub\wwwroot\market 下新建网站首页文件 index.html,网页内容为"市场营销与推广部欢迎您!";在 C:\inetpub\wwwroot\product 下新建网站首页文件 index.html,网页内容为"产品设计部门欢迎您!";在 C:\inetpub\wwwroot\admin 下新建网站首页文件 index.html,网页内容为"行政管理部门欢迎您!",如图 10-28~图 10-30 所示。

图 10-28　市场营销与推广部首页内容

图 10-29　产品设计部首页内容

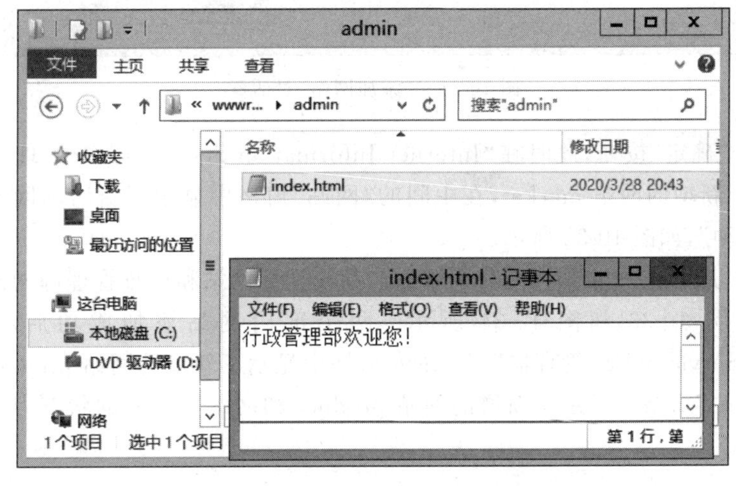

图 10-30　行政管理部首页内容

(3) 打开"Internet Information Services(IIS)管理器"窗口,展开左侧窗格中的选项,右击"网站"选项,在弹出的快捷菜单中选择"添加网站"命令,弹出"添加网站"对话框。在"网站名称"文本框中输入网站名称 market。在"物理路径"文本框中输入市场营销与推广部站点的路径 C:\inetpub\wwwroot\market,也可以单击"浏览文件夹"按钮来选择路径。在"绑定"区域的"IP 地址"下拉列表中选择 Web 服务器默认的 IP 地址 192.168.10.4。在"主机名"文本框中输入市场营销与推广部站点的主机名 market.whwl.com,如图 10-31 所示。

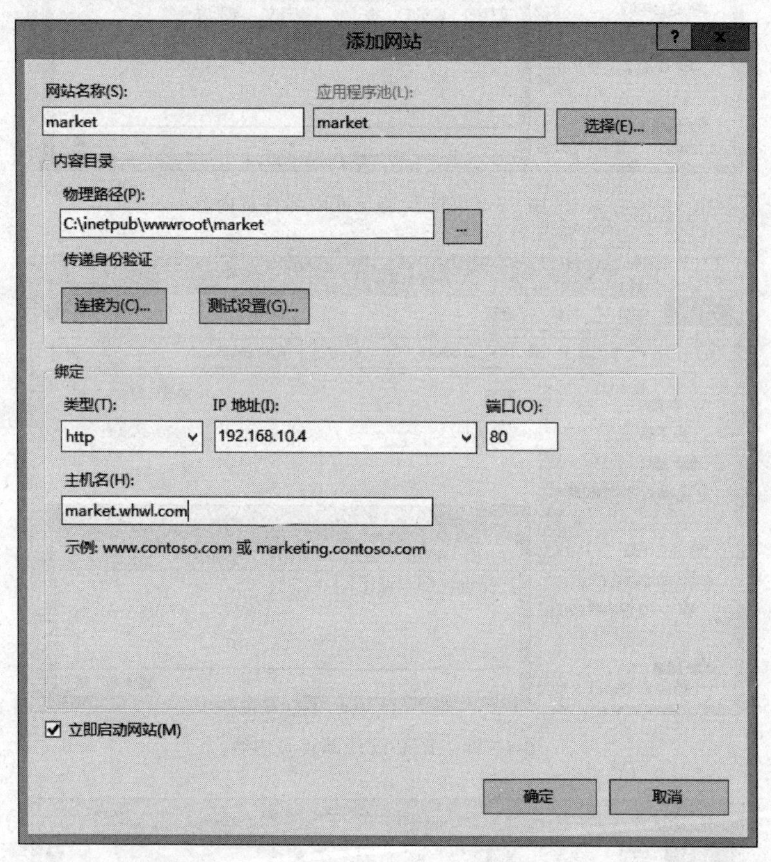

图 10-31 "添加网站"对话框

(4) 单击"确定"按钮,此时在"Internet Information Services(IIS)管理器"窗口的左窗格中显示了新增的网站 market,在中间的"网站"窗格中显示了新增的网站 market 的状态为"已启动",如图 10-32 所示。

(5) 重复步骤(3)~步骤(4),分别添加产品设计部网站和行政管理部网站,添加网站界面分别如图 10-33 和图 10-34 所示。两个部门网站添加成功后,在"Internet Information Services(IIS)管理器"窗口的左窗格中显示了新增的网站 product 和 admin,在中间的"网站"窗格中显示了新增的网站 product 和网站 admin 的状态为"已启动",如图 10-35 所示。

Internet Information Services (IIS)管理器
WIN-43G28HB0H7E ▸ 网站 ▸
文件(F) 视图(V) 帮助(H)
连接
起始页
WIN-43G28HB0H7E (WIN-
应用程序池
网站
Default Web Site
www
market
网站
筛选:
开始(G)
名称 ID 状态 绑定
Defa... 1 已启动 (... *:80 (http)
market 3 已启动 (... market.whwl.com on 192
www 2 已启动 (... www.whwl.com on 192.16
功能视图
内容视图
操作
添加网站...
设置网站默认设置...
编辑网站
绑定...
基本设置...
浏览
编辑权限...
删除
重命名
查看应用程序
查看虚拟目录
管理网站
重新启动
启动
停止
就绪

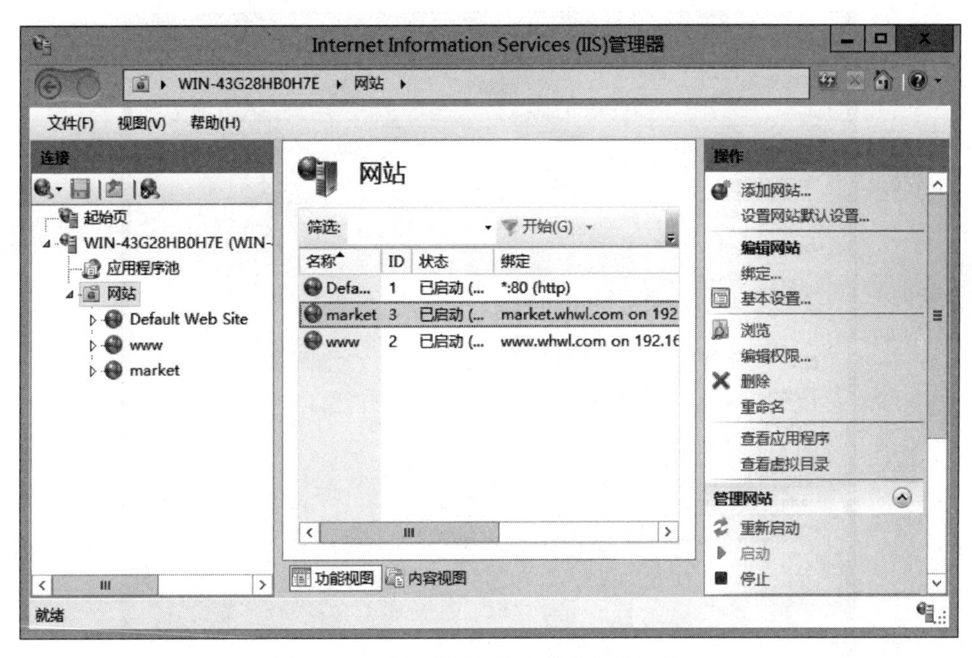

图 10-32　市场营销与推广部网站添加成功

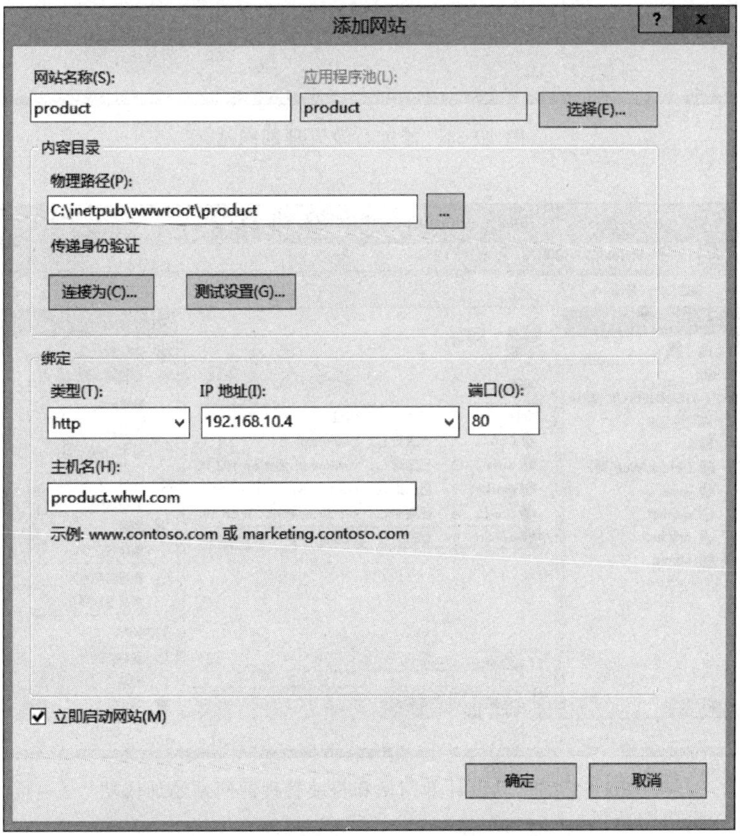

添加网站
网站名称(S):
product
应用程序池(L):
product
选择(E)...
内容目录
物理路径(P):
C:\inetpub\wwwroot\product
传递身份验证
连接为(C)...
测试设置(G)...
绑定
类型(T):
http
IP 地址(I):
192.168.10.4
端口(O):
80
主机名(H):
product.whwl.com
示例: www.contoso.com 或 marketing.contoso.com
立即启动网站(M)
确定
取消

图 10-33　添加产品设计部网站

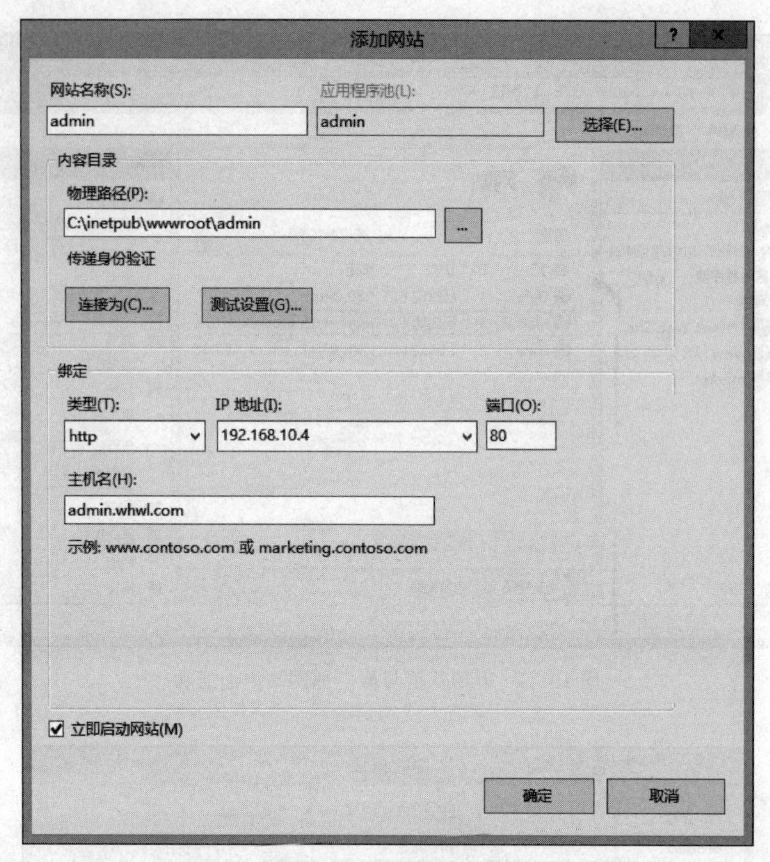

图 10-34　添加行政管理部网站

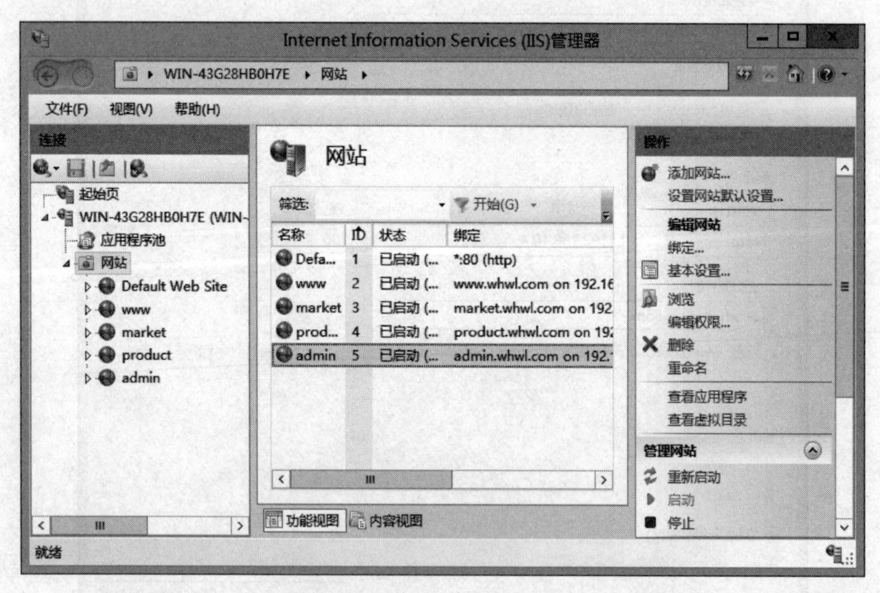

图 10-35　产品设计部网站和行政管理部网站添加成功

(6) 在 Windows 客户机访问 3 个部门网站。在 Windows 客户机上，打开 IE 浏览器，在地址栏中输入 market. whwl. com，按 Enter 键，IE 浏览器中显示了市场营销与推广部网站首页的内容，如图 10-36 所示。在地址栏中输入 product. whwl. com，按 Enter 键，IE 浏览器显示了产品设计部网站首页的内容，如图 10-37 所示。在地址栏中输入 admin. whwl. com，按 Enter 键，IE 浏览器显示了行政管理部网站首页的内容，如图 10-38 所示。这说明 3 个部门的网站都发布成功。

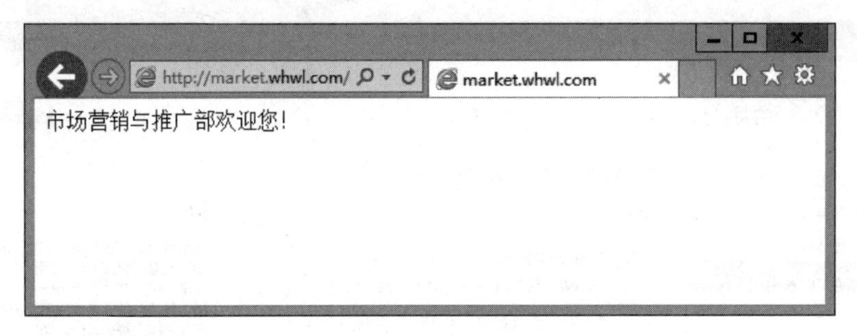

图 10-36　在 IE 浏览器中显示市场营销与推广部网站首页

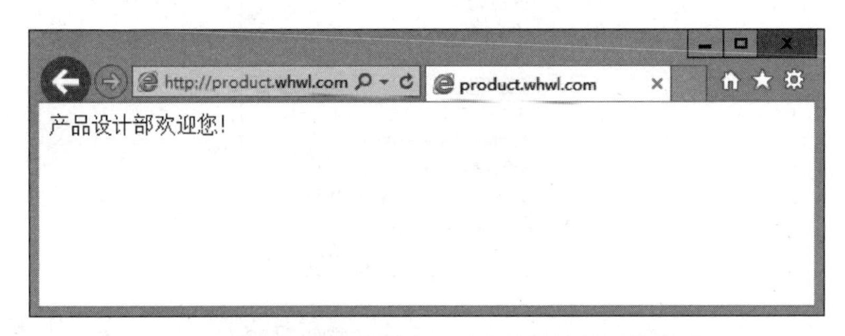

图 10-37　在 IE 浏览器中显示产品设计部网站首页

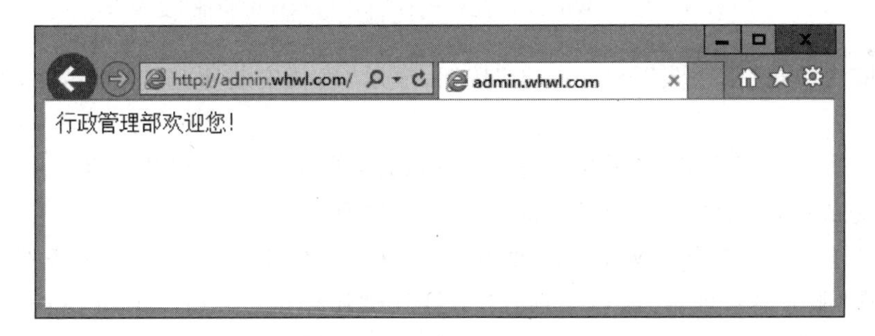

图 10-38　在 IE 浏览器中显示行政管理部网站首页

10.6.3　管理 Web 网站安全

访问 3 个部门网站时，要启用身份验证，只允许各部门的成员访问自己部门的网站。

1. 在 Web 服务器上添加“Windows 身份验证”“基本身份验证”角色服务

(1) 打开“服务器管理器”窗口，单击右侧窗格中的“2 添加角色和功能”链接，弹出“添加角色和功能向导”窗口，依次单击“下一步”→“下一步”→“下一步”按钮，在“选择服务器角色”界面的“角色”区域依次展开“Web 服务器(IIS)”→“Web 服务器”→“安全性”，选中“Windows 身份验证”和“基本身份验证”复选框，如图 10-39 所示。

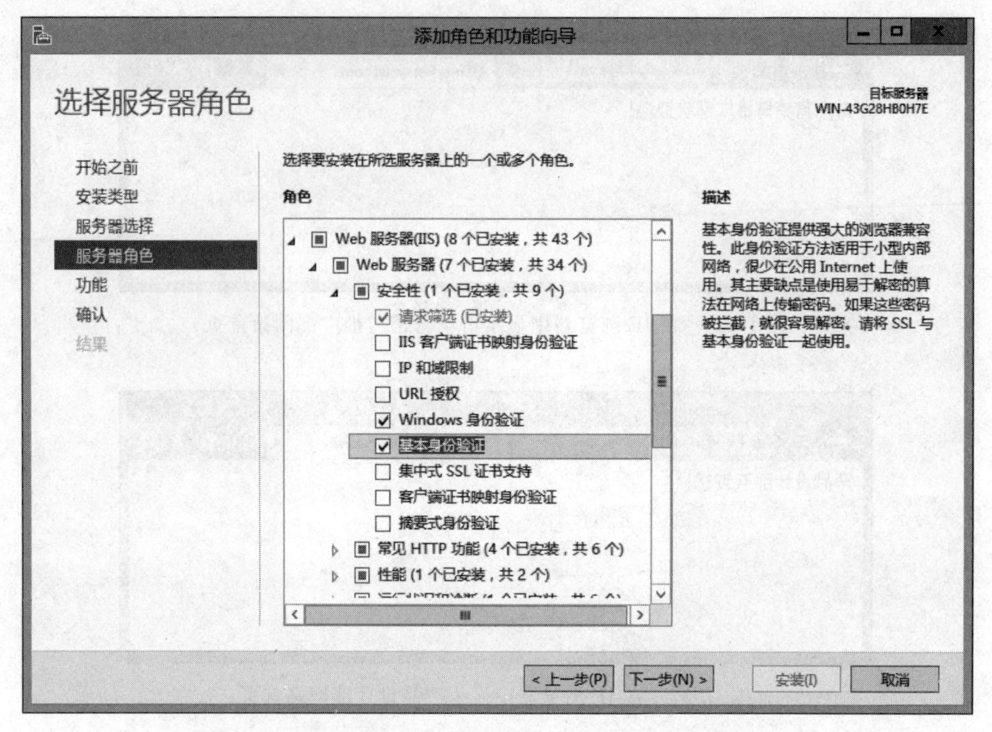

图 10-39 选中“Windows 身份验证”和“基本身份验证”复选框

(2) 依次单击“下一步”→“下一步”按钮，显示“确认安装所选内容”界面，如图 10-40 所示。

(3) 单击“安装”按钮，即可开始安装“Windows 身份验证”和“基本身份验证”角色服务。安装完成后，显示“安装进度”界面，如图 10-41 所示。

(4) 单击“关闭”按钮，“Windows 身份验证”和“基本身份验证”角色服务安装完成。

(5) 在“服务器管理器”窗口中选择“工具”→“Internet Information Services(IIS)管理器”命令，弹出“Internet Information Services(IIS)管理器”窗口，展开 Web 服务器名 WIN-43G28HB0H7E→“网站”节点，如图 10-42 所示。

(6) 单击网站 market，在中间窗格“market 主页”窗格中单击“身份验证”选项，如图 10-43 所示。

(7) 单击右侧窗格“操作”中的“打开功能”选项，此时在中间窗格中显示“身份验证”信息，如图 10-44 所示，默认启用“匿名身份验证”，禁用“基本身份验证”“Windows 身份验证”和“ASP. NET 模拟”。

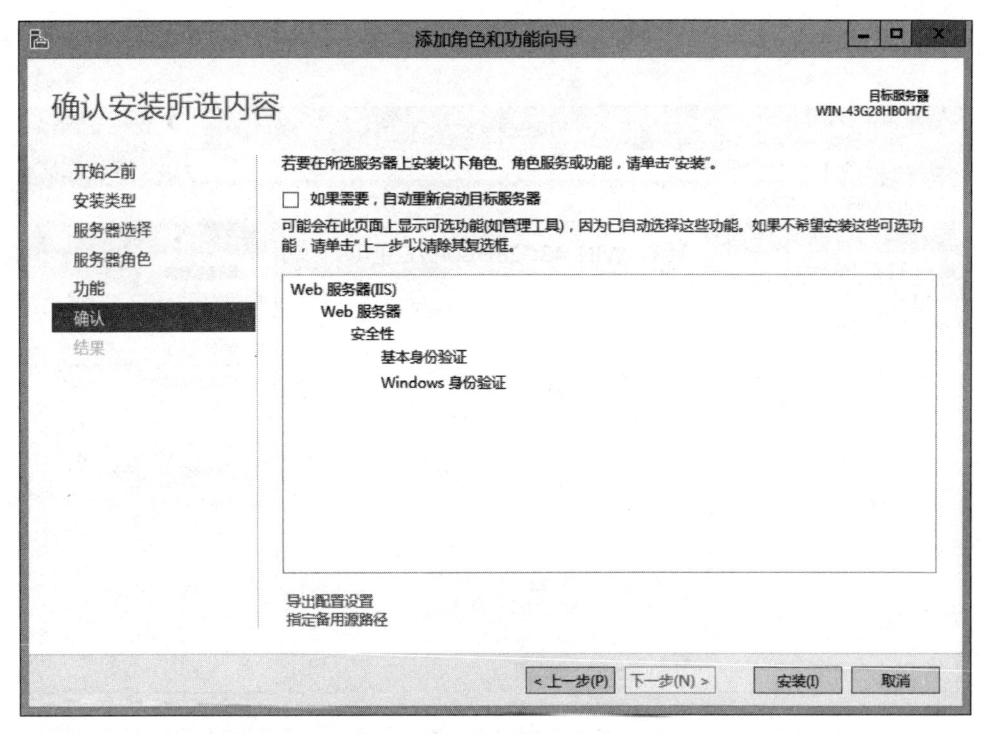

图 10-40　“确认安装所选内容”界面

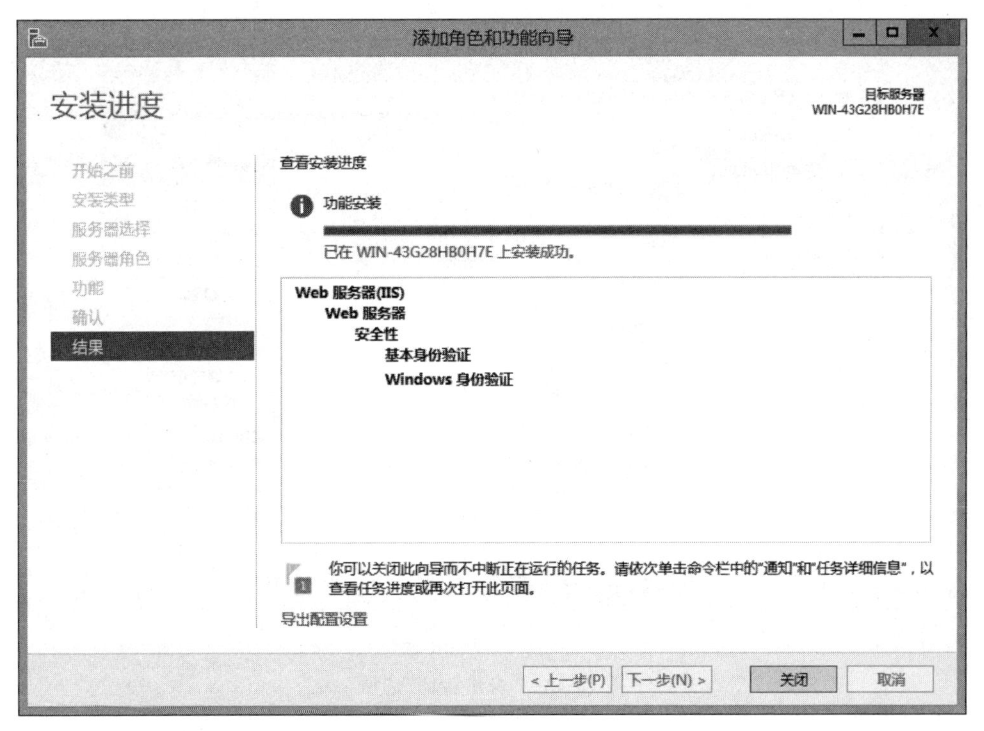

图 10-41　“安装进度”界面

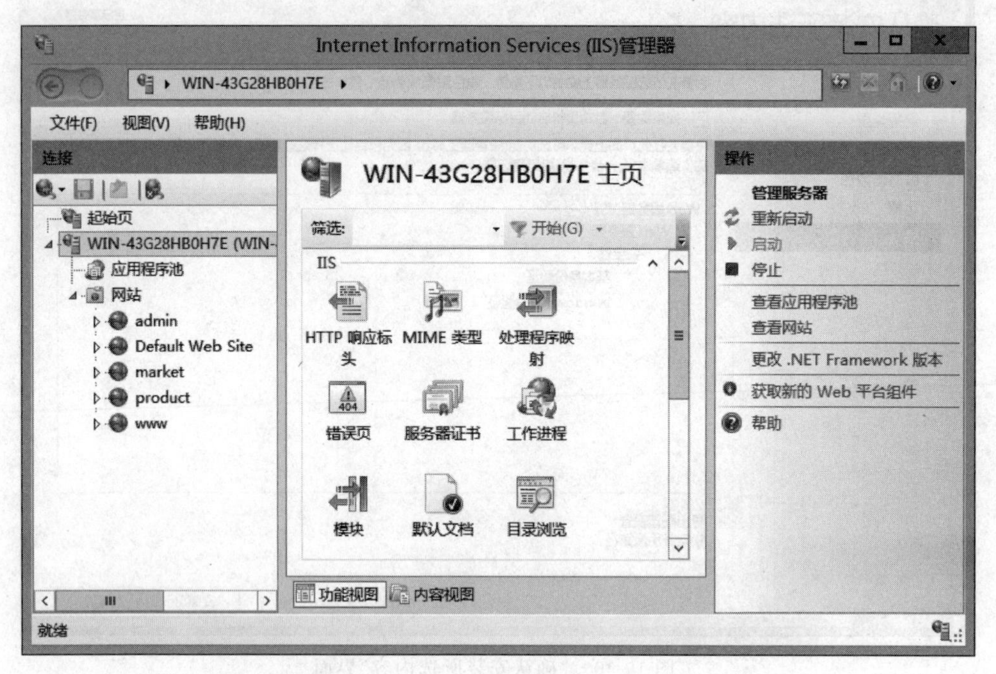

图 10-42 “Internet Information Services(IIS)管理器”窗口

图 10-43 “身份验证”选项

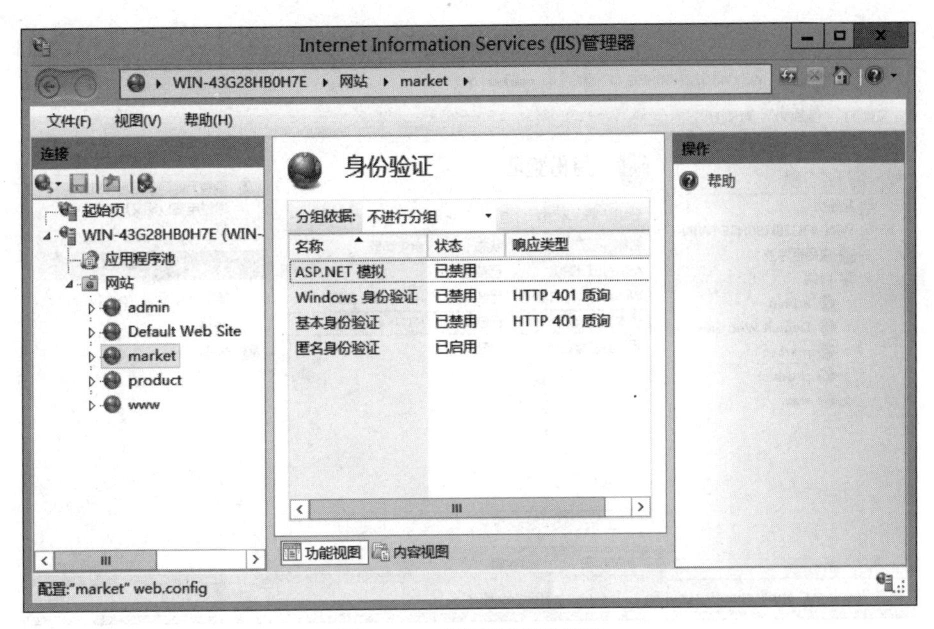

图 10-44　“身份验证”信息

(8) 单击“匿名身份验证”选项，然后单击右侧窗格“操作”中的“禁用”选项，此时“匿名身份验证”的状态显示为“禁用”，如图 10-45 所示。

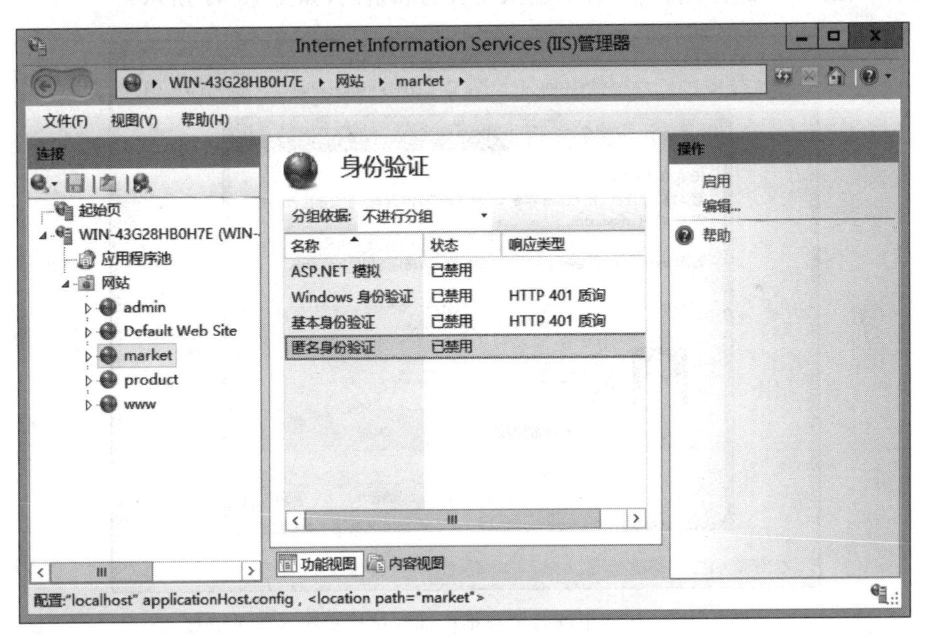

图 10-45　禁用“匿名身份验证”

(9) 要进行身份验证，可以使用“Windows 身份验证”或者“基本身份验证”，此处使用“基本身份验证”方式进行身份验证。单击“身份验证”中的“基本身份验证”选项，然后单击右侧窗格“操作”中的“启用”选项，此时“基本身份验证”的状态显示为“启用”，如图 10-46 所示。

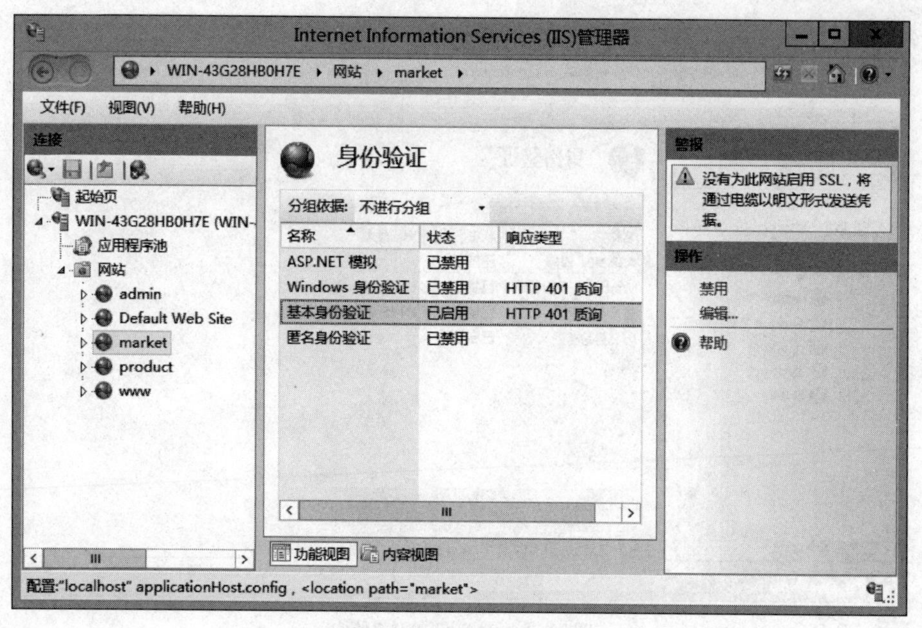

图 10-46　启用“基本身份验证”

(10) 在 Windows 客户机上打开 IE 浏览器，在地址栏中输入 market. whwl. com，此时弹出“Windows 安全”对话框，提示输入用户名和密码，如图 10-47 所示。

图 10-47　访问市场营销与推广部网站提示输入登录信息

(11) 对网站 product 重复步骤(6)～步骤(9)，然后在 Windows 客户机上打开 IE 浏览器，在地址栏中输入 product. whwl. com，弹出“Windows 安全”对话框，提示输入用户名和密码，如图 10-48 所示。

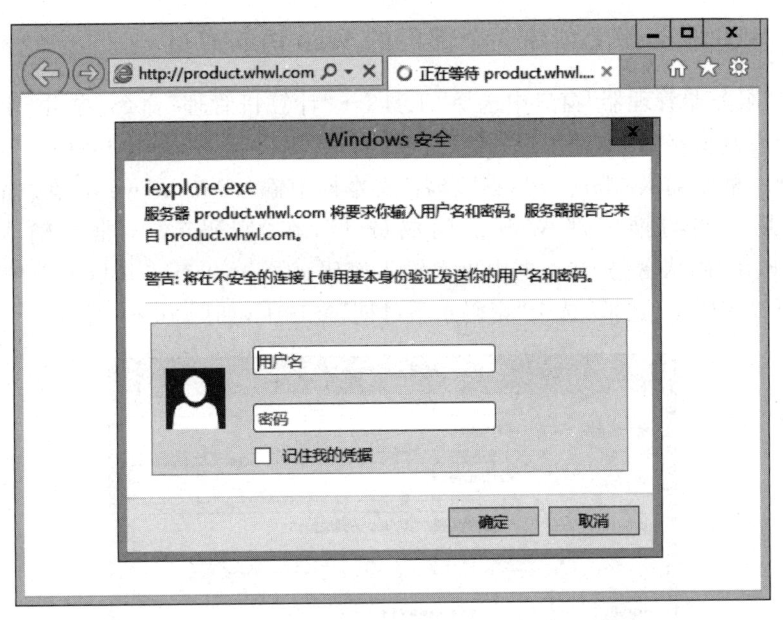

图 10-48　访问产品设计部网站提示输入登录信息

(12) 对网站 admin 重复步骤(6)～步骤(9),然后在 Windows 客户机上打开 IE 浏览器,在地址栏中输入 admin. whwl. com,弹出"Windows 安全"对话框,提示输入用户名和密码,如图 10-49 所示。

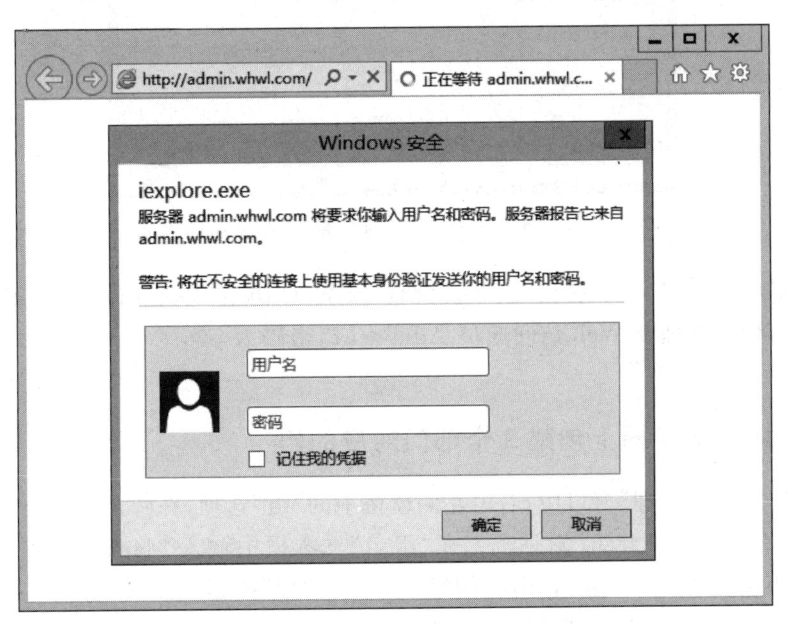

图 10-49　访问行政管理部网站提示输入登录信息

2. 在 Web 服务器上创建 3 个部门的 Web 访问成员

(1) 在“服务器管理器”窗口中选择“工具”→“计算机管理”命令,弹出“计算机管理”窗口。展开左侧窗格的“本地用户和组”选项,右击“用户”选项,弹出“新用户”对话框。在“用户名”文本框中输入 Marweb1,在“全名”文本框中输入 Marketweb1,在“描述”文本框中输入“市场营销与推广部 Web 访问成员 1”,在“密码”文本框中输入密码 p@ssw0rdmw1,在“确认密码”文本框中再次输入密码 p@ssw0rdmw1,取消选中“用户下次登录时须更改密码”复选框,选中“密码永不过期”复选框,如图 10-50 所示。

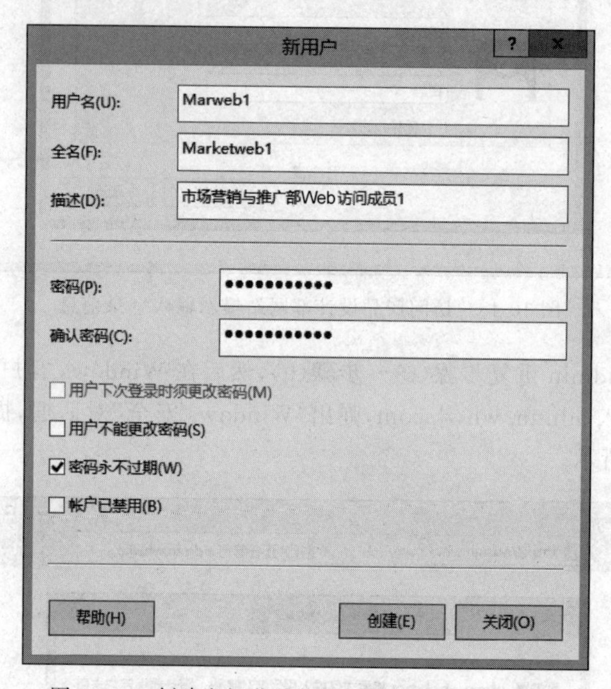

图 10-50 创建市场营销与推广部的 Web 访问成员

(2) 重复步骤(1),分别创建产品设计部 Web 访问成员 Proweb1、密码为 p@ssw0rdpw1,行政管理部 Web 访问成员 Admweb1、密码为 p@ssw0rdaw1,如图 10-51 和图 10-52 所示。

3. 在 Web 服务器上创建 3 个部门对应的组

(1) 在“计算机管理”窗口中,右击左侧窗格中的“组”选项,在弹出的快捷菜单中选择“新建组”命令,弹出“新建组”对话框。在“组名”文本框中输入 Marwebs,在“描述”文本框中输入“市场营销与推广部 Web 访问组”,单击“添加”按钮,将市场营销与推广部 Web 访问成员 Marweb1 添加至“成员”区域,如图 10-53 所示。

(2) 重复步骤(1),分别创建产品设计部 Web 访问组 Productwebs 和行政管理部 Web 访问组 Adminwebs,并将产品设计部 Web 访问成员 Proweb1 添加至组 Productwebs,将行政管理部 Web 访问成员 Admweb1 添加至组 Adminwebs,如图 10-54 和图 10-55 所示。

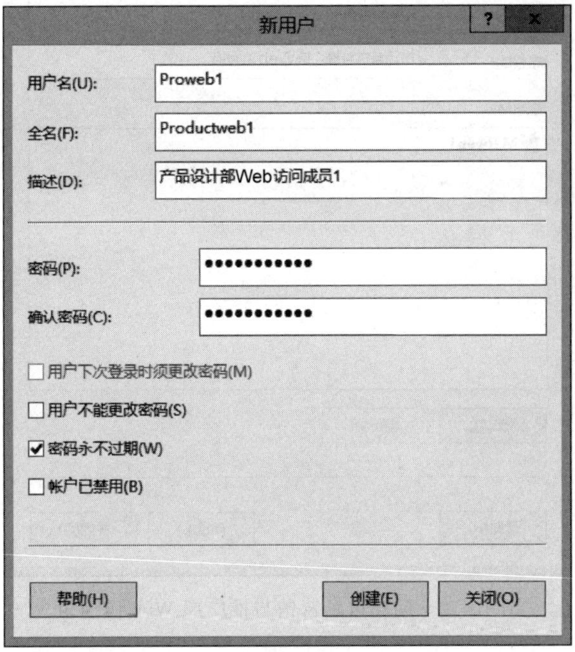

图 10-51 创建产品设计部 Web 访问成员 Proweb1

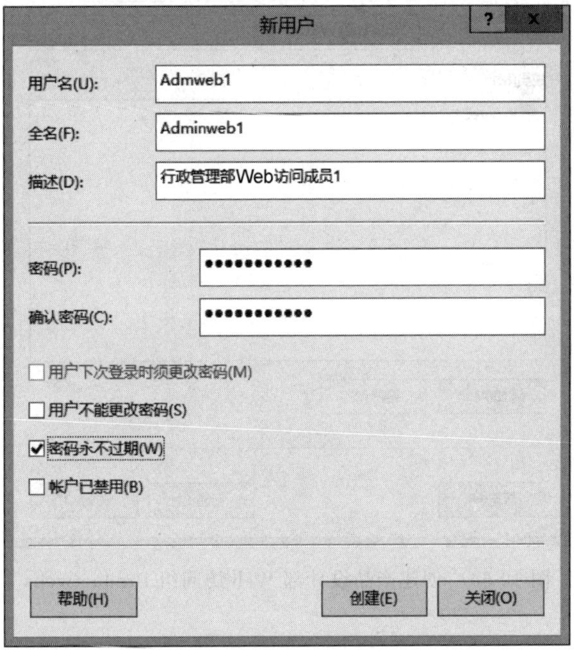

图 10-52 创建行政管理部 Web 访问成员 Admweb1

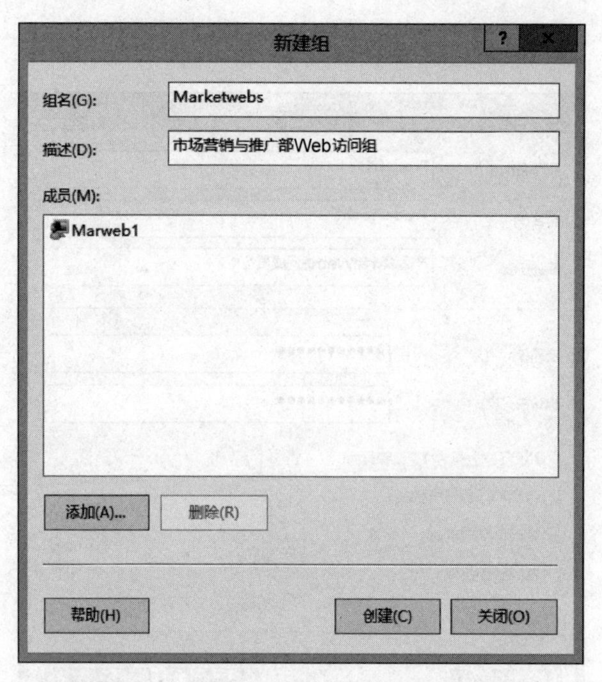

图 10-53　创建市场营销与推广部 Web 访问组

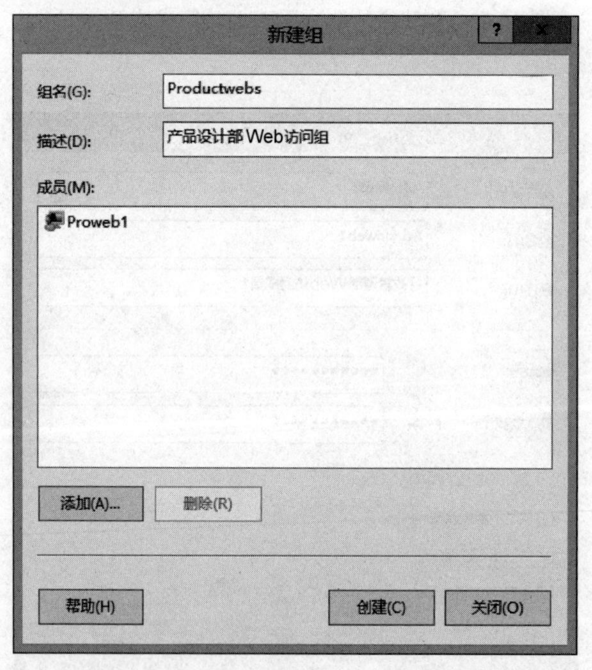

图 10-54　创建产品设计部 Web 访问组 Productwebs

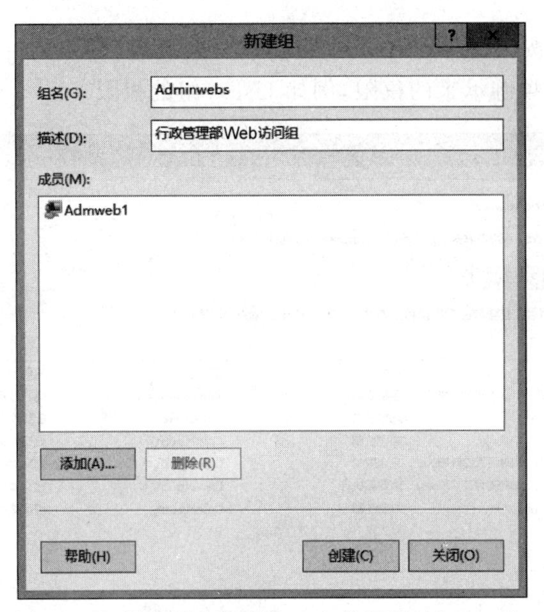

图 10-55　创建行政管理部 Web 访问组 Adminwebs

4. 设置 3 个部门网站主目录的 NTFS 权限

(1) 在 C:\inetpub\wwwroot\下右击 market 文件夹，在快捷菜单中单击"属性"命令，弹出"market 属性"对话框，选择"安全"选项卡，如图 10-56 所示。

图 10-56　"market 属性"对话框

(2) 单击"高级"按钮,弹出"market 的高级安全设置"窗口,如图 10-57 所示,图中文件夹已经有一些从父项继承来的权限,例如 Users 组的权限。

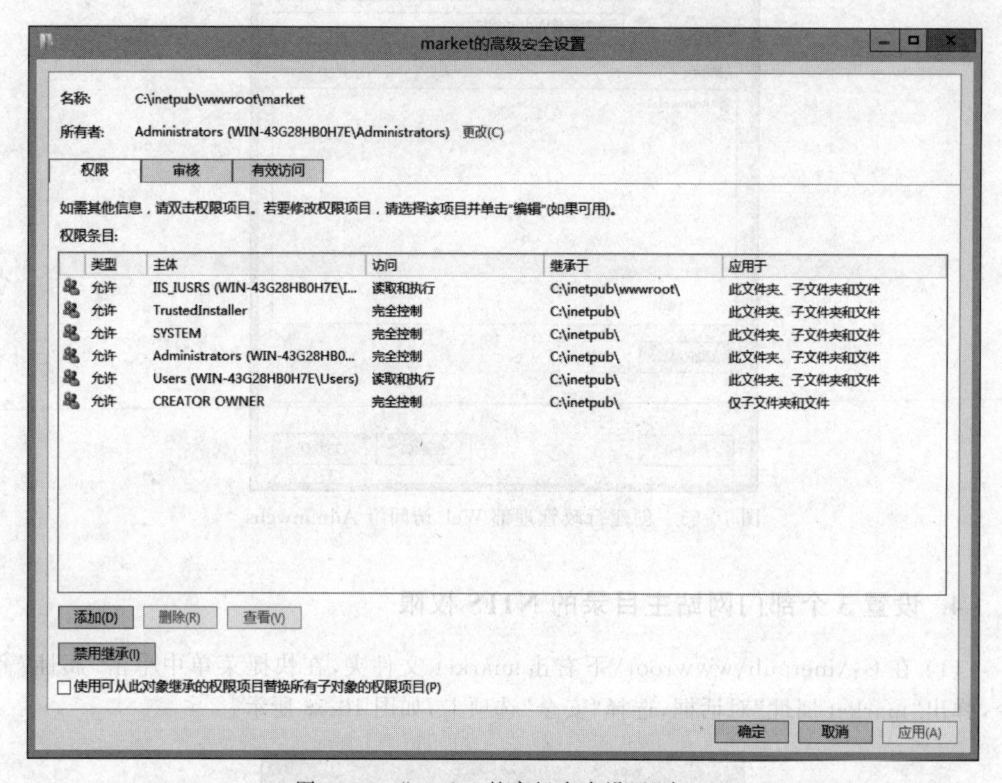

图 10-57 "market 的高级安全设置"窗口

(3) 单击"禁用继承"按钮,弹出"阻止继承"对话框,如图 10-58 所示。

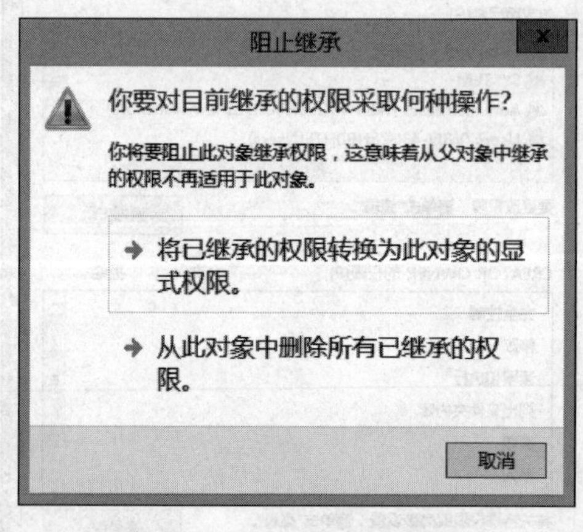

图 10-58 "阻止继承"对话框

(4) 单击"将已继承的权限转换为此对象的显式权限"选项,在"market 的高级安全设置"对话框的"权限条目"列表中单击 Users 组,如图 10-59 所示。

(5) 单击"删除"按钮,此时"market 的高级安全设置"对话框中的"权限条目"列表中

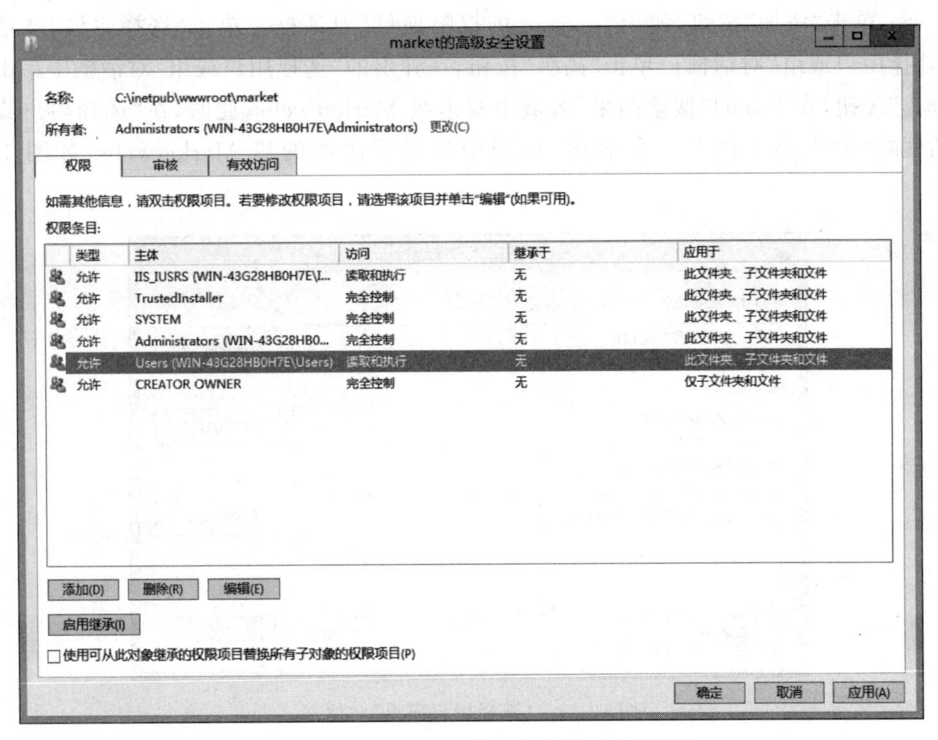

图 10-59　"market 的高级安全设置"对话框

没有 Users 组了，如图 10-60 所示。

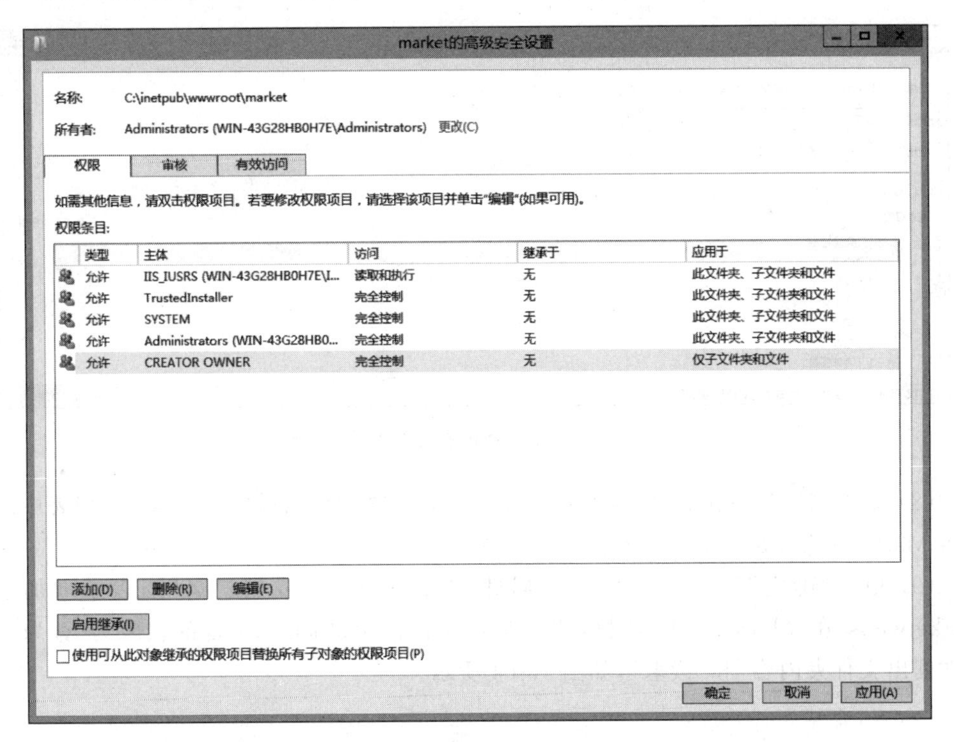

图 10-60　删除 Users 组

(6) 单击"添加"按钮,弹出"market 的权限项目"对话框。单击"选择主体"选项,弹出"选择用户或组"对话框。单击"高级"按钮,在弹出的"选择用户或组"对话框中单击"立即查找"按钮,在下方的"搜索结果"区域中双击组 Marketwebs,此时,在"选择用户或组"对话框的"输入要选择的对象名称"区域中显示了添加的组 Marketwebs,如图 10-61 所示。

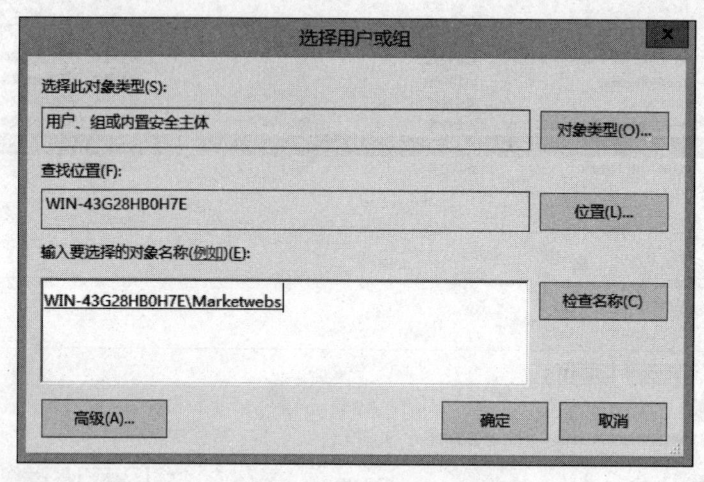

图 10-61 "选择用户或组"对话框

(7) 单击"确定"按钮,"market 的权限项目"对话框的"主体"部分显示了添加的组 Marketwebs,默认权限是"读取和执行""列出文件夹内容"和"读取",如图 10-62 所示。

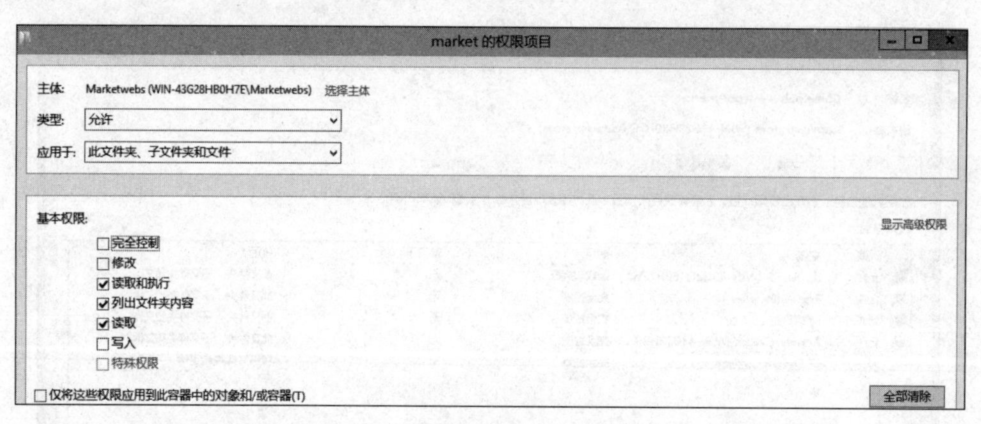

图 10-62 "market 的权限项目"对话框

(8) 单击"确定"按钮,在"market 的高级安全设置"对话框的"权限条目"列表中增加了组 Marketwebs,如图 10-63 所示。

(9) 单击"确定"按钮,在"market 属性"对话框的"组或用户名"列表中增加了组 Marketwebs,在"Marketwebs 的权限"列表中显示了组 Marketwebs 的权限为"读取和执行""列出文件夹内容"和"读取",如图 10-64 所示。

图 10-63　"权限条目"列表中增加了组 Marketwebs

图 10-64　"组或用户名"列表中增加了组 Marketwebs

(10) 单击“确定”按钮,完成了市场营销与推广部网站主目录 NTFS 权限的设置。

(11) 重复步骤(1)~步骤(10),对 C:\inetpub\wwwroot\下的 product 文件夹设置 NTFS 权限:删除 Users 组,添加组 Productwebs,并设置组 Productwebs 的权限为“读取和执行”“列出文件夹内容”和“读取”,如图 10-65 所示。

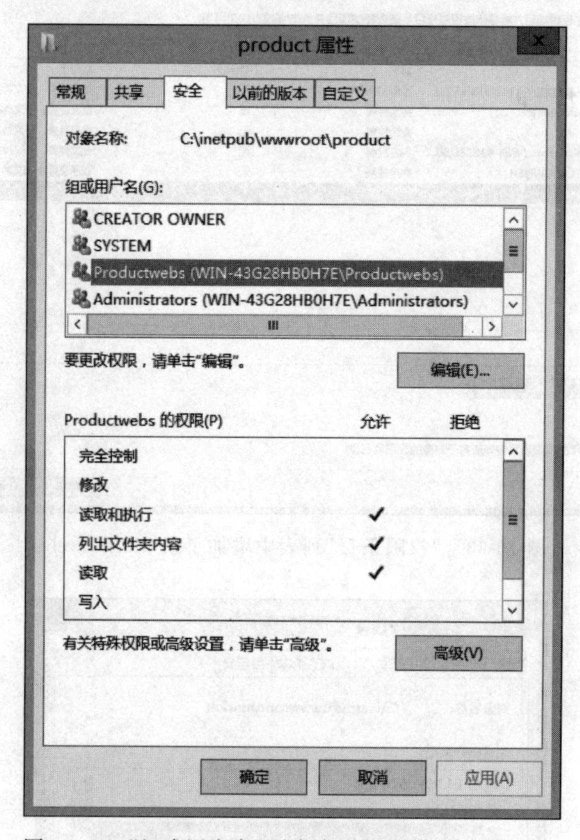

图 10-65 “组或用户名”列表中增加了组 Productwebs

(12) 重复步骤(1)~步骤(10),对 C:\inetpub\wwwroot\下的 admin 文件夹设置 NTFS 权限:删除 Users 组,添加组 Adminwebs,并设置组 Adminwebs 的权限为“读取和执行”“列出文件夹内容”和“读取”,如图 10-66 所示。

5. 在 Windows 客户机上测试 3 个部门网站的访问权限

(1) 在 Windows 客户机上打开 IE 浏览器,在地址栏中输入 market.whwl.com,弹出“Windows 安全”对话框,在“用户名”文本框中输入 Proweb1,在“密码”文本框中输入 p@ssw0rdpw1,单击“确定”按钮,没有跳转至市场营销与推广部网站首页,如图 10-67 所示,说明产品设计部 Web 访问成员 Proweb1 没有权限访问市场营销与推广部网站。

(2) 在“Windows 安全”对话框的“用户名”文本框中输入 Admweb1,在“密码”文本框中输入 p@ssw0rdaw1,单击“确定”按钮,浏览器显示“您无权使用所提供的凭据查看此目录或页面”错误信息,如图 10-68 所示,说明行政管理部 Web 访问成员 Admweb1 也没有权限访问市场营销与推广部网站。

图 10-66　"组或用户名"列表中增加了组 Adminwebs

图 10-67　用户 Proweb1 没有权限访问市场营销与推广部网站

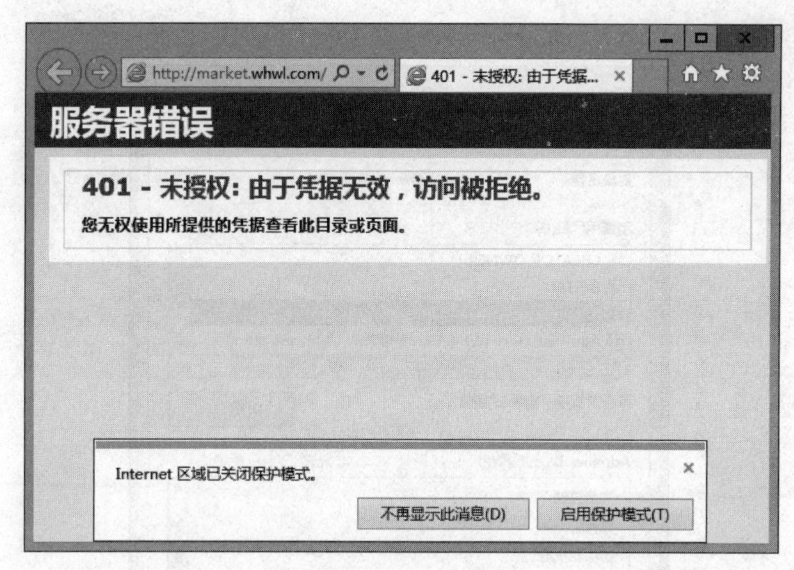

图 10-68　用户 Admweb1 没有权限访问市场营销与推广部网站

(3) 单击 IE 浏览器地址栏中的“刷新”按钮刷新网页，在“Windows 安全”对话框的“用户名”文本框中输入 Marweb1，在“密码”文本框中输入密码 p@ssw0rdmw1，如图 10-69 所示。

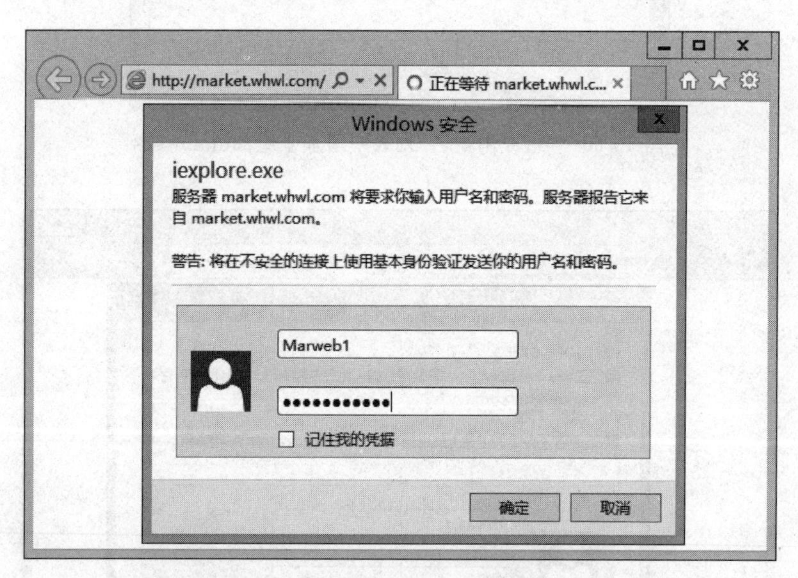

图 10-69　输入用户 Marweb1 的登录信息

(4) 单击“确定”按钮，此时浏览器显示了市场营销与推广部网站的首页，如图 10-70 所示，说明市场营销与推广部网站只允许本部门成员访问。

(5) 在 IE 浏览器地址栏中输入 product. whwl. com，在弹出的“Windows 安全”对话框的“用户名”文本框中输入 Marweb1，在“密码”文本框中输入密码 p@ssw0rdmw1，单击“确定”按钮，浏览器没有跳转至产品设计部网站首页。在“Windows 安全”对话框的

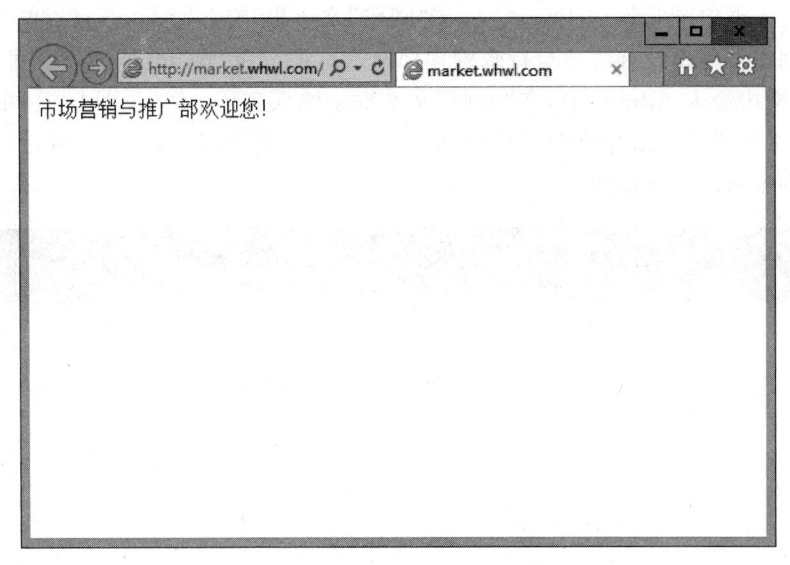

图 10-70　市场营销与推广部网站首页

“用户名”文本框中继续输入 Admweb1，在“密码”文本框中输入密码 p@ssw0rdaw1，单击“确定”按钮，浏览器还是没有跳转至产品设计部网站首页。在“Windows 安全”对话框的“用户名”文本框中输入 Proweb1，在“密码”文本框中输入 p@ssw0rdpw1，单击“确定”按钮，此时浏览器显示出产品设计部门网站首页，如图 10-71 所示，说明产品设计部网站也只允许本部门成员访问。

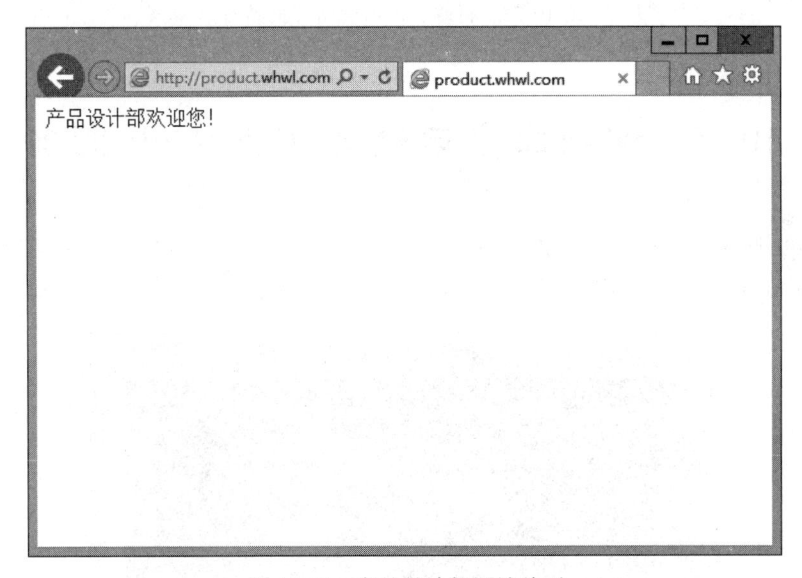

图 10-71　产品设计部网站首页

(6) 在 IE 浏览器地址栏中输入 admin. whwl. com，在弹出的“Windows 安全”对话框的“用户名”文本框中输入 Marweb1，在“密码”文本框中输入密码 p@ssw0rdmw1，单击“确定”按钮，浏览器没有跳转至行政管理部门网站首页。在“Windows 安全”对话框的

“用户名”文本框中继续输入 Proweb1，在“密码”文本框中输入 p@ssw0rdpw1，单击“确定”按钮，浏览器还是没有跳转至行政管理部网站首页。在“Windows 安全”对话框的“用户名”文本框中输入 Admweb1，在“密码”文本框中输入密码 p@ssw0rdaw1，单击“确定”按钮，此时浏览器显示出行政管理部网站首页界面，如图 10-72 所示，说明行政管理部网站也只允许本部门成员访问。

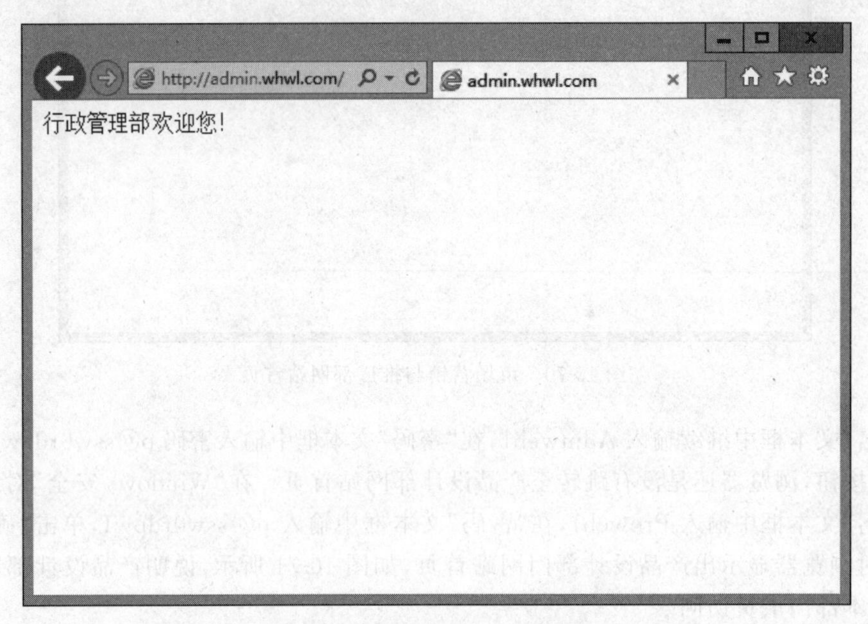

图 10-72　行政管理部网站首页界面

10.7　使用命令启动或停止 Web 服务

在 Web 服务器上打开命令提示符窗口，执行命令 net stop w3svc 停止 Web 服务；执行命令 net strat w3svc 启用 Web 服务，如图 10-73 所示。

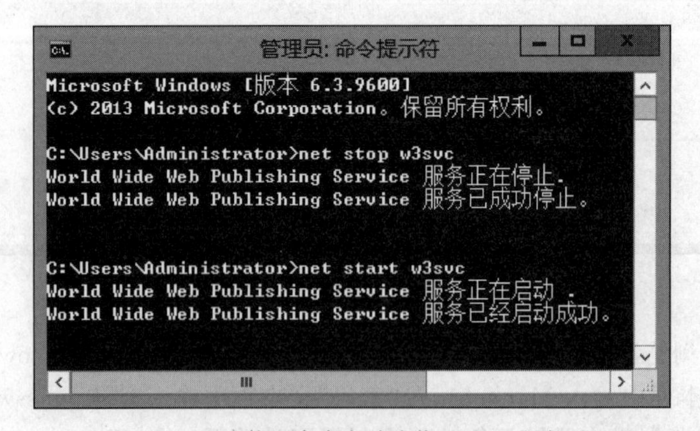

图 10-73　使用命令启动或停止 Web 服务

10.8　配置 Web 网站虚拟目录

利用 IIS 的虚拟目录也可以提供个人主页服务。虚拟目录只是一个文件夹，并不真正位于 Web 网站主目录下，但在访问 Web 站点的用户看来，则与访问 Web 站点是一样的。

虚拟目录与虚拟 Web 站点有许多相似之处，也有较大区别，概括如下。

(1) 保存文件的位置不同。使用虚拟 Web 站点时，主目录的文件夹必须位于本地计算机上。由于磁盘容量的限制，可设置的虚拟服务器的数量非常有限。而使用虚拟目录时，既可以将站点文件复制到本地计算机，也可以复制到同一域内的其他计算机的磁盘上，甚至还可以复制到不同域内的计算机的磁盘上。当虚拟目录下的文件复制到安装 IIS 计算机的本地磁盘时，称为本地虚拟目录；复制到其他计算机的磁盘时，称为远程虚拟目录。由此可见，虚拟目录较虚拟服务器提供了更多的灵活性，由于既可以借用本地计算机的磁盘空间，也可以借用其他计算机的磁盘空间，因此它能够提供的空间几乎是无限的，所以更适合于提供对磁盘空间需求较大的 VOD 服务、个人主页服务或其他 Web 服务。

(2) 提供的性能不同。由于虚拟 Web 站点的所有目录均存储在本地硬盘，因此存取速度较快。而使用远程虚拟目录时，由于局域网网络速度的影响，访问性能可能会有所下降。

(3) 服务的连续性不同。使用虚拟 Web 站点时，由于磁盘容量有限而不得不重新增加硬盘，如果硬盘不支持热插拔，那么需要停机进行操作，会导致系统服务的中断。使用虚拟目录时，由于随时可以将其他服务器中的硬盘作为存储空间，因此即使在网站大规模扩容时，也不会导致 Web 服务的中断。

(4) 安全性和灵活性不同。相对而言，虚拟目录的安全性和灵活性更大。因为在虚拟目录中，除了可以以用户身份的方式进行安全控制外，还可以根据目录共享权限的划分而使特定部门的用户只能访问属于自己的或完全公开的内容。各部门成员均在各自的站点上独立工作，从而进一步增强了网络数据的安全性。

配置 Web 网站虚拟目录步骤如下。

(1) 准备虚拟目录。在 C:\inetpub\wwwroot\下新建文件夹 xunimulu 作为虚拟目录的主目录，如图 10-74 所示。

(2) 在 C:\inetpub\wwwroot\xunimulu\下新建虚拟目录首页文件 index.html，内容为"虚拟目录欢迎您!"，如图 10-75 所示。

(3) 打开"Internet Information Services(IIS)管理器"窗口，展开左侧窗格中的选项，右击网站 www，弹出快捷菜单。

图 10-74 新建虚拟目录主目录界面

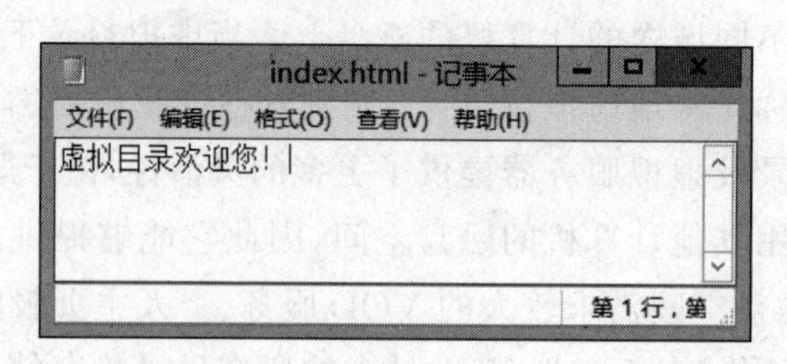

图 10-75 虚拟目录首页文件 index. html 内容

(4) 选择"添加虚拟目录"命令，弹出"添加虚拟目录"对话框。在"别名"文本框中输入 xuniweb，在"物理路径"文本框中输入虚拟目录的物理路径 C:\inetpub\wwwroot\xunimulu，也可以单击"浏览文件夹"按钮来选择，如图 10-76 所示。

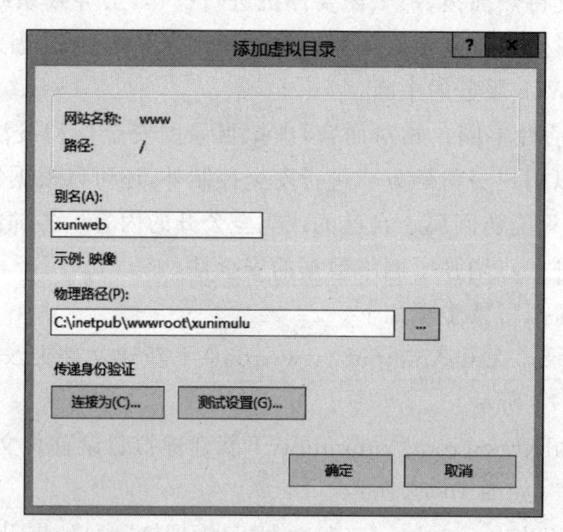

图 10-76 "添加虚拟目录"对话框

(5) 单击"确定"按钮，在"Internet Information Services(IIS)管理器"窗口左侧窗格的 www 下显示了刚刚创建的虚拟目录 xuniweb，如图 10-77 所示。

图 10-77　虚拟目录 xuniweb 创建成功

(6) 在 Windows 客户机的 IE 浏览器地址栏中输入 www.whwl.com/xuniweb，按 Enter 键，在浏览器中显示了虚拟目录首页内容“虚拟目录欢迎你!”，如图 10-78 所示。

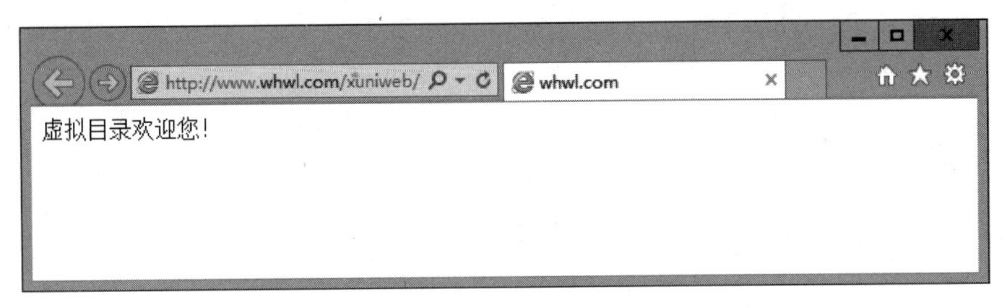

图 10-78　在 Windows 客户机上测试虚拟目录

本 章 小 结

本任务实现了 Web 服务器的安装、创建并配置网站、管理 Web 网站安全，包括安装 Web 服务器、启动或停止 Web 服务器、发布 Web 网站、创建虚拟 Web 网站、启用身份验证对用户进行身份验证。通过任务的实施，可掌握 Web 的概念、IIS 8.0 的相关知识。

习　题　10

1. Web 服务器响应 Web 请求分哪几步?
2. 如何添加默认文档?
3. 如何建立虚拟 Web 站点和虚拟目录?
4. 如何远程管理 Web 站点?
5. Web 服务器对外提供服务的协议、默认端口号是多少?

第 11 章　配置与管理 FTP 服务器

【情境描述】 网恒网络有限公司下设市场营销与推广部、产品设计部、行政管理部 3 个部门。为了便于集中管理，方便员工通过网络查看资料，特别是比较大的资料，公司统一将三个部门的数据、文件等资料存放在 FTP 服务器，与文件的 NTFS 权限结合使用，控制用户的访问以保证数据的安全性。3 个部门对 FTP 服务器上资料的访问权限如下：行政管理部对本部门的资料拥有完全控制权限，且可以看到但不能修改市场营销与推广部和产品设计部的资料；其他两个部门只能对本部门的资料拥有完全控制权限；公司总经理对这三个部门的资料拥有完全控制权限。

要完成这个任务，首先要掌握 FTP 服务器的工作过程。理解原理之后，基于前面的任务，在 Windows Server 2012 操作系统中安装 FTP 服务，配置和管理 FTP 站点，最后实现对 FTP 站点的访问。

11.1　FTP　概　述

FTP(file transfer protocol，文件传送协议)是 TCP/IP 网络中计算机间传送文件的协议。虽然 Web 服务器也可以提供文件下载功能，但是 FTP 服务器的效率更高，不仅可以在局域网中传送文件，而且可以通过 Internet 实现客户机与服务器之间的文件传送。文件传送是双向的，既可以从服务器下载到客户机，也可以从客户机上传到服务器。

11.2　FTP 服务器的工作过程

使用 FTP 在两台计算机之间传送文件时，两台计算机中一台计算机是 FTP 客户端，而另一台则是 FTP 服务器。FTP 客户机向服务器发出下载和上传文件以及创建和更改服务器文件的请求。

下面简要介绍 FTP 会话的建立及传送文件的过程。

(1) FTP 客户端程序使用 TCP 的 3 次握手信号，形成一个和 FTP 服务器的 TCP 连接。

(2) 为了建立一个 TCP 连接，客户端和服务器必须打开一个 TCP 端口。FTP 服务器有两个预分配的端口号,分别是 20 和 21。端口 20 用于发送和接收 FTP 数据,该端口只在传输数据时打开,并在传输结束时关闭。端口 21 用于发送和接收 FTP 会话信息。FTP 服务器通过监听这个端口,以监听请求连接到服务器的 FTP 客户端。一个 FTP 会话建立后,端口 21 的连接在会话期间将始终保持打开状态。

(3) FTP 客户端程序在激发 FTP 客户端服务后,可动态分配端口号,选择范围为 1024～65535。端口 0～1023 已经被预先分配了。

(4) 当一个 FTP 会话开始后,客户端程序打开一个控制端口,该端口连接到服务器的端口 21 上。

(5) 需要传输数据时,客户端再连接到服务端口 20。每当开始传送文件时,客户端程序都会打开一个新的数据端口,在文件传送完成后再将该端口释放。

11.3 FTP 的工作模式

FTP 有两种工作模式:主动模式(PORT)和被动模式(PASV)。主动模式下,FTP 客户端随机打开一个号码大于 1024 的端口 N 向服务器的 21 号端口发起连接,然后开放 $N+1$ 号端口进行监听,并向服务器发出 PORT $N+1$ 命令。服务器接收到命令后,会用其本地的 FTP 数据端口(通常是 20)来连接客户端指定的端口 $N+1$ 进行数据传输。被动模式下,FTP 客户端随机打开一个号码大于 1024 的端口 N 向服务器的 21 号端口发起连接,同时会打开 $N+1$ 号端口,然后向服务器发送 PASV 命令,通知服务器自己处于被动模式。服务器收到命令后,会开放一个大于 1024 的端口 P 进行监听,然后用 PORT P 命令通知客户端自己的数据端口是 P。客户端收到命令后,会通过 $N+1$ 号端口连接服务器的端口 P,然后在两个端口之间进行数据传输。概括起来说,主动模式是指服务器主动连接客户端的数据端口,被动模式是指服务器被动地等待客户端连接自己的数据端口。主动模式下需要客户端开放端口给服务器,很多客户端都在防火墙内,开放端口给 FTP 服务器访问比较困难;而被动模式下只须服务器端开放端口给客户端连接。FTP 服务器一般都支持主动模式和被动模式。

11.4 FTP 服务器方案设计

本任务中,3 个部门的数据、文件等资料存放在 FTP 服务器,为了便于管理,资料分别存放于以各自部门名称命名的文件夹中。根据分析做出如下设计(同第 7 章)。

(1) 在 FTP 服务器上建立 3 个组 Administrations(行政管理部)、Markets(市场营销与推广部)、Products(产品设计部),每个组根据部门人数建立若干成员账号;并且再建立一个总经理账号(Manager),隶属于管理员组。组别与成员如表 11-1 所示。

表 11-1　组别与成员表

组　　别	成　　员		
Administrations(行政管理部)	Adm1	Adm2	…
Markets(市场营销与推广部)	Mar1	Mar2	…
Products(采购部)	Pro1	Pro2	…
Administrators	Administrator	Manager	

(2) 在 FTP 服务器上建立 3 个部门的资料文件夹,分别是"行政管理部""市场营销与推广部"和"产品设计部"。

(3) NTFS 权限如表 11-2 所示。

表 11-2　NTFS 权限表

部门资料文件夹	安　　全
行政管理部	Administrations(行政管理部)/完全控制 Administrators/完全控制
市场营销与推广部	Markets(市场营销与推广部)/完全控制 Administrations(行政管理部)/只读 Administrators/完全控制
产品设计部	Products(产品设计部)/完全控制 Administrations(行政管理部)/只读 Administrators/完全控制

11.5　安装 FTP 服务器

11.5.1　准备安装 FTP 服务器

准备安装 FTP 服务器的步骤如下。

(1) 在 FTP 服务器上右击"网络"图标,在弹出的快捷菜单中选择"属性"命令,弹出"网络和共享中心"窗口。单击左侧的"更改适配器"选项,弹出"网络连接"窗口。右击 Ethernet0,在弹出的快捷菜单中选择"属性"命令,弹出"Ethernet0 属性"对话框。在"此连接使用下列项目"列表框中双击"Internet 协议版本 4",弹出"Internet 协议版本 4(TCP/IPv4)属性"对话框。将"IP 地址"设置为 192.168.10.5,将"子网掩码"设置为 255.255.255.0,将默认网关设置为 192.168.10.1,将"首选 DNS 服务器"设置为 192.168.10.2,将"备用 DNS 服务器"设置为 192.168.10.3,如图 11-1 所示。

(2) 依次单击"确定"→"确定"按钮,完成 FTP 服务器 IP 地址的配置。

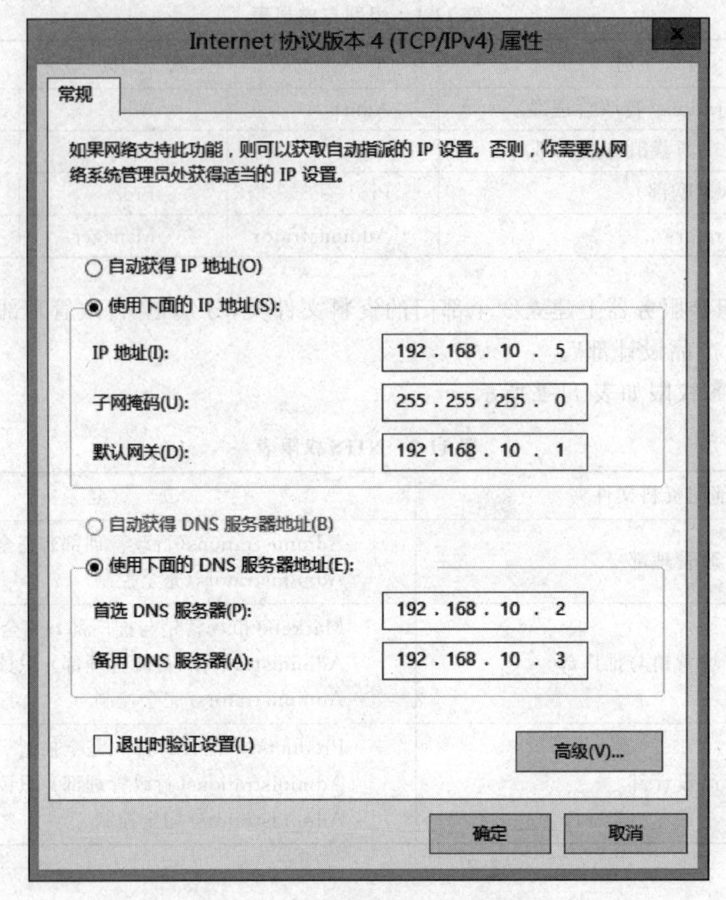

图 11-1 配置 FTP 服务器 IP 地址

11.5.2 安装 FTP 服务器角色

FTP 服务器是 IIS 的一个组件。因此，要安装 FTP 服务器，须先安装 Web 服务器(IIS)。安装好 Web 服务器(IIS)后，添加 FTP 角色服务即可，具体步骤如下。

(1) 打开“服务器管理器”窗口，默认显示“服务器管理器 · 仪表板”。在“服务器管理器 · 仪表板”右侧的详细信息窗格中单击“2 添加角色和功能”，弹出“添加角色和功能向导”窗口，依次单击“下一步”→“下一步”→“下一步”按钮，在“选择服务器角色”界面的“角色”列表中找到“Web 服务器(IIS)”，如图 11-2 所示。

(2) 单击“Web 服务器(IIS)”，弹出“添加 Web 服务器(IIS)所需功能”对话框，如图 11-3 所示。

(3) 单击“添加功能”按钮，此时“选择服务器角色”界面的“Web 服务器(IIS)”复选框被选中，单击“下一步”按钮，显示“选择功能”界面，如图 11-4 所示。

(4) 单击“下一步”按钮，显示“Web 服务器角色(IIS)”界面，如图 11-5 所示。

图 11-2　“选择服务器角色”界面

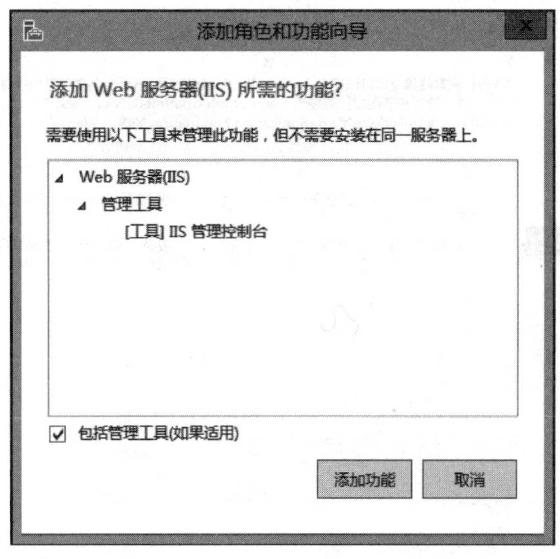

图 11-3　“添加 Web 服务器(IIS)所需的功能”界面

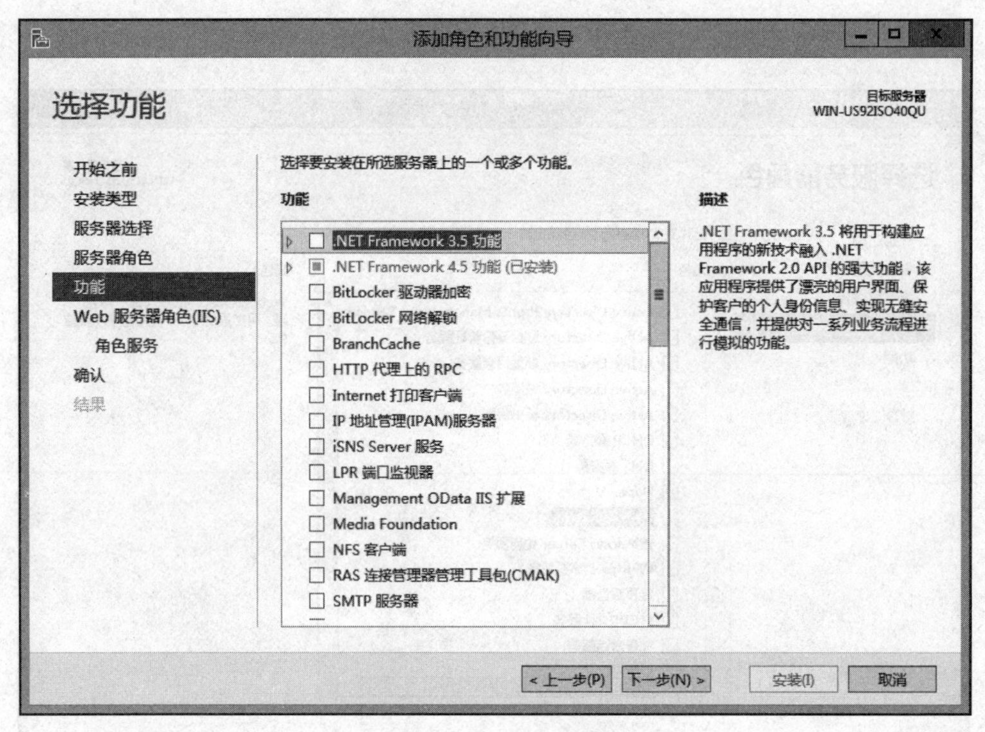

图 11-4 “选择功能”界面

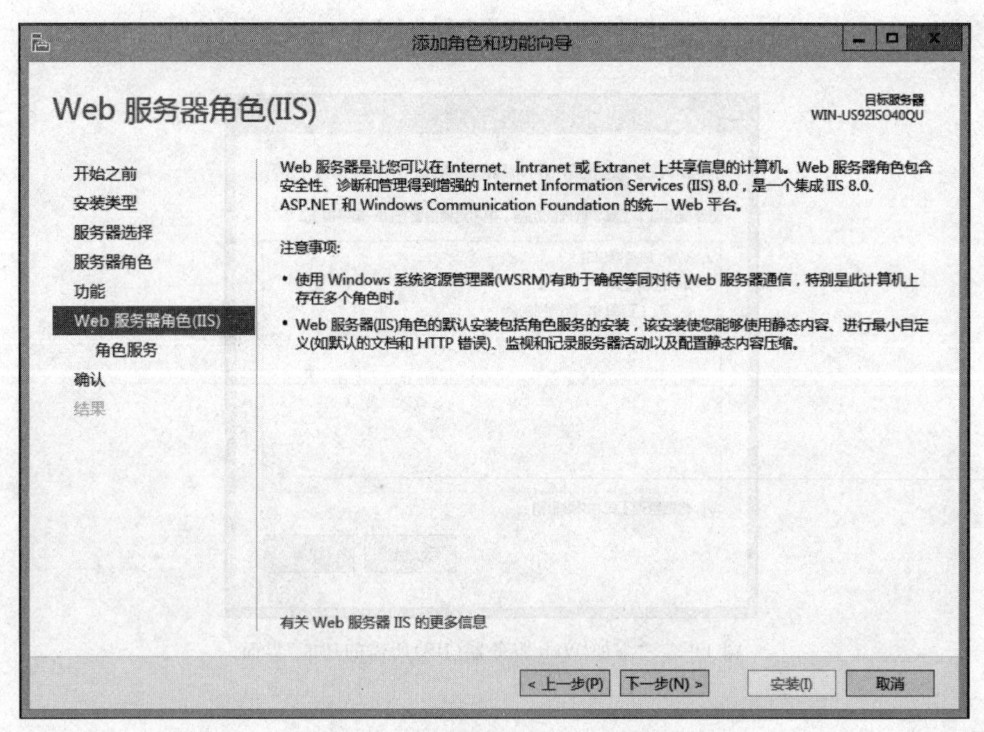

图 11-5 “Web 服务器角色(IIS)”界面

(5) 单击"下一步"按钮,显示"选择角色服务"界面,在"角色服务"列表中选中"FTP 服务"复选框,如图 11-6 所示。

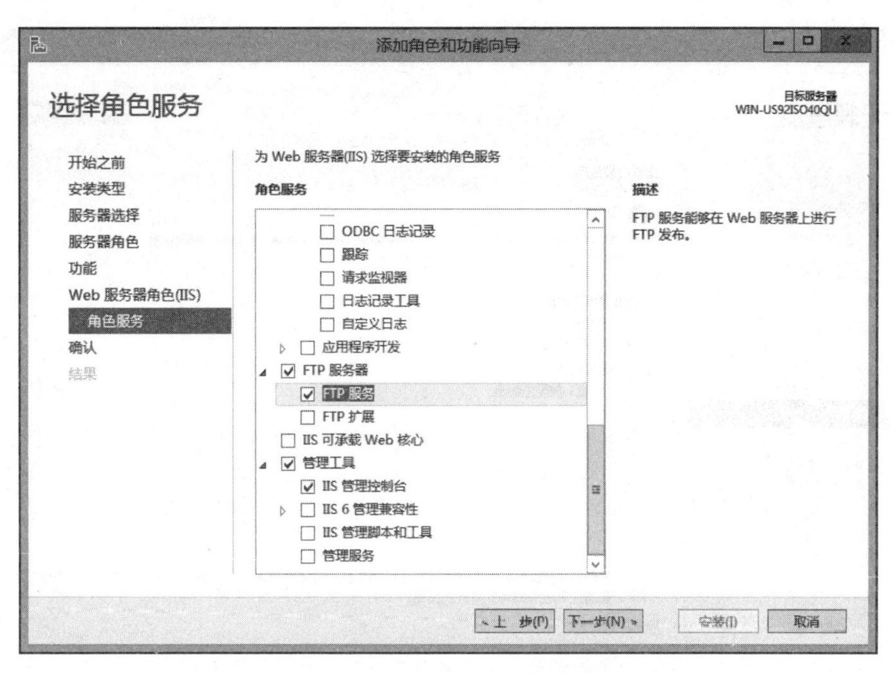

图 11-6　"选择角色服务"界面

(6) 单击"下一步"按钮,显示"确认安装所选内容"界面,如图 11-7 所示。

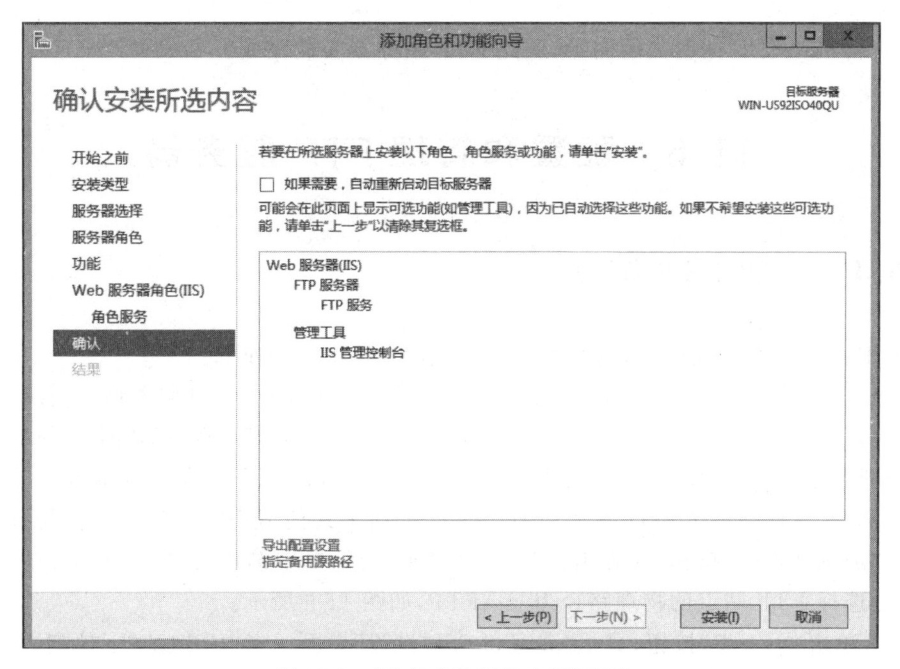

图 11-7　"确认安装所选内容"界面

（7）单击“安装”按钮，开始安装 FTP 服务器。安装完成后，在“安装进度”界面提示服务器已经安装成功，如图 11-8 所示。

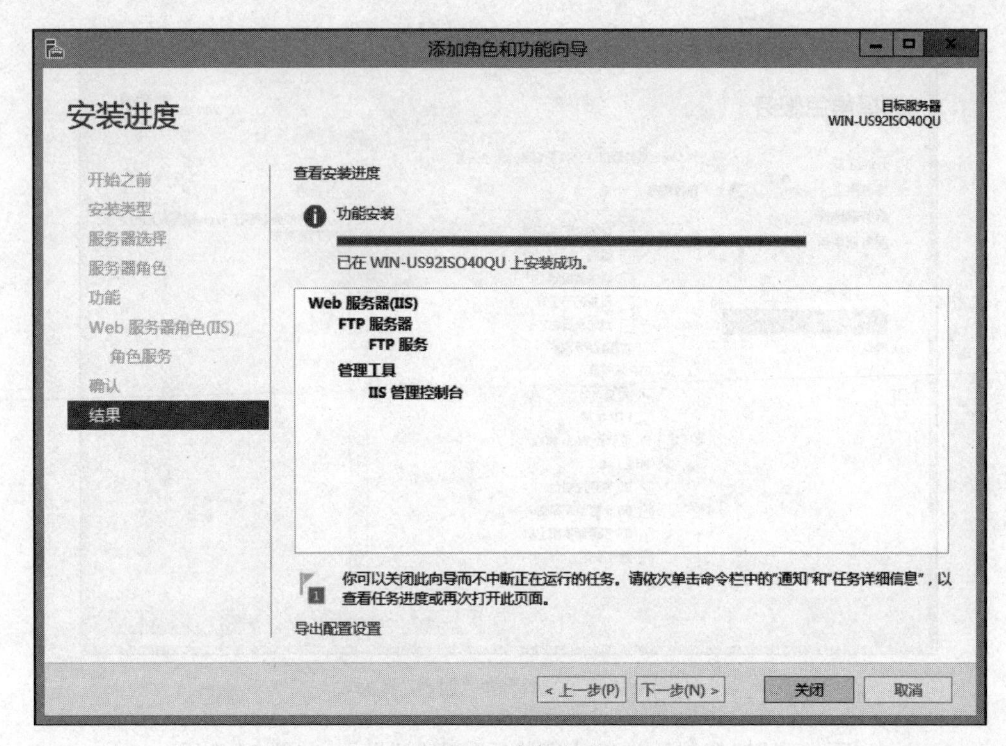

图 11-8　安装完成

（8）单击“关闭”按钮关闭向导，至此 FTP 服务器安装完成。

11.6　配置和管理 FTP 服务器

11.6.1　创建 FTP 站点

FTP 服务器安装完成后，需要创建 FTP 站点，具体步骤如下。

（1）打开服务器管理器。在“工具”菜单中选择“Internet 信息服务(IIS)管理器”命令，此时打开“Internet 信息服务(IIS)管理器”窗口。右击左侧窗格中的“网站”选项，在弹出的快捷菜单中选择“添加 FTP 站点”命令，此时弹出“添加 FTP 站点”对话框。在“FTP 站点名称”文本框中输入站点名称 WHWL，以区别于其他 FTP 站点。单击“物理路径”右侧的“浏览文件夹”按钮，在弹出的“浏览文件夹”对话框中选择新建 FTP 站点的物理路径，此处选择 FTP 站点的物理路径为 C:\FTP，如图 11-9 所示。

（2）单击“下一步”按钮，显示“绑定和 SSL 设置”界面。在“IP 地址”下拉列表中选择本机 IP 地址 192.168.10.5，在“端口”文本框中输入 21，在 SSL 列表中选中“无 SSL”单选按钮，如图 11-10 所示。

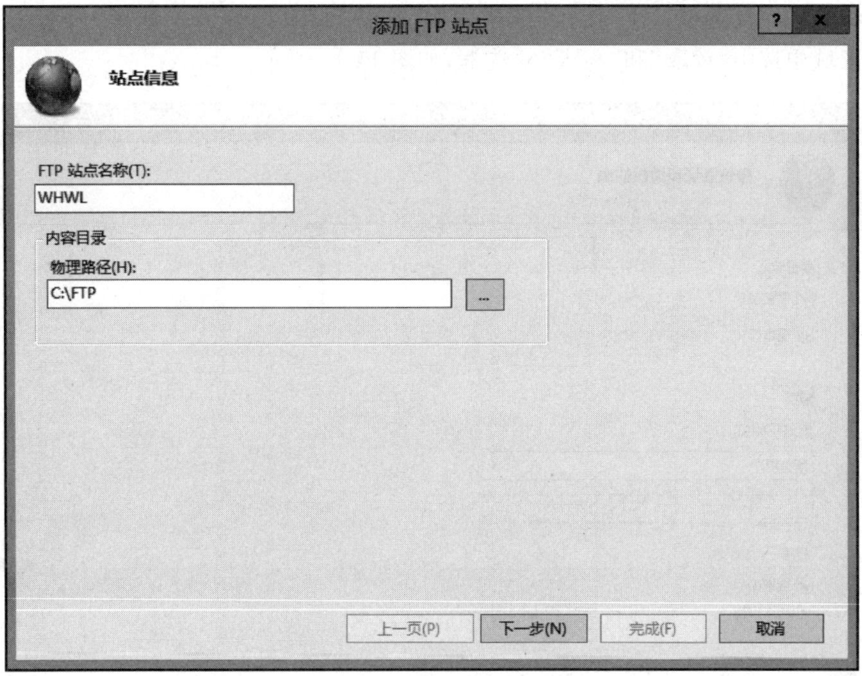

添加 FTP 站点

站点信息

FTP 站点名称(T):

WHWL

内容目录

物理路径(H):

C:\FTP

上一页(P)　下一步(N)　完成(F)　取消

图 11-9　“站点信息”界面

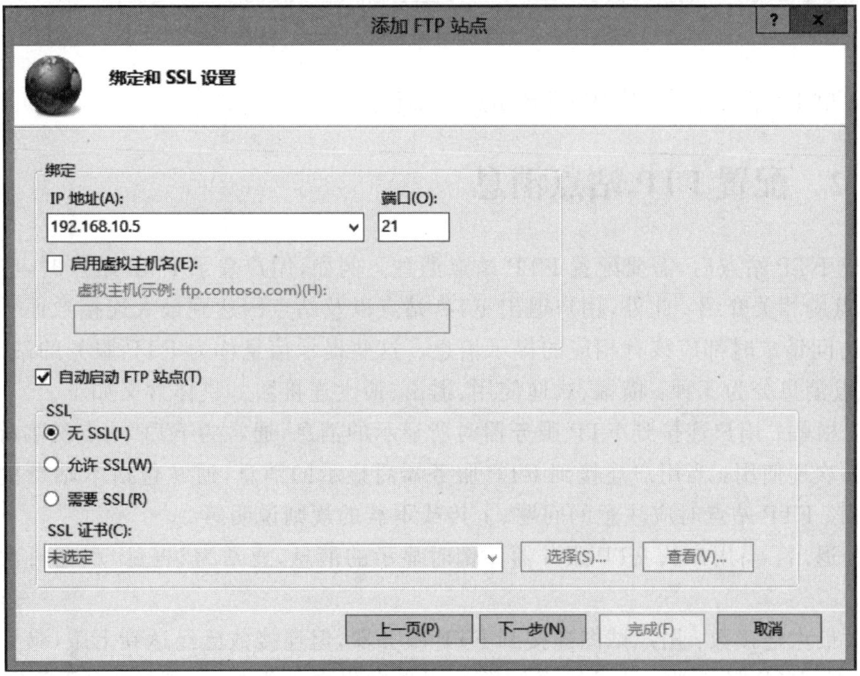

添加 FTP 站点

绑定和 SSL 设置

绑定

IP 地址(A):　端口(O):

192.168.10.5　21

☐ 启用虚拟主机名(E):

虚拟主机(示例: ftp.contoso.com)(H):

☑ 自动启动 FTP 站点(T)

SSL

◉ 无 SSL(L)

○ 允许 SSL(W)

○ 需要 SSL(R)

SSL 证书(C):

未选定　选择(S)...　查看(V)...

上一页(P)　下一步(N)　完成(F)　取消

图 11-10　“绑定和 SSL 设置”界面

(3) 单击“下一步”按钮,显示“身份验证和授权信息”界面,在“身份验证”区域中选中“匿名”和“基本”复选框;在“授权”区域的“允许访问”下拉列表中选择“所有用户”;在“权限”区域中选中“读取”和“写入”复选框,如图 11-11 所示。

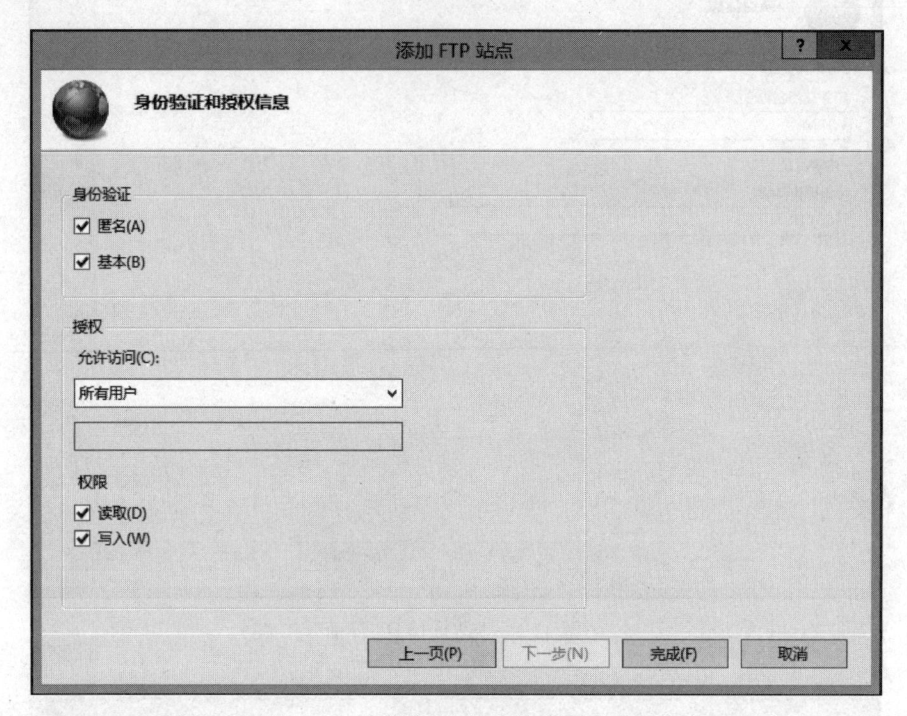

图 11-11 “身份验证和授权信息”界面

(4) 单击“完成”按钮,完成 FTP 站点的创建。

11.6.2 配置 FTP 站点消息

创建 FTP 站点后,需要配置 FTP 站点消息。例如,用户登录 FTP 站点时,应该获得 FTP 站点的相关介绍;此外,用户退出 FTP 站点以及站点因达到最大连接数而不能接受用户的访问请求时都应该有相应的提示信息。这些提示信息称为 FTP 服务的站点消息。FTP 站点消息分为 4 种:横幅、欢迎使用、退出、最大连接数。具体含义如下。

(1) 横幅:用户连接到 FTP 服务器时所显示的消息,通常为 FTP 站点的名称。

(2) 欢迎使用:当用户连接到 FTP 服务器后显示的消息,通常包括本站点提供的服务、使用该 FTP 站点时应注意的问题、上传或下载的规则说明等。

(3) 退出:当用户从 FTP 服务器注销时显示的消息,通常为“再见,欢迎再次光临!”等内容。

(4) 最大连接数:用户试图连接到 FTP 服务器,但连接数已经达到上限(最大并发连接限制)时,FTP 服务器向请求连接的新访问者发出提示消息,通常为“由于当前用户太多,不能响应你的请求,请稍候再试!”等。

配置 FTP 站点消息的具体步骤如下。

(1) 打开“Internet 信息服务(IIS)管理器”窗口,单击左侧窗格中的 FTP 站点 WHWL,在中间窗格显示“WHWL 主页”界面,如图 11-12 所示。

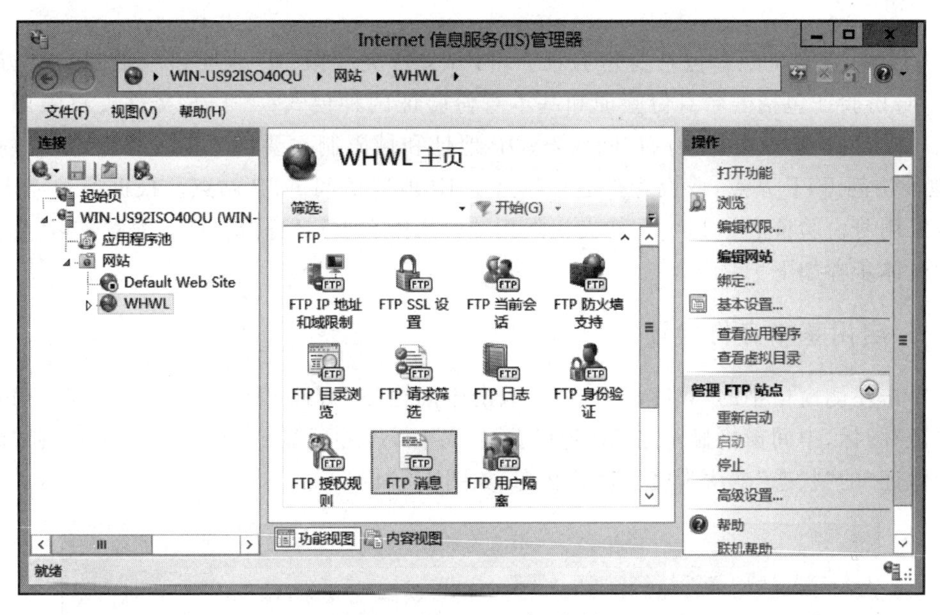

图 11-12 “WHWL 主页”界面

(2) 双击中间窗格“WHWL 主页”中的“FTP 消息”图标,此时,中间窗格显示“FTP 消息”界面,分别在“消息文本”区域的“横幅”文本框、“欢迎使用”文本框、“退出”文本框和“最大连接数”文本框中输入相应提示信息,如图 11-13 所示。

图 11-13 “FTP 消息”界面

11.6.3 FTP站点安全配置

FTP站点安全配置包括身份验证、NTFS文件夹权限、IP地址和域限制三种方式。其中，身份验证包括匿名身份验证和基本身份验证两种模式；NTFS文件夹权限用于设置用户对FTP站点中目录的访问权限；IP地址和域限制主要用于设置只允许某些指定IP地址访问FTP站点，或设置拒绝某些指定IP地址访问FTP站点。根据任务需求，本任务采用身份验证和NTFS文件夹权限相结合来配置FTP身份验证。配置FTP身份验证的具体步骤如下。

1. 启用基本身份验证

单击左侧窗格中的“WHWL”站点，双击中间窗格“WHWL主页”界面中的“FTP身份验证”图标，中间窗格显示“FTP身份验证”界面，该界面显示“基本身份验证”和“匿名身份验证”的“状态”默认为“已启用”状态，如图11-14所示。

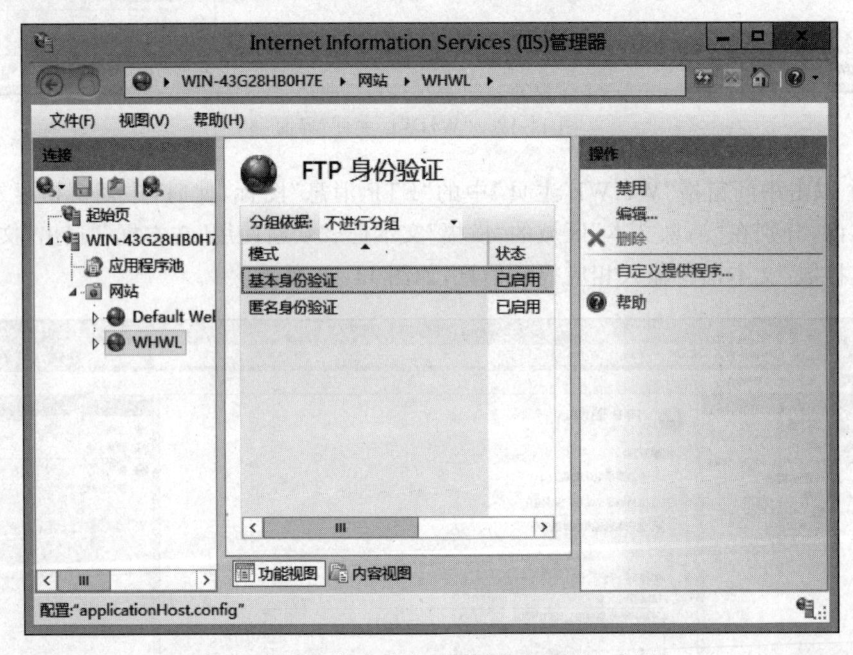

图11-14 “基本身份验证”的“状态”为“已启用”

2. 禁用匿名身份验证

本任务中要求通过用户名和密码访问FTP站点，所以需要禁用匿名身份验证。选择中间窗格的“匿名身份验证”，单击右侧窗格“操作”栏中的“禁用”链接，此时在中间窗格的“FTP身份验证”窗格中“匿名身份验证”的“状态”显示为“已禁用”，如图11-15所示。

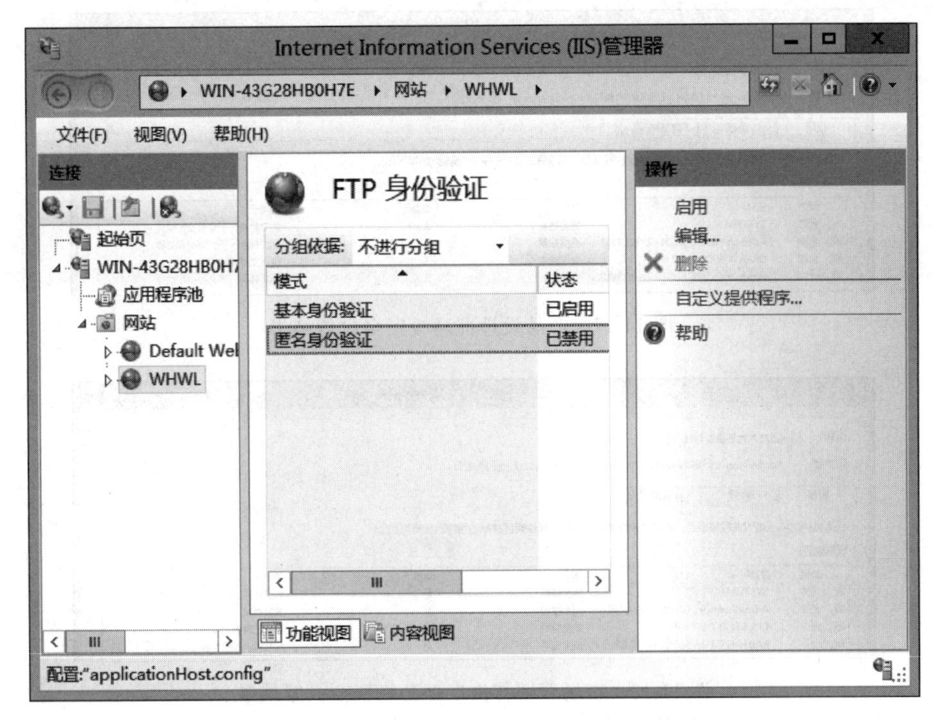

图 11-15　“匿名身份验证”的“状态”为“已禁用”

3. 设置 NTFS 权限

在 FTP 站点配置中，只能为文件设置简单的“读取”和“写入”权限，本任务中公司 3 个部门以及总经理对不同部门文件具有不同的访问权限，可以通过设置文件 NTFS 权限来实现。将 FTP 服务与 NTFS 权限相结合，为 FTP 站点中的文件设置多种不同的权限。用户登录 FTP 站点时，须使用被允许的用户名、密码及具有相应的访问权限。FTP 服务器上 3 个部门对应的资料文件夹“行政管理部”“市场营销与推广部”和“产品设计部”的 NTFS 权限设置如图 11-16～图 11-18 所示。

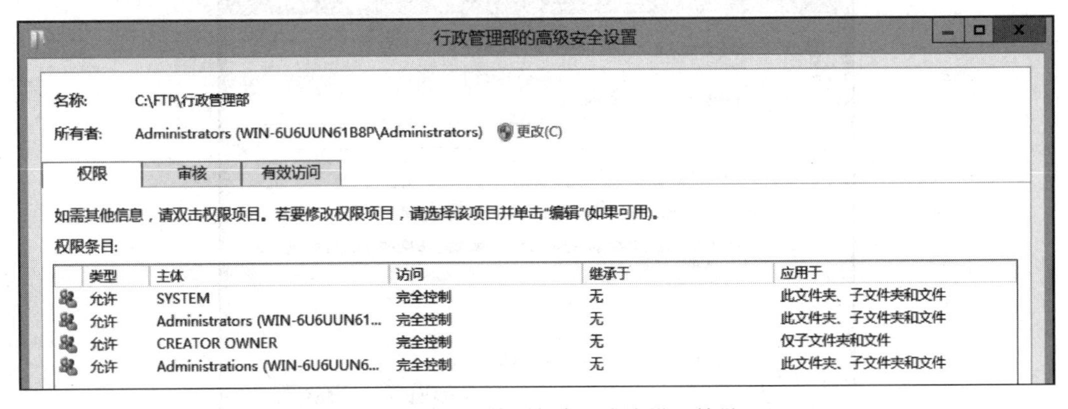

图 11-16　行政管理部高级安全设置结果

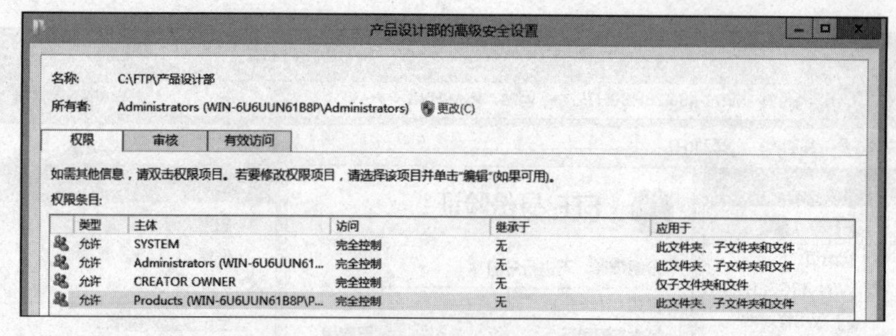

图 11-17　产品设计部高级安全设置结果

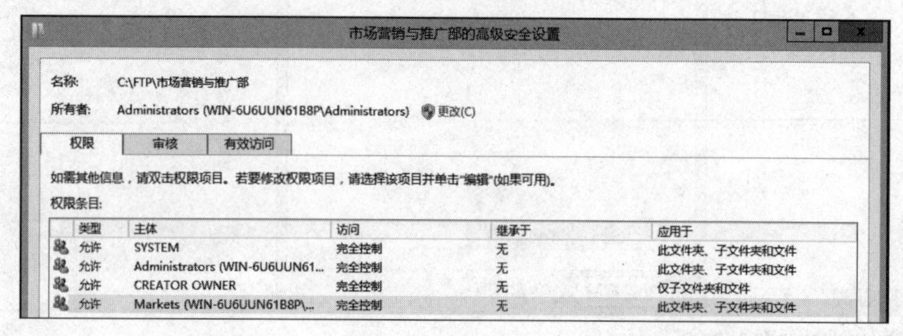

图 11-18　市场营销与推广部高级安全设置结果

11.7　FTP 站点访问测试

(1) 打开 Windows 资源管理器，在地址栏中输入 FTP 站点的地址，格式为"ftp://域名或 IP 地址/目录名"。此处在地址栏中输入 ftp://192.168.10.5 并按 Enter 键。由于 FTP 网站禁用了匿名访问，因此连接到 FTP 服务器时会弹出"登录身份"对话框，如图 11-21 所示。

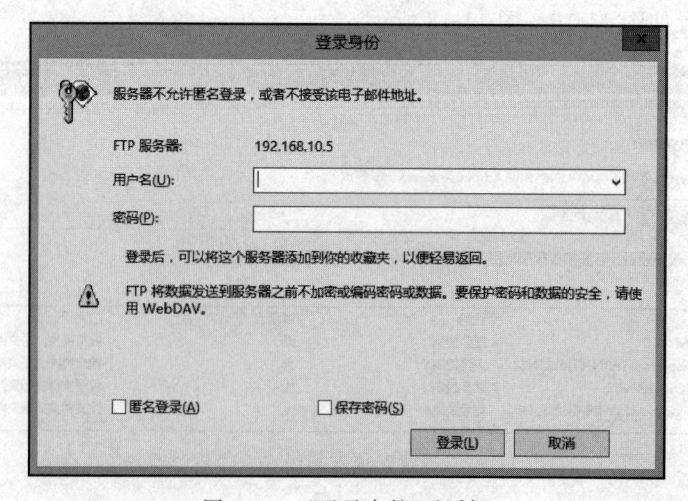

图 11-19　"登录身份"对话框

(2) 在“用户名”和“密码”文本框中输入总经理的用户名 Manager 和密码 Mg1，如图 11-20 所示。

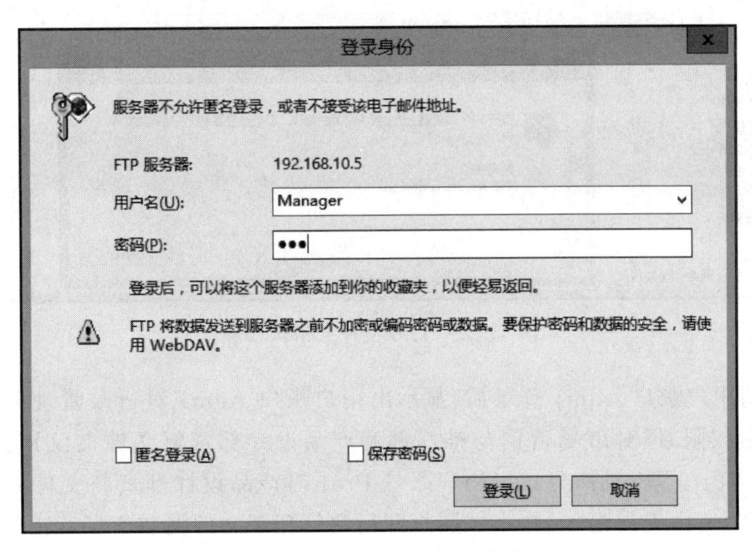

图 11-20　使用 Manager 身份登录

(3) 单击“登录”按钮后，显示出 3 个部门资料目录情况，且 Manager 用户对 3 个部门的资料文件夹具有完全控制权限。

(4) 使用用户名 Mar1 和密码 Mr1 登录，如图 11-21 所示。

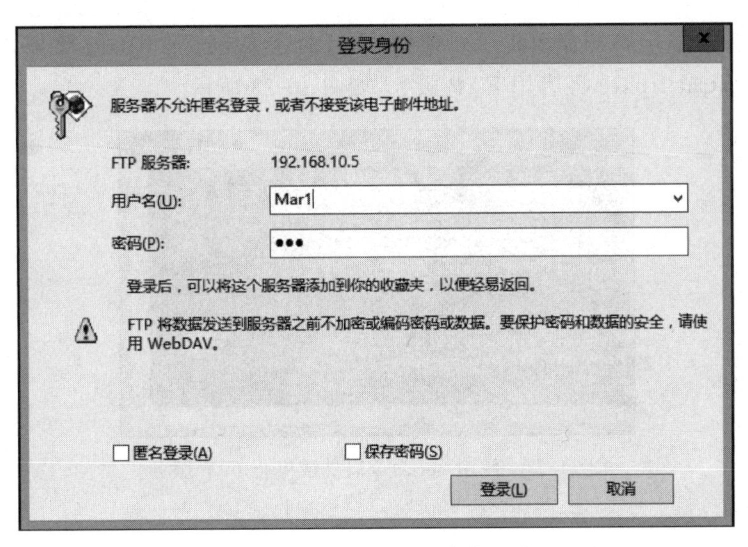

图 11-21　使用 Mar1 身份登录

(5) 登录后，显示出用户账号 Mar1 对市场营销与推广部的资料文件夹具有完全控制权限；因为文件权限限制，当试图打开行政管理部文件夹和产品设计部文件夹时，都会显示如图 11-22 所示的“FTP 文件夹错误”的提示信息，因为市场营销与推广部成员仅对本部门资料文件具有完全控制权限，但不可访问其他部门的资料文件。

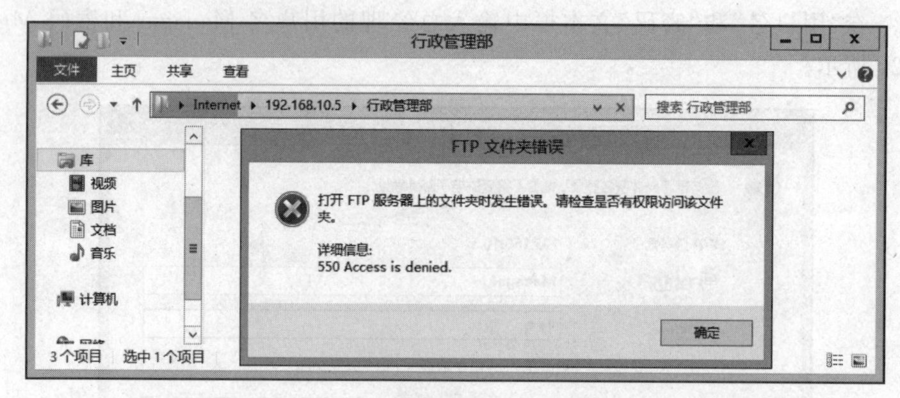

图 11-22　打开文件夹错误提醒

(6) 使用用户账户 Adm1 登录后,显示出用户账户 Adm1 对行政管理部资料文件夹具有完全控制权限,但对市场营销与推广部和产品设计部资料文件夹仅具有读取权限。使用用户账户 Pro1 登录后,显示出用户账号 Pro1 对产品设计部资料文件夹具有完全控制权限,而因为文件夹权限限制,当试图打开行政管理部文件夹和市场营销与推广部门文件夹时,显示"FTP 文件夹错误"的提示信息。

11.8　使用命令启动或停止 FTP 服务

在 FTP 服务器上打开命令提示符窗口,执行命令 net stop ftpsvc 将停止 FTP 服务;执行命令 net strat ftpsvc 将启用 FTP 服务,如图 10-23 所示。

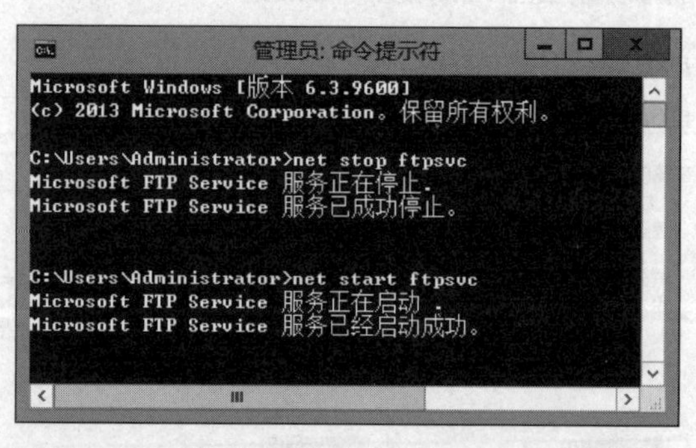

图 11-23　使用 net 命令启动或停止 FTP 服务

11.9　设置 IP 地址访问控制

对于一些非常敏感的数据,或者欲通过 FTP 文件传送实现对 Web 站点更新,仅使用用户名和密码进行身份验证是不够的,使用 IP 地址进行访问限制也是一种非常重要的手段。这不仅有助于在局域网内部实现对 FTP 站点的访问控制，而且更有助于阻止来自 Internet 的恶意攻击。

11.9.1　添加允许限制规则

在访问规则为拒绝所有客户端访问的前提下，通过设置允许限制规则，可以仅允许指定列表中的客户端访问该 FTP 服务器。

1. 修改默认访问规则

(1) 在 WHWL 站点主页中双击中间窗格的“FTP IP 地址和域限制”选项，在中间窗格显示“FTP IP 地址和域限制”界面，如图 11-24 所示。

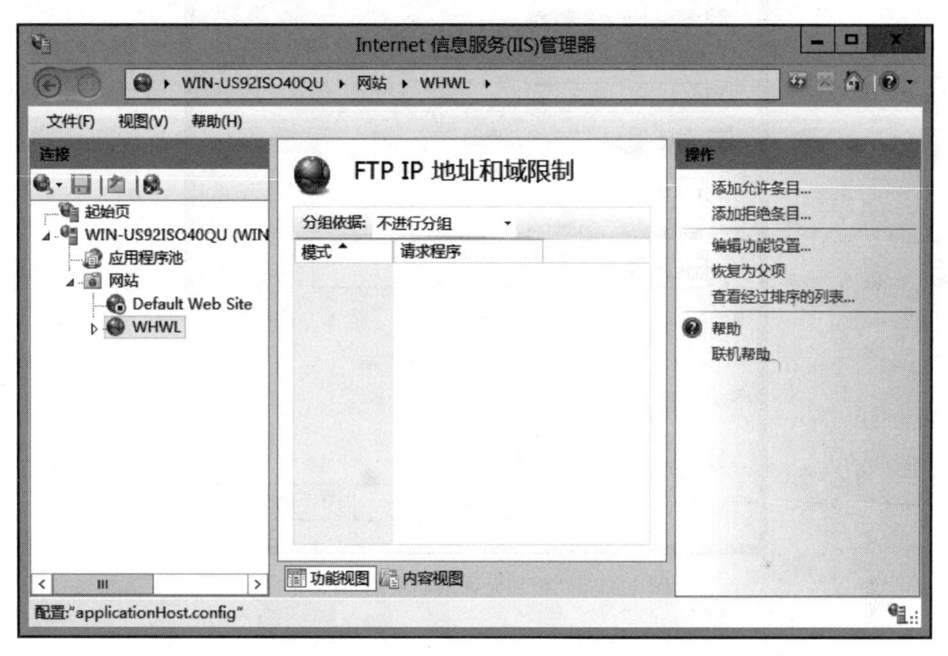

图 11-24　“FTP IP 地址和域限制”界面

(2) 单击右侧窗格“操作”栏内的“编辑功能设置”链接，弹出“编辑 IP 地址和域限制设置”对话框。默认情况下“未指定的客户端的访问权”为“允许”权限，这里选择“拒绝”选项，如图 11-25 所示，即拒绝所有用户访问 FTP 站点。

(3) 单击“确定”按钮。

2. 添加允许限制规则

单击右侧窗格“操作”栏内的“添加允许条目”链接，弹出“添加允许限制规则”对话框。在此对话框中可编辑允许访问 FTP 服务器的 IP 地址，单个 IP 地址可在“特定 IP 地址”文本框中编辑，多个 IP 地址则可在“IP 地址范围”文本框和“掩码”文本框中设置，如图 11-26 所示。只有允许的 IP 地址才能访问该 FTP 站点，其他 IP 地址则不能访问。

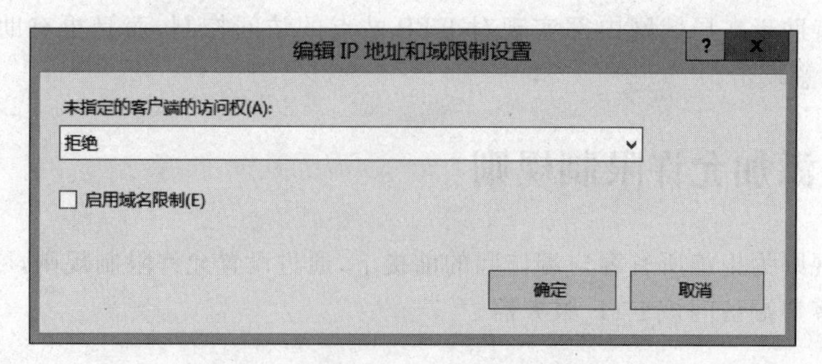

图 11-25 设置客户端访问权限为"拒绝"

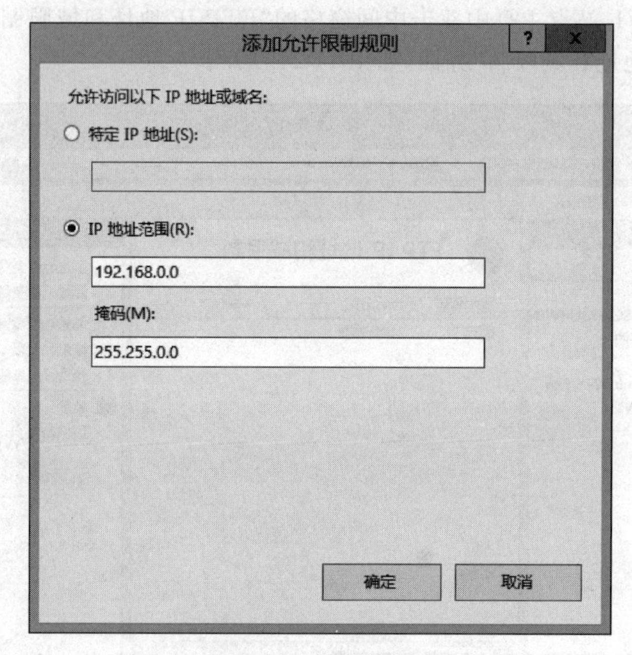

图 11-26 "添加允许限制规则"对话框

11.9.2 添加拒绝限制规则

添加允许限制规则,适用于仅授予少量用户访问权限的情况。若要授予大量用户访问权限,而只是阻止少量用户对该 FTP 网站的访问,可以通过设置拒绝限制规则实现。

1. 查看默认访问规则

(1) 在"FTP IP 地址和域限制"界面,单击右侧窗格"操作"栏内的"编辑功能设置"链接,弹出"编辑 IP 地址和域限制设置"对话框,默认情况下"未指定的客户端的访问权"为"允许"权限,如图 11-27 所示,即允许所有用户访问 FTP 站点。

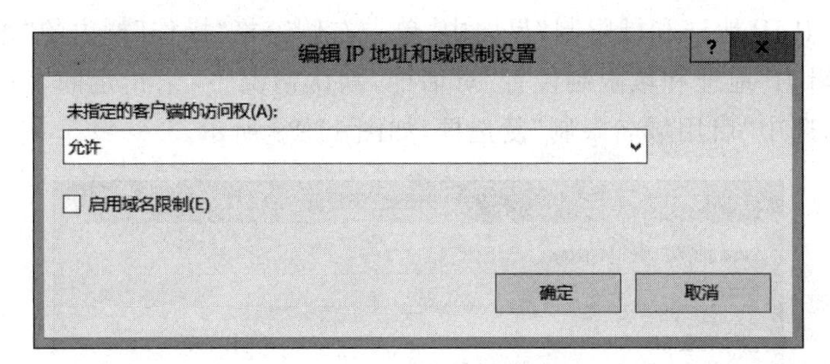

图 11-27　查看客户端默认访问权限

(2) 单击“确定”按钮。

2. 添加拒绝限制规则

在“FTP IP 地址和域限制”界面中，单击右侧“操作”栏内的“添加拒绝条目”链接，弹出“添加拒绝限制规则”对话框。在此对话框中可编辑拒绝访问 FTP 服务器的 IP 地址，单个 IP 地址可在“特定 IP 地址”文本框中编辑，多个 IP 地址则可在“IP 地址范围”文本框和“掩码”文本框中设置，如图 11-28 所示。只有拒绝的 IP 地址才不能访问该 FTP 站点，其他 IP 地址都能访问。

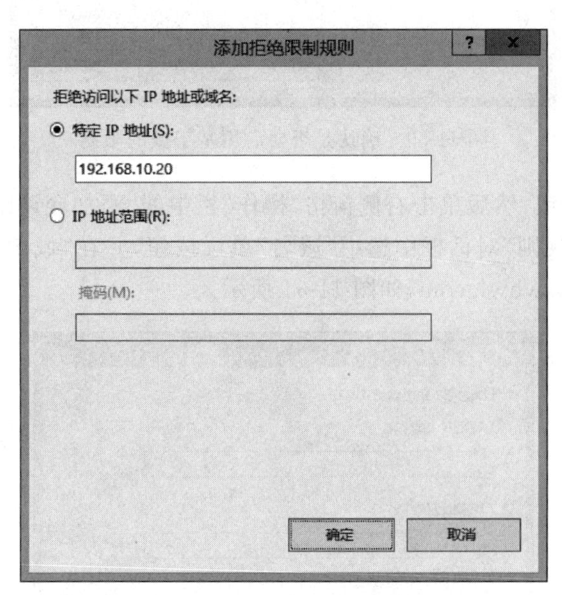

图 11-28　“添加拒绝限制规则”对话框

11.9.3　编辑 IP 地址和域限制设置

Windows Server 2012 中的 FTP 服务还可以进行 IP 地址和域限制。例如，要限制 ftp.whwl.com 域名访问，不能输入 whwl.com，而应该输入 ftp.whwl.com。添加域名限制的具体配置步骤如下。

(1) 在“FTP IP 地址和域限制”界面中，单击右侧窗格“操作”栏内的“编辑功能设置”链接，弹出“编辑 IP 地址和域限制设置”对话框，默认情况下“未指定的客户端的访问权”为“允许”权限，选中“启用域名限制”复选框，如图 11-29 所示。

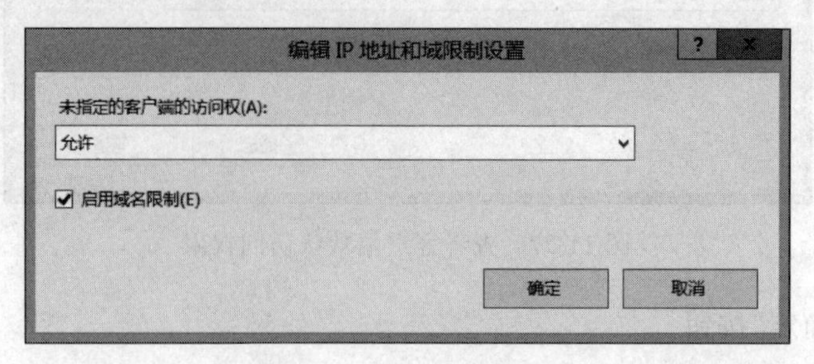

图 11-29 “编辑 IP 地址和域限制设置”对话框

(2) 单击“确定”按钮，此时弹出如图 11-30 所示的对话框，要求确认是否要启用基于域的限制。

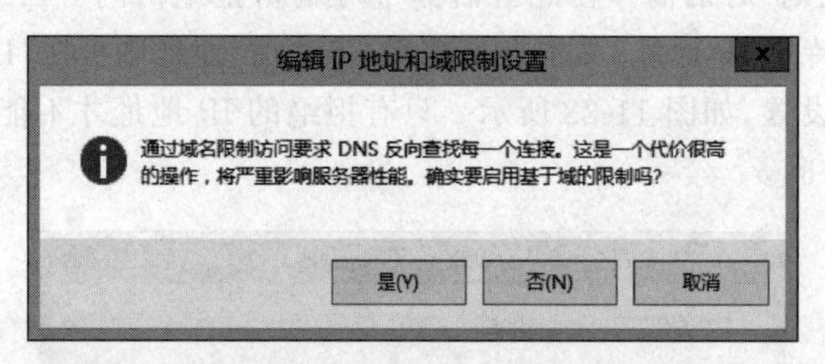

图 11-30 确认是否要启用基于域的限制

(3) 单击“是”按钮，然后单击右侧窗格“操作”栏中的“添加允许限制规则”链接，在弹出的“添加允许限制规则”对话框中选中“域名”单选按钮，并在“域名”文本框中输入准备限制的 FTP 域名 ftp. whwl. com，如图 11-31 所示。

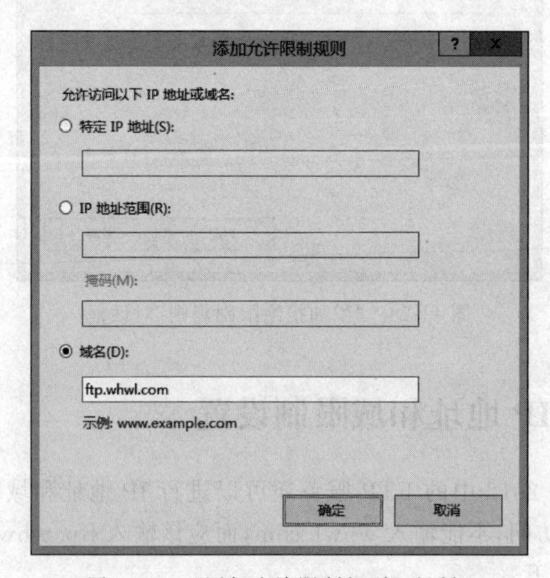

图 11-31 “添加允许限制规则”对话框

(4) 单击“确定”按钮，此时在“FTP IP 地址和域限制”界面的中间窗格中显示了刚刚添加的限制的 FTP 域名 ftp. whwl. com，如图 11-32 所示。

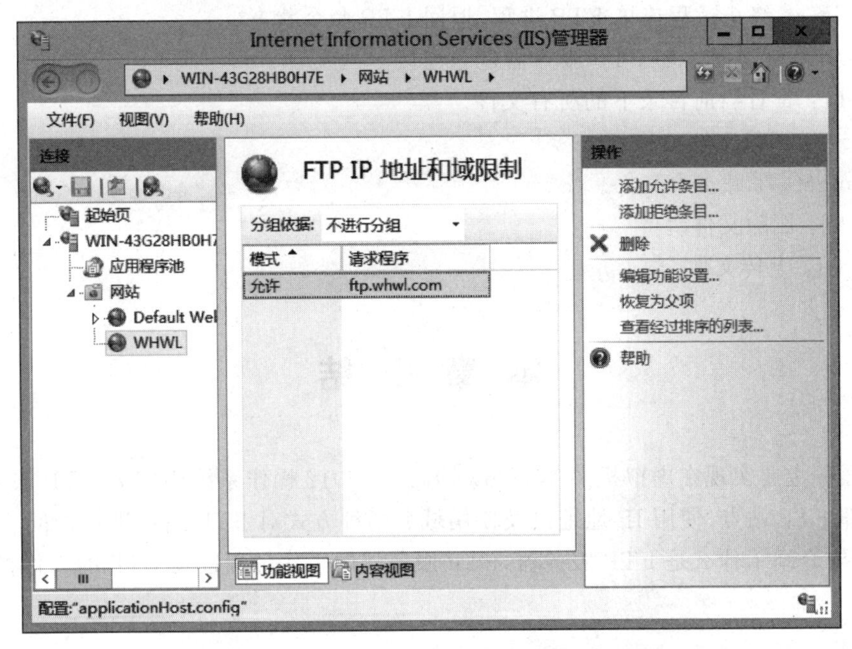

图 11-32　限制域名 ftp. whwl. com 访问 FTP 服务

11.10　FTP 客户端常用命令

(1) 打开命令提示符窗口，执行命令“ftp://*FTP 服务器的 IP 地址*”，此处执行 ftp://192. 168. 10. 5 命令，如图 11-33 所示，按 Enter 键后即可进入 FTP 登录页面。

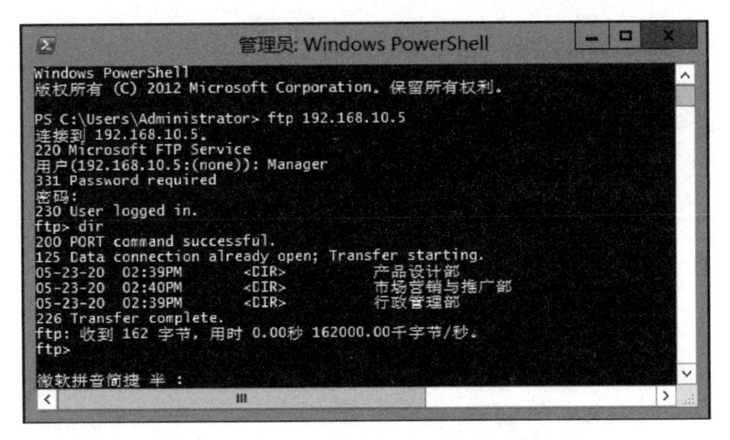

图 11-33　FTP 客户端命令操作页面

(2) FTP 常用命令。

① bye：与 FTP 服务器断开连接。

② close：终止远程连接 FTP 进程，返回 FTP 命令状态。

③ open *IP 地址*：与 FTP 服务器建立连接。

④ dir：查看当前目录下的所有文件。

⑤ get：下载文件。

⑥ mget：下载多个文件。

⑦ del：删除文件。

⑧ put：上传文件。

本章小结

本任务主要实现在虚拟机的 Windows Server 2012 操作系统中安装 FTP 服务器、配置和管理 FTP 站点、使用 IP 地址以及使用域名两种方式对 FTP 站点进行访问。在此过程中，主要介绍了什么是 FTP 服务器，FTP 服务器的工作过程以及 FTP 的工作模式。

习 题 11

1. 简述 FTP 服务器的工作过程。
2. 如何设置允许或不允许 FTP 匿名访问？匿名访问的用户名是什么？
3. FTP 服务器对外提供服务的协议、默认端口号是多少？

参考文献

[1] 吴丽征.计算机网络技术[M].上海：上海交通大学出版社，2008.
[2] 李书满，杜卫国，等.Windows Server 2008 服务器搭建与管理[M].北京：清华大学出版社，2010.
[3] 阚宝朋.计算机网络技术基础[M].北京：高等教育出版社，2015.
[4] 戴有炜.Windows Server 2012 系统配置指南[M].北京：清华大学出版社，2014.
[5] 吴献文.局域网组建与维护[M].北京：高等教育出版社，2018.
[6] 陈剑，程庆华，等.Windows 网络操作系统配置与管理[M].北京：高等教育出版社，2018.